国家CAD等级考试中心

国家CAD等级考试指定用书

Pro/ENGINEER Wildfire 3.0

应用与实例教程

顾吉仁　李玉满　周华军　主　编
钟良伟　马　伟　江　涛　副主编
郭纪林　主　审

中国电力出版社
www.infopower.com.cn

内容提要

本书主要介绍了Pro/ENGINEER Wildfire 3.0基本功能的操作方法、操作技巧和应用实例。主要内容包括软件介绍、基本操作、草图绘制、基本特征、基准图元、零件设计、曲面设计、装配设计、装配分析、工程图、模具设计等。

本书附光盘1张，内容包括书中所举实例图形的源文件及多媒体助学课件。

本书是国家CAD等级考试三级指定用书，教学重点明确、结构合理、语言简明、实例丰富，具有很强的实用性，适用于Pro/ENGINEER的初级用户。除作为各类教材外，还可以用于自学，也可以作为工程技术人员的技术参考书。

图书在版编目（CIP）数据

Pro/ENGINEER Wildfire 3.0应用与实例教程 / 顾吉仁，李玉满，周华军主编. —北京：中国电力出版社，2007

国家CAD等级考试指定用书

ISBN 978-7-5083-6132-1

Ⅰ. P… Ⅱ. ①顾… ②李… ③周… Ⅲ. 机械设计：计算机辅助设计－应用软件，Pro/ENGINEER Wildfire 3.0－教材 Ⅳ. TH122

中国版本图书馆CIP数据核字（2007）第153364号

丛 书 名：国家CAD等级考试指定用书

书　　名：Pro/ENGINEER Wildfire 3.0应用与实例教程

出版发行：中国电力出版社

地　　址：北京市三里河路6号　　邮政编码：100044

电　　话：（010）68362602　　传　　真：（010）68316497，88383619

服务电话：（010）58383411　　传　　真：（010）58383267

E-mail：infopower@cepp.com.cn

印　　刷：北京市同江印刷厂

开本尺寸：185mm×260mm　　印　　张：20.5　　字　　数：459千字

书　　号：ISBN 978-7-5083-6132-1

版　　次：2007年10月北京第1版

印　　次：2007年10月第1次印刷

印　　数：0001—5000册

定　　价：36.00元（含1CD）

国家 CAD 等级考试中心　教材编写委员会

从 书 序

在当今世界上，高度发达的制造业和先进的制造技术已经成为衡量一个国家综合经济实力和科技水平的最重要标志之一，成为一个国家在竞争激烈的国际市场上获胜的关键因素。目前，中国制造业已跻身世界第四位，但要从制造大国走向制造强国，必须优先发展先进制造业。这就要求，必须大力发展提高先进制造业的技术水平，提升计算机辅助设计与制造（CAD/CAM）的技术水平。

CAD 技术是数字化设计、制造、建筑与管理的基础，是现代产品创新的基本工具，为增强产品创新开发能力起到了巨大的推动作用。在我国制造业信息化进程中，也将 CAD 技术作为重点支持开发和重点推广应用的共性关键技术之一。

制造业要发展，人才是关键。因此推动我国数字化设计的应用和技术的发展，培养和造就大批掌握现代 CAD 软件技术的应用型和开发型紧缺人才，满足我国制造业、建筑业的数字化设计的人才需求已经成为我国制造业发展的当务之急。只有如此才能培育我国 CAD 软件技术应用的市场环境，推动 CAD 软件产业的发展。

为顺应中国制造业的深层次发展和现代设计方法——辅助设计技术的广泛应用，国家 CAD 等级考试中心组织全国知名专家，经过与现代制造企业技术人员的反复研讨，编写了适合当前技术改革、紧跟技术发展的本系列丛书。

本系列丛书是国家 CAD 等级考试的指定用书。各级别丛书均以“国家 CAD 等级考试”的知识体系和实际技能要求为主旨，内容简明扼要，突出重点。编写方法上注重发挥实例教学的优势，引入众多生产应用实例和操作实训内容，便于读者对全书内容的融会贯通，加深理解。其特色主要有如下几点：

1．本系列丛书的案例、图例尽量使用当前常用的新图，尽量贴近工程。

2．本系列丛书的组织全部采用“案例驱动”的教学方法，并且设计了掌握软件之后与工程实践相结合的实践教程（各分册图书均配有视频教学光盘）。

3．课程的整体设计上，特别强调与工程实践相结合，使学生们在学习了一定的知识、掌握了相关的技能后，能够直接应用于实际工程中。

4．本系列丛书最后会出版案例图册。各书的重点实例全部编入其中，形成教学与练习的整体配合。案例图册既可以作为全套教材的总结，又可以作为工程实例中的模板。既可以作为学生们在学习之后的总结，通过图册加以回顾；又可以在工作中，通过对已学实例加以修改完成工程项目要求。

本系列丛书是国家CAD等级考试的指定用书，可以作为各地方“国家CAD等级考试认证培训基地”的辅助设计课程的教学、培训和备考用书。亦适合作为高校辅助设计课程的教材，也可作为从事辅助设计技术的广大工程技术人员的参考书。

我们衷心希望，关心我国辅助设计应用能力教育的广大读者能够对教材的不当之处给予批评指正，来信请发至cadbook@gmail.com。

国家CAD等级考试中心　教材编写委员会

前　言

Pro/ENGINEER 自 1988 年问世以来，十余年间已经成为全世界及中国比较普及的 3D CAD/CAM 系统。Pro/E 广泛应用于电子、通信、机械、模具、工业设计、汽车、自行车、航天、家电、玩具等各行业。Pro/E 是个全方位的 3D 产品开发软件，整合了零件的设计、产品装配、模具开发、NC 加工、钣金设计、铸造件设计、造型设计、逆向工程、自动测量、机械设计、动态仿真、应力分析、产品数据库管理、协同设计开发等功能于一体，其模块众多，且学习颇为不易。

本书具体内容如下：

第 1 章讲解 Pro/ENGINEER Wildfire 3.0 基本操作，内容涉及 Pro/ENGINEER Wildfire 3.0 的工作界面、主菜单、工具栏、鼠标的使用，环境参数的配置等。

第 2 章讲解二维草绘，内容涉及草图截面的绘制及编辑、几何约束的添加、尺寸标注及修改。

第 3 章讲解零件设计基本实体特征，内容涉及拉伸、旋转、扫描、混合等特征。

第 4 章讲解基准图元，内容涉及常用的基准图元的用途及创建方法，利用综合举例进行说明。

第 5 章讲解零件设计基本实体特征的创建和操作，内容涉及孔、圆角、倒角、抽壳、筋等特征的创建，特征的阵列、复制、组成，特征的修改、重定义、重排序，特征生成失败的解决。

第 6 章讲解零件设计高级实体特征，内容涉及变截面扫描、扫描混合、螺旋扫描等高级特征的创建。

第 7 章讲解零件设计扭拉特征，内容涉及拔模，耳、唇、环形弯曲，脊线弯曲等扭拉特征。

第 8 章讲解零件设计曲面特征，内容涉及基本曲面、高级曲面特征的创建，曲面的修剪、延伸、合并，曲面长出或切除实体。

第 9 章讲解实用操作与管理，内容涉及用户定义特征库、关系式、数据共享、家族表、横截面、图层、快捷键。

第 10 章讲解零件装配与分析，内容涉及零件装配的意义、装配顺序、装配过程，装配元件的重复使用与阵列、合并与切除，装配体分析与检查，装配体爆炸视图，机构的连接与运动仿真等。

第 11 章讲解零件与装配体的工程图，内容涉及工程图图框、参数配置，视图的创建、编辑、标注，工程图的输出，制作零件、装配体的工程图等。

第 12 章主要讲解如何进行模具设计的流程，通过蘑菇、杯子、梳子三个例子的讲解使大家对简单的模具设计有所了解。

本书以 Pro/E 设计软件为背景，结合编写组多位专家（多年从事机械设计/制图教学/三维 CAD 软件应用培训）的丰富经验，由浅入深、循序渐进地介绍了 Pro/E 各种实体创建编辑功能，并结合实例详细说明软件的操作过程、操作技巧及创建思路。

本书另附光盘 1 张，内容包括实例与练习题图形的源文件及多媒体助学课件。

本书由南昌理工学院顾吉仁、李玉满、周华军任主编，钟良伟、马伟、江涛任副主编，内容提要、前言、第 1 章、第 2 章、第 3 章由顾吉仁编写，第 4 章、第 5 章由李玉满编写，第 6 章、第 8 章由周华军编写，第 7 章、第 12 章由钟良伟编写，第 9 章、第 11 章由马伟编写，第 10 章由江涛编写，其中南昌理工学院于尊厂、李国辉、李俊硕等参与本书的部分编写工作。

由于作者水平有限，编写时间仓促，书中难免存在失误和不当之处，恳请广大读者批评指正。

编著者

目　　录

第1章 Pro/ENGINEER Wildfire 3.0 基本操作

教学提示：本章主要介绍 Pro/ENGINEER Wildfire 3.0 的基本操作，划分为 5 个小节来分别介绍 Pro/ENGINEER Wildfire 3.0 软件的安装、工作界面、主菜单的功能、鼠标操作、工作环境以及参数的配置等。对于初学者而言，最好能够仔细掌握。对于熟悉 Pro/ENGINEER 以前版本的读者，可以通过本章快速了解 Pro/ENGINEER Wildfire 3.0 版本与以前版本的差别，以便快速熟悉 Pro/ENGINEER Wildfire 3.0 的基本操作。

教学要求：通过对 Pro/ENGINEER Wildfire 3.0 基本功能的讲解，使读者能够初步了解和掌握文件的基本操作、鼠标的作用及软件工作环境变量的设置等，以便读者在学习后面章节时能够熟练应用和操作。

1.1 Pro/ENGINEER Wildfire 3.0 安装需求

Pro/ENGINEER Wildfire 3.0 对系统并没有过高的要求，一般满足以下最低系统需求即可。

主板：	任意厂牌皆可
操作系统：	Microsoft Windows 2000/NT/XP
主内存：	256MB（建议 512MB 或更大空间）
可用的硬盘空间：	900MB 以上
CPU 速度：	建议采用 1.7GHz 以上
显卡内存：	16MB 以上
网络：	以太网卡
鼠标：	3 键鼠标

1.2 Pro/ENGINEER Wildfire 3.0 工作界面

如图 1-1 所示为进入 Pro/ENGINEER Wildfire 3.0 中文版后的起始界面。

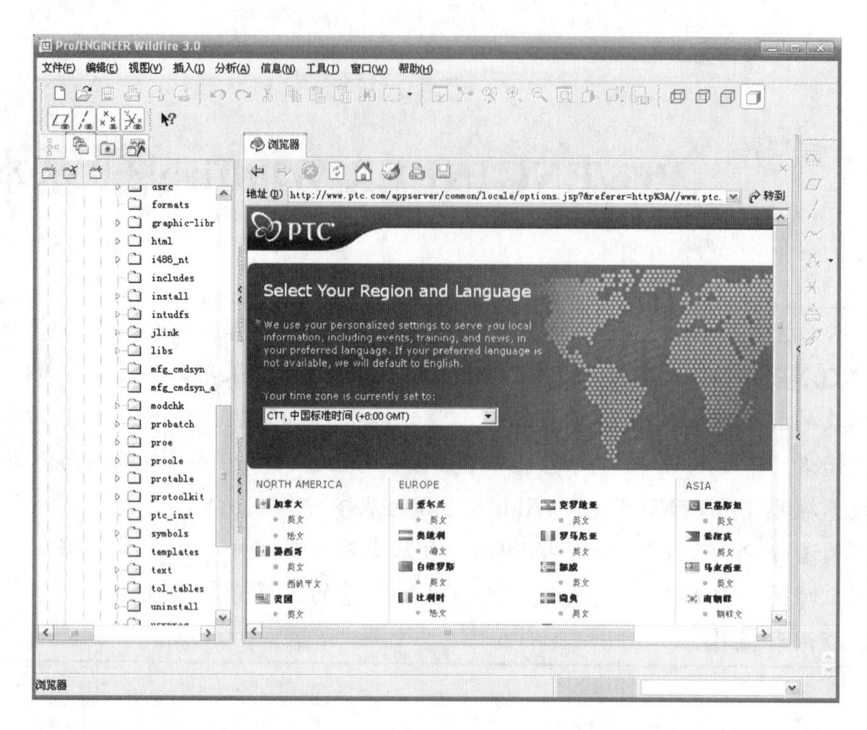

图 1-1　起始工作界面

当新建 Pro/ENGINEER 零件或打开现有的零件文件时，界面如图 1-2 所示。此模块为零件设计的工作界面，其他模块的界面风格也基本如此。

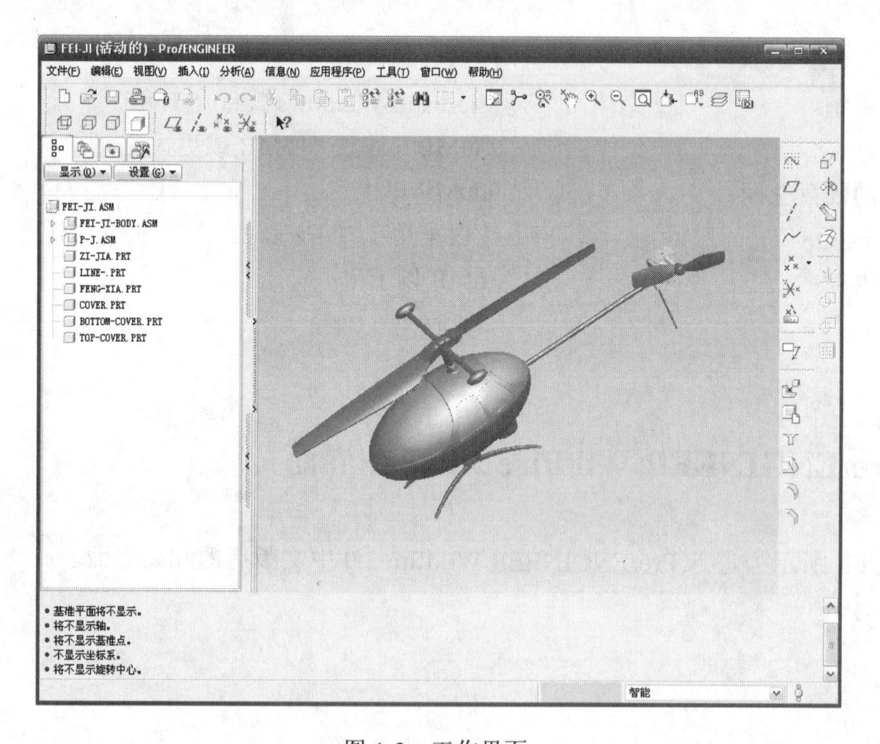

图 1-2　工作界面

以零件设计模块为对象，Pro/ENGINEER Wildfire 3.0 的工作界面由以下几个部分组成：

“标题栏”：主窗口标题显示了当前软件的版本、正在操作的文件名称等。

“菜单”：位于窗口的上部，放置系统的主菜单。不同的模块，显示的菜单和菜单中的内容有所不同，如图 1-3 所示。

文件(F) 编辑(E) 视图(V) 插入(I) 分析(A) 信息(N) 应用程序(P) 工具(T) 窗口(W) 帮助(H)

图 1-3 菜单项

“模型树窗口”：默认状态下位于窗口的左侧，按照用户建立特征的顺序，以树状的结构列出。它是一个非常重要的使用对象。既反映特征的顺序，又方便了特征的选取。

“标准工具栏”：一些常用的基本操作命令以快捷图标按钮的形式显示，用户可以根据需要设置快捷图标的显示状态。不同的模块，显示的快捷图标也不同，如图 1-4 所示。

图 1-4 快捷图标

“特征工具栏”：位于窗口的右侧，将常用的特征操作命令以快捷图标按钮显示，用户可以根据需要设置快捷图标的显示状态。不同的模块，显示的快捷图标也不同。

“导航栏显示/隐藏区”：单击“>”图标，显示导航栏；单击“<”图标，隐藏导航栏。导航栏中包括模型树（Model Tree）、资源管理器（Folder Browser）、收藏夹（Favorites）和相关网络技术资源（Connections）4 部分内容，如图 1-5 所示。

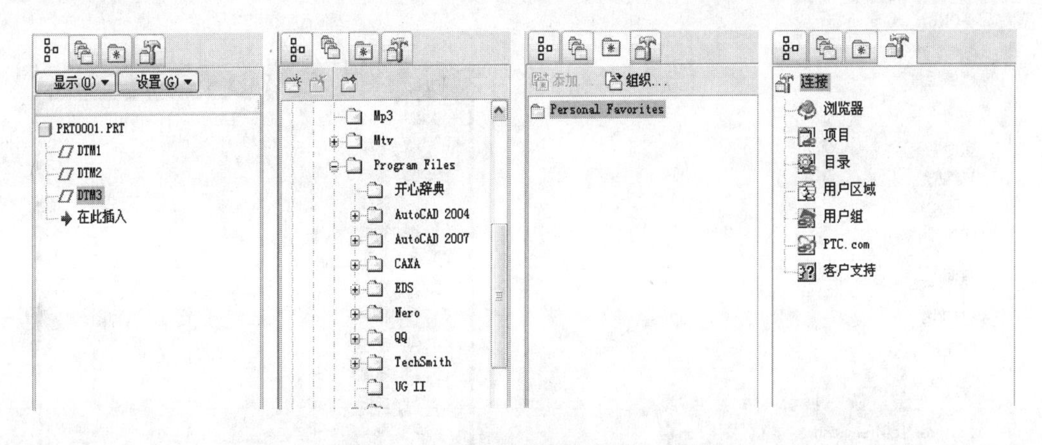

图 1-5 模型树

“信息区”：显示当前操作状态提示信息的信息窗口。对于需要输入数据的操作，会在该区出现一个文本框，让用户输入数据，如图 1-6 所示。

- 基准平面将不显示。
- 将不显示轴。
- 将不显示基准点。
- 不显示坐标系。
- 将不显示旋转中心。

图 1-6 信息窗口

“选取过滤栏”：使用该栏相应的选项，可以有针对性的选取模型中的对象，如图 1-7 所示。

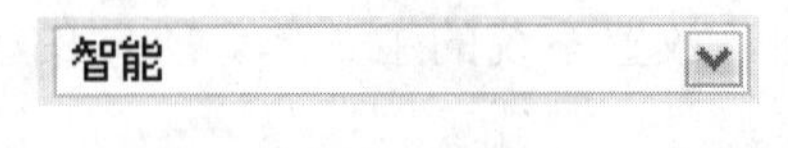

图 1-7 过滤器

1.3 主菜单的简介

Pro/ENGINEER Wildfire 3.0 主菜单包括：文件、编辑、视图、插入、分析、信息、应用程序、工具、窗口和帮助等菜单。下面对各菜单的主要功能作详细介绍。

1. 文件（F）

单击主菜单中的“文件”菜单，出现如图 1-8 所示的下拉菜单，现将该菜单中常用功能选项介绍如下。

（1）新建。单击“文件”菜单中的“新建”命令，出现如图 1-9 所示的对话框。该对话框包括要建立的文件类型及其子类型。

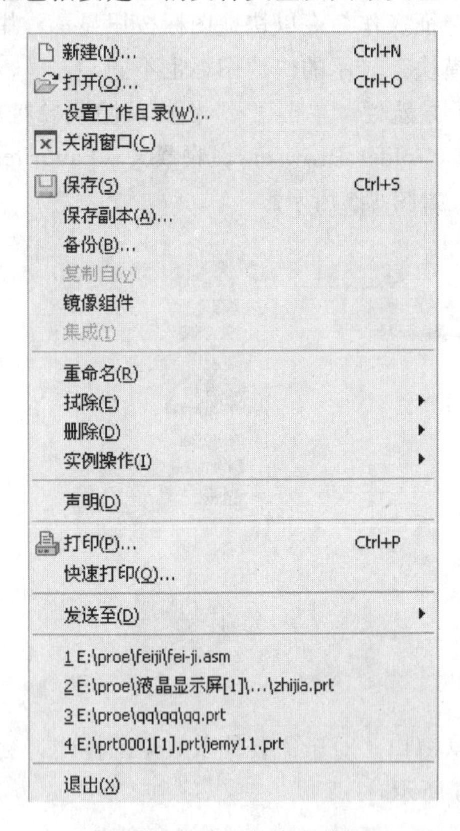

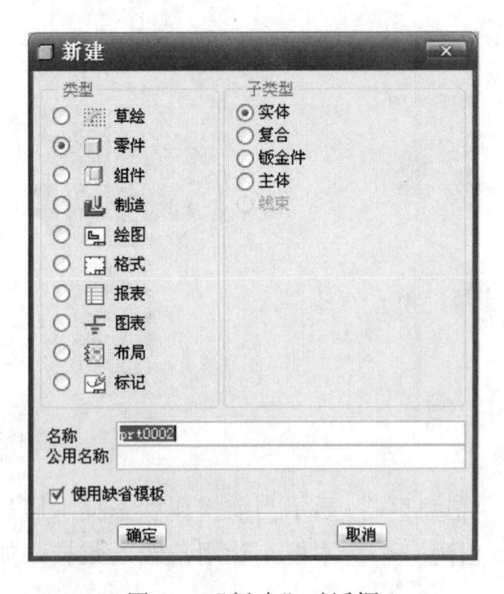

图 1-8 “文件”菜单

图 1-9 “新建”对话框

“类型”：在该栏列出 Pro/ENGINEER Wildfire 3.0 提供的功能模块。

1）草绘：创建 2D 草图文件，其文件名为*.Sec。

2）零件：创建 3D 零件设计模型文件，其文件名为*.prt。

3）组件：创建 3D 零件模型装配文件，其文件名为*.asm。

4）制造：创建 NC 加工程序，模具设计，其文件名为*.mfg。

5）绘图：创建 2D 工程图，其文件名为*.drw。

6）格式：创建 2D 工程图的图纸格式，其文件名为*.frm。

7）报表：创建模型报表，其文件名为*.rep。

8）图表：创建电路、管路流程图，其文件名为*.dgm。

9）布局：创建产品装配布局，其文件名为*.lay。

10）标记：注解，其文件名为*.mrk.。

“名称”：输出新的文件名，不输入则为默认的文件名。

“使用缺省模板”：使用系统默认的模板选项，如默认的单位、视图、基准平面、图层等设置。若不勾选该项，单击“确定”选项，出现如图 1-10 所示的对话框，在该对话框中可以选取其他的模板样式。

（2）打开。单击“文件”菜单中的“打开”命令，出现如图 1-11 所示的对话框，使用该对话框可以打开系统接受的图形文件。

：转到上一级目录查找文件。

：查看在当前内存中的文件。

：转到当前工作目录。

：在收藏夹中查找目录。

：列出所有的目录。

图 1-10 “新文件选项”对话框

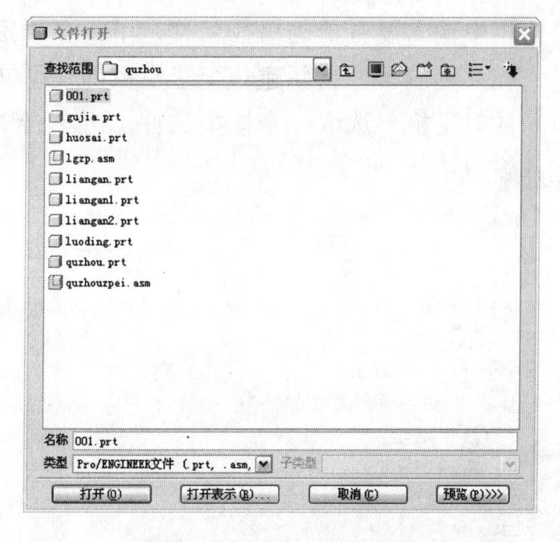

图 1-11 “文件打开”对话框

（3）设置工作目录。单击“文件”菜单中的“设置工作目录”命令，出现如图 1-12 所示的对话框。在“名称”栏中输入一个目录名称，单击“确定”按钮就完成工作目录的设置。设置当前工作目录，可以方便文件的保存和打开，有利于文件的管理。

（4）关闭窗口。单击“文件”菜单中的“关闭窗口”命令，可以关闭当前模型的工作窗口。但是关闭窗口后，创建或打开过的模型文件还保留在内存中，可以在“文件打开”对话框中打开该文件。

（5）保存。单击“文件”菜单中的“保存”命令，可以保存当前工作窗口的模型文件。每保存一次，就生成一个新的版本文件，原来版本的文件不被覆盖。

（6）保存副本。单击“文件”菜单中的“保存副本”命令，出现如图 1-13 所示对话框。输入要保存的目录和文件名，选取相应的文件类型，单击“确定”按钮即可。

图 1-12 “选取工作目录”对话框

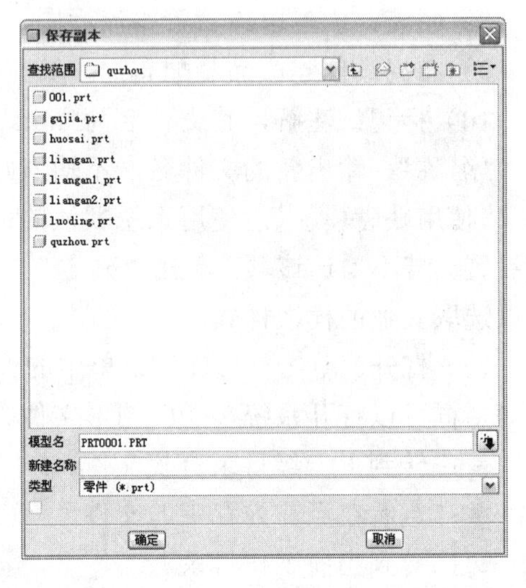

图 1-13 “保存副本”对话框

（7）备份。单击“文件”菜单中的“备份”命令，出现如图 1-14 所示的对话框。在“备份”栏中输入要备份的路径名称，单击“确定”按钮就完成备份。

（8）复制自。当新建一个空模板的模型文件时，单击“复制自”命令，出现如图 1-15 所示的对话框。选取一个模型文件，再单击“确定”按钮，则该模型被复制到新建的模型工作窗口中。

图 1-14 “备份”对话框

图 1-15 “选取模板”对话框

（9）镜像零件。单击“镜像组件”命令，出现如图 1-16 所示的对话框。在“镜像类型”栏中，包括：

1）仅镜像几何：有从属关系控制，镜像后的特征只有几何形状，镜像特征不可更改。

2）包括全部特征数据：不受从属关系控制，镜像特征可以更改。

在“新建名称”栏中，可输入镜像后零件的新名称。

（10）重命名。单击“重命名”命令，出现如图 1-17 所示的对话框，可以更改当前工作窗口的模型文件的名称。在“新名称”栏中输入新的文件名，再选取“在磁盘上和进程中重命名”（更改在硬盘和内存中的文件名）或“在进程中重命名”（更改内存中的文件名）选项。

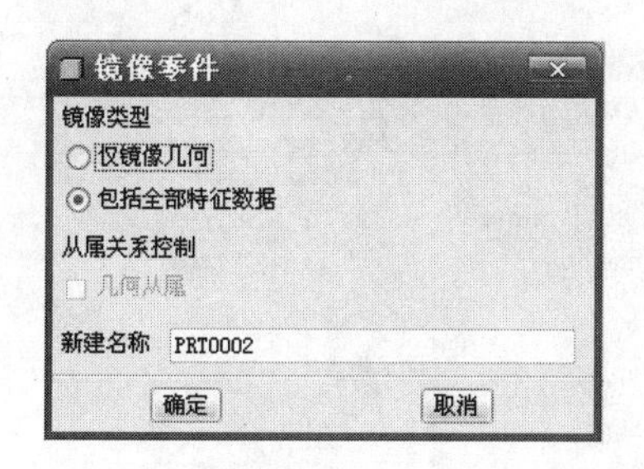

图 1-16 “镜像零件”对话框

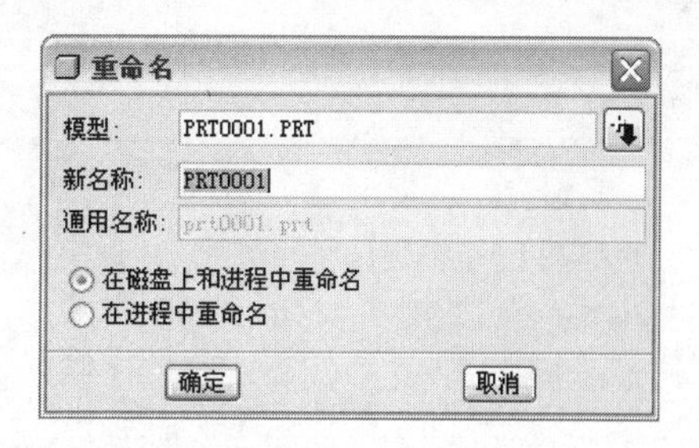

图 1-17 “重命名”对话框

（11）拭除。单击“拭除”命令，出现如图 1-18 所示的下拉菜单，可以将内存中的模型文件擦除，但不会删除硬盘中的原文件。

“当前”：将当前工作窗口中的模型文件从内存中擦除。

“不显示”：将没有显示在工作窗口中，但存在内存中的所有模型文件擦除。

“元件表示”：从进程中擦除未使用的简化表示。

（12）删除。单击“删除”命令，出现如图 1-19 所示的下拉菜单，可以删除当前模型的所有版本文件，或者删除当前模型的所有旧版本，只留下最新版本。单击“所有版本”选项，出现如图 1-20 所示的确认对话框，单击“是”按钮，则删除当前模型文件的所有版本。若单击“旧的版本”选项，出现如图 1-21 所示的提示信息框。

图 1-18 当前下拉菜单

图 1-19 删除下拉菜单

图 1-20 “删除所有确认”对话框

图 1-21 提示信息框

（13）退出。单击命令，出现如图 1-22 所示的对话框，单击“确定”按钮，则退出当前 Pro/ENGINEER Wildfire 3.0 系统。在使用“退出”选项前要先保存文件，否则数据会丢失。

2. 编辑（E）

单击主菜单中的“编辑”菜单，出现如图 1-23 所示的下拉菜单，其内容涉及再生（模型重新生成）、复制（曲面和曲线的复制）、镜像（曲面的镜像）、反向法向、填充（填充平面）、相交（曲面相交）、合并（曲面合并）、阵列（特征阵列）、投影（曲线投影）、包络（曲线缠绕）、修剪、延伸、偏移、加厚（曲面加厚）、实体化（曲面实体化）、隐含（特征抑制）、恢复（释放特征）、删除、属性、设置（模型的设置）、参照（替换参考）、定义（特征复位义）、阵列表（编辑表格阵列）、缩放模型（比例缩放）、组、分组操作、特征操作、选取（特征的选取）、查找、超级链接等功能。

图 1-22 “确认”对话框

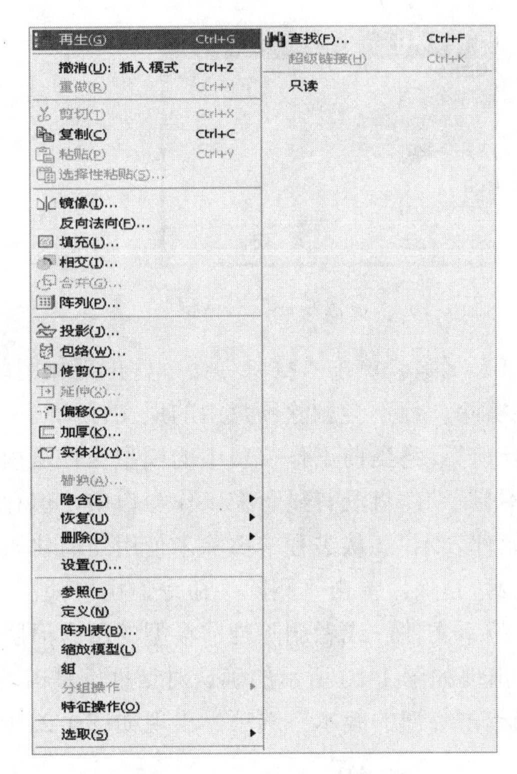

图 1-23 “编辑”下拉菜单

3. 视图（V）

单击主菜单中的“视图”菜单，出现如图 1-24 所示的下拉菜单，其内容涉及重画（刷新当前视图）、着色、渲染窗口、实时渲染、方向（模型定位）、可见性（模型的可见性）、表示（模型的简化表示）、视图管理、颜色和外观、模型设置、层、显示设置等功能。

4. 插入（I）

单击主菜单中的“插入”菜单，出现如图 1-25 所示的下拉菜单，其内容涉及孔、壳、筋、拔模、倒圆角、倒直角、拉伸、旋转、扫描、混合、扫描混合、螺旋扫描、边界混合、可变剖面扫描、模型基准、修饰、造型、小平面特征、扭曲、独立几何、用户定义特征、共享数据、高级等功能。Pro/ENGINEER Wildfire 3.0 版把以前版本层层级进的菜单改成集成的特征面板，操作更加快捷、方便了。

图 1-24 “视图”下拉菜单

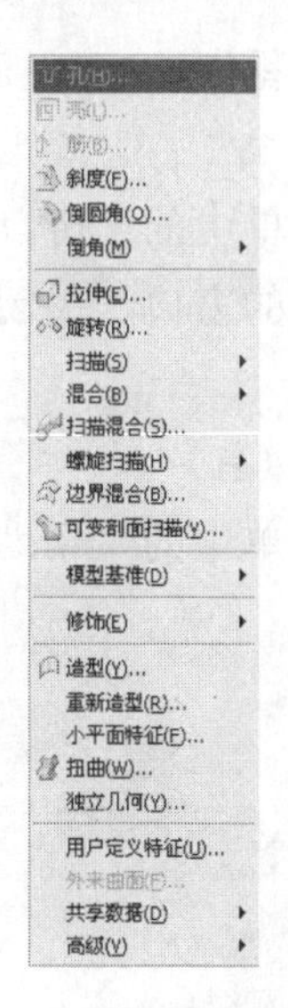

图 1-25 “插入”下拉菜单

5. 分析（A）

单击主菜单中的“分析”菜单，出现如图 1-26 所示的下拉菜单，其内容涉及测量、模型、几何、机械分析、用户定义分析、敏感度分析、可行性/优化、多目标设计研究、Model CHECK、比较零件、保存的分析、隐藏全部、删除、全部删除等功能。

6. 信息（N）

单击主菜单中的“信息”命令，出现如图 1-27 所示的下拉菜单，其内容涉及特征、模型、全局参照查看器、父项/子项、关系和参数、切换尺寸、特征列表、模型大小、进程信息等功能。

7. 应用程序（P）

单击主菜单中的“应用程序”命令，出现如图 1-28 所示的下拉菜单，其内容涉及标准、钣金件、继承、Mechanica（机构模块）、Plastic Advisor（塑料顾问）、模具/铸造等。用户购买的模块不同，在该菜单中显示的内容有所不同。

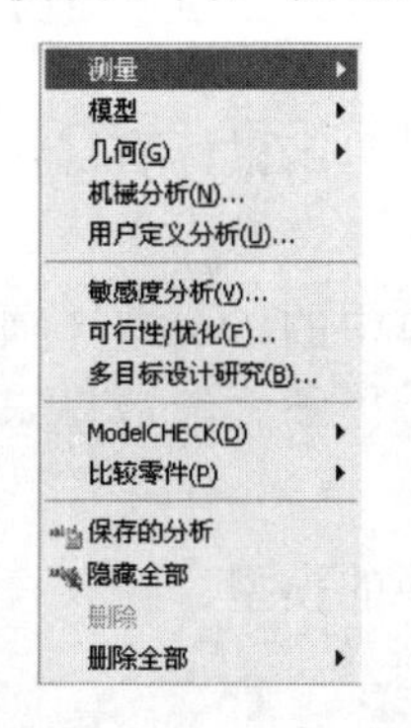

图 1-26 “分析”下拉菜单

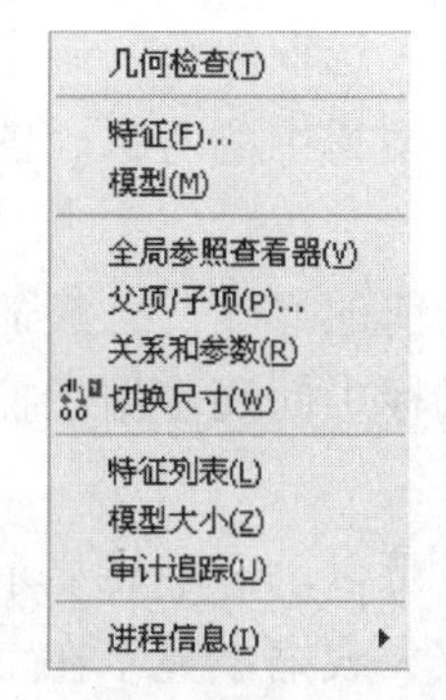

图 1-27 “信息”下拉菜单

图 1-28 “应用程序”下拉菜单

8. 工具（T）

单击主菜单中的“工具”命令，出现如图 1-29 所示的下拉菜单。其内容涉及关系式、参数、族表、程序、UDF 库（用户定义特征库）、模型播放器、选项等。

9. 窗口（W）

单击主菜单中的“窗口”命令，出现如图 1-30 所示的下拉菜单。其内容涉及激活工作窗口、创建新的窗口、关闭窗口、打开系统窗口、窗口最大化、恢复窗口大小、默认窗口大小等。

10. 帮助（H）

单击主菜单中的“帮助”命令，出现如图 1-31 所示的下拉菜单。

图 1-29 “工具”下拉菜单

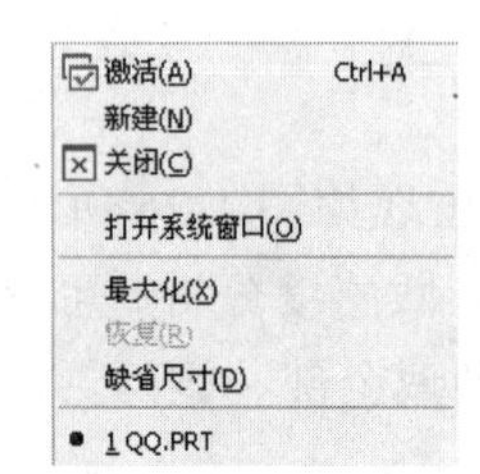

图 1-30 “窗口”下拉菜单

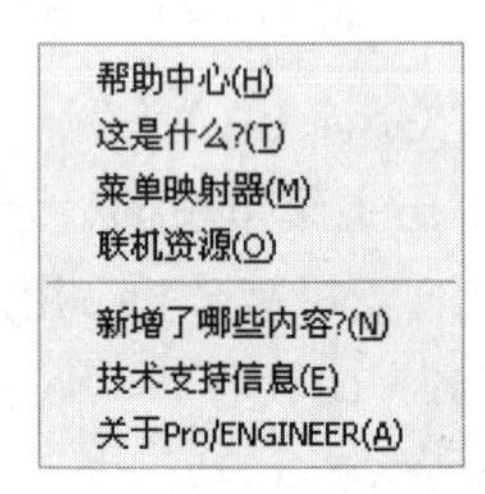

图 1-31 “帮助”下拉菜单

1.4 鼠标的功能

在 Pro/ENGINEER Wildfire 3.0 中使用的鼠标必须是三键鼠标，鼠标的操作有别于 Pro/ENGINEER 2000i、2001 版本中的操作。下面就三键鼠标在 Pro/ENGINEER Wildfire3.0 中的常用操作说明如下。

左键：用于选取菜单、图标按钮、选取对象、确定位置等。

右键：选取在工作区的对象、模型树中的对象、图标按钮等，单击鼠标右键，显示相应的快捷菜单。

中键：单击鼠标中键可以结束当前的操作，一般情况下与菜单中的 Done 选项、对话框中的 OK 按钮功能相同。另外，鼠标中间还可用于控制视图方位、动态缩放显示模型及动态平移显示模型等。具体操作如下：

（1）按住鼠标中键并移动鼠标，可以动态旋转显示在工作区中的模型。

（2）转动鼠标的滚轮可以动态放大或缩小显示在工作区的模型。

（3）同时按住 Ctrl 键和鼠标中键，上下拖动鼠标可以动态放大或缩小显示在工作区的模型。

（4）同时按住 Shift 键和鼠标中键，拖动鼠标可以动态平移显示在工作区的模型。

1.5 环境参数的配置

1.5.1 环境参数的配置

在进入零件模块的工作界面之前，单击主菜单中“工具”→“选项”命令，出现如图 1-32 所示的对话框。

在“选项”栏中输入参数项目的名称，在“值”栏中输入参数项目的值，单击“添加/更改”按钮。等所有参数项目加载完毕，单击“保存”按钮，浏览保存文件的位置，输入文件名。

以下列出基本的配置参数：

allow_anatomic_features（允许不常用的特征选项） yes（是）

bell no（否）

pro_unit_length（长度设计单位） unit_mm（毫米）

pro_unit_mass（质量设计单位） unit_gram（克）

text_height_factor（文本高度比例因子） 40（值越大，字越小）

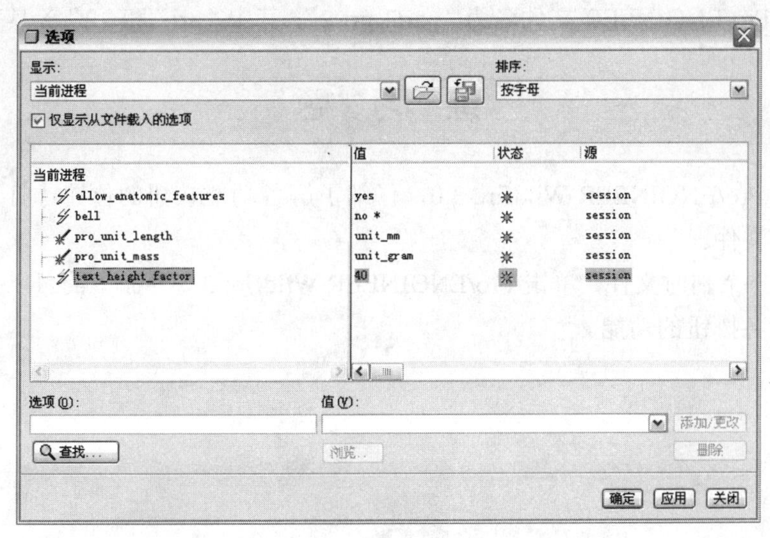

图 1-32 “选项”对话框

1.5.2 环境配置参数的加载

（1）在进入零件模块的工作界面之前，单击主菜单中“工具”→“选项”命令，在弹出的“选项”对话框中单击打开图标按钮。选取已保存的配置参数文件打开，再单击“应用”选项，文件中的参数项目被加载。不退出 Pro/ENGINEER 界面，该参数项目一直有效。

（2）若保存的配置参数文件在工作目录中，且文件名为 Config.pro，Pro/ENGINEER 启动时就会将此文件中的配置项目自动加载。

1.6 小结

本章首先介绍了 Pro/ENGINEER Wildfire 3.0 的启动、退出与工作界面，然后介绍了菜单和鼠标的基本操作，最后又介绍了环境参数的配置。通过本章的学习，读者对 Pro/ENGINEER Wildfire 3.0 的基本操作有了初步的了解。由于 Pro/ENGINEER Wildfire 3.0 功能模块众多，操作复杂，因此在一章之中很难详尽介绍，请读者在后续章节中结合相关内容，不断积累与总结，同时应注意运用帮助文件。

思 考 题

（1）Pro/ENGINEER Wildfire 3.0 如何安装？

（2）拭除文件与删除文件有何不同？

（3）保存文件与备份文件有何不同？

（4）如何将模型文件输出为其他格式的图形文件？

（5）在 Pro/ENGINEER Wildfire 3.0 中三键鼠标中三键各有何功能？

（6）一个 Pro/ENGINEER 文件名为“part1.prt.2”，其中“prt”和“2”各具有什么含义？

练 习 题

（1）打开 Pro/ENGINEER Wildfire 3.0，仔细了解各功能按钮的位置，打开并且浏览一个已经存在的文件。

（2）建立一个临时文件，单击 Pro/ENGINEER Wildfire 3.0 界面中的可以操作的命令按钮，感性认识各按钮的功能。

第2章 二维草绘

教学提示：草绘主要用于绘制二维截面，绝大部分的三维模型是通过对二维截面的一系列特征操作而产生的，因此草绘截面为三维模型设计提供了基础，在实体造型中占有很重要的地位。本章主要介绍草绘工作界面、截面的绘制与编辑、几何约束的添加、尺寸标注与修改等。

教学要求：本章要求读者掌握二维截面的绘制、编辑及标注，且使读者通过对本章的学习，养成良好的草绘习惯，以便大大提高绘图的质量和效率。

2.1 草绘工作界面简介

通常情况下，建立草绘图都是在三维建模的过程中。也可新建一个草绘文件，在需要时可以调用该文件，其文件名为*.sec。新建草绘文件的对话框如图 2-1 所示。

草绘中最常用的命令是主窗口的草绘工具栏，如图 2-2 所示。单击主菜单中“草绘”，也包括草绘工具栏中的命令，如图 2-3 所示。

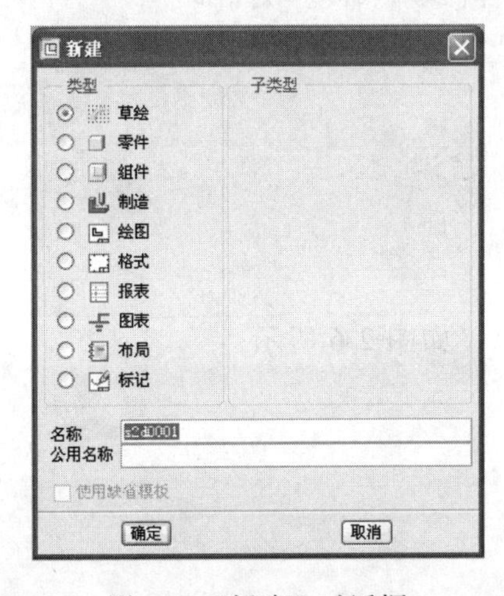

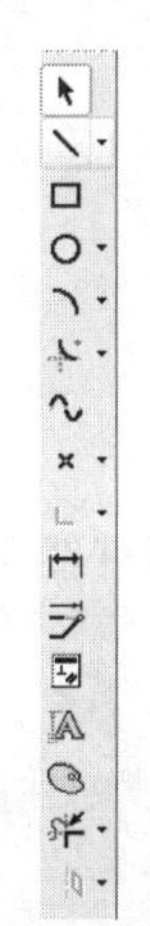

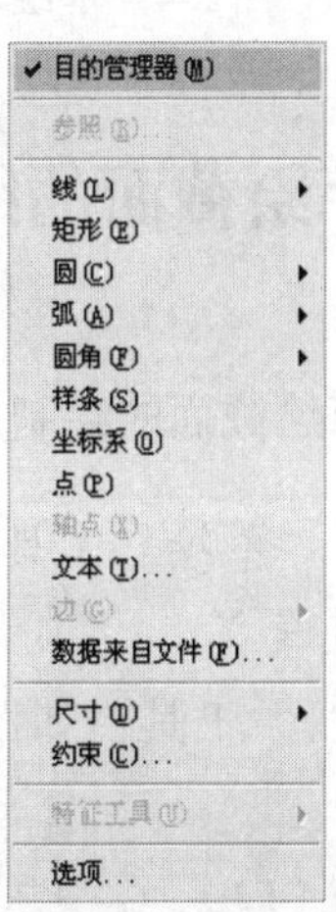

图 2-1 “新建”对话框　　图 2-2 “草绘”工具栏　　图 2-3 “草绘”工具栏下拉菜单

此外，在主窗口上方有与草绘相关的草绘器工具按钮，如图 2-4 所示。

- ：尺寸显示开/关。
- ：约束显示开/关。
- ：网格显示开/关。
- ：端点显示开/关。

：取消上一步操作。

：恢复上一步取消的操作。

若在草绘过程中需要对网格进行捕捉，单击主菜单中“工具”→“环境”命令，弹出如图 2-5 所示的对话框，勾选其中的“栅格对齐”选项，如图 2-5 所示。

图 2-4　草绘器工具按钮

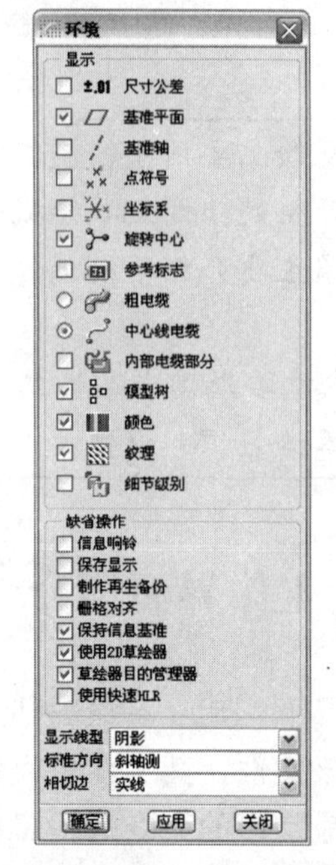

图 2-5　“环境”对话框

2.2　草绘截面的绘制和编辑

2.2.1　草绘截面的绘制

每个“草绘”工具栏和下拉菜单中都有线条绘制命令，如图 2-6 所示。

1. 直线

“直线”工具栏如图 2-7 所示。

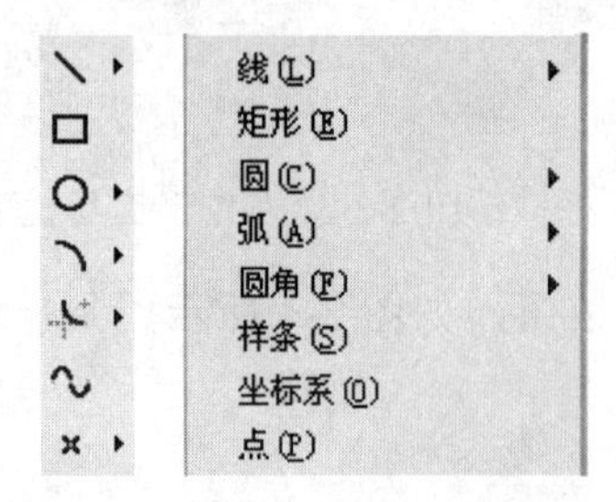

图 2-6 “草绘”工具下拉菜单

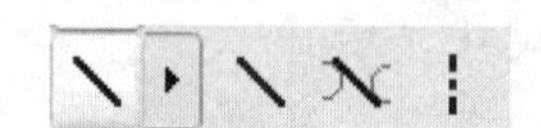

图 2-7 “直线”工具栏

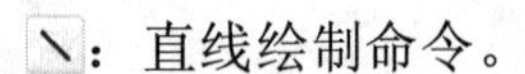：直线绘制命令。

![icon]：相切直线绘制命令。

![icon]：中心线绘制命令。

两点确定一条直线，直线和中心线绘制只需要用鼠标左键单击两点即可完成，单击鼠标中键可以结束直线的绘制。

相切直线的绘制，先选取一个图元（圆弧、圆），拖动鼠标放置到第二图元（圆弧、圆）附近区域，系统会自动捕捉相切点，单击左键确定，如图2-8所示。

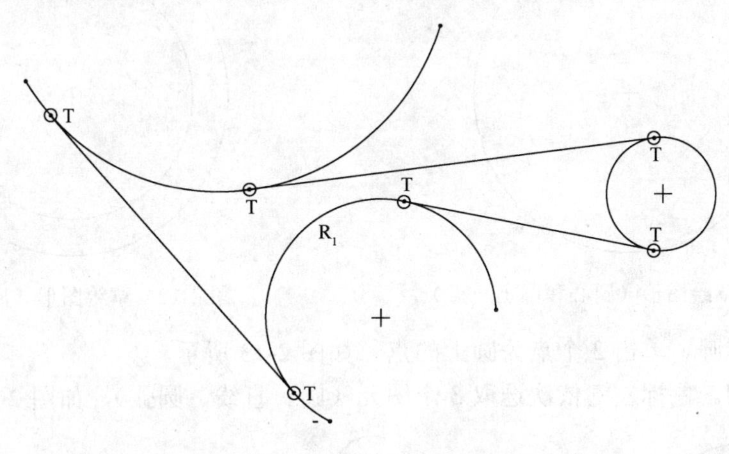

图2-8　草绘图形（相切直线）

2. 矩形

单击“草绘”工具栏中的矩形□按钮，用鼠标左键单击两点即可确定一个矩形，如图2-9所示。

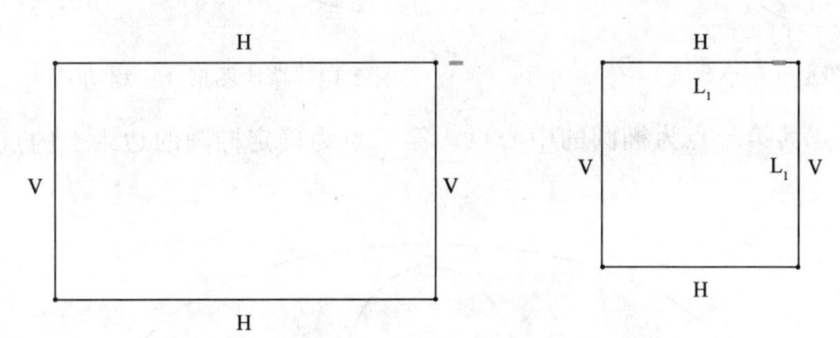

图2-9　草绘图形（矩形）

3. 圆

“圆”工具栏如图2-10所示。

图2-10 “圆”工具栏

○：圆心和圆上的一点。

◎：同心圆。

○：三点作圆。

○：与三条曲线相切确定圆。

○：两点确定椭圆。

（1）圆心和圆上一点。其第一点为中心点，第二点为圆周上的任意一点，如图 2-11 所示。

（2）同心圆。在已创建的圆上单击一点，单击第二点为圆的通过点，如图 2-12 所示。

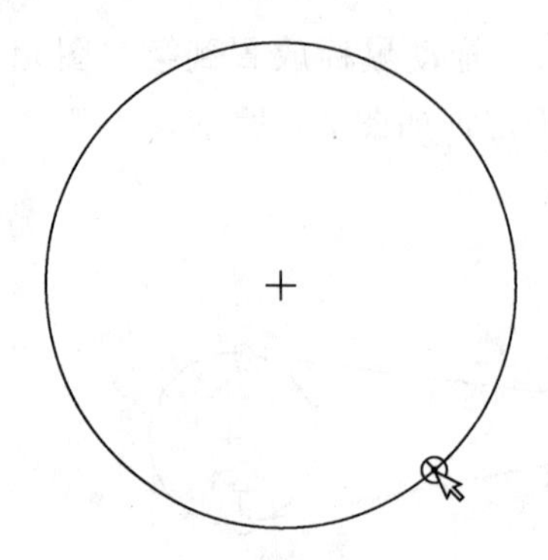

图 2-11　草绘图形（圆心和圆上一点）

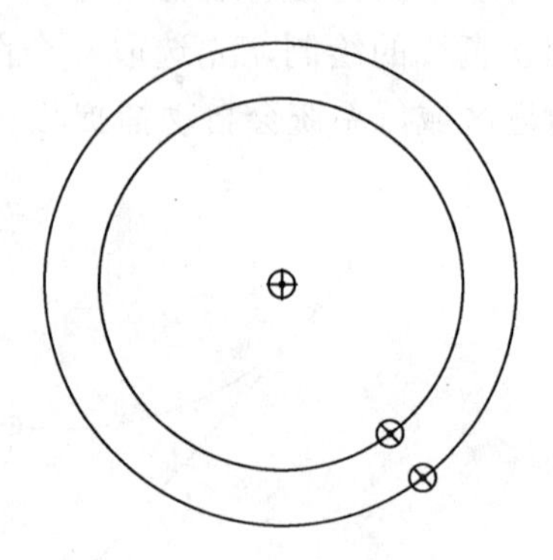

图 2-12　草绘图形（同心圆）

（3）三点作圆。单击 3 个点为圆上的点，如图 2-13 所示。

（4）三相切。鼠标左键依次选取 3 个图元（圆、直线、圆弧），如图 2-14 所示。

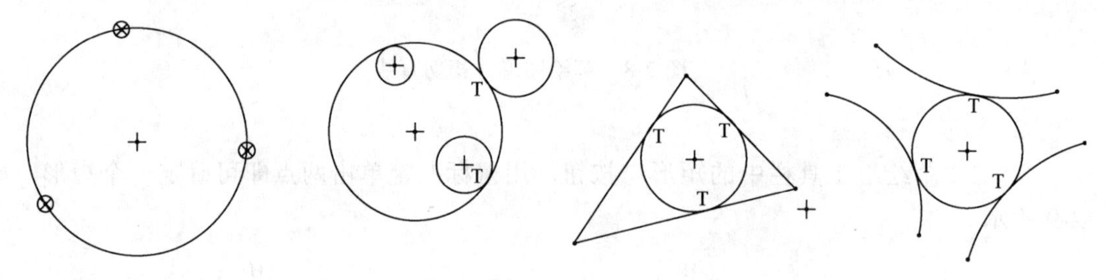

图 2-13　草绘图形（三点作圆）　　图 2-14　草绘图形（三相切）

（5）椭圆。其第一点为椭圆的中心点，第二点为确定椭圆的边缘上的点，如图 2-15 所示。

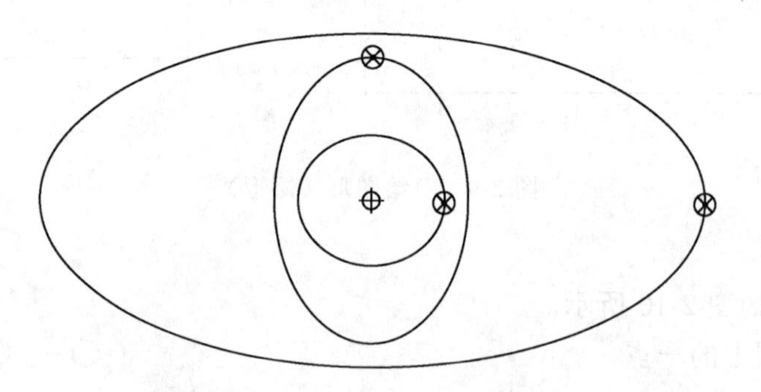

图 2-15　草绘图形（椭圆）

4. 弧

“弧”工具栏如图 2-16 所示。

图 2-16 “弧”工具栏

：三点/端点相切方式。

：同心圆弧方式。

：圆心和圆弧端点方式。

：与三条曲线相切方式。

：圆锥曲线。

（1）三点/端点相切方式。其中第一点为起点，第二点为终点，第三点确定圆弧中间任意一点，当圆弧起点落在直线、圆弧、曲线端点时，则产生和这些线条相切的圆弧，如图 2-17 所示。

（2）同心圆弧方式。鼠标左键选取要同心的圆弧，移动到适当位置，确定起点和终点，如图 2-18 所示。

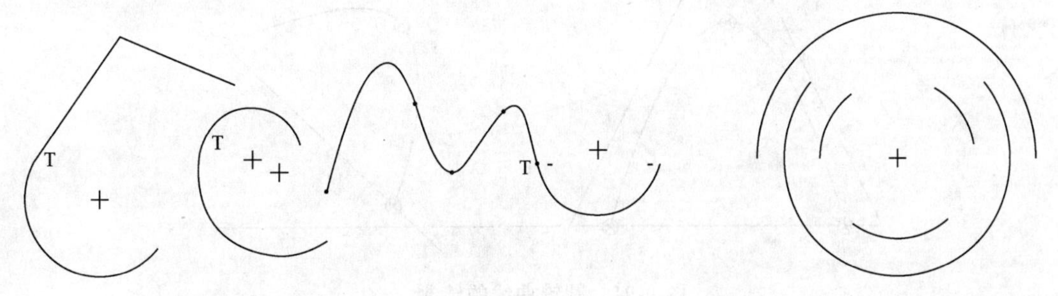

图 2-17　草绘图形（三点/端点相切）　　图 2-18　草绘图形（同心圆弧方式）

（3）圆心和圆弧端点方式。鼠标左键确定圆心，移动鼠标确定起点和终点，如图 2-19 所示。

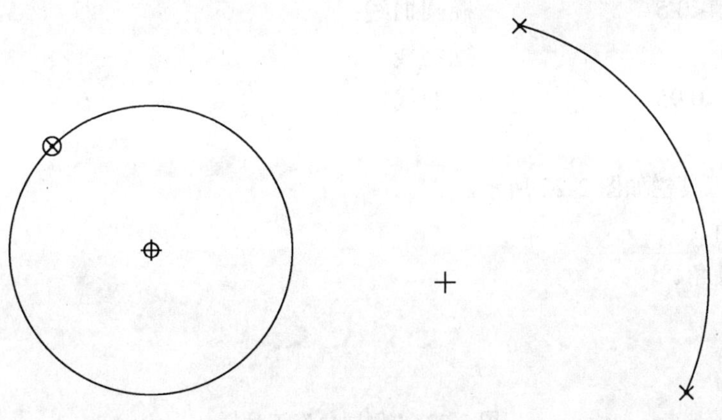

图 2-19　圆弧的绘制

（4）与三条曲线相切方式。鼠标左键选取圆、圆弧或直线，即可产生和其相切的圆弧，如图 2-20 所示。

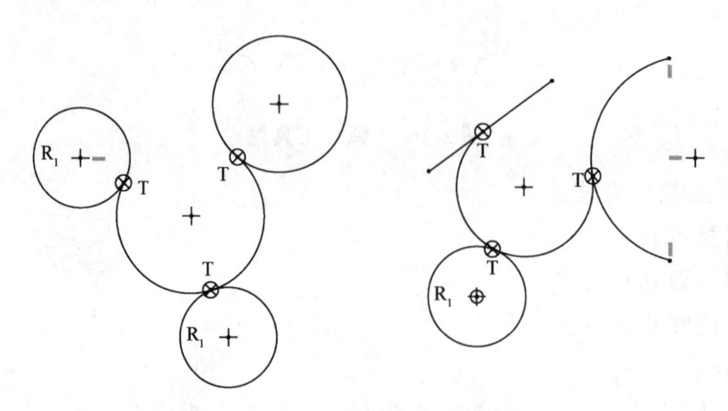

图 2-20　相切圆弧的绘制

（5）圆锥曲线，如图 2-21 所示。

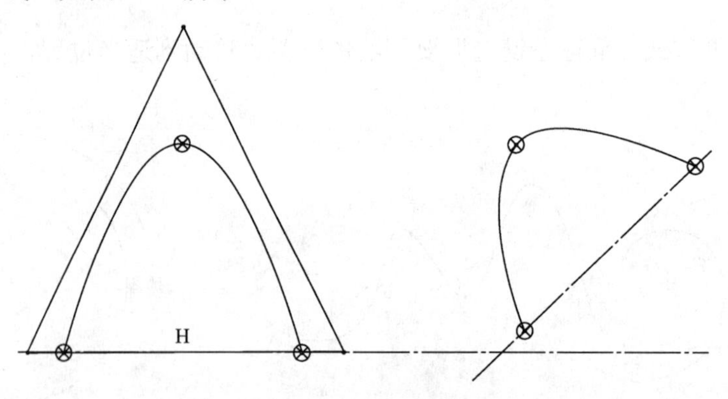

图 2-21　圆锥曲线的绘制

Rho 为圆锥曲线曲率值，介于 0.05～0.95 之间，圆锥曲线按照曲率值的大小，可以分为如下三类：

0.05<Rho 值<0.5	椭圆曲线；
Rho 值=0.5	抛物线；
0.5<Rho 值<0.95	双曲线。

5. 倒圆角

“倒圆角”工具栏如图 2-22 所示。

：倒圆角。

：倒椭圆角。

图 2-22　“倒圆角”工具栏

鼠标选取或按钮，依次单击两图元（直线、圆、曲线、圆弧）即可完成倒角，如图 2-23 所示。

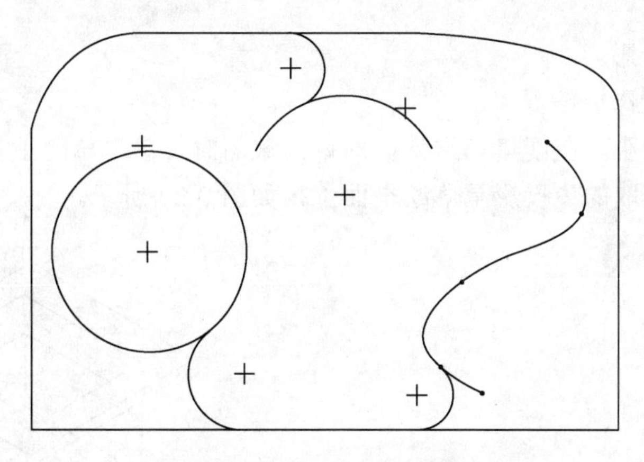

图 2-23　草绘图形（倒圆角）

6. 样条曲线

单击草绘工具栏中的～按钮，单击一系列通过的点，那么点与点之间则以光滑的曲线连接，如图 2-24 所示。

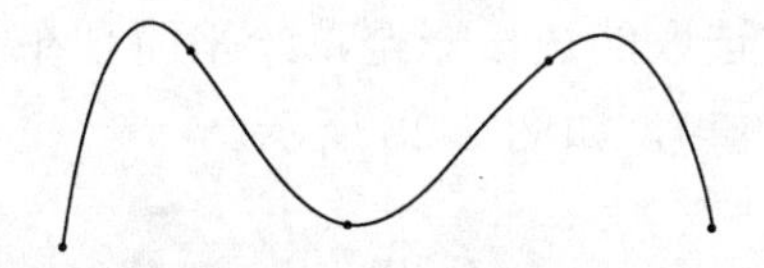

图 2-24　样条曲线的绘制

（1）点的移动：用鼠标左键按住样条曲线上的某一点，拖动鼠标即可实现点的移动。

（2）增加曲线的内插点：双击曲线，在曲线上想要增加点的地方右键单击，再单击“增加点”命令，即可在曲线上增加一个点。

（3）删除曲线内插点：双击曲线，在曲线上某一点上右键单击，再单击“删除点”命令，则该点被删除。

7. 点

“点”工具栏如图 2-25 所示。

×：创建点。

⅄：创建草图坐标系。

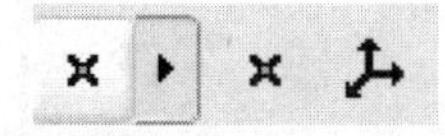

图 2-25 “点”工具栏

（1）点。在绘制点的位置单击鼠标左键即可，且系统会自动捕捉邻近的曲线端点位置作点。

（2）坐标系。在创建某些特征（旋转混合、一般混合等特征）时，需要用到草图坐标系。在绘制草图坐标系的位置单击鼠标左键即可。

8. 使用边线投影

边线投影工具栏如图 2-26 所示。

▢：使用边线投影。

▢：使用边线投影后偏置。

（1）使用边线投影。在创建三维特征的草绘截面时，单击草绘工具栏中的▢按钮，选取实体的边，则被选取的边投影至草绘平面上，如图 2-27 所示。

图 2-26　使用边线投影工具栏

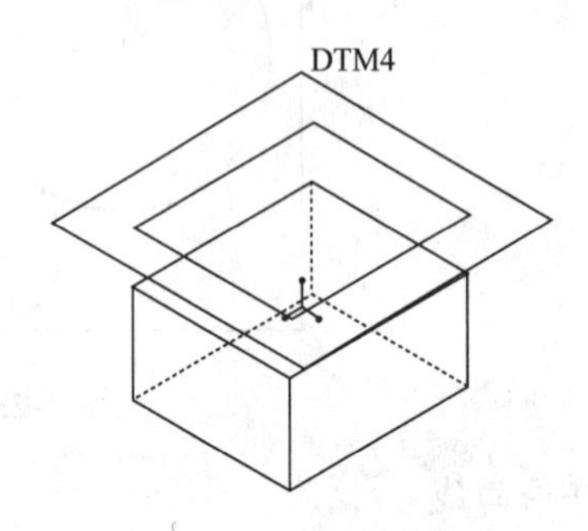

图 2-27　实体边的利用

（2）使用边线投影后偏置。在创建三维特征的草绘截面时，单击“草绘”工具栏中的▢按钮，选取实体的边，则被选取的边投影至草绘平面且在箭头所指方向偏置，在信息区文本栏中输入偏置值（可为负值），如图 2-28 所示。

9. 文本

在创建三维特征的草绘截面时，如果需要输入文本（如产品的品牌、生产日期等），那么只需单击草绘工具栏中的▢按钮，任意单击两点确定文本的高度，线的角度代表文本的方向。完成如图 2-29 所示的对话框。完成文字输入及设置（中文版可以输入汉字），单击✓按钮，结果如图 2-30 所示。

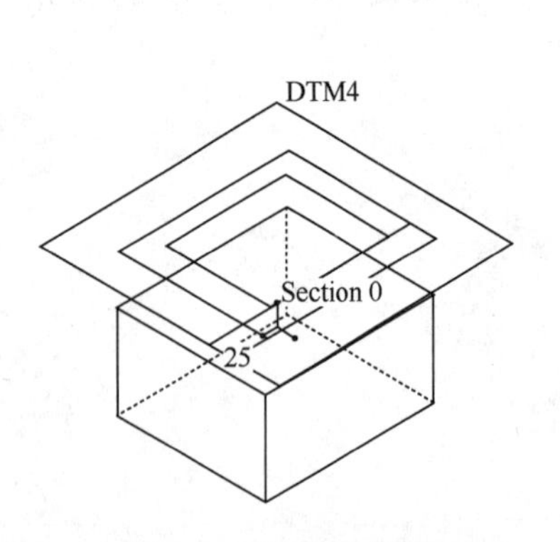

图 2-28　利用边偏移

图 2-29　“文本”对话框

图 2-30　文本创建

若需要文字是正立的，直线的终点位于起点的上方；相反，需要文字是倒立的，直线的终点位于起点的下方；若文字要沿着轨迹线放置，勾选“沿曲线放置”选项，如图 2-31 所示。再选取文字附着的轨迹线，结果如图 2-32 所示。

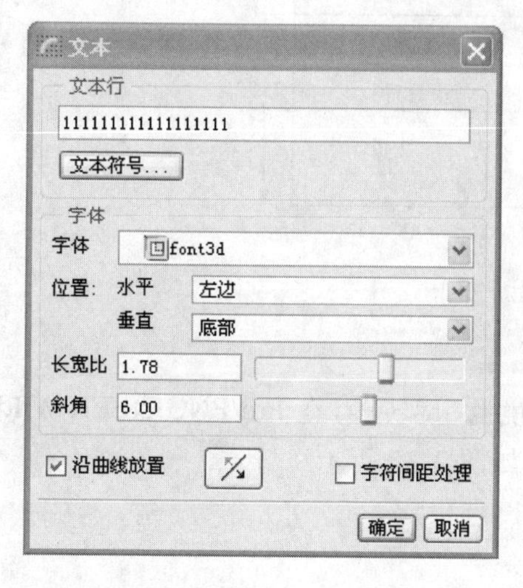

图 2-31 “文本”对话框

图 2-32 文本沿曲线放置

2.2.2 草绘截面的编辑

1. 选取对象

选取对象在草绘中经常用到。如选中曲线后可对其进行删除操作，也可对线条进行拖动修改等。单击草绘工具栏中的按钮，处于按下状态为选取状态，可用鼠标左键选取要编辑的图素。

单击主菜单中“编辑”→“选取”命令，出现如图 2-33 所示的菜单，有多种选取对象的方法。

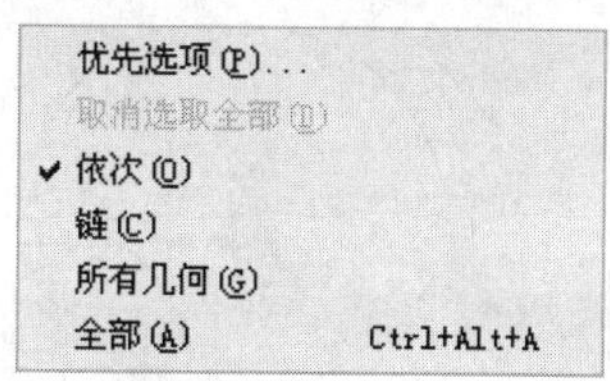

图 2-33 选取下拉菜单

“依次”：每次选取一个图素；按住 Ctrl 键时，则可选取多个图素。此外，按下鼠标左键拖出一个矩形框，这时框内的图素全被选中。

“链”：选取链的首尾，介于之间的曲线一起被选取。

“所有几何”：选取所有几何元素（不包括标注尺寸、约束）。

“全部”：选取所有项目。

2. 修改与移动尺寸

选取状态下，在标注尺寸值上双击鼠标左键可以修改其数值，如图 2-34 所示。在标注尺寸被选中后，按住左键拖动鼠标可以移动尺寸的位置。

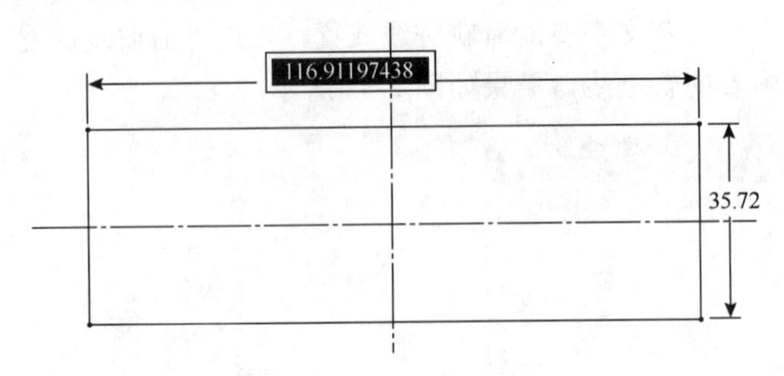

图 2-34 修改与移动尺寸

3. 几何工具

几何工具可以对截面曲线进行编辑，如修剪、镜像、旋转等。在 Pro/ENGINEER Wildfire 3.0 中几何工具分为两类：复制工具和修剪工具，如图 2-35 所示。

（1）复制工具，如图 2-36 所示。

：镜像曲线工具。

：旋转及缩放工具。

：复制曲线工具。

图 2-35 复制和修剪下拉菜单

图 2-36 复制工具栏

1）镜像曲线。选取要镜像的曲线，单击主菜单中“编辑”→“镜像”命令或单击“草绘”工具栏中的按钮，再选取镜像中心线，可以镜像曲线，如图 2-37 所示。

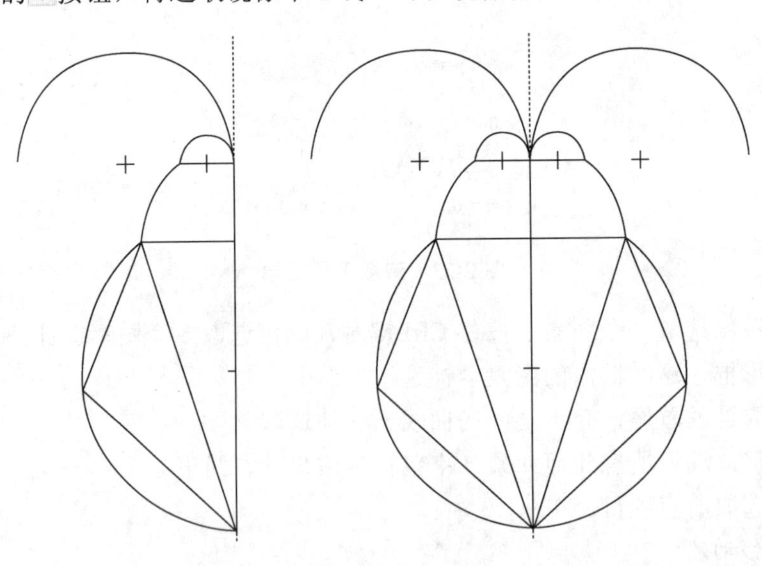

图 2-37 镜像图形

2）旋转及缩放。选取曲线，单击主菜单中“编辑”→“缩放和旋转”命令或单击“草绘”工具栏中的按钮，出现如图2-38所示的对话框。

在截面上拖动如图2-39所示的图标，可以对该截面作旋转、缩放、平移等操作。

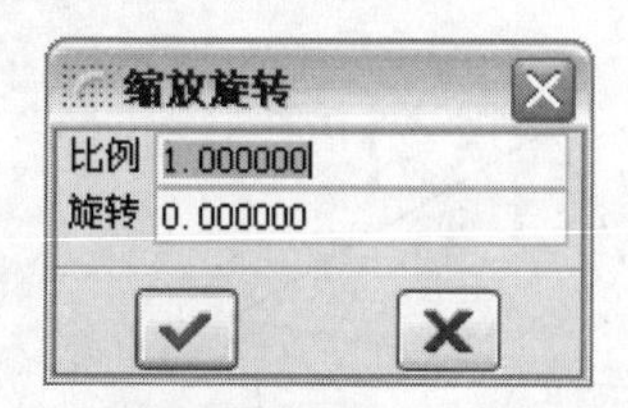

图2-38 “旋转缩放”对话框

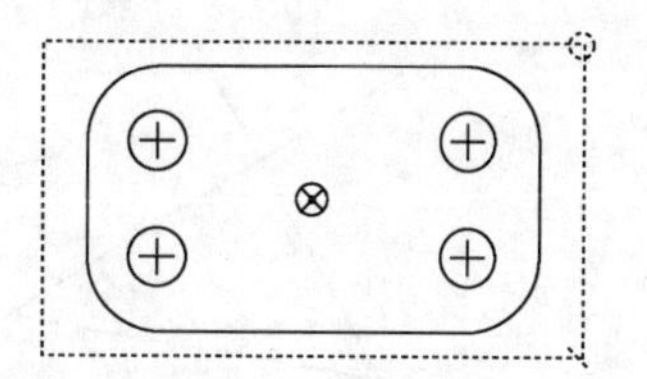

图2-39 旋转截面

3）复制曲线。选取曲线，单击主菜单中“编辑”→“复制”命令（或者按Ctrl+C组合键），再单击主菜单中“编辑”→“粘贴”命令（或者按Ctrl+V组合键），然后在屏幕上任意位置单击，即可复制图形，和旋转及缩放功能相似，不同之处在于其保留了复制前的图素，如图2-40所示。

（2）修剪工具，如图2-41所示。

：动态修剪曲线。

：修剪成一个角。

：分割曲线。

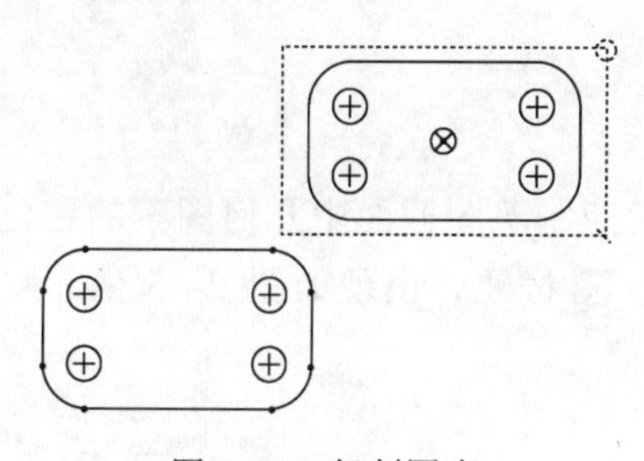

图2-40 复制图素

图2-41 修剪工具栏

1）动态修剪。单击主菜单中“编辑”→“修剪”→“删除段”命令或单击“草绘”工具栏中的按钮，单击左键选取要修剪的部分，再按住鼠标左键移动光标，使其通过要删除的线段，此时出现一条高亮显示的鼠标移动轨迹线，该轨迹通过的线段会高亮显示，此时放开鼠标左键，选中的线段被删除，如图2-42所示。

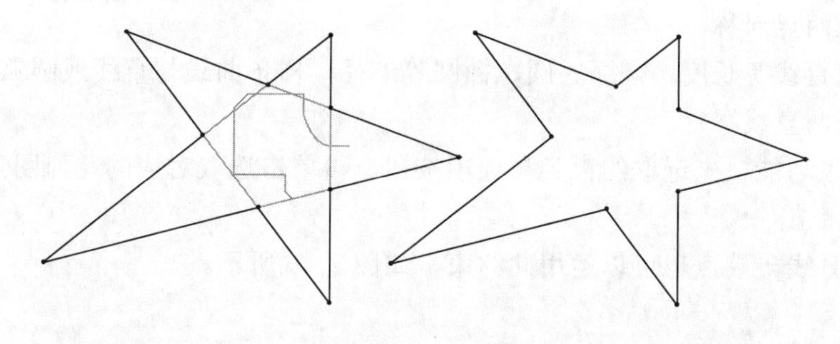

图2-42 动态修剪

2）修剪成角。单击主菜单中“编辑”→“修剪”→“拐角”命令或单击“草绘”工具栏中的按钮，单击两条要保留的线段，系统将选取的部分保留以形成一个角，如图 2-43 所示。

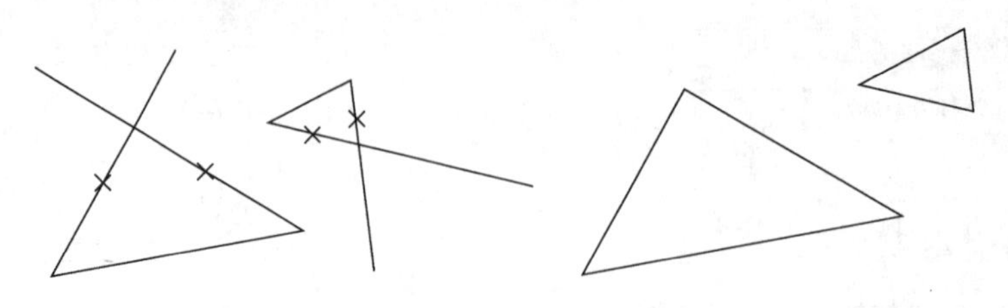

图 2-43　修剪成角

3）分割。单击主菜单中“编辑”→“修剪”→“分割”命令或单击草绘工具栏中的按钮，单击要分割的曲线，系统在单击的位置将该曲线分割，如图 2-44 所示。

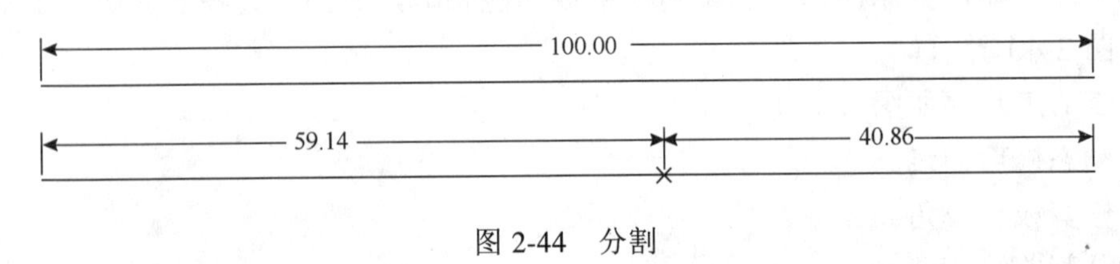

图 2-44　分割

2.3　草图截面的几何约束

约束分为几何约束和尺寸约束。几何约束是指控制草图截面中几何图素的定位、方向及几何图素之间的相互关系。单击草绘工具栏中的按钮，出现如图 2-45 所示“约束”对话框，包括选项如下：

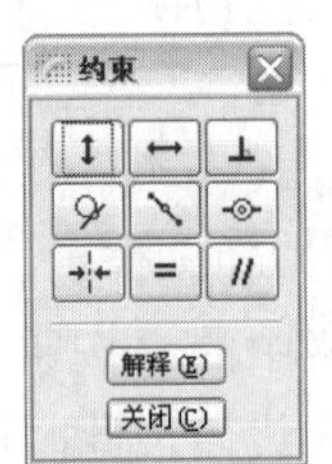

图 2-45　“约束”对话框

：使直线或两点竖直。

：使直线或两点水平。

：使两曲线正交。

：使两曲线相切。

：使点在直线的中点位置。

：约束点重合、点在曲线上、共线。

：约束两点对称。

：约束直线等长度，圆弧、圆、椭圆等半径，样条曲线与直线或圆弧等曲率。

：约束两直线平行。

要使用约束功能，先选取约束类型选项按钮，再单击选取对应的几何图素。

1. 水平、竖直

除了约束直线，端点也可以运用此约束，如图 2-46 所示。

2. 相切

单击“约束”对话框中的按钮，选取要相切的两条曲线，如图 2-47 所示。

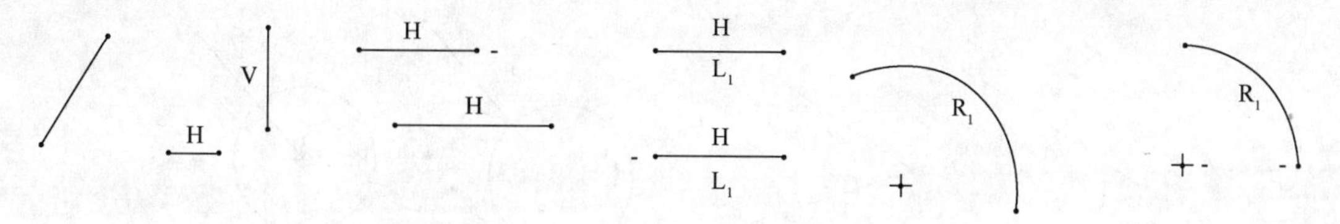

图 2-46　水平、竖直约束

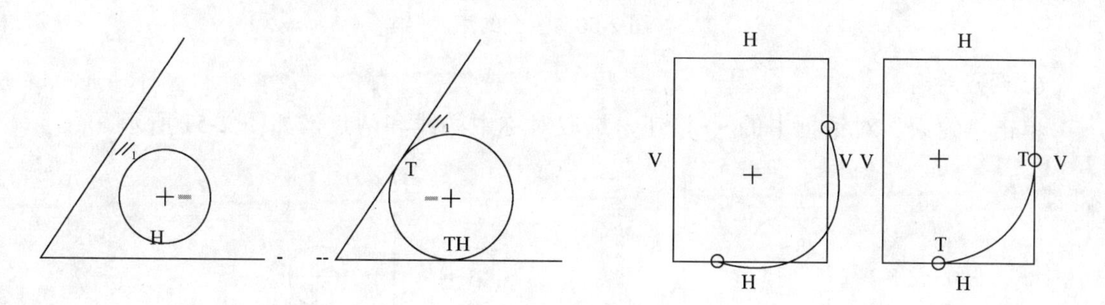

图 2-47　相切约束

3. 垂直

单击“约束”对话框中的⊥按钮，选取要垂直的两条曲线，如图 2-48 所示。

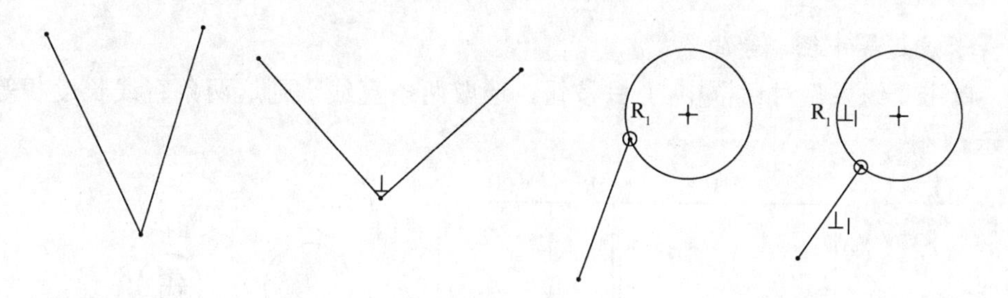

图 2-48　点垂直约束

4. 点在直线中点位置

单击“约束”对话框中的按钮，选取一点（端点或点图元）和一条直线，则该点位于直线的中点位置，如图 2-49 所示。

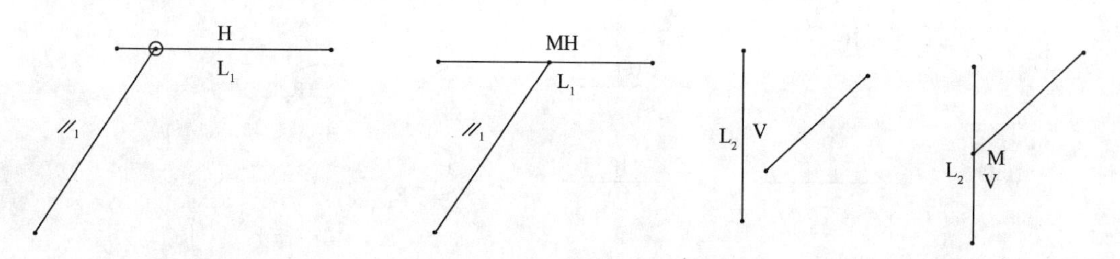

图 2-49　点在线上约束

5. 点重合、点在曲线上、共线

单击“约束”对话框中的按钮，选取点与点、点与线、直线与直线，如图 2-50 所示。

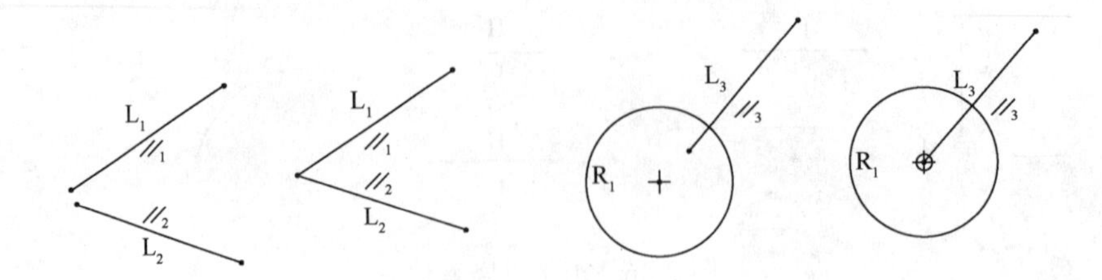

图 2-50　重合约束

6. 两点对称

单击“约束”对话框中的按钮，选取对称中心线和两点，如图 2-51 所示。

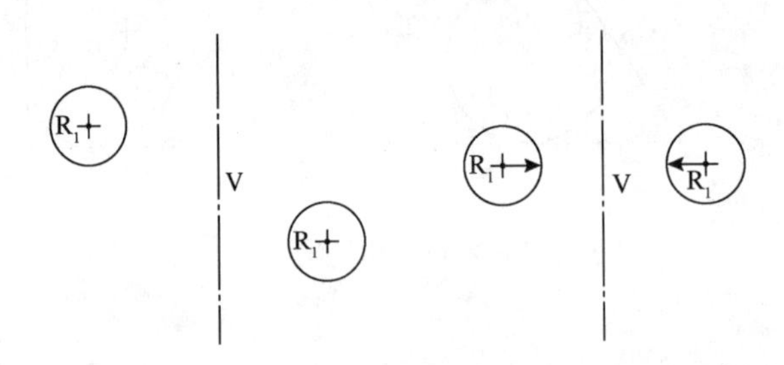

图 2-51　对称约束

7. 等长度、等半径、等曲率

（1）单击“约束”对话框中的 = 按钮，选取两条直线，则这两条直线长度相等，如图 2-52 所示。

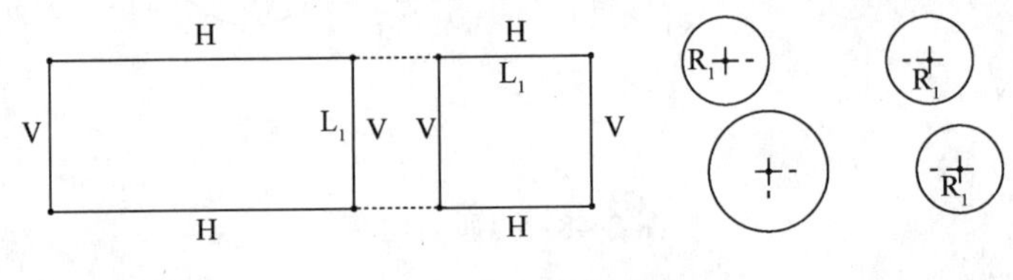

图 2-52　相等约束

（2）单击“约束”对话框中的 = 按钮，选取两个圆，则两个圆半径相等，如图 2-53 所示。

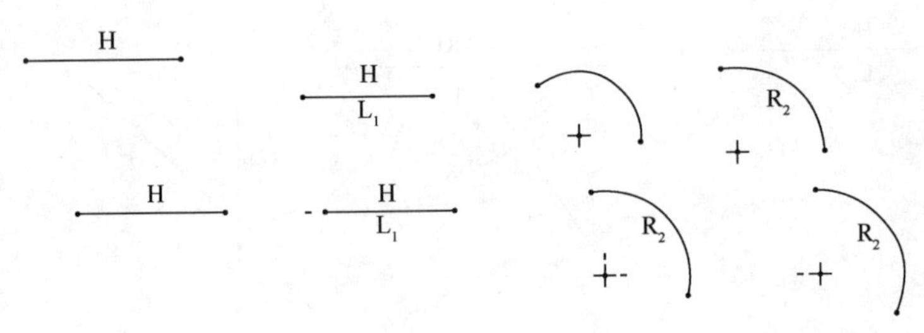

图 2-53　相等约束

（3）单击“约束”对话框中的 = 按钮，选取一条直线与一条直线，则这两条相等，如图 2-54 所示。

8. 直线平行

单击“约束”对话框中的 // 按钮，选取两条直线，则这两条直线平行，如图 2-55 所示。

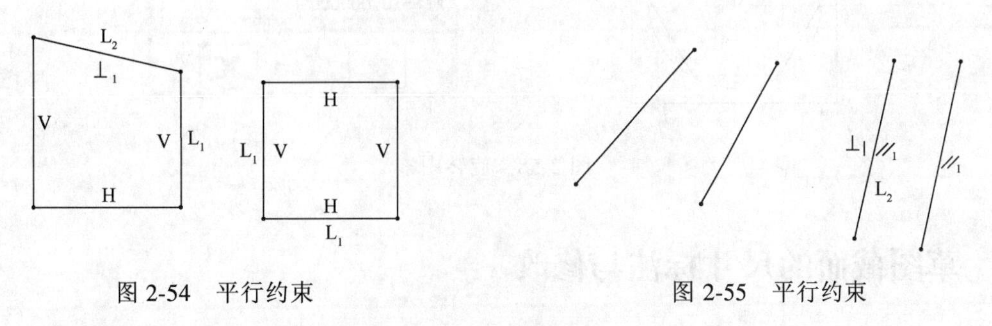

图 2-54　平行约束　　　　图 2-55　平行约束

注意　若需删除黄色强约束，可以采用删除对象的方式去除。

2.4　由调色板调入几何造型

绘制一些特殊草图截面时，可单击主菜单中“草绘”→“数据来自文件”→“调色板”命令或单击“草绘工具栏”中的按钮，即可见“草绘器调色板”对话框，如图 2-56 所示。

例如，调入正六边形。首先单击主菜单中“草绘”→“数据来自文件”→“调色板”命令或单击草绘工具栏中的按钮，单击多边形选项卡，找到六边形选项，双击鼠标左键，在屏幕任意位置单击，则弹出缩放旋转对话框，同时在屏幕上生成六边形，如图 2-58 所示。输入比例和旋转值，然后单击 ✔ 按钮，即调入了正六边形。

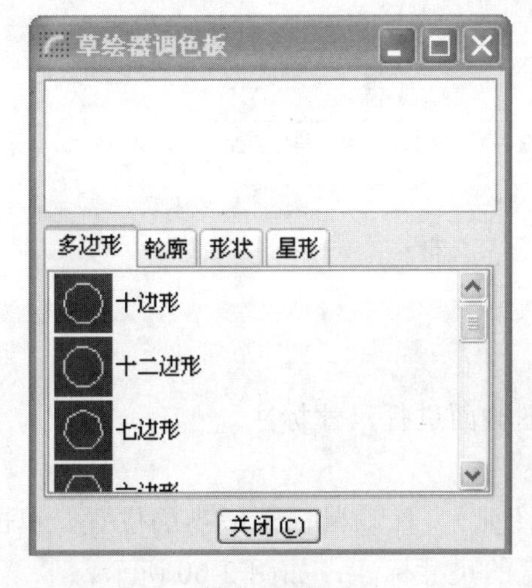

图 2-56　草绘器调色板（一）

图 2-57　草绘器调色板（二）

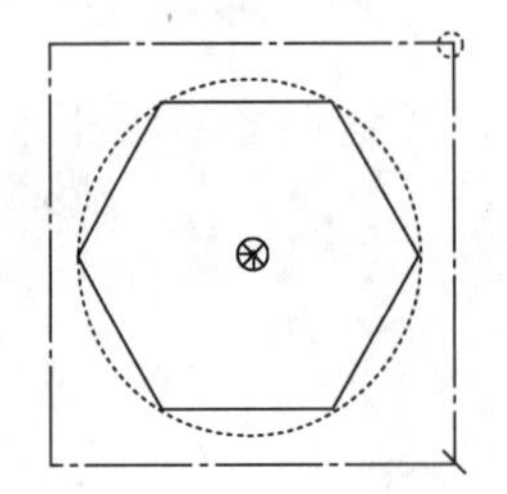

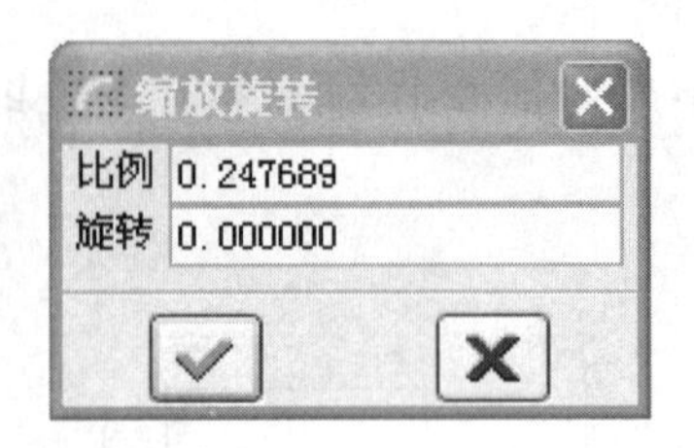

图 2-58 旋转图素

2.5 草图截面的尺寸标注与修改

完成草图截面的几何约束后，单击主菜单中“草绘”→“尺寸”→“垂直”命令或单击“草绘”工具栏中的按钮，可以对草图截面进行人工标注尺寸。

绘制截面曲线时，单击主菜单中“草绘”→“目的管理器”命令处于选取状态，系统自动标注的尺寸为弱尺寸。进行了修改或人工标注后的尺寸会高亮显示（默认为黄色），称为强尺寸。在草图截面中不允许有多余的尺寸，如标注了强尺寸，系统自动替换弱尺寸。此外，有多余的尺寸标注（过标注）时，系统会弹出如图 2-59 所示的对话框，用户要有选取性地删除等价的约束（标注尺寸或几何约束）。

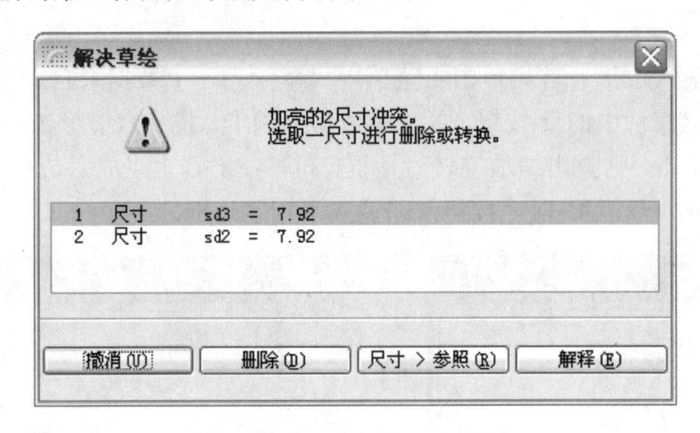

图 2-59 “解决草绘”对话框

2.5.1 尺寸标注

单击“草绘”工具栏中的按钮，可以对草图截面进行尺寸标注。

1. 距离标注

（1）点与点。选取要标注的两点（端点或点图元），移动鼠标至适当的位置，单击鼠标中键确认尺寸的放置位置，即可创建水平或竖直的尺寸标注，如图 2-60 所示。

若在矩形内部单击鼠标中键确认尺寸的放置位置，则会出现倾斜的尺寸标注，如图 2-61 所示。从而说明单击鼠标中键位置的不同会导致出现不同的标注形式。

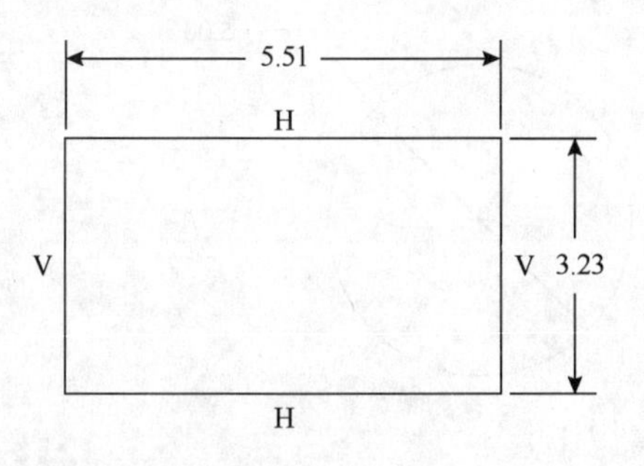

图 2-60 标注图素（一）

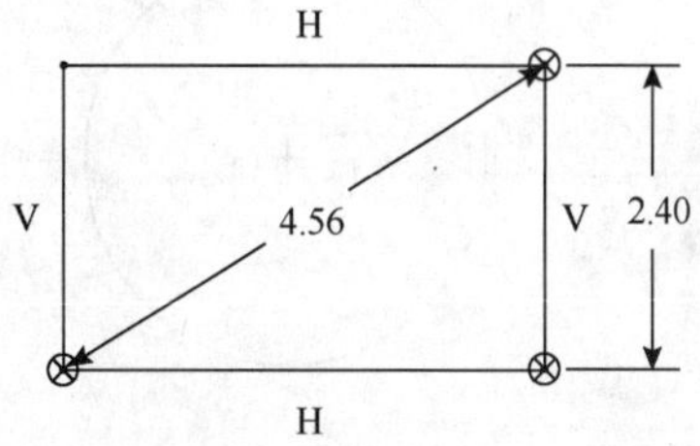

图 2-61 标注图素（二）

（2）点与直线标注。单击选取一点和一条直线，在需要放置尺寸的位置单击鼠标中键，即可创建尺寸标注，如图 2-62 所示。

（3）两平行直线标注。选取两条平行直线，在需要放置尺寸的位置单击鼠标中键，即可创建距离的标注，如图 2-63 所示。

（4）圆弧与圆弧标注。单击选取两圆弧，再单击鼠标中键确认尺寸的放置位置，出现如图 2-64 所示的对话框。

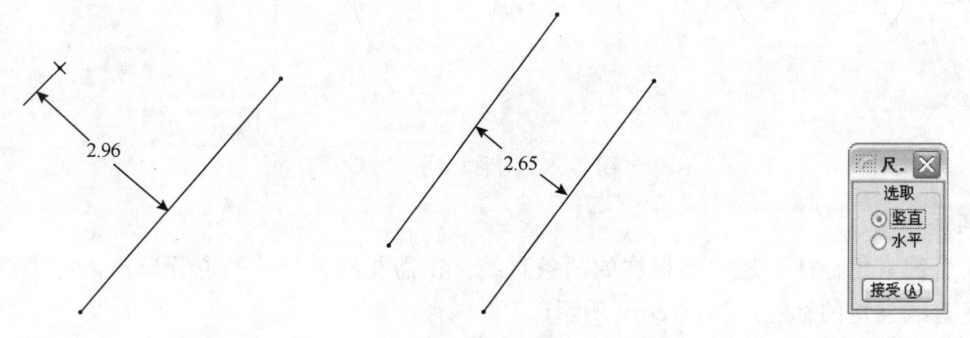

图 2-62 标注图素（三） 图 2-63 标注图素（四） 图 2-64 “尺”对话框

选取“水平”选项，再单击“接受”按钮，即可创建水平尺寸标注，如图 2-65 所示。若选取“竖直”选项，即创建竖直尺寸标注，如图 2-66 所示。

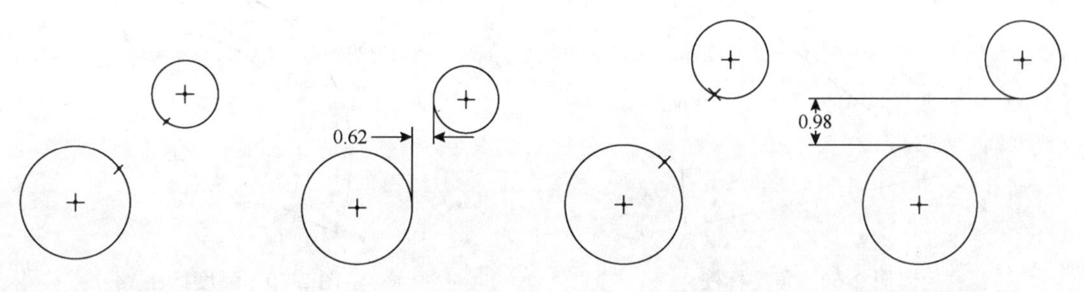

图 2-65 标注图素（五） 图 2-66 标注图素（六）

（5）圆弧半径或直径标注。在圆弧上左键单击，再单击鼠标中键，即可创建圆弧半径的标注。若在圆弧上左键双击，再单击鼠标中键，即可创建圆弧直径的标注，如图 2-67 所示。

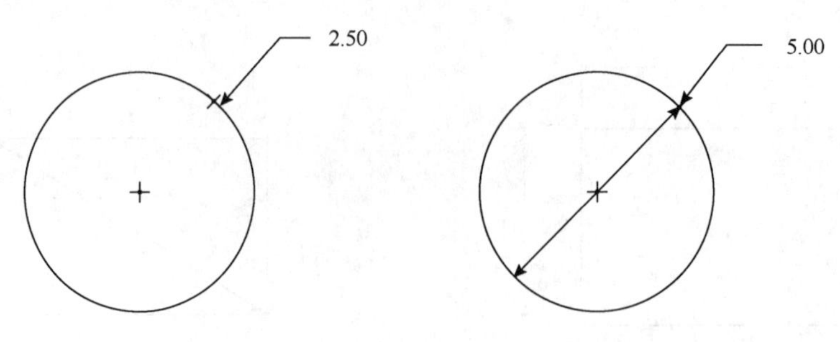

图 2-67　标注图素（七）

（6）对称标注。第 1 步选取中心线，第 2 步选取曲线端点，第 3 步再选取中心线，单击鼠标中键确认尺寸的放置位置，即可创建对称标注，如图 2-68 所示。

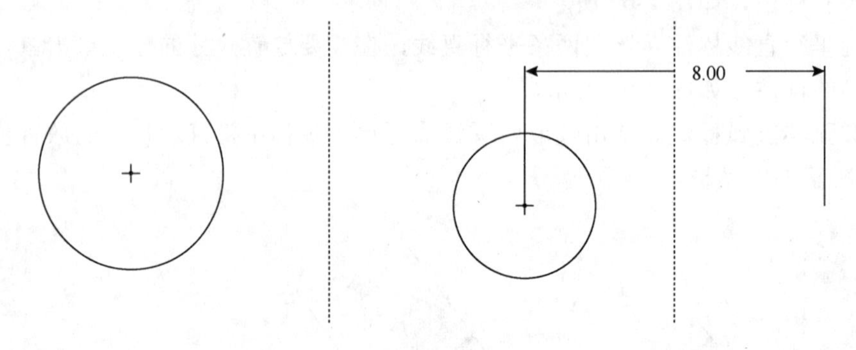

图 2-68　对称标注

2. 角度标注

（1）直线夹角标注。选取要标注的两条直线，在需要放置尺寸的位置单击鼠标中键，即可创建直线夹角的标注，如图 2-69 所示。

（2）圆心角标注。选取圆弧的两个端点和圆弧上的一点，在需要放置尺寸的位置单击鼠标中键，即可创建圆心角的标注，如图 2-70 所示。

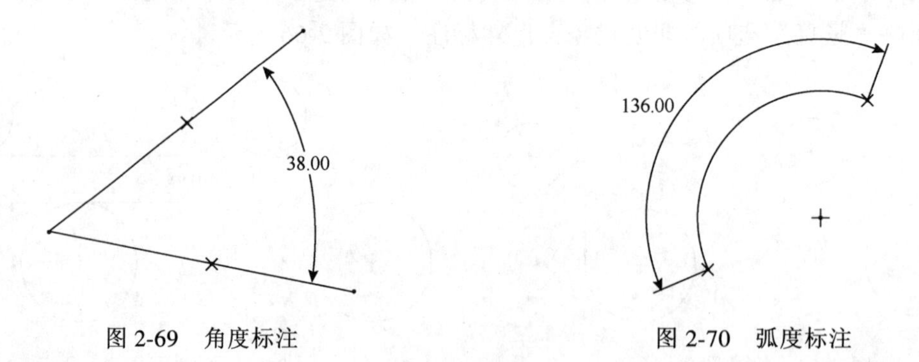

图 2-69　角度标注　　　　图 2-70　弧度标注

（3）样条曲线切线角标注。分别选取参照中心线、样条曲线的端点或经过点、样条曲线，三者不分先后顺序，在需要放置尺寸的位置单击鼠标中键，即可创建样条曲线切线角的标注，如图 2-71 所示。

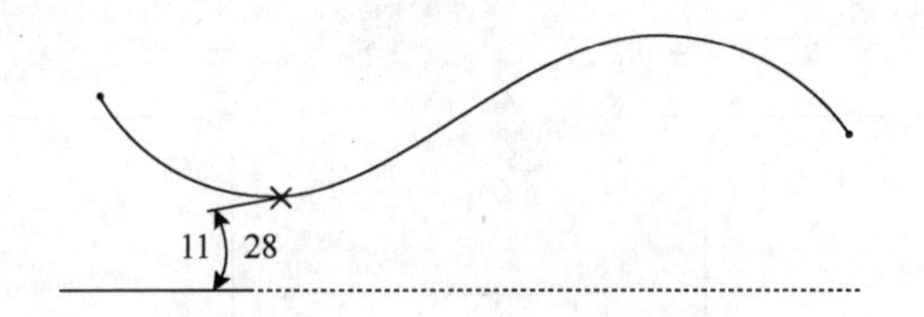

图 2-71　样条曲线切线角标注

2.5.2　尺寸修改

尺寸标注完成后，用户需要对尺寸值进行修改。修改尺寸值有三种方法。

（1）移动光标至需要修改尺寸值的位置上，双击鼠标左键，在文本框中重新输入尺寸值，按 Enter 键确认。

（2）选取要修改的尺寸（一个或多个），单击“草绘”工具栏中的按钮，出现如图 2-72 所示的“修改尺寸”对话框，使用该对话框中选项可修改尺寸值。

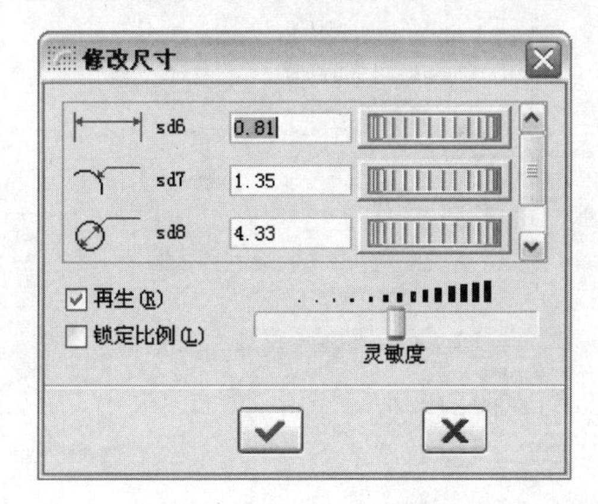

图 2-72　“修改尺寸”对话框

（3）单击“草绘”工具栏中的按钮，选取要修改的尺寸，设定“修改尺寸”对话框中的选项，可修改尺寸值。

“再生”：根据输入的尺寸值系统更新草图截面。处于勾选状态下，每一尺寸值的修改都立即反映在草图截面上，若不勾选该项，完成所有尺寸的修改，单击按钮，则所有尺寸值一起更新。

注意　当修改前后尺寸数值变化较大时，不要勾选“再生”按钮，因为单个尺寸的自动更新会引起草图截面不符合几何图形构建要求，因此需要等所有尺寸修改完成后一起更新。

“锁定比例”：使所有被选中的尺寸（角度尺寸除外）保持比例不变。

以图 2-73 所示尺寸值的修改为例介绍修改尺寸的步骤：

（1）单击“草绘”工具栏中的按钮，使处于选取状态下，拖出一个矩形框（或按住 Ctrl 键）选取需要修改的尺寸。

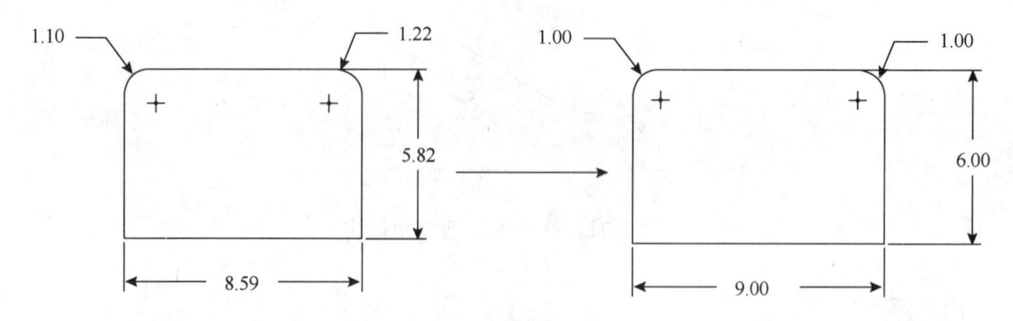

图 2-73　尺寸值的修改

（2）单击“草绘”工具栏中的按钮，在修改尺寸对话框的文本框中重新输入尺寸值，如图 2-74 所示。

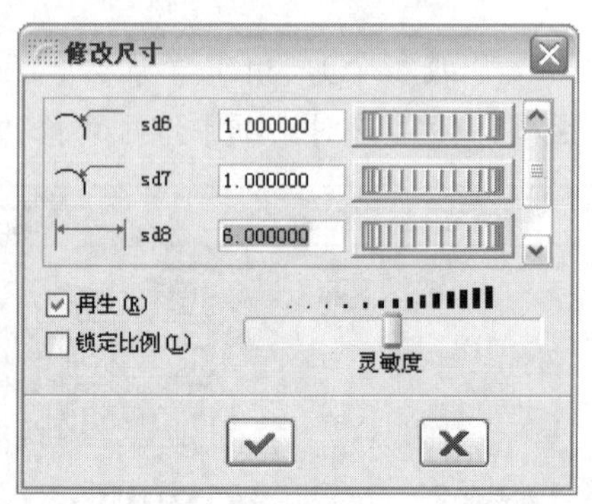

图 2-74　“修改尺寸”对话框

（3）单击按钮，完成尺寸的修改。

2.6　草绘操作实例

2.6.1　实例一：吊钩

吊钩绘制的最终效果如图 2-75 所示，其操作步骤如下。

1. 新建草绘文件

（1）单击主菜单中“文件”→“新建”命令，或单击“文件”工具栏中的按钮，系统弹出“新建”对话框。

（2）在“新建”对话框中选取“草绘”项，在“名称”栏中输入“diaogou”，单击“确定”按钮。

2. 绘制吊钩柄部直线

（1）单击“草绘”工具栏中的按钮，绘制两条中心线，单击鼠标中键，结束直线的绘制。

（2）单击“草绘”工具栏中的按钮，绘制两矩形并约束其关于竖直中心线对称，如图 2-76 所示。

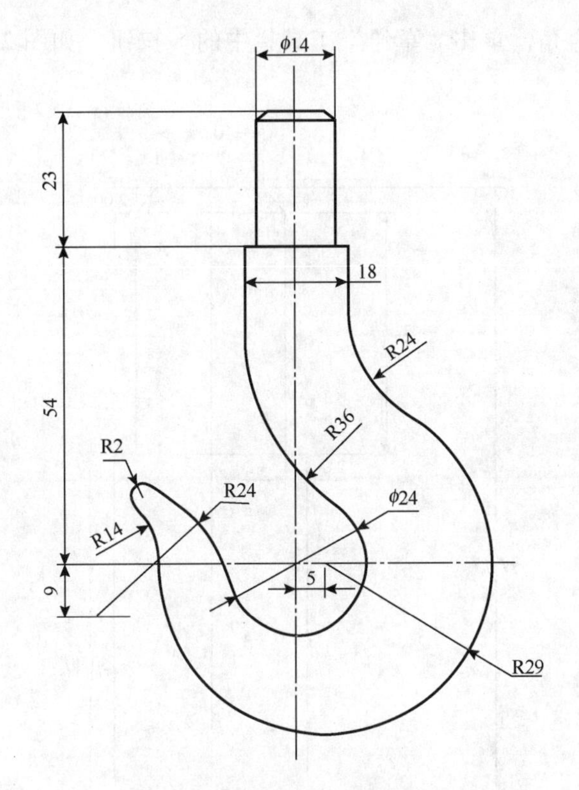

图 2-75 草绘图形（吊钩）

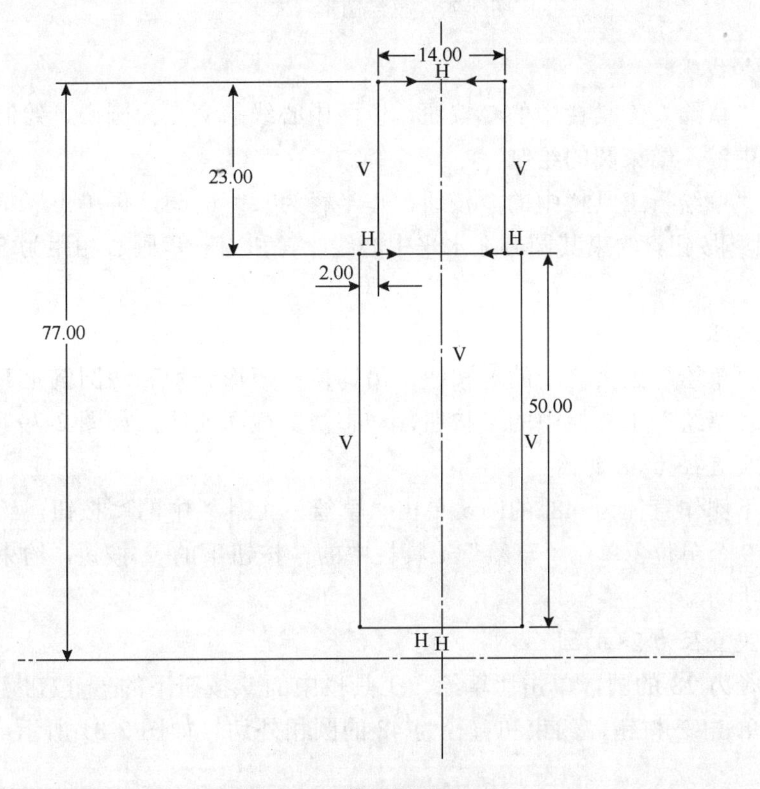

图 2-76 草绘图形（一）

（3）吊钩柄部倒直角，单击“草绘”工具栏中的按钮，如图 2-77 所示。

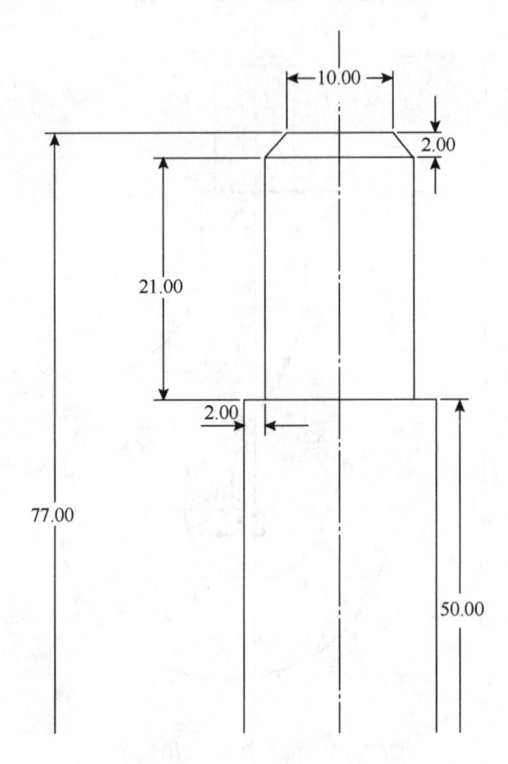

图 2-77　草绘图形（二）

3. 绘制已知线段

（1）单击“草绘”工具栏中的按钮，以两中心线的交点为圆心，绘制直径为 24 的圆，单击鼠标中键，结束圆的绘制。

（2）单击“草绘”工具栏中的按钮，作半径为 29 的圆，再单击“草绘”工具栏中的按钮下的按钮，约束其圆心在水平中心线上，和上一步圆心相距为 5 个单位，如图 2-78 所示。

4. 绘制连接弧

（1）单击“草绘”工具栏中的按钮，吊钩柄部矩形分别和两圆倒角 R36、R24。

（2）单击“草绘”工具栏中的按钮，动态修剪截面曲线，如图 2-79 所示。

5. 绘制钩尖直径为 48 的圆

在图形左下侧作直径为 48 的圆。单击“草绘”工具栏中的按钮，约束圆心和水平中心线相距为 9 个单位，单击“草绘”工具栏中的按钮下的按钮，约束和中心圆相外切，如图 2-80 所示。

6. 绘制钩尖直径为 28 的圆

任意作直径为 28 的圆，单击“草绘”工具栏中的按钮下的按钮，约束圆心在水平中心线上，单击按钮，约束和直径为 48 的圆相外切，如图 2-81 所示。

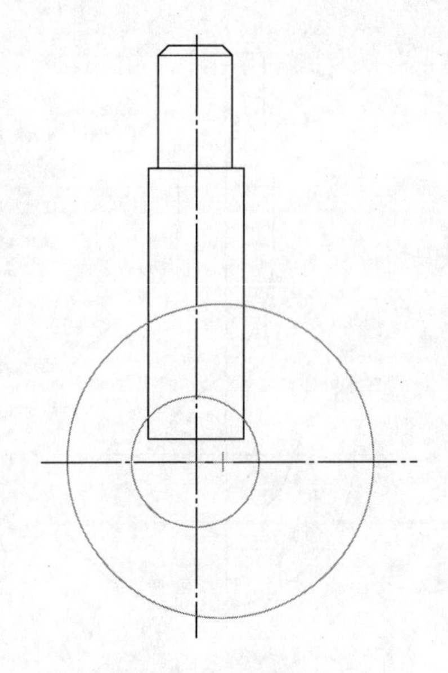

图 2-78　草绘圆（一）

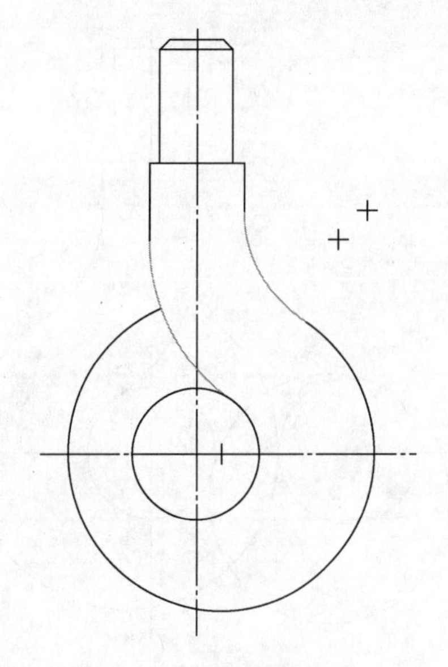

图 2-79　草绘圆（二）

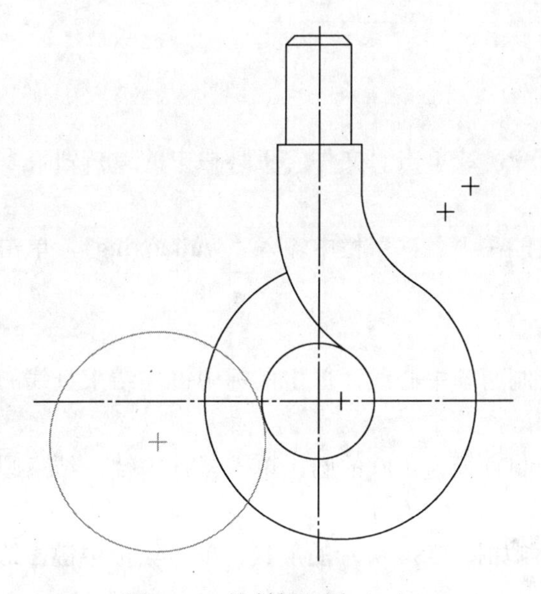

图 2-80　绘制相切圆（一）

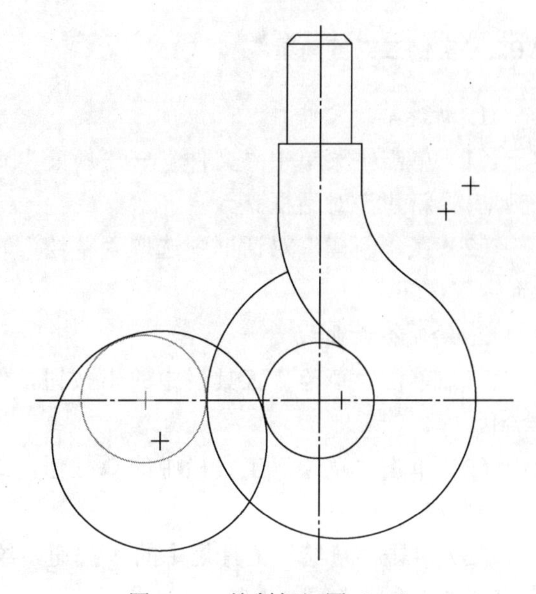

图 2-81　绘制相切圆（二）

7. 绘制钩尖半径为 2 的圆弧

单击“草绘”工具栏中的按钮，在直径为 28 圆的右上位置单击，作为第一个圆角对象，在直径为 48 圆的右上位置单击，作为第二个圆角对象，如图 2-82 所示。

8. 编辑修剪图形

单击“草绘”工具栏中的按钮，动态修剪截面曲线，如图 2-83 所示。

9. 保存文件

单击“文件”工具栏中的按钮，系统弹出“保存对象”对话框，单击“确定”按钮，完成该文件的保存。

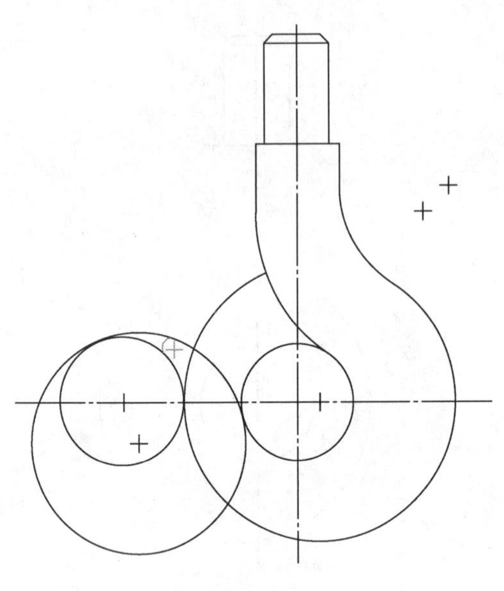

图 2-82　创建倒圆角

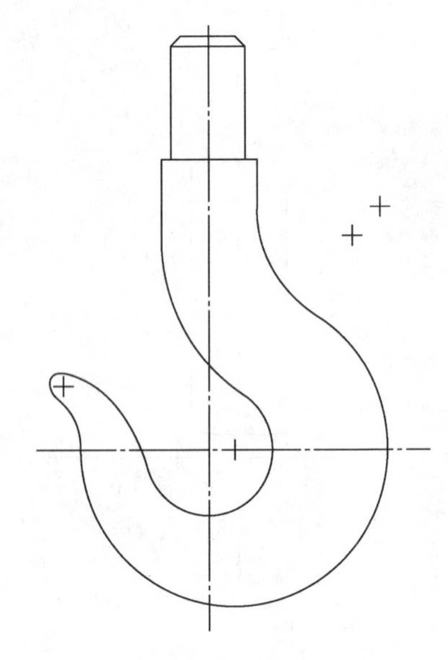

图 2-83　完成倒圆角

2.6.2　实例二：五角星

1. 新建草绘文件

（1）单击主菜单中“文件”→“新建”命令，或单击“文件”工具栏中的□按钮，系统弹出“新建”对话框。

（2）在“新建”对话框中选取“草绘”项，在“名称”栏中输入“wujiaoxing”，单击“确定”按钮。

2. 绘制截面曲线

（1）单击“草绘”工具栏中的⁝按钮，绘制两条中心线，单击鼠标中键，结束直线的绘制。

（2）单击“草绘”工具栏中的O按钮，绘制直径为 100 的圆，单击鼠标中键，结束圆的绘制。

（3）单击“草绘”工具栏中的╲按钮，绘制如图 2-84 所示的形状，单击鼠标中键，结束直线的绘制。

注意　绘制直线时一定要打开屏幕上方的按钮，保证各直线间不能出现约束符号，如图 2-84 所示。

---

3. 创建几何约束

（1）单击“草绘”工具栏中的按钮，系统弹出“约束”对话框，单击“约束”对话框中的按钮，约束水平中心线上方直线水平放置，然后再选取=按钮，依次约束五角星各边相等，如图 2-85 所示。

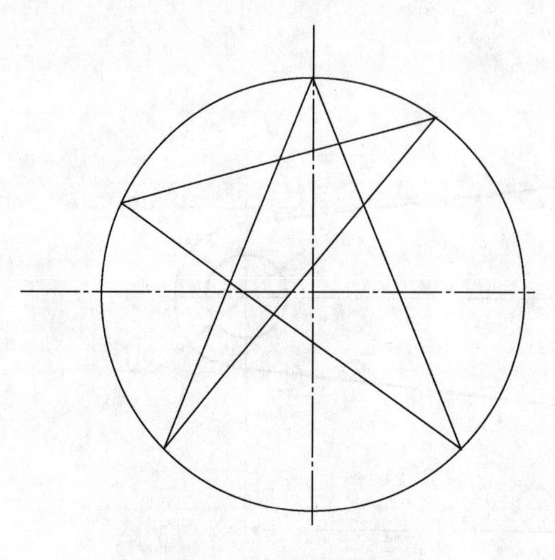

图 2-84 草绘直线

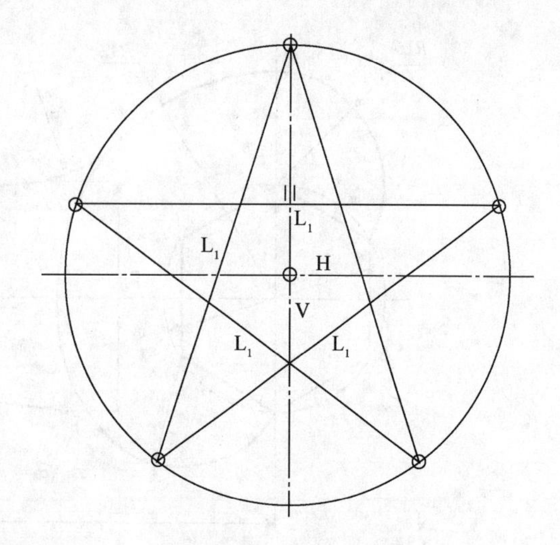

图 2-85 约束直线相等

4. 创建动态修剪

单击“草绘”工具栏中的按钮，动态修剪截面曲线，如图 2-86 所示。

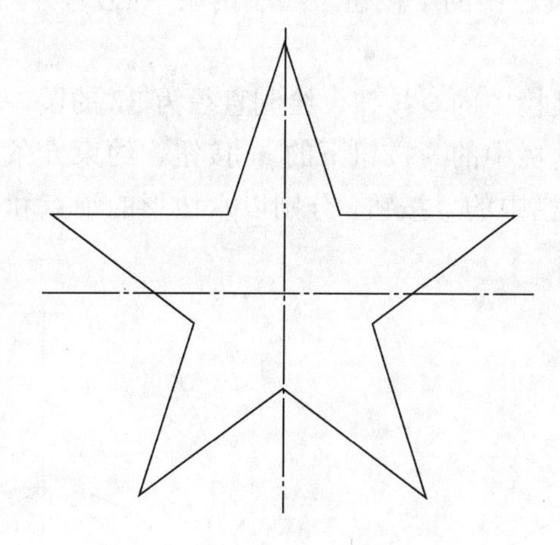

图 2-86 动态修剪截面曲线

5. 保存文件

单击“文件”工具栏中的按钮，系统弹出“保存对象”对话框，单击“确定”按钮，完成该文件的保存。

2.6.3 实例三：扳手

扳手绘制的最终效果如图 2-87 所示，其操作步骤如下。

1. 新建草绘文件

（1）单击主菜单中“文件”→“新建”命令，或单击文件工具栏中的按钮，系统弹出“新建”对话框。

（2）在“新建”对话框中选取“草绘”项，在“名称”栏中输入“banshou”，单击“确定”按钮。

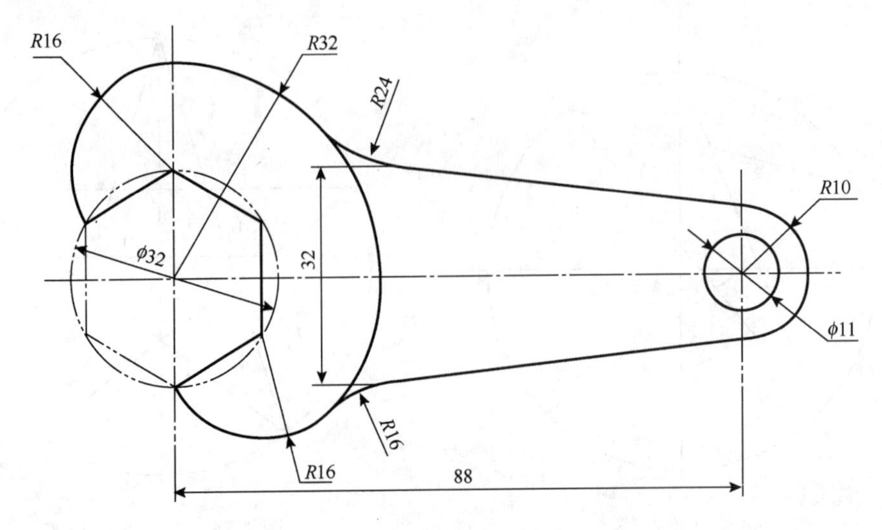

图 2-87　草绘图形（扳手）

2. 绘制扳手头部轮廓

（1）单击“草绘”工具栏中的按钮，绘制两条中心线，单击鼠标中键，结束直线的绘制。

（2）单击“草绘”工具栏中的按钮，绘制直径为 32 的圆，单击按钮，在圆内绘制 6 条直线，再单击草绘工具栏中的按钮下的按钮，约束 6 条线相等，如图 2-88 所示。

（3）单击“草绘”工具栏中的按钮，分别以六边形的顶点和右下点为圆心作两个 R16 的圆，如图 2-89 所示。

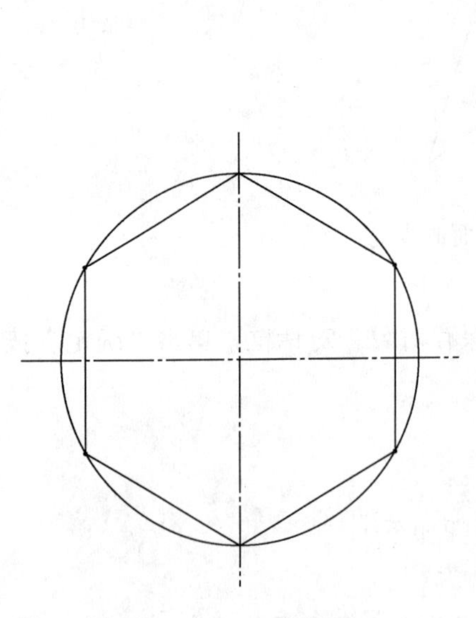

图 2-88　约束直线相等

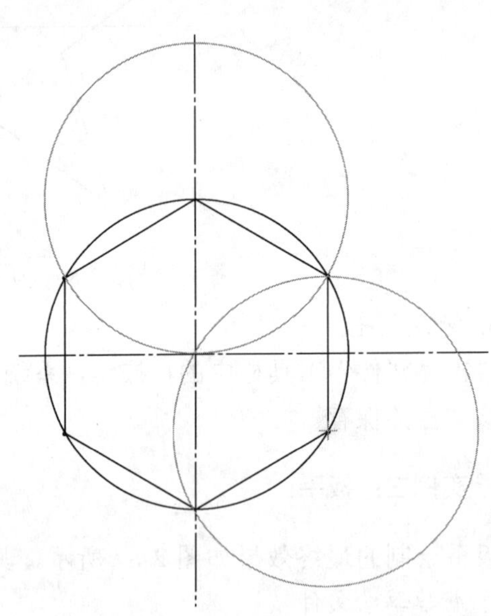

图 2-89　绘制等径圆

（4）单击“草绘”工具栏中的按钮，作圆弧和上步两圆相外切。

（5）单击“草绘”工具栏中的按钮，动态修剪截面曲线，如图 2-90 所示。

3. 绘制扳手柄部轮廓

（1）作两条线关于水平中心线对称且相距为 32。单击“草绘”工具栏中的按钮作一直线，然后选取该线，单击“草绘”工具栏中的按钮，选取水平中心线作为镜像轴，约束两线距离为 32。

（2）单击“草绘”工具栏中的按钮，作竖直中心线约束两中心线的距离为 88。

（3）单击“草绘”工具栏中的按钮，作直径为 11 和半径为 10 的两个圆，如图 2-91 所示。

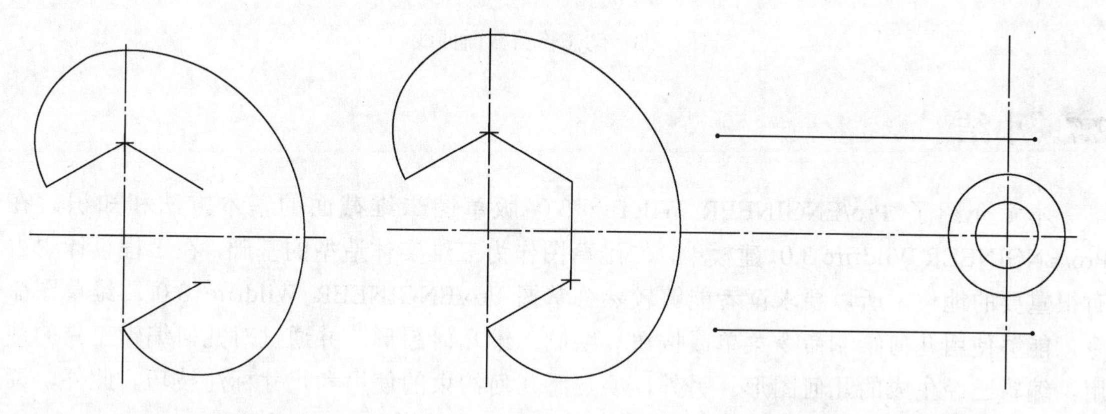

图 2-90 动态修剪截面曲线　　图 2-91 绘制同心圆

（4）单击“草绘”工具栏中的按钮，作圆弧 R24，再单击按钮下的命令，约束此圆弧和扳手头部的圆弧及直线相外切；同理作下部 R16 的圆弧，如图 2-92 所示。

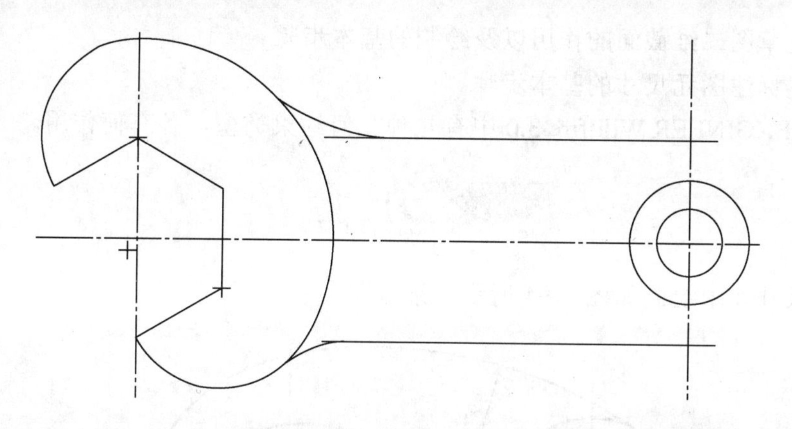

图 2-92 创建倒圆角

（5）单击“草绘”工具栏按钮下的命令，作扳手头部圆弧和右侧 R10 圆的外公切线；同理作下部外公切线。

（6）单击“草绘”工具栏中的按钮，动态修剪截面曲线，如图 2-93 所示。

（7）单击“文件”工具栏中的按钮，系统弹出“保存对象”对话框，单击“确定”按钮，完成该文件的保存。

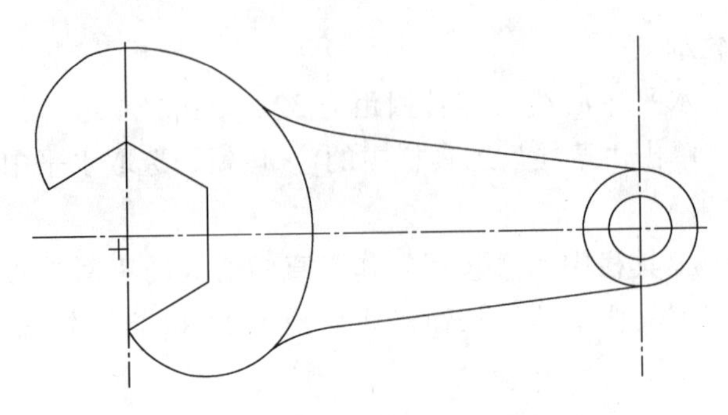

图 2-93　动态修剪截面曲线

2.7　小结

本章介绍了 Pro/ENGINEER Wildfire 3.0 版草图二维截面的基本方法和知识。在 Pro/ENGINEER Wildfire 3.0 建模中，二维草图作为三维实体造型的基础，在工程设计中占有很重要的地位，所以要求读者能够较熟练掌握 Pro/ENGINEER Wildfire 3.0 二维草图命令，能够使用几何绘制命令菜单或按钮，绘制二维几何图形，并通过对几何编辑工具的使用，编辑已经生成的几何图形。另外，要熟悉几何约束的使用和尺寸标注技巧。此外，读者在三维建模过程中，需要草图二维截面时，也可返回学习这部分内容。

思　考　题

（1）简述草图二维截面的作用以及绘制的基本步骤。

（2）简述标注图元尺寸的基本步骤。

（3）Pro/ENGINEER Wildfire 3.0 中有几种几何约束类型，各有何作用。

练　习　题

（1）按尺寸要求绘制如图 2-94 所示二维草图。

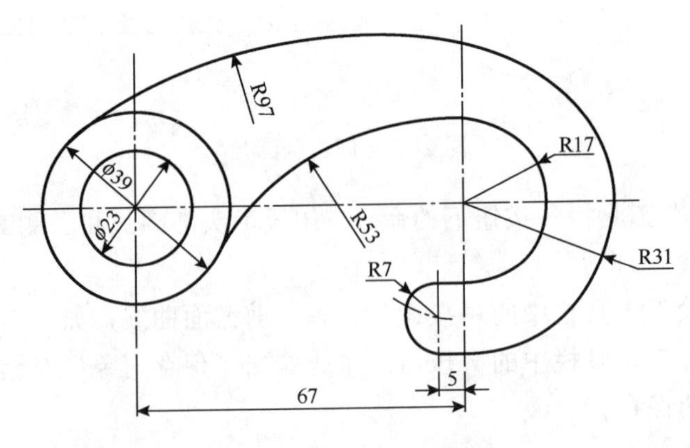

图 2-94　二维草图（一）

（2）按尺寸要求绘制如图 2-95 所示二维草图。

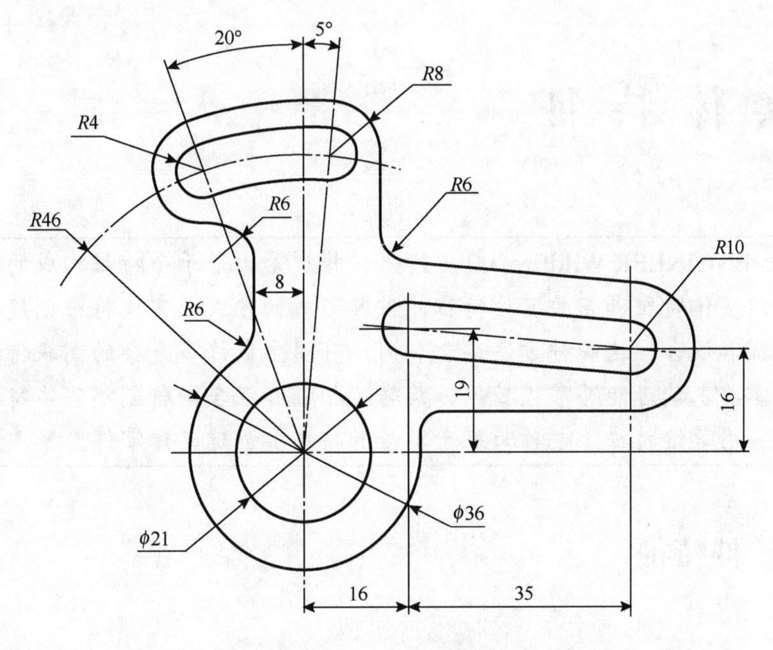

图 2-95　二维草图（二）

第3章
基本实体特征

教学提示： Pro/ENGINEER Wildfire 3.0 中，零件模型是由若干个特征构成的，除基本特征外，主要有草绘实体特征和点放实体特征。按其形成的方式，实体特征创建的方法有：拉伸、旋转、扫描和混合，这四种方法综合利用，可以生成许多复杂的高级特征。

教学要求： 本章要求读者能够掌握拉伸、旋转、扫描和混合四种创建实体特征的概念与基本操作，熟练应用草绘特征（也称为基于草绘的特征）创建实体零件。

3.1 实体拉伸特征

3.1.1 实体拉伸特征的伸出和去除材料

将绘制的二维截面沿着该截面所在平面的法向拉伸指定的深度生成的三维特征，称为拉伸特征。其中用拉伸特征得到伸出或去除材料的实体特征，称为实体拉伸特征。

单击“基础特征”工具栏中的按钮，或单击主菜单中“插入”→“拉伸”命令，系统显示如图 3-1 所示的“拉伸特征”操控板。

图 3-1 “拉伸特征”操控板

：创建实体拉伸特征。

：创建曲面拉伸特征。

确定拉伸深度的图标选项：

：用户给定的拉伸深度值，不能小于或等于 0。

：按给定的拉伸深度值，沿草绘平面两侧对称拉伸。

：拉伸到下一个面。

：拉伸通过所有的面。

：拉伸通过指定的面。

：拉伸到指定的基准点/顶点、曲线、平面或曲面。

：切换拉伸方向。

：从模型中去除材料。

□：创建薄壁实体拉伸特征。

⏸：暂停当前的特征命令，去执行其他操作。

☑👓：预览生成的特征。

✔：确定当前特征的创建。

✖：取消当前特征的创建。

“放置”：单击该按钮，可以定义或编辑拉伸特征的二维截面。

“选项”：单击该按钮，显示如图 3-2 所示的“深度”区域。

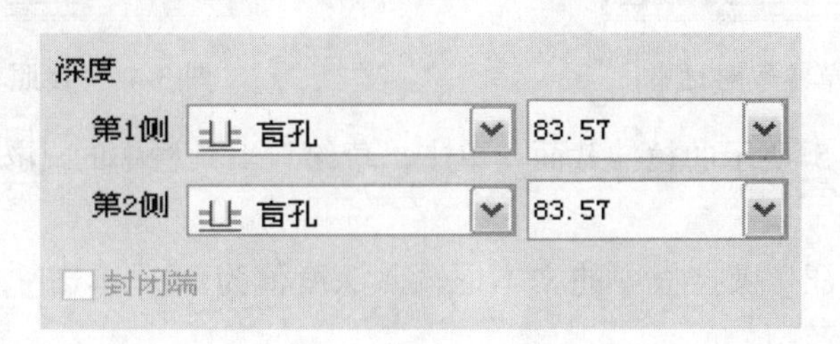

图 3-2 “深度”区域

面板中的“第 1 侧”、“第 2 侧”栏，为两侧拉伸时，可分别设定每一侧的拉伸深度。

“封闭端”：当创建曲面拉伸特征且拉伸截面为封闭轮廓时，该项才能激活，以确定曲面拉伸特征的端面是封闭的还是开放的。

“属性”：单击该按钮，显示当前的特征名称及相关特征信息。

注意 在草绘实体伸出拉伸截面时，截面一定要封闭、截面线不能相交、截面不能有重线。在草绘实体去除材料拉伸截面时，截面必须将被去除材料的实体分出区域。

---

1. 创建实体拉伸特征的伸出

（1）单击“基础特征”工具栏中的🗗按钮，或单击主菜单中“插入”→“拉伸”命令，弹出拉伸特征操控板。

（2）单击□按钮，创建实体拉伸特征。

（3）单击“放置”→“定义”按钮，出现如图 3-3 所示的“草绘”对话框。

“草绘平面”：该栏可指定并显示草绘平面，若单击“使用先前的”按钮，则使用先前的草绘平面。

“草绘方向”：该栏可指定参照平面来定位草绘视图，并显示参照平面、草绘视图方向等内容。

（4）在绘图区选取基准平面 DTM2 为草绘平面，在“草绘方向”栏会自动选取默认的参照平面和草绘视图方向。

（5）单击“草绘”按钮，系统进入草绘模式，出现如图 3-4 所示的截面参照对话框。使用该对话框中↖按钮，可以选取草图截面的参照（一般为点、轴线、直线边、平面等）。选取已有的截面参照，单击“删除”按钮，即可删除已选参照。

（6）系统自动选取 F1 和 F2 两个截面参照，单击“关闭”按钮。

图 3-3 “草绘”对话框

图 3-4 “参照”对话框

（7）绘制如图 3-5 所示的拉伸截面，单击“草绘”工具栏中的✓按钮，完成拉伸截面的绘制。

（8）在“拉伸特征”操控板中的文本框输入深度值为 20，单击✓按钮，完成拉伸特征的创建，如图 3-6 所示。

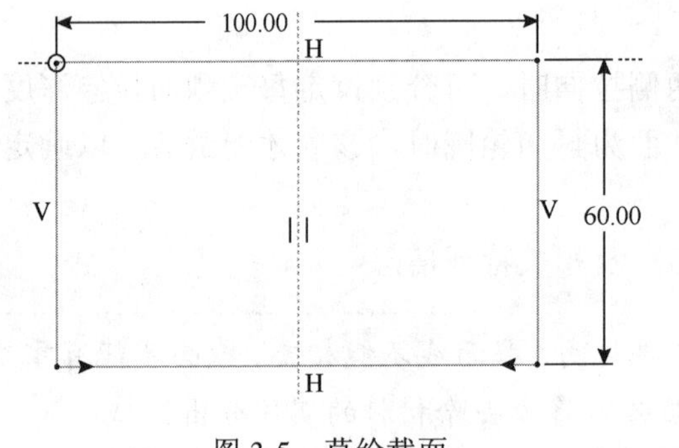

图 3-5 草绘截面

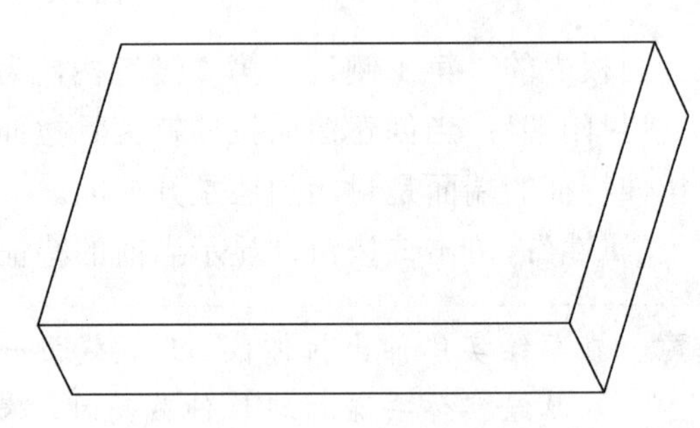

图 3-6 完成实体拉伸

2. 编辑拉伸特征

（1）若要修改特征的尺寸值，可在绘图区的特征上双击左键，或选取该特征单击鼠标右键菜单中的“编辑”命令，在模型上显示特征的所有尺寸。双击要修改的尺寸值，重新输入尺寸值，按回车键确认，完成尺寸值的修改，单击工具栏中的按钮，特征模型重新生成。

（2）若特征的截面形状或尺寸要修改，则需对该特征进行编辑定义。

方法 1：在绘图区选取特征单击鼠标右键菜单中“编辑定义”命令。

方法 2：打开模型树，选取要编辑定义的特征，单击鼠标右键菜单中的“编辑定义”命令，如图 3-7 所示。单击“拉伸特征”操控板中的“放置”→“编辑”→“草绘”按钮，系统进入草绘模式，完成拉伸截面的修改，如图 3-8 所示。

3. 创建实体拉伸特征的去除材料

（1）单击“基础特征”工具栏中的按钮，或单击主菜单中“插入”→“拉伸”命令。

（2）单击“拉伸特征”操控板中的按钮，从模型中去除材料。

（3）单击“拉伸特征”操控板中的“放置”→“定义”按钮，出现如图 3-9 所示的截面对话框。选取如图 3-10 所示的实体表面为草绘平面，确定草绘视图的定位参照平面及视图方向。

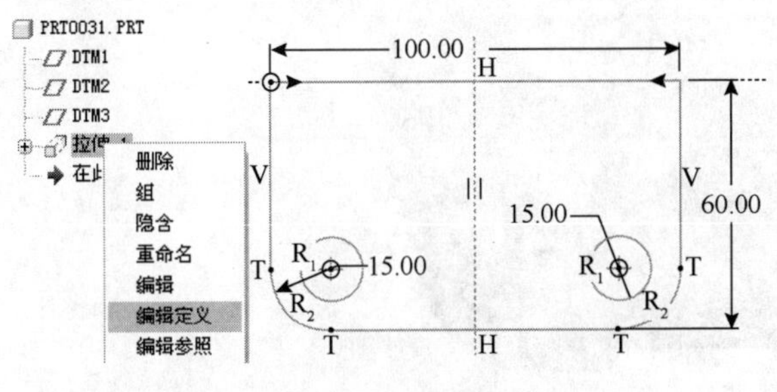

图 3-7 草绘截面

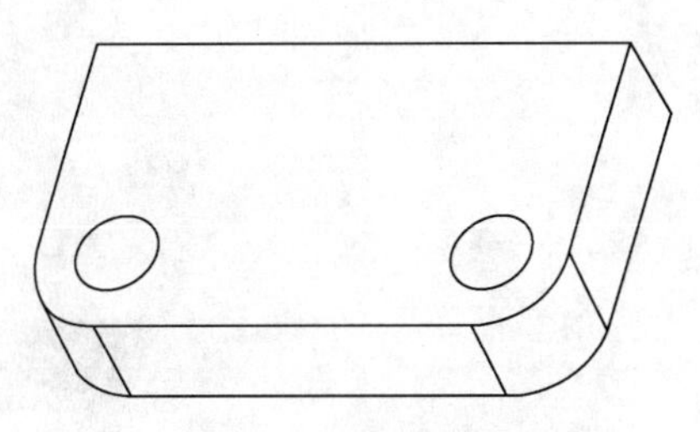

图 3-8 完成实体拉伸

图 3-9 “草绘”对话框

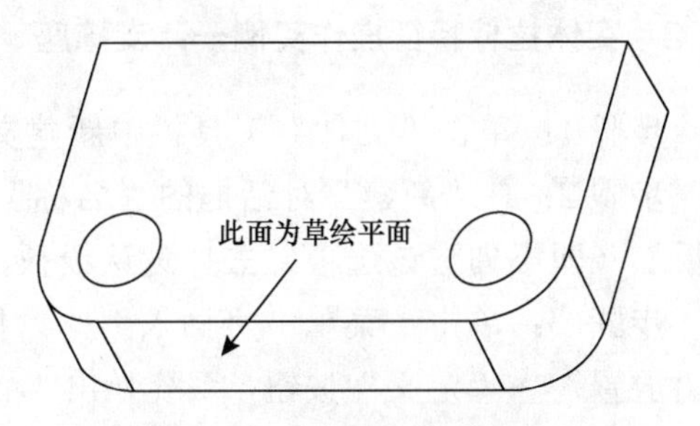

图 3-10 选取实体前端面

（4）单击“草绘”按钮，进入草绘环境，绘制如图 3-11 所示的拉伸截面，单击“草绘”工具栏中的✔按钮，完成拉伸截面的绘制。

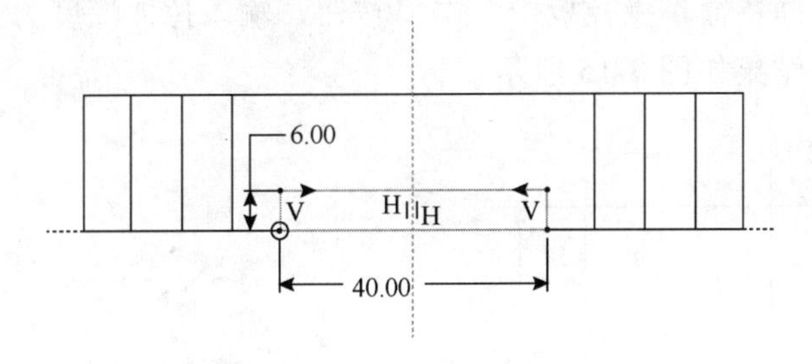

图 3-11 草绘截面

（5）单击“拉伸特征”操控板中的按钮；设定拉伸方向、去除的材料侧，如图 3-12 所示。

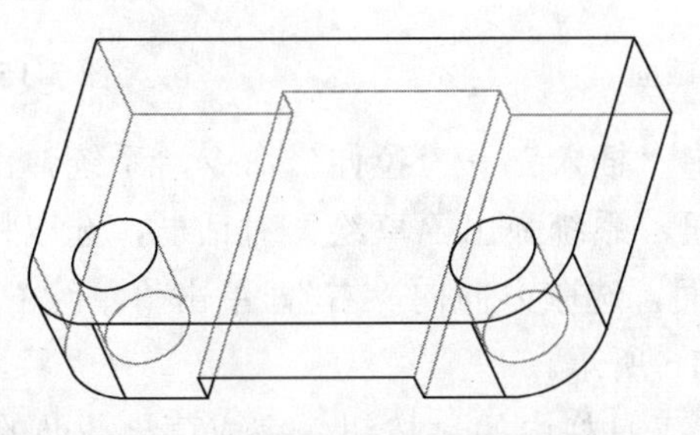

图 3-12 完成实体的创建

（6）单击☑按钮，完成拉伸去除材料特征的创建，如图 3-13 所示。

图 3-13　完成实体的创建

3.1.2　实体拉伸特征操作实例一：支撑座

步骤 1：单击“文件”工具栏中新建文件按钮，系统弹出“新建”对话框。

步骤 2：在“新建”对话框的“名称”文本框中输入“zhichengzuo”，单击“使用缺省模板”（即不勾选该选项）去掉默认模板，再单击“确定”按钮，进入零件设计模块。

步骤 3：单击主菜单中“插入”→“拉伸”命令，系统弹出“拉伸特征”操控板。单击“放置”→“定义”按钮，系统弹出“草绘”对话框，选取基准平面 DTM2 为草绘平面，选取基准平面 DTM1 为参照平面，选取方向向“右”，单击“草绘”按钮，系统进入草绘环境，绘制如图 3-14 所示的截面。

步骤 4：单击“草绘”工具栏中的✓按钮，完成草绘截面的绘制。

步骤 5：在“拉伸特征”操控板中单击按钮，输入拉伸深度为 7，单击☑按钮，完成拉伸特征的创建，结果如图 3-15 所示。

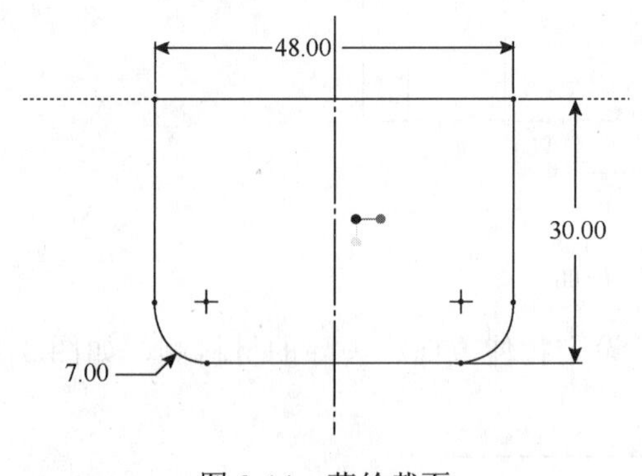

图 3-14　草绘截面

图 3-15　完成实体拉伸

步骤 6：单击主菜单中“插入”→“拉伸”命令，系统弹出“拉伸特征”操控板。单击“放置”→“定义”按钮，系统弹出“草绘”对话框，选取特征顶面为草绘平面，选取基准平面 DTM1 为参照平面，选取方向向“右”，单击“草绘”按钮，系统进入草绘环境，绘制两个 $\phi 7$ 的圆，如图 3-16 所示。

步骤 7：单击“草绘”工具栏中的✓按钮，完成草绘截面的绘制。

步骤 8：在“拉伸特征”操控板中单击按钮，输入拉伸深度为 7，单击☑按钮，完成拉伸去除材料特征的创建，如图 3-17 所示。

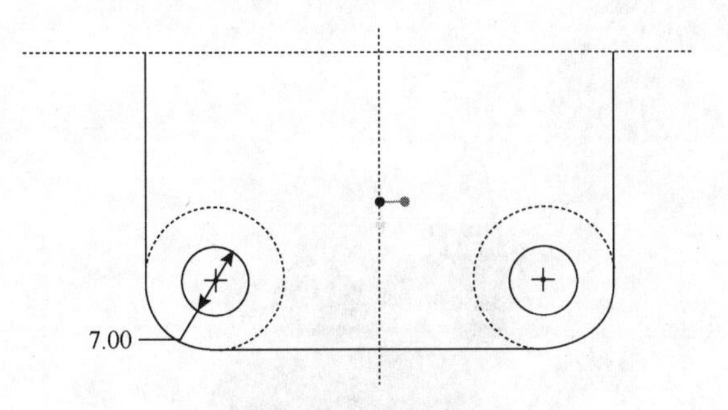

图 3-16　草绘截面

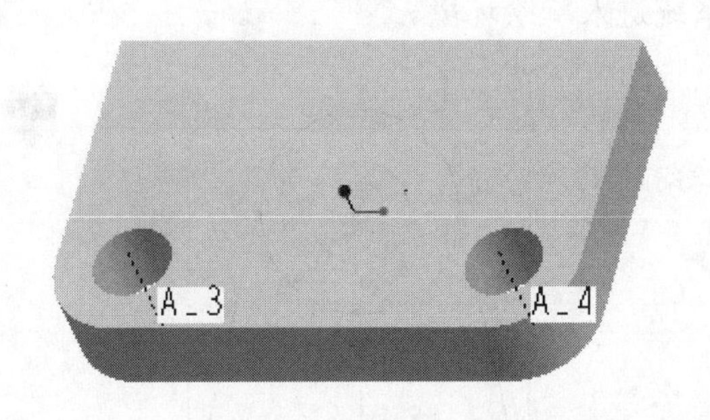

图 3-17　完成实体去除

步骤 9：单击主菜单中“插入”→“拉伸”命令，系统弹出“拉伸特征”操控板。单击“放置”→“定义”按钮，系统弹出“草绘”对话框，选取基准平面 DTM3 为草绘平面，选取基准平面 DTM1 为参照平面，选取方向向“右”，单击“草绘”按钮，系统进入草绘环境，绘制如图 3-18 所示截面。

步骤 10：单击“草绘”工具栏中的✓按钮，完成草绘截面的绘制。

步骤 11：在“拉伸特征”操控板中单击⊥按钮，输入拉伸深度为 20，单击✓按钮，完成拉伸特征的创建，结果如图 3-19 所示。

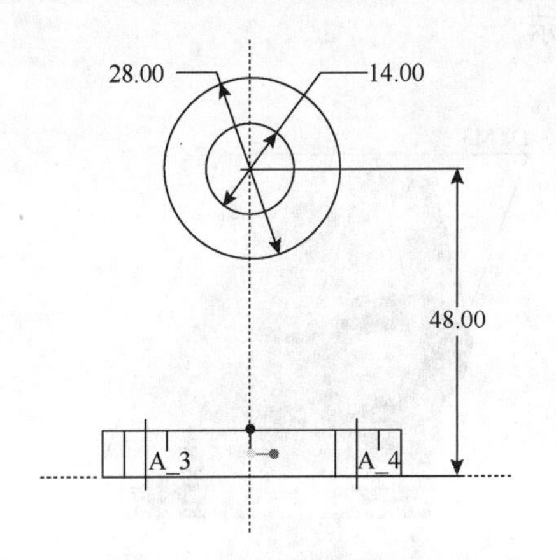

图 3-18　草绘截面

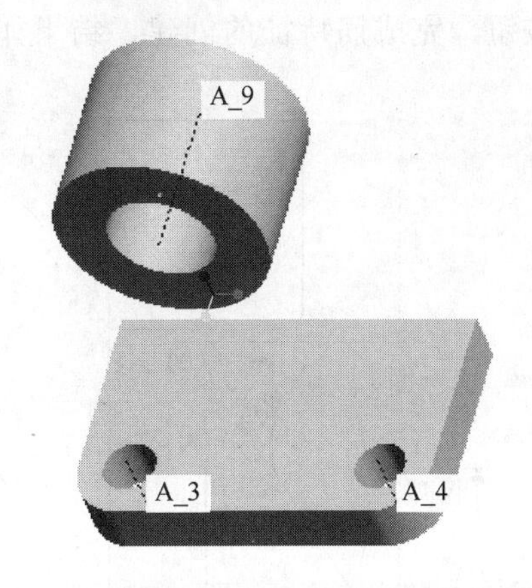

图 3-19　完成实体拉伸

步骤 12：单击主菜单中“插入”→“拉伸”命令，系统弹出“拉伸特征”操控板。单击“放置”→“定义”按钮，系统弹出“草绘”对话框，单击“使用先前的”按钮，再单击“草绘”按钮，系统进入草绘环境。

步骤 13：选取ϕ28 的圆、左右端面和上顶面为参照，绘制如图 3-20 所示的截面。

步骤 14：单击“草绘”工具栏中的✓按钮，完成草绘截面的绘制。

步骤 15：在“拉伸特征”操控板中单击⊥按钮，输入拉伸深度为 10，单击✓按钮，完成拉伸特征的创建，结果如图 3-21 所示。

步骤 16：单击主菜单中“插入”→“筋”命令，系统弹出筋特征操控板。

步骤 17：单击“参照”→“定义”按钮，系统弹出“草绘”对话框，选取基准平面 DTM1

为草绘平面，选取基准平面 DTM2 为参照平面，选取方向向“顶”，单击“草绘”按钮，系统进入草绘环境。

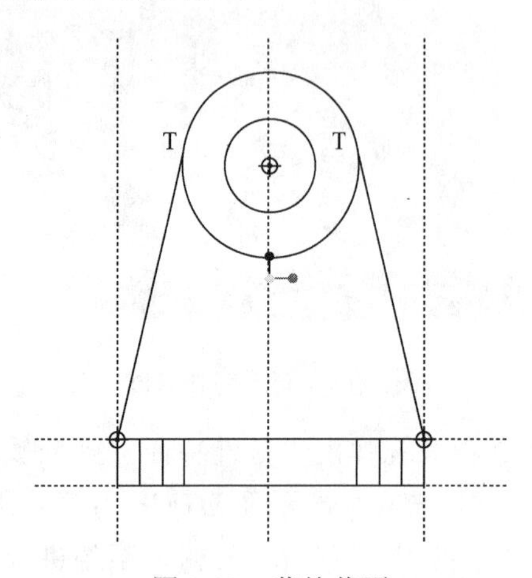

图 3-20　草绘截面

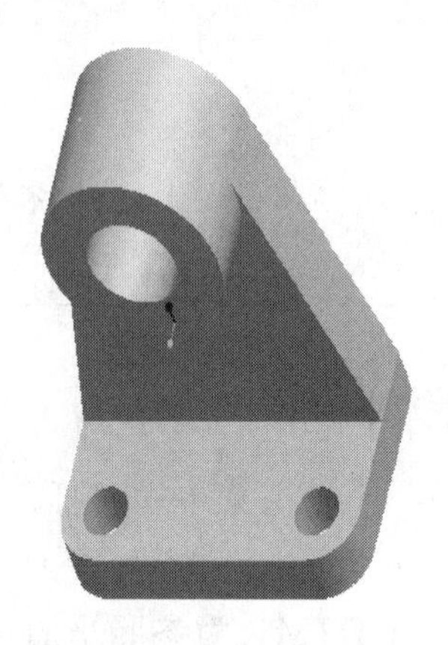

图 3-21　完成实体拉伸

步骤 18：选取ϕ28 的圆为参照，绘制如图 3-22 所示的截面。

步骤 19：单击“草绘”工具栏中的✔按钮，完成草绘截面的绘制。

步骤 20：在“筋特征”操控板中，单击“参照”→“反向”按钮，输入厚度为 7，单击✔按钮，完成筋特征的创建，结果如图 3-23 所示。

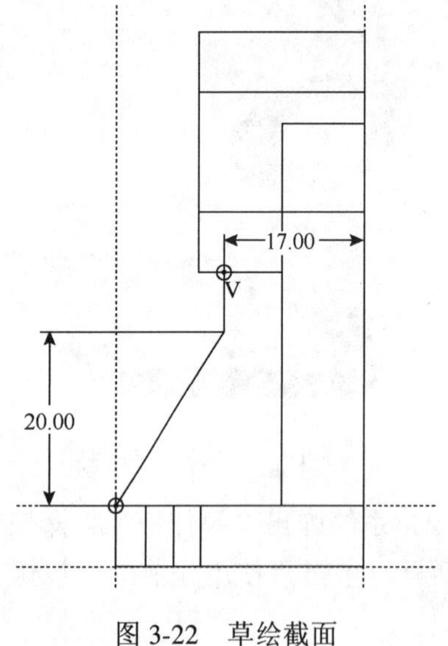

图 3-22　草绘截面

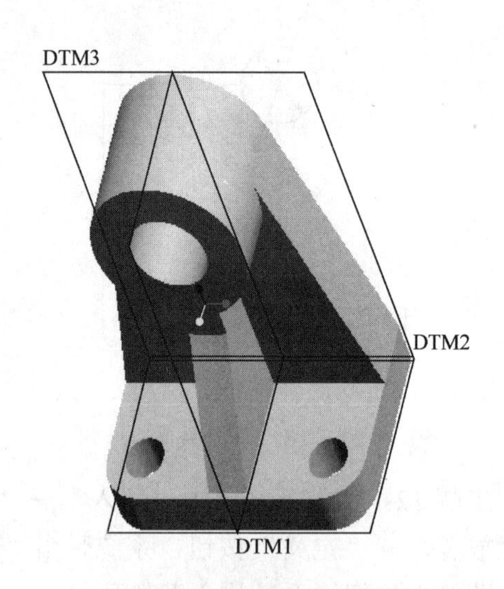

图 3-23　完成筋特征创建

3.1.3　实体拉伸特征操作实例二：曲柄连杆

步骤 1：单击“文件”工具栏中的新建文件🗋按钮，系统弹出“新建”对话框。

步骤 2：在“名称”文本框中输入“qubing”，单击“使用缺省模板”去掉默认模板，再单击“确定”按钮，进入零件设计模块。

步骤 3：单击主菜单中“插入”→“拉伸”命令，系统弹出“拉伸特征”操控板。单击“放置”→“定义”按钮，系统弹出“草绘”对话框，选取基准平面 DTM3 为草绘平面，选取基准平面 DTM1 为参照平面，选取方向向“右”，单击“草绘”按钮，系统进入草绘环境，绘制如图 3-24 所示的截面。

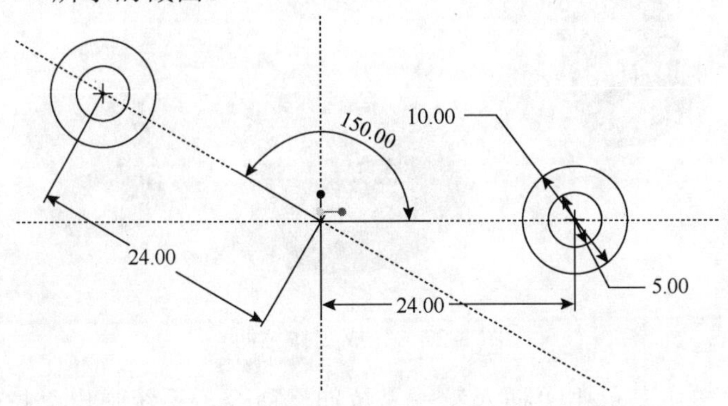

图 3-24　草绘截面

步骤 4：单击“草绘”工具栏中的✔按钮，完成草绘截面的绘制。

步骤 5：在“拉伸特征”操控板中单击□按钮，输入拉伸深度为 9，单击✔按钮，完成拉伸特征的创建，如图 3-25 所示。

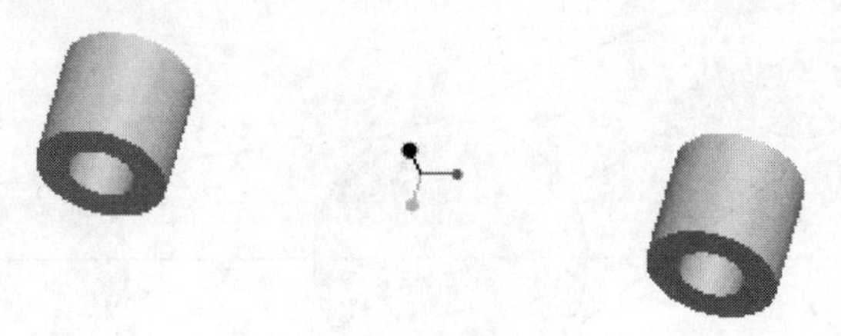

图 3-25　完成实体拉伸

步骤 6：单击主菜单中“插入”→“拉伸”命令，系统弹出“拉伸特征”操控板。

步骤 7：在“拉伸特征”操控板中单击“放置”→“定义”按钮，系统弹出“草绘”对话框，单击“使用先前的”按钮，再单击“草绘”按钮，系统进入草绘环境，绘制一个ϕ16 的圆，如图 3-26 所示。

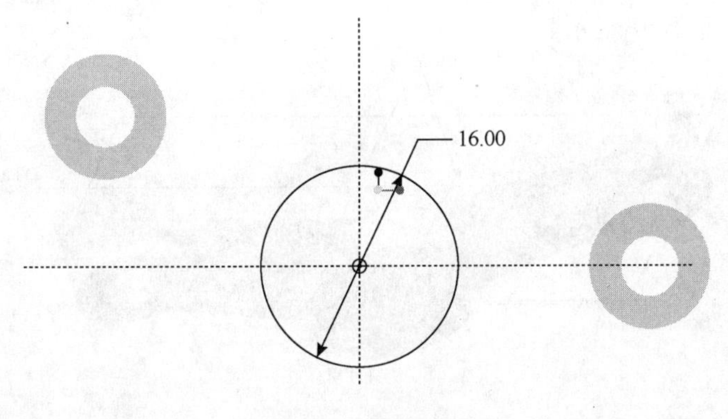

图 3-26　草绘截面

步骤 8：单击“草绘”工具栏中的✔按钮，完成草绘截面的绘制。

步骤 9：在“拉伸特征”操控板中单击⊟按钮，输入拉伸深度为 12，单击✔按钮，完成拉伸特征的创建，结果如图 3-27 所示。

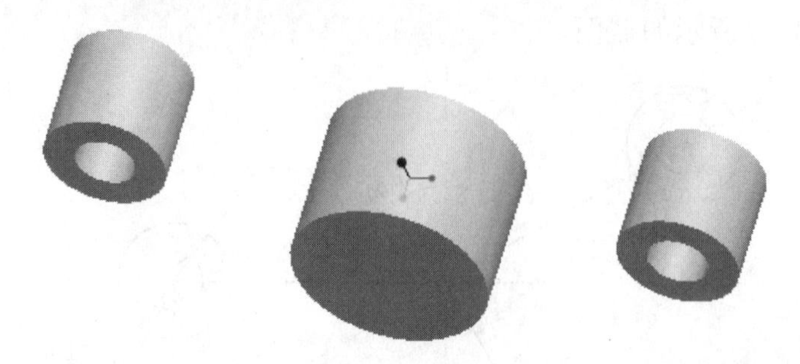

图 3-27　完成实体拉伸

步骤 10：选单击主菜单中“插入”→“拉伸”命令，系统弹出“拉伸特征”操控板。

步骤 11：在“拉伸特征”操控板中单击“放置”→“定义”按钮，系统弹出“草绘”对话框，单击“使用先前的”按钮，再单击“草绘”按钮，系统进入草绘环境。

步骤 12：选取ϕ10 和ϕ16 的两个圆为参照，绘制如图 3-28 所示的草绘截面。

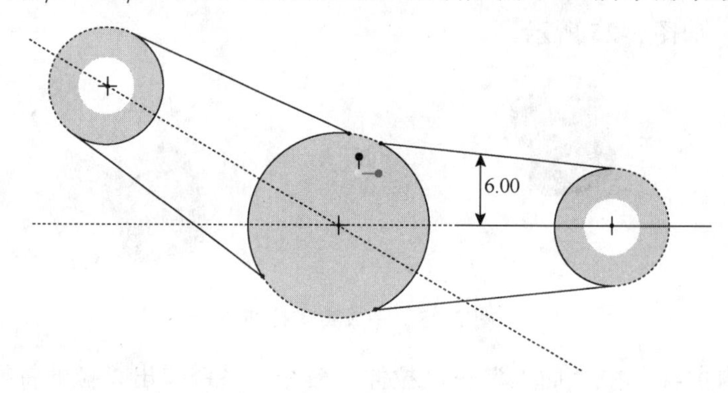

图 3-28　草绘截面

步骤 13：单击“草绘”工具栏中的✔按钮，完成草绘截面的绘制。

步骤 14：在拉伸特征操控板中单击⊟按钮，输入拉伸深度为 5，单击✔按钮，完成拉伸特征的创建，如图 3-29 所示。

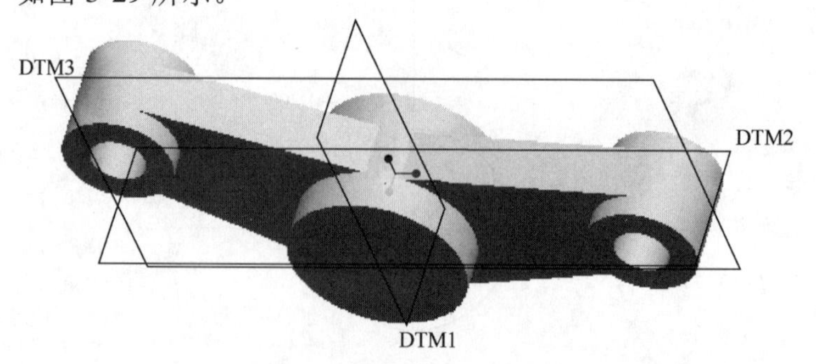

图 3-29　完成实体拉伸

步骤 15：单击主菜单中“插入”→“拉伸”命令，系统弹出“拉伸特征”操控板。

步骤 16：单击“放置”→“定义”按钮，系统弹出“草绘”对话框，单击“使用先前的”按钮，再单击“草绘”按钮，系统进入草绘环境，绘制如图 3-30 所示的截面。

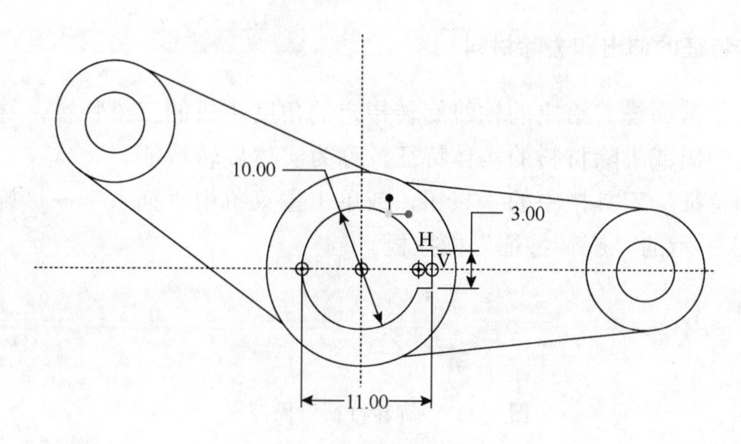

图 3-30　草绘截面

步骤 17：单击“草绘”工具栏中的✓按钮，完成草绘截面的绘制。

步骤 18：在“拉伸特征”操控板中单击◿按钮，输入拉伸深度为 12，单击✓按钮，完成拉伸去除材料特征的创建，如图 3-31 所示。

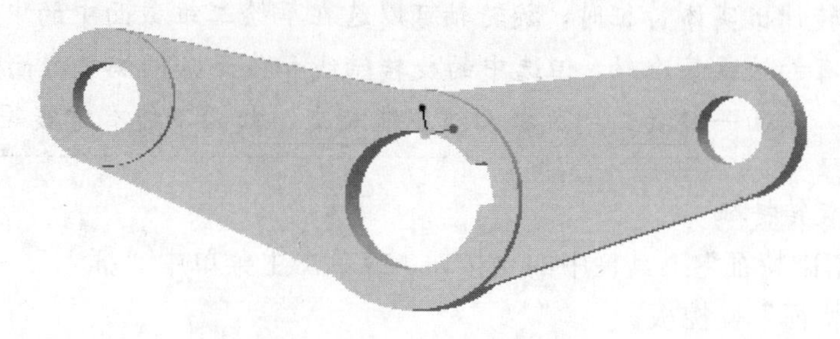

图 3-31　完成实体拉伸

步骤 19：单击主菜单中“插入”→“倒角”→“边倒角”命令，系统弹出“边倒角特征”操控板。

步骤 20：选取 45×D，输入 D 的值为 1，选取$\phi 5$的圆柱边，单击✓按钮，完成倒圆角特征的创建，结果如图 3-32 所示。

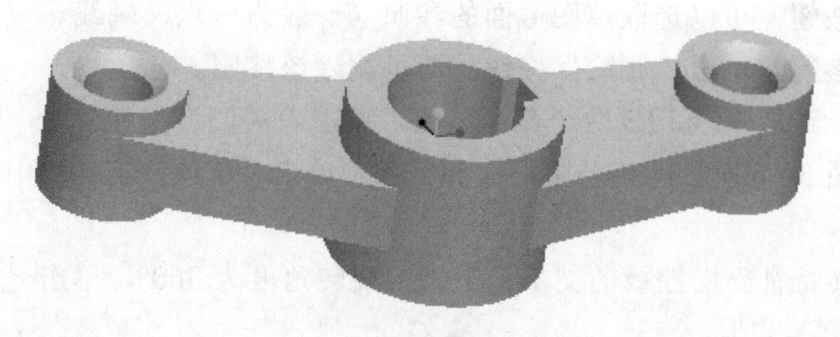

图 3-32　完成特征的创建

3.2 实体旋转特征

3.2.1 实体旋转特征的伸出和去除材料

将绘制的二维截面绕着给定的轴线旋转指定的角度生成的三维特征，称为旋转特征。其中用旋转特征伸出或去除材料的实体特征，称为实体旋转特征。

单击“基础特征”工具栏中的按钮，或单击主菜单中“插入”→“旋转”命令，系统弹出如图 3-33 所示的“旋转特征”操控板。

图 3-33 “旋转特征”操控板

：指定一个旋转角度。

：按指定的旋转角度，以草绘平面为分界向两侧对称旋转。

：旋转到指定的点、曲线、平面。

注意 在创建旋转伸出实体特征时，旋转轴可以选在草绘二维截面中的中心线，也可以选模型中已有的边或基准轴，但选中的旋转轴线和截面必须满足截面只能位于旋转轴线的一侧、截面一般要封闭、截面线不能相交、截面不能有重线等要求。

---

1. 创建实体旋转特征

（1）单击“基础特征”工具栏中的按钮，或单击主菜单中“插入”→“旋转”命令，系统弹出“旋转特征”操控板。

（2）单击按钮，创建实体旋转特征。

（3）单击“放置”→“定义”按钮，出现如图 3-34 所示的“草绘”对话框。

（4）选取基准平面 DTM3 为草绘平面，在“草绘方向”栏会自动弹出默认的参照平面和草绘视图方向。

（5）单击“草绘”按钮，系统进入草绘环境，出现如图 3-35 所示的截面参照对话框。使用该对话框中按钮，可以选取草图截面的参照（一般为一点、轴线、直线边、平面等）。选取已有的截面参照，单击“删除”按钮，即可删除该参照。

（6）系统自动选取 F1 和 F3 两个截面参照，单击“关闭”按钮。

（7）绘制如图 3-36 所示的旋转中心线和截面，单击“草绘”工具栏中的按钮，完成旋转截面的绘制。

（8）在“旋转特征”操控板的文本框中指定旋转角度为 360°，单击按钮，完成旋转特征的创建，如图 3-37 所示。

图 3-34 “草绘”对话框

图 3-35 “参照”对话框

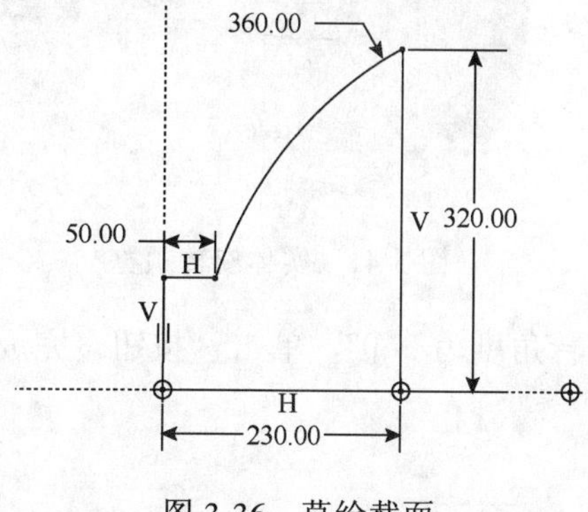

图 3-36 草绘截面

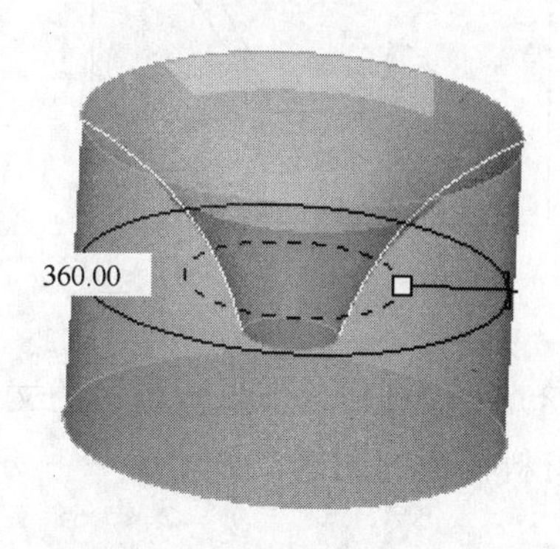

图 3-37 实体旋转预览

2. 创建旋转去除材料特征

（1）单击“基础特征”工具栏中的按钮，或单击主菜单中“插入”→“旋转”命令。

（2）单击“旋转特征”操控板中的按钮，从模型中去除材料。

（3）在“旋转特征”操控板中单击“放置”→“定义”按钮，出现如图 3-38 所示的“草绘”对话框。

（4）选取基准平面 DTM3 为草绘平面，在“草绘方向” 栏会自动弹出默认的参照平面和草绘视图方向，如图 3-39 所示。

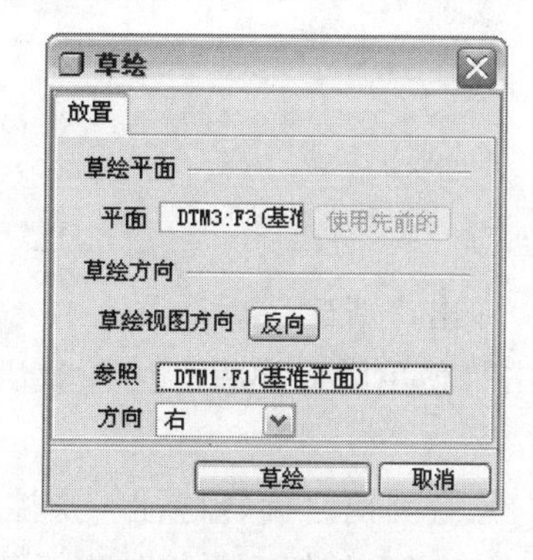

图 3-38 “草绘”对话框

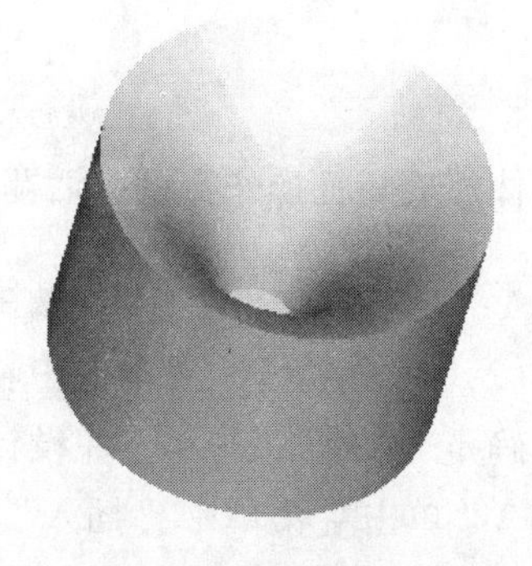

图 3-39 完成旋转特征创建

（5）单击“草绘”按钮，系统进入草绘环境。

（6）绘制如图 3-40 所示的旋转中心线和截面，单击“草绘”工具栏中的✔按钮，完成旋转截面的绘制。

（7）设定去除的材料箭头指向内，如图 3-41 所示。

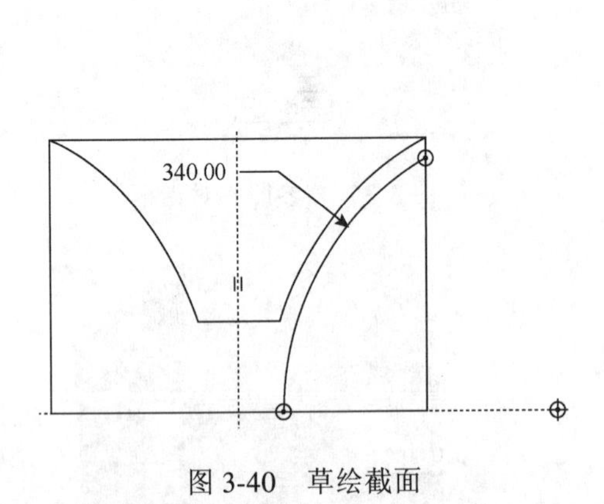

图 3-40　草绘截面

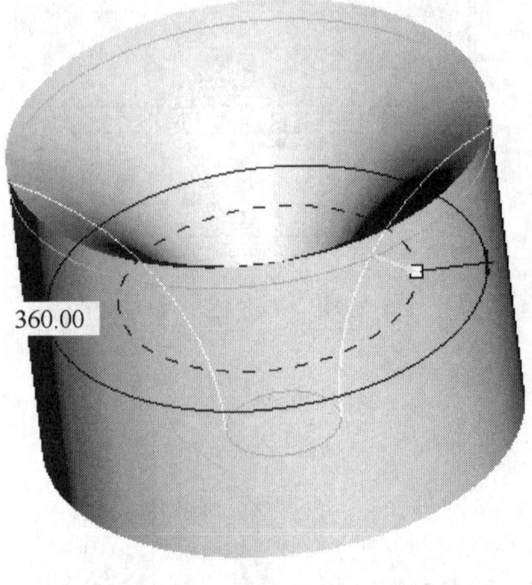

图 3-41　实体旋转预览

（8）在“旋转特征”操控板的文本框中指定旋转角度为 360°，单击✔按钮，完成旋转去除材料特征的创建，如图 3-42 所示。

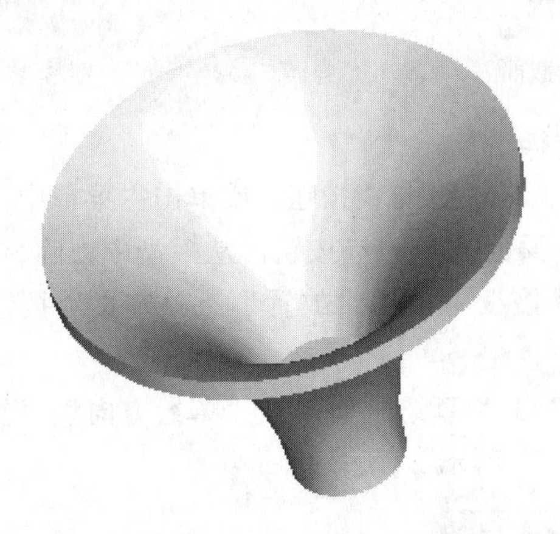

图 3-42　完成去除特征的创建

3.2.2　实体旋转特征操作实例：活塞

步骤 1：单击“文件”工具栏中新建文件按钮，弹出“新建”对话框。

步骤 2：在“名称”文本框中输入“huosa”，单击“使用缺省模板”去掉默认模板，再单击“确定”按钮，进入零件设计模块。

步骤 3：单击主菜单中“插入”→“旋转”命令，系统弹出“旋转特征”操控板。

步骤 4：在“旋转特征”操控板中单击“放置”→“定义”按钮，系统弹出“草绘”对话框，选取基准平面DTM3为草绘平面，选取基准平面DTM1为参照平面，选取方向向“底”，进入草绘环境，绘制如图3-43所示的草绘截面。

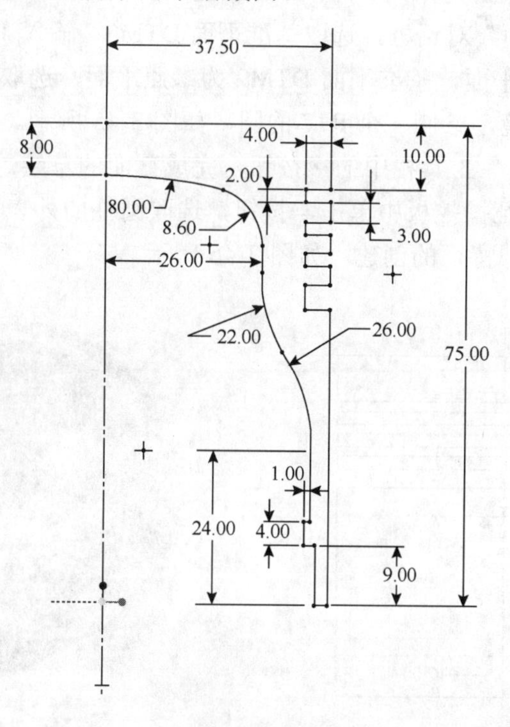

图3-43 草绘截面

步骤5：单击“草绘”工具栏中的✓按钮，完成截面的绘制。

步骤6：在“旋转特征”操控板中输入旋转角为360°，单击✓按钮，完成旋转特征的创建，结果如图3-44所示。

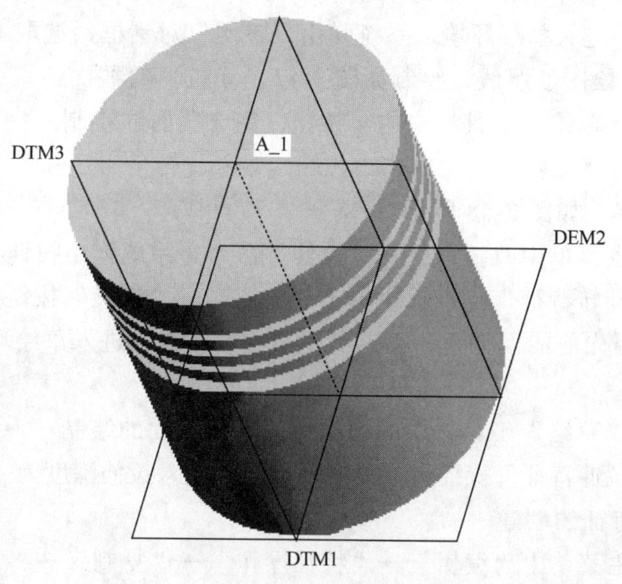

图3-44 完成旋转特征创建

步骤 7：单击主菜单中“插入”→“拉伸”命令，系统弹出“拉伸特征”操控板。

步骤 8：在“拉伸特征”操控板中单击“放置”→“定义”按钮，单击工具栏中的▱按钮，系统弹出“基准面”对话框，选取基准平面 DTM3，输入“偏移”距离为 15，出现基准平面 DTM4 为草绘平面，基准平面 DTM2 为参照平面，选取方向向“顶”，单击“草绘”按钮，进入草绘环境，绘制一个 R17 的圆，如图 3-45 所示。

步骤 9：单击“草绘”工具栏中的✓按钮，完成截面的草绘。

步骤 10：在拉伸特征操控板中单击⊒按钮，选取圆柱的外表面，单击“确定”按钮，再单击✓按钮，完成拉伸特征的创建，如图 3-46 所示。

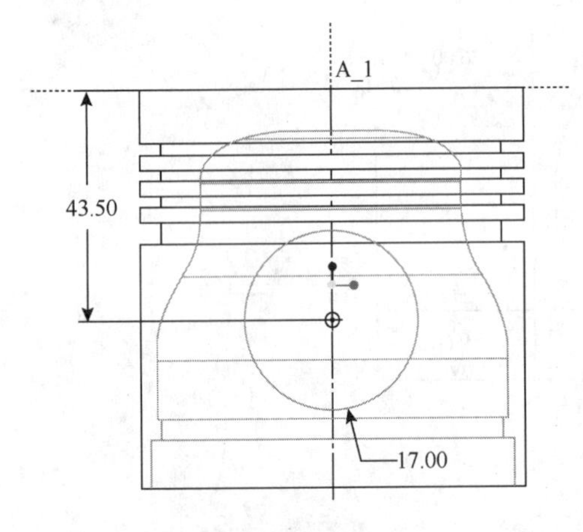

图 3-45　草绘截面

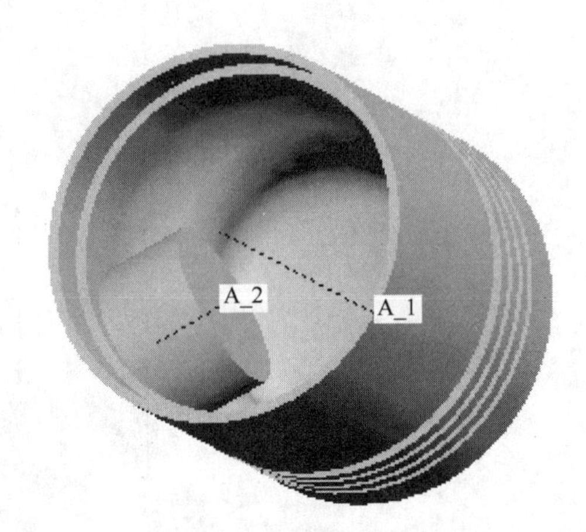

图 3-46　创建拉伸实体

步骤 11：单击主菜单中“插入”→“旋转”命令，系统弹出旋转特征操控板。

步骤 12：在旋转特征控制单击“放置”→“定义”按钮，系统弹出“草绘”对话框，选取基准平面 DTM1 为草绘平面，选取基准平面 DTM2 为参照平面，选取方向向“顶”，单击“草绘”按钮，进入草绘环境，系统弹出“参照”对话框，选取 R17 圆柱的中心线，ϕ75 圆柱的左母线为绘图参照线，绘制如图 3-47 所示的草绘截面。

步骤 13：单击“草绘”工具栏中的✓按钮，完成截面的绘制。

步骤 14：在旋转特征操控板中单击◿按钮，输入旋转角为 360°，并单击✓按钮，完成旋转去除特征的创建，如图 3-48 所示。

步骤 15：单击主菜单中“插入”→“拉伸”命令。系统弹出拉伸特征操控板。

步骤 16：在“旋转特征”操控板中单击“放置”→“定义”按钮，系统弹出“草绘”对话框，单击“使用先前的”按钮，再单击“草绘”按钮，进入草绘环境，绘制如图 3-49 所示的草绘截面。

步骤 17：单击“草绘”工具栏中的✓按钮，完成截面的绘制。

步骤 18：在“拉伸特征”操控板中单击◿按钮，输入拉伸深度为 40，单击“确定”按钮，完成拉伸去除特征的创建。

步骤 19：单击主菜单中“编辑”→“特征操作”→“复制”→“镜像”命令。选取步骤 14 和步骤 18 所创建的特征，单击“确定”→“完成”选项，选取基准平面 DTM3 为镜像平面，单击“确定”→“完成”选项，完成镜像特征的创建，如图 3-50 所示。

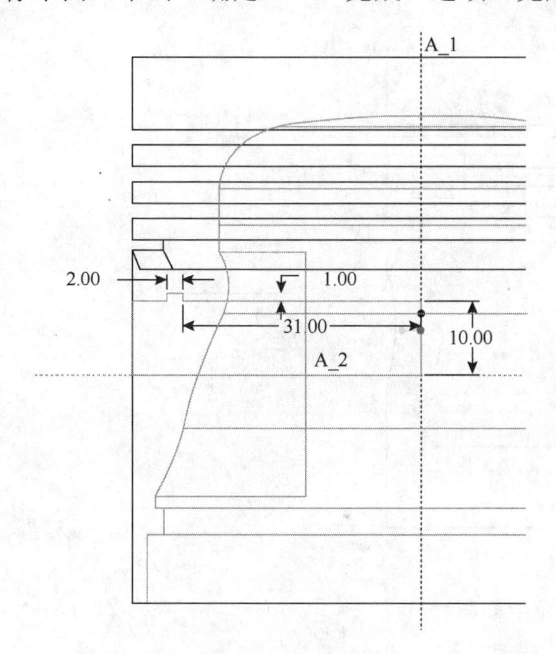

图 3-47 草绘截面

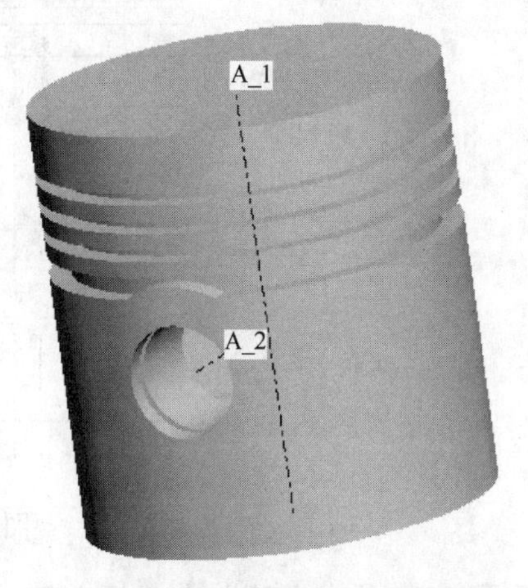

图 3-48 完成旋转去除特征的创建

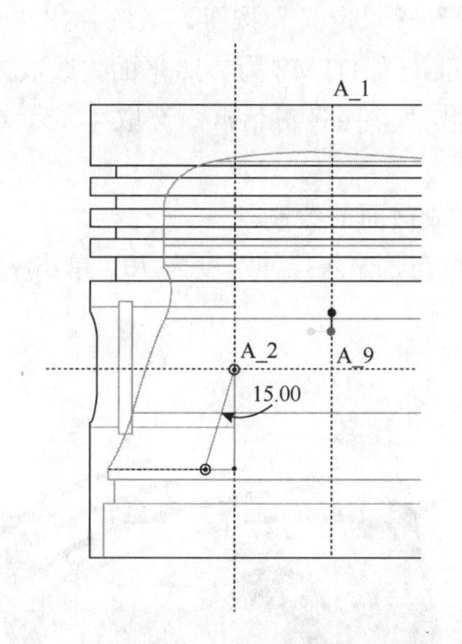

图 3-49 草绘截面

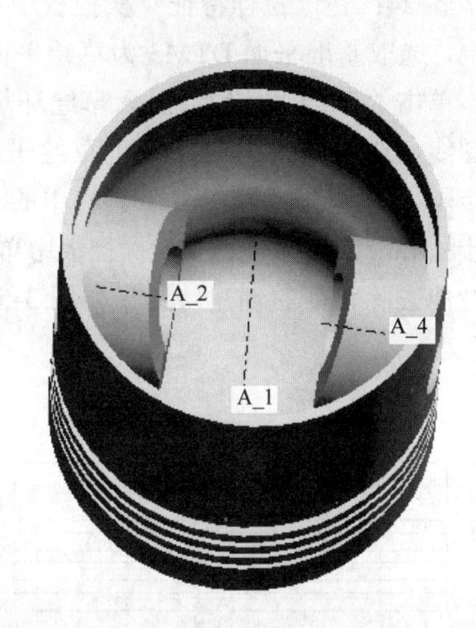

图 3-50 完成拉伸去除特征

步骤 20：单击主菜单中“插入”→“旋转”命令，系统弹出“旋转特征”操控板。

步骤 21：在“旋转特征”操控板中单击“放置”→“定义”按钮，系统弹出“草绘”对话框，单击“使用先前的”按钮，再单击“草绘”按钮，进入草绘环境，系统弹出“参照”对话框，选取 1、2、3 为作图参照线，绘制如图 3-51 所示的草绘截面。

步骤 22：在“旋转特征”操控板中单击◿按钮，输入旋转角 360°，单击✔按钮，完成旋转去除特征的创建。

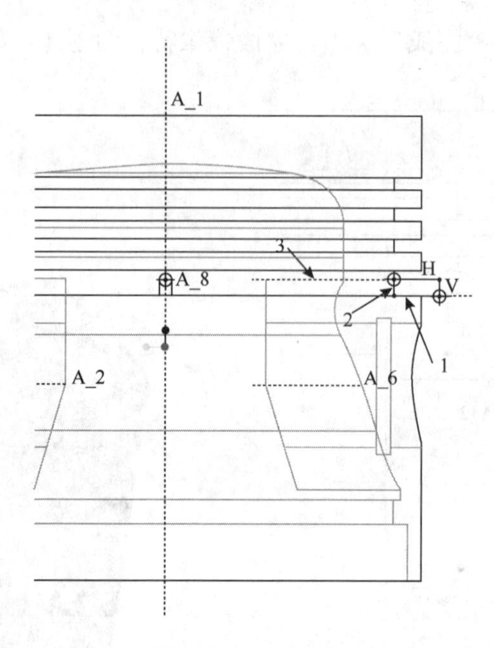

图 3-51　草绘截面

步骤 23：单击主菜单中“插入”→“拉伸”命令，系统弹出“拉伸特征”操控板。

步骤 24：在“拉伸特征”操控板中单击“放置”→“定义”按钮，系统弹出“草绘”对话框，选取基准平面 DTM3 为草绘平面，选取基准平面 DTM2 为参照平面，选取方向向“顶”，单击“草绘”按钮，进入草绘环境，系统弹出“参照”对话框，选取 4、5、6 为参照作图线，绘制如图 3-52 所示的草绘平面。

步骤 25：单击“草绘”工具栏中的✓按钮，完成截面的绘制。

步骤 26：在“拉伸特征”操控板中单击⊟和⊿按钮，输入拉伸深度为 70，单击✓按钮，完成拉伸去除特征的创建，结果如图 3-53 所示。

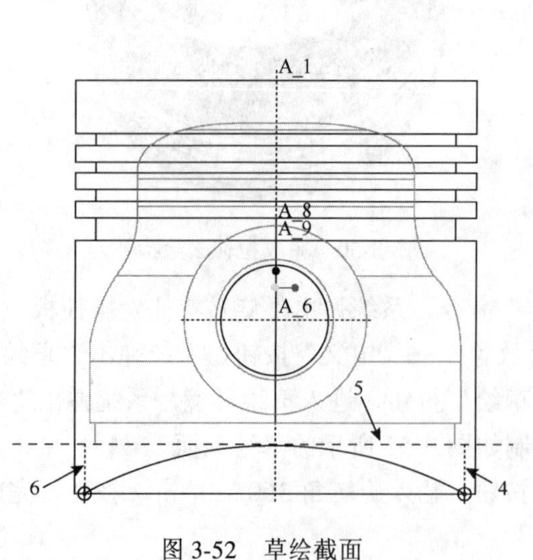

图 3-52　草绘截面

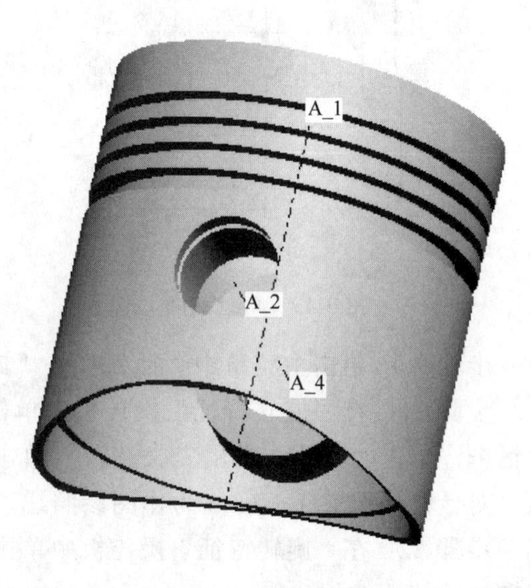

图 3-53　完成实体的创建

3.3 实体扫描特征

3.3.1 实体扫描特征的伸出和去除材料

将绘制的二维截面沿着指定的轨迹线扫描生成的三维特征，称为扫描特征。其中用扫描特征生成或去除材料的实体特征，称为实体扫描特征。

单击主菜单中“插入”→“扫描”命令，出现如图3-54所示的菜单，可选取创建扫描特征的类型。

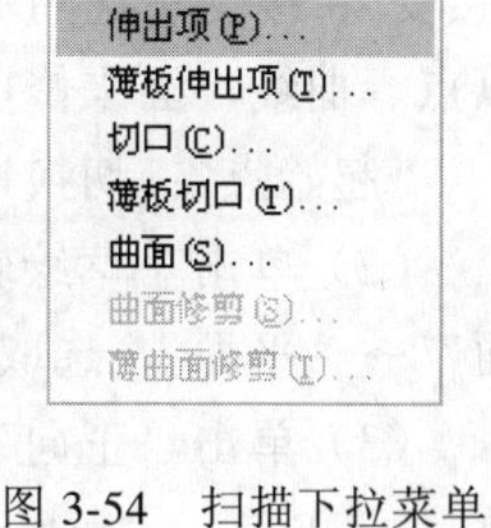

图3-54 扫描下拉菜单

“伸出项”：伸出实体特征。

“薄板伸出项”：伸出薄壁实体特征。

“切口”：去除材料实体特征。

“薄板切口”：去除材料薄壁实体特征。

“曲面”：创建曲面特征。

1. 创建实体扫描特征

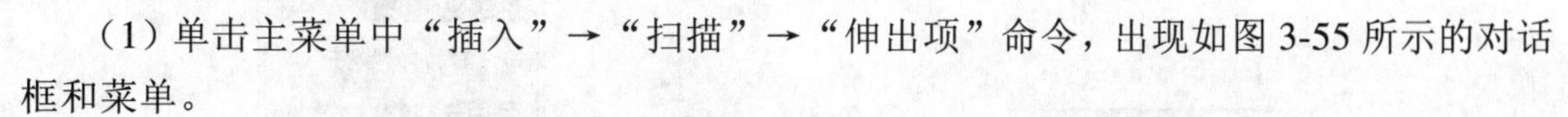

(1) 单击主菜单中“插入”→“扫描”→“伸出项”命令，出现如图3-55所示的对话框和菜单。

“草绘轨迹”：草绘扫描的轨迹线。

“选取轨迹”：选取已有的曲线或边作为扫描的轨迹线。

若选取“选取轨迹”选项，出现如图3-56所示的“链”菜单，利用该菜单可采用不同的方式选取曲线。

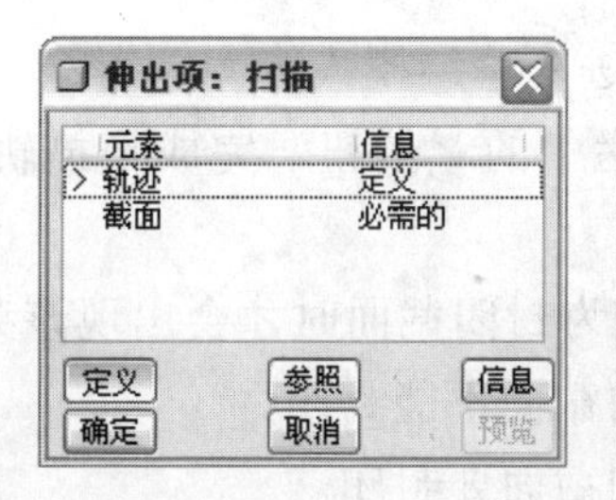

图3-55 “扫描轨迹”下拉菜单

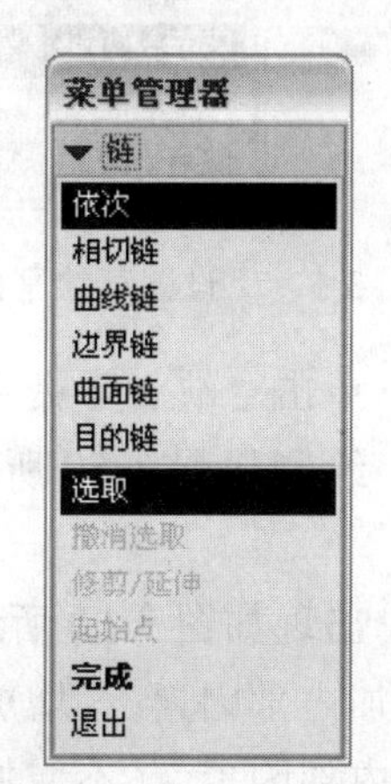

图3-56 “链”下拉菜单

“依次”：一条接一条的选取方式。

“相切链”：首尾相连且相切的边一起被选中。

“曲线链”：选取成链的基准曲线。“选取全部”：同一特征的基准线全部选中。“从-到”：从一点到一点之间的曲线。

“边界链”：选取一个零厚度面的边。“选取全部”：选中该面的所有边。“从-到”：从一点到一点之间的边。

“曲面链”：选取一个表面的边。“选取全部”：选中该表面的所有边。“从-到”：从一点到一点之间的边。

“目的链”：选取一条边，与它同性质的边一起被选取。

“撤消选取”：取消当前选取的曲线或边。

“修剪/延伸”：修剪或延伸选取的轨迹线的端点。“下一个”：切换轨迹线的两个端点。“接受”：接受所选的端点。“输入长度”：输入增量长度。“拖移”：拖动端点。“裁剪位置”：以点、曲线、面来修剪。

“起始点”：切换选取的轨迹线的开始点。

（2）单击“草绘轨迹”命令，出现如图 3-57 所示的菜单管理器，单击菜单“设置平面”→“平面”，选取基准平面 DTM2 为草绘平面。

（3）单击“正向”，完成草绘平面法向的设置，出现如图 3-58 所示的“草绘视图”菜单。

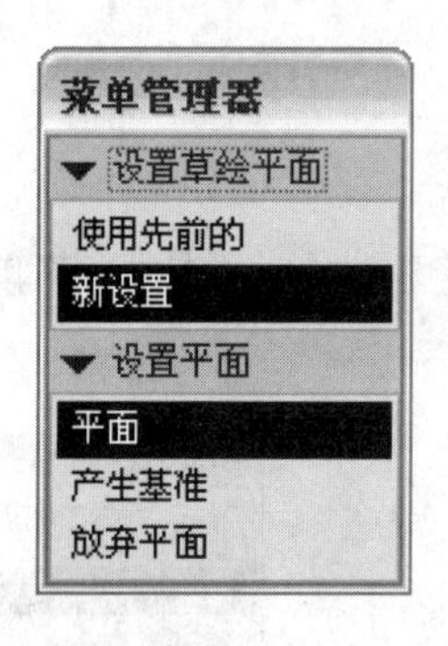

图 3-57 “设置草绘平面”下拉菜单

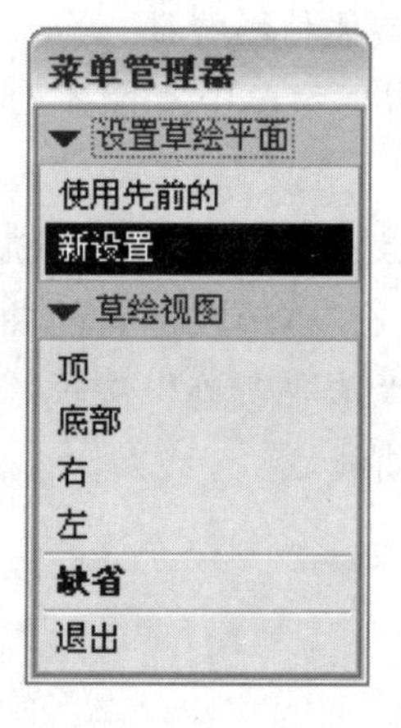

图 3-58 “草绘视图”下拉菜单

（4）单击“缺省”命令，完成草绘视图的定位，系统进入草绘模式。

（5）绘制如图 3-59 所示的截面，单击“草绘”工具栏中的✓按钮，完成扫描轨迹线的绘制。

（6）出现如图 3-60 所示的属性菜单，当绘制的轨迹线为封闭截面时才会出现该菜单。

“增加内部因素”（增加内部面）：选取该选项，扫描的截面不能封闭。

“无内部因素”（不增加内部面）：选取该选项，扫描的截面要封闭。

“合并终点”：扫描特征的端面会与其他实体特征的表面合并，该选项有适用的范围。

“合并端点”：扫描特征的端面是自由的状态。

（7）单击菜单“增加内部因素”→“完成”命令，系统进入草绘模式，绘制如图 3-61 所示的截面，单击草绘工具栏中的✓按钮，完成扫描截面的绘制。

（8）单击扫描对话框中的“确定”按钮，完成扫描特征的创建，如图 3-62 所示。

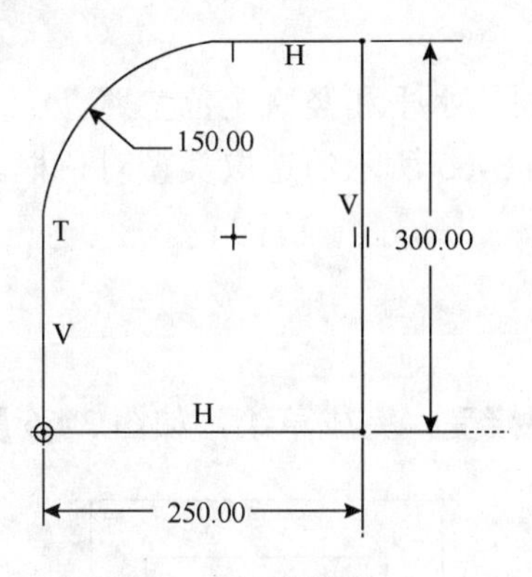

图 3-59　草绘截面

图 3-60　属性菜单下拉菜单

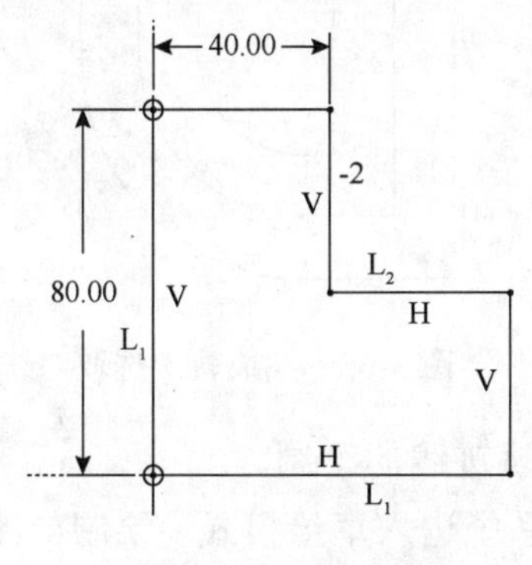

图 3-61　草绘截面

图 3-62　完成旋转特征的创建

2. 创建扫描去除材料特征

（1）单击主菜单中“插入”→“扫描”→“切口”→“草绘轨迹”命令。

（2）单击菜单“设置平面”→“平面”命令，选取模型上如图 3-63 所示的箭头指示面为草绘平面。

（3）单击“正向”，完成草绘平面法向的设置，出现如图 3-64 所示的“草绘视图”菜单。

图 3-63　选取草绘平面

图 3-64　“草绘视图”下拉菜单

（4）单击“顶”→“平面”命令，选取基准平面 DTM3 为草绘视图的定位参照面，系统进入草绘环境。

（5）选取基准平面 DTM1 和 DTM3 作为草绘截面的水平和竖直定位参照。

（6）单击“草绘”工具栏中的□按钮，出现如图 3-65 所示的选取类型对话框。

“单个”：单一选取偏置的参照边。

“链”：选取链的首尾，介于之间的边一起被选取。

“环”：选取一个表面，该面的整圈边界被选取。

（7）选取“环”选项，选取模型的顶面，选外环接受，完成草绘，如图 3-66 所示。

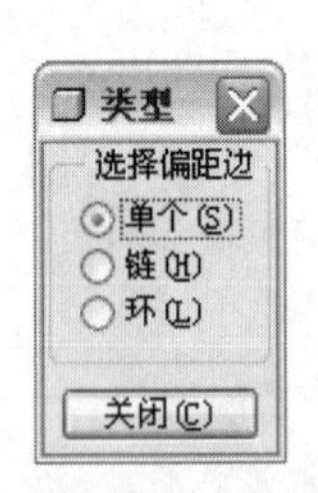

图 3-65　类型对话框

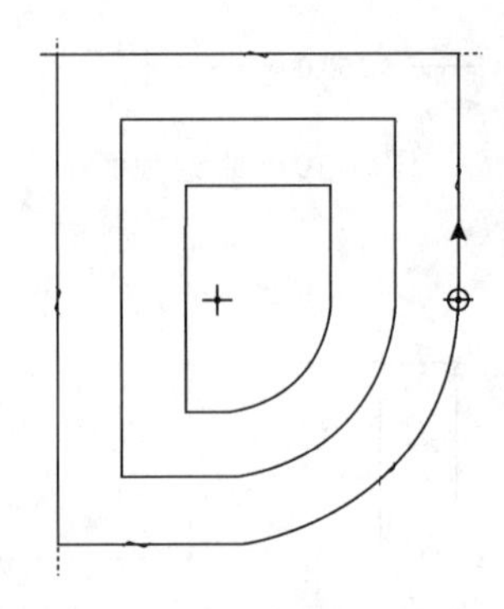

图 3-66　完成轨迹选取

（8）单击“草绘”工具栏中的✓按钮，完成扫描轨迹线的绘制。

（9）单击菜单“无内部因素”→“完成”命令，系统进入草绘模式，绘制如图 3-67 所示的截面，单击“草绘”工具栏中的✓按钮，完成扫描截面的绘制。

（10）单击“正向”按钮确认去除的材料侧向里，再单击扫描去除材料对话框中的“确定”按钮，完成扫描去除材料特征的创建，如图 3-68 所示。

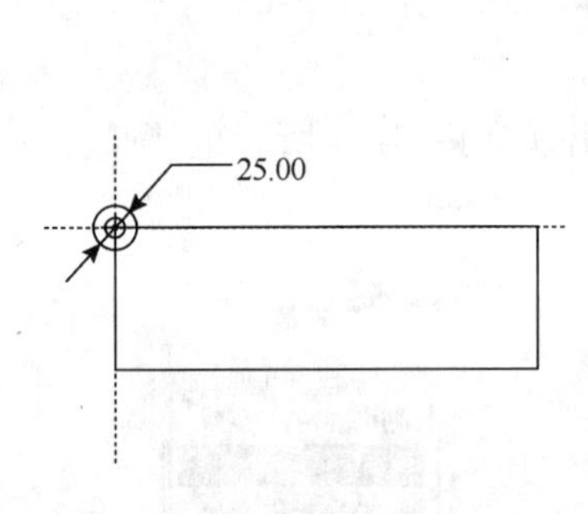

图 3-67　草绘截面

图 3-68　完成特征创建

3.3.2　实体扫描特征操作实例：杯子

步骤 1：单击“文件”工具栏中的新建文件□按钮，系统弹出“新建”对话框。

步骤 2：在“名称”文本框中输入“beizi”，单击“使用缺省模板”去掉默认模板，再单击“确定”按钮，进入零件设计模块。

步骤 3：单击主菜单中“插入”→“旋转”命令，系统弹出“拉伸特征”操控板。单击“放置”→“定义”按钮，系统弹出“草绘”对话框，选取基准平面 DTM3 为草绘平面，选取基准平面 DTM1 为参照平面，选取方向向“右”，单击“草绘”按钮，系统进入草绘环境，绘制如图 3-69 所示截面。

步骤 4：单击“草绘”工具栏中的✓按钮，完成草绘截面的绘制。

步骤 5：在“旋转特征”操控板中单击按钮，输入旋转角度为 360°，单击✓按钮，完成旋转特征的创建，结果如图 3-70 所示。

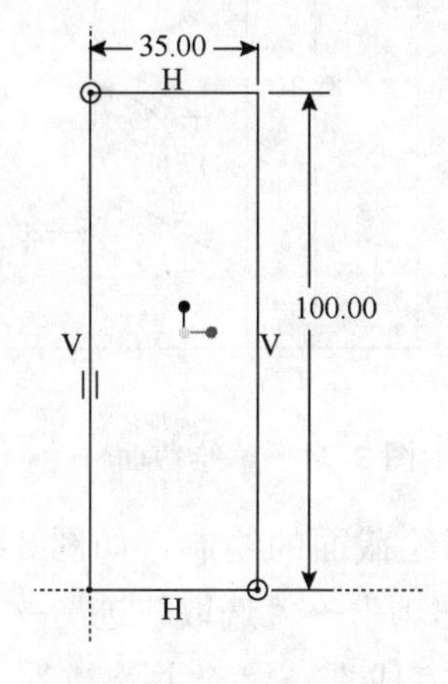

图 3-69 草绘截面

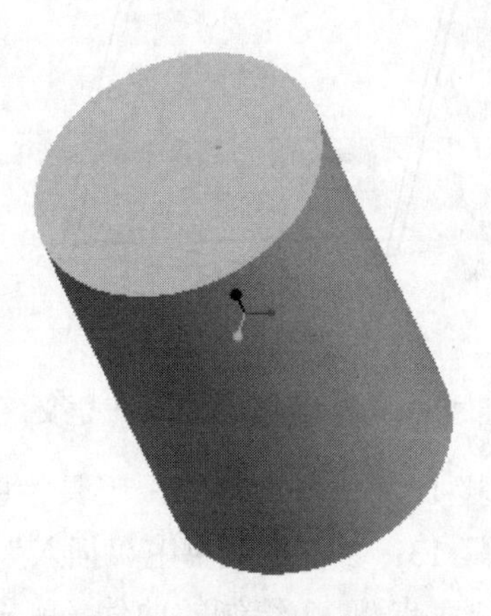
图 3-70 完成旋转特征创建

步骤 6：单击主菜单中“插入”→“抽壳”命令，系统弹出抽壳特征操控板。

步骤 7：选取圆柱的顶面，在“抽壳特征”操控板中输入抽壳厚度为 2，单击✓按钮，完成抽壳特征的创建，结果如图 3-71 所示。

步骤 8：选取模型树中的抽壳命令，单击鼠标右键菜单中“编辑定义”命令，系统弹出壳特征操控板。

步骤 9：单击壳特征操控板中的“参照”→“非缺省厚度”命令，选取圆柱的底面，输入厚度为 4，如图 3-72 所示，单击完成抽壳特征的重定义，如图 3-73 所示。

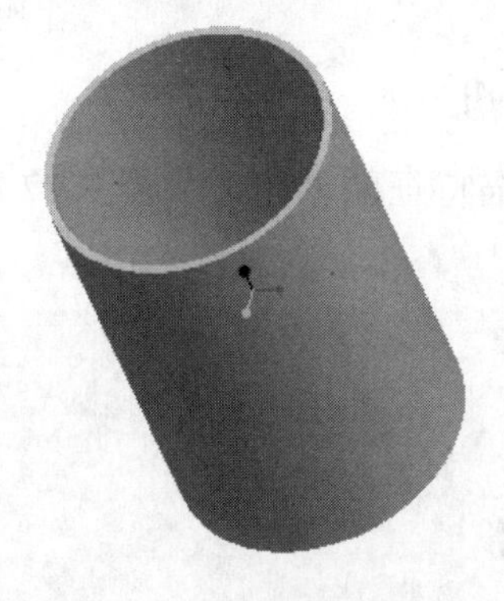
图 3-71 完成抽壳特征创建

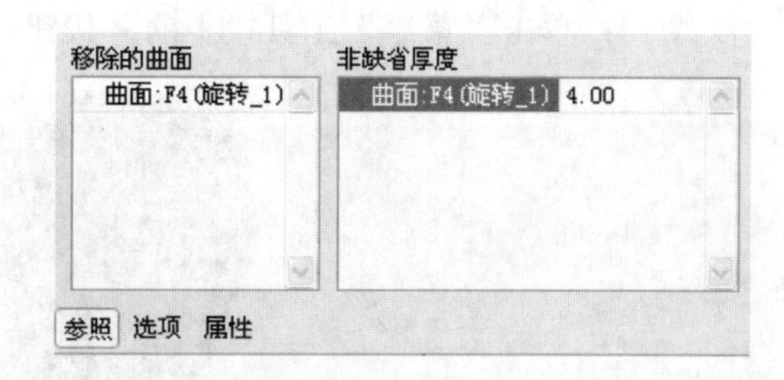

图 3-72 “参照”对话框

步骤 10：单击“基准”工具栏中的按钮，系统弹出“草绘”对话框，选取基准平面 DTM3 为草绘平面，选取基准平面 DTM1 为参照平面，选取方向向“右”，单击“草绘”按钮，系统进入草绘环境。

步骤 11：系统弹出“参照”对话框，选取圆柱的右母线为参照线，绘制如图 3-74 所示的草绘截面。

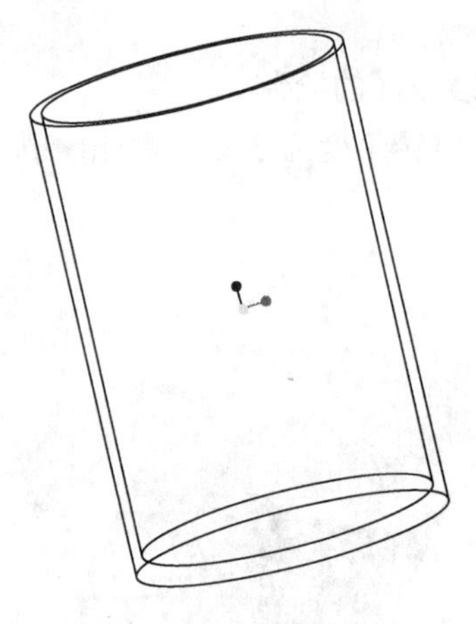

图 3-73　完成抽壳特征的重定义

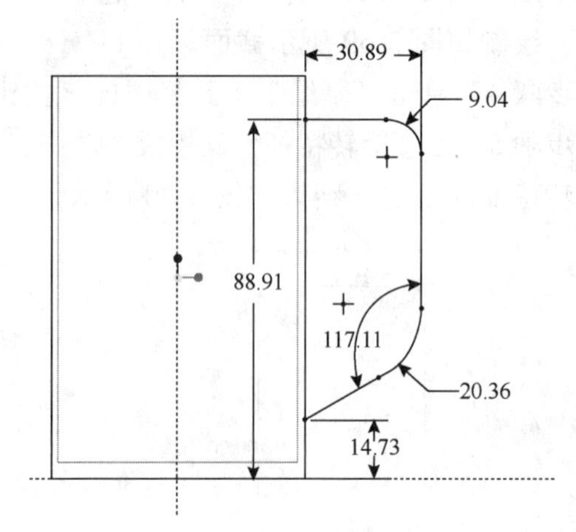

图 3-74　草绘截面

步骤 12：单击“草绘”工具栏中的✓按钮，完成草绘截面的绘制，如图 3-75 所示。

步骤 13：单击主菜单中“插入”→“扫描”→“伸出项”→“选取轨迹”→“曲线链”命令，选取步骤 12 绘制的曲线，单击“选取全部”→“完成”→“合并终点”→“完成”命令，系统进入草绘环境，绘制一个椭圆，如图 3-76 所示。

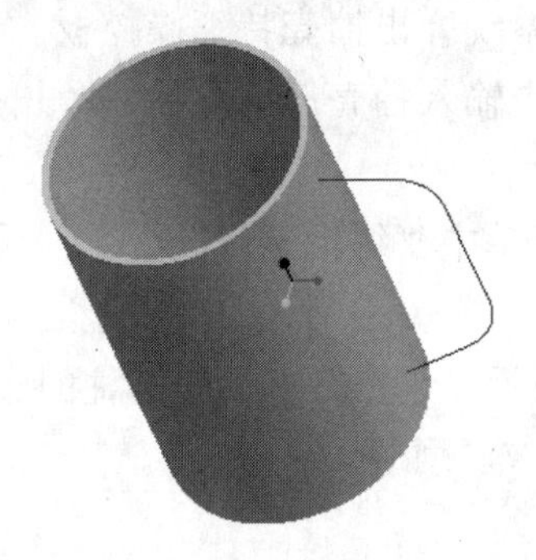

图 3-75　完成轨迹的创建

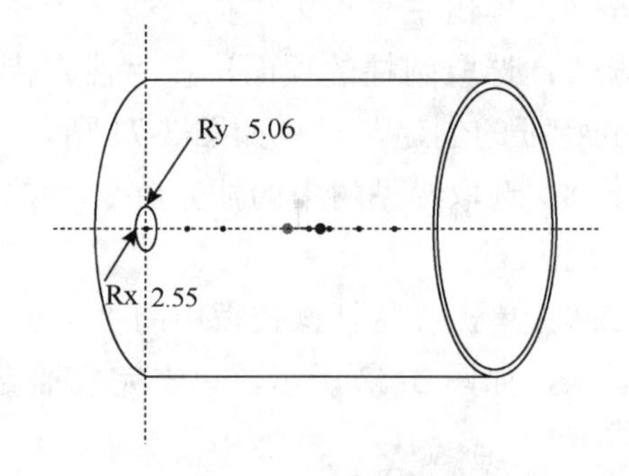

图 3-76　草绘截面

步骤 14：单击“草绘”工具栏中的✓按钮，完成扫描特征的创建，如图 3-77 所示。

图 3-77　完成特征创建

3.4 实体混合特征

3.4.1 实体混合特征的伸出和去除材料

由两个或两个以上的截面之间混合出的三维特征，称为混合特征。其中用混合特征生成或去除材料的实体特征，称为实体混合特征。

单击主菜单中“插入”→“混合”→“伸出项”命令，出现如图 3-78 所示的混合菜单。

“平行”：平行混合方式，所有截面相互平行。

“旋转的”：旋转混合方式，截面绕 Y 轴旋转。每个混合截面需要一个草绘坐标系。

“一般”：一般混合方式，截面可以绕 X、Y、Z 轴旋转或平移。每个混合截面需要一个草绘坐标系。

“规则截面”：以绘制的截面或选取特征的表面为混合截面。

“投影截面”：以绘制的截面或选取特征的表面在投影后所得的面为混合截面。

图 3-78 “混合选项”下拉菜单

“选取截面”：选取截面为混合截面。

“草绘截面”：草绘混合截面。

注意 (1) 在创建混合特征时，各混合截面中边的数量一般相同。若截面的边数不相同时，可以通过如下解决方法：

1) 单击主菜单中“编辑”→“修剪”→“分割”命令，分割截面曲线。

2) 在截面上选取（非起始点）顶点，单击主菜单中“草绘”→“特征工具”→“起始点”命令，增加一个混合顶点作为截面的一条边。

(2) 在绘制混合截面时，应注意各个截面的起始点位置不一致，混合后的结果就有不同。单击主菜单中“草绘”→“特征工具”→“起始点”命令，变换开始点到选取的端点，使各个截面起始点的位置相同。

(3) 混合截面必须封闭。

(4) 草绘完成一个截面必须单击右键，切换截面“到另一个剖面”。

---

1. 创建实体混合特征

(1) 单击主菜单中“插入”→“混合”→“伸出项”→“平行”→“规则截面”→“草绘截面”→“完成”命令，出现如图 3-79 所示的属性菜单。

“直的”：混合特征的截面间直面过渡。

“光滑”：混合特征的截面间光滑过渡，一般在两个以上截面的混合特征中使用该选项与使用“直的”选项有明显的形状区别。

（2）单击菜单“光滑”→“完成”→“设置平面”→“平面”命令，选取基准平面 DTM3 为草绘平面。

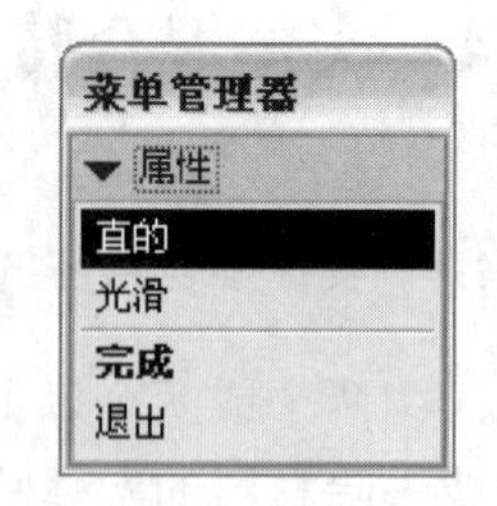

图 3-79 “属性”菜单

（3）单击“正向”选项，完成草绘平面法向的设置。

（4）单击“缺省”选项，完成草绘视图的定位，系统进入草绘模式。

（5）绘制第 1 个混合截面，如图 3-80 所示，注意该截面的起始点位置。单击菜单“草绘”→“特征工具”→“切换剖面”命令，该截面变黯淡。

（6）绘制第 2 个混合截面，如图 3-81 所示，注意该截面的起始点位置。单击菜单“草绘”→“特征工具”→“切换剖面”命令，该截面变黯淡。

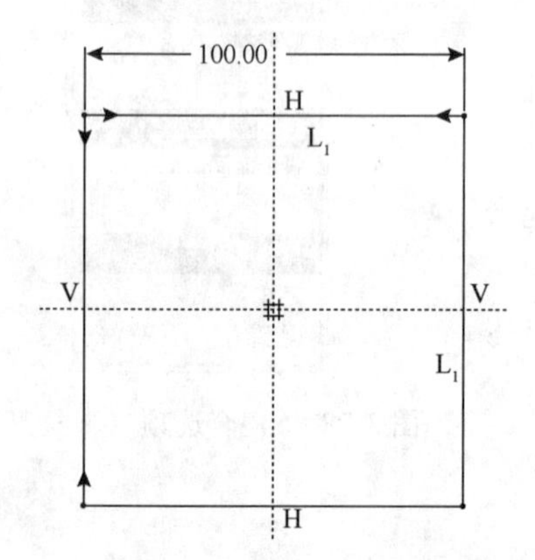

图 3-80 绘制、切换剖面

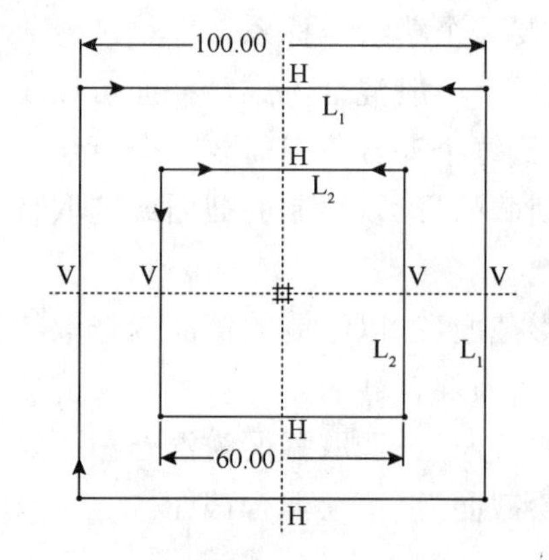

图 3-81 绘制、切换剖面

（7）绘制第 3 个混合截面与第 1 个截面一样，如图 3-82 所示。

（8）单击“草绘”工具栏中的✓按钮，完成混合截面的绘制。

（9）按系统提示，在信息区文本栏中输入截面间的距离分别为 30、80。

（10）单击混合对话框中的“确定”按钮，完成混合特征的创建，如图 3-83 所示。

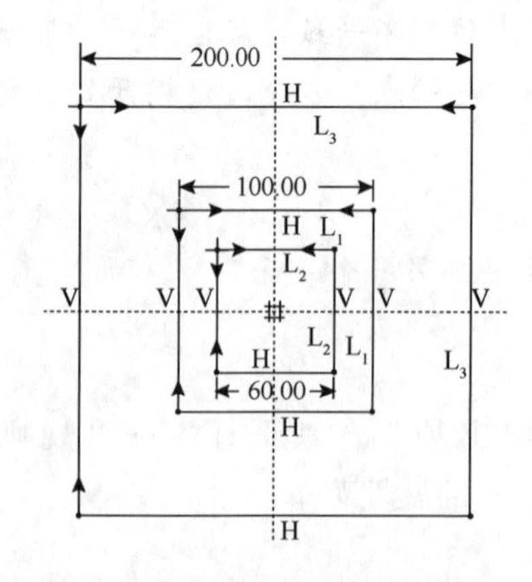

图 3-82 绘制、切换剖面

图 3-83 完成混合特征的创建

2. 创建混合去除材料特征

（1）单击主菜单中“插入”→“混合”→“切口”→“平行”→“规则截面”→“草绘截面”→“完成”。

（2）单击主菜单中“光滑”→“完成”→“设置平面”→“平面”命令，选取模型上顶面为草绘平面。

（3）单击“正向”选项，完成草绘平面法向的设置。

（4）单击“缺省”选项，完成草绘视图的定位，系统进入草绘模式。

（5）系统要求指定截面参照，分别选取基准平面 DTM1 和 DTM2 为水平参照和竖直参照。

（6）绘制第 1 个混合截面，使用“草绘”工具栏中的按钮，将外轮廓向内偏移 10 得到的一正方形为截面，单击菜单“草绘”→“特征工具”→“切换剖面”命令，该截面变黯淡。

（7）绘制第 2 个混合截面，再次使用“草绘”工具栏中的按钮，将外轮廓向内偏移 15，得到的一正方形为截面，如图 3-84 所示。

（8）单击“草绘”工具栏中的按钮，完成混合截面的绘制。

（9）按系统提示，在信息区文本栏中输入厚度为 5，单击按钮，结果如图 3-85 所示。

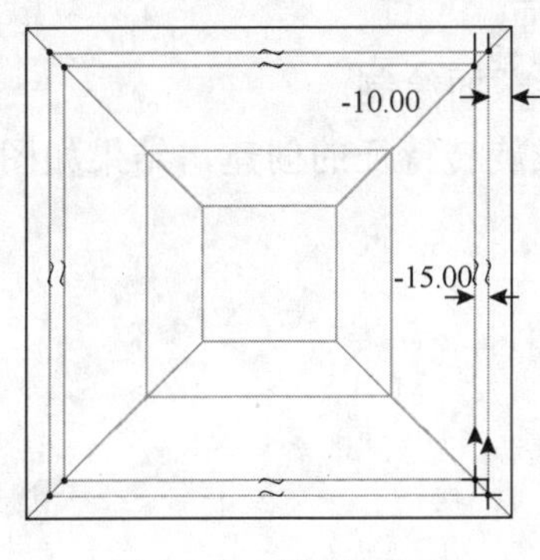

图 3-84　利用边偏移

图 3-85　完成去除特征创建

3.4.2　实体混合特征操作实例一：奔驰标志

步骤 1：单击“文件”工具栏中新建文件按钮，弹出“新建”对话框。

步骤 2：在“名称”文本框中输入“benchi”，单击“使用缺省模板”去掉默认模板，单击“确定”按钮，进入零件设计模块。

步骤 3：单击“基准”工具栏中的按钮，创建 DTM1、DTM2、DTM3 三个基准平面。

步骤 4：单击主菜单中“插入”→“混合”→“拉伸项”→“平行”→“规则截面”→“草绘截面”→“完成”→“直的”→“完成”，选取基准平面 DTM2 为草绘平面，单击“正向”→“缺省”命令，系统进入草绘环境，绘制如图 3-86 所示的第一个草绘截面，单击鼠标右键选取“切换截面”命令，在第一个草绘截面的圆心处绘制一个点，完成第二个草绘截面的绘制。

步骤 5：单击“草绘”工具栏中的✓按钮，完成草绘截面的绘制。在状态栏中输入混合厚度为 6，单击✓按钮，完成如图 3-87 所示的混合特征的创建。

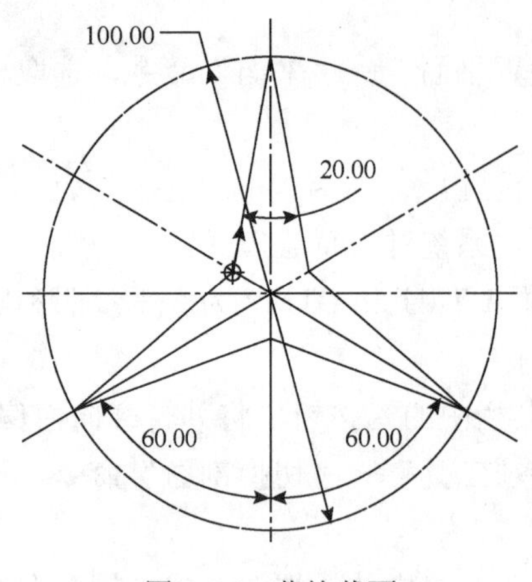

图 3-86　草绘截面

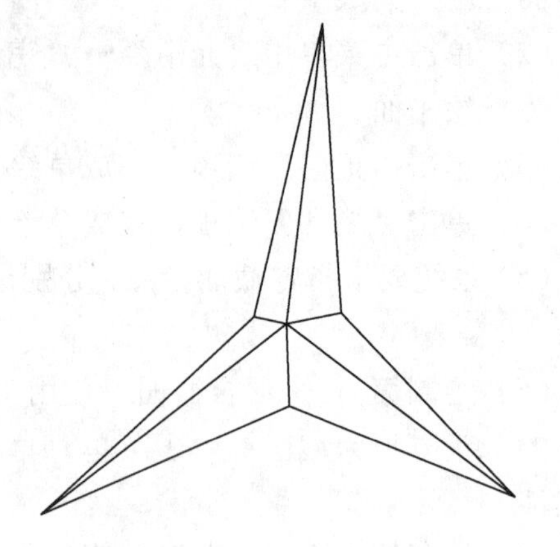

图 3-87　完成混合特征的创建

步骤 6：单击“基础特征”工具栏中的按钮，系统弹出旋转特征操控板。

步骤 7：在弹出的特征操控板中单击“放置”→“定义”按钮，系统弹出“草绘”对话框，选取基准平面 DTM1 作为草绘平面，接受系统默认的视图方向和参照平面，单击“草绘”按钮，进入草绘环境，绘制如图 3-88 所示的草绘截面。

步骤 8：单击“草绘”工具栏中的✓按钮，完成草绘截面绘制。

步骤 9：在“旋转特征”操控板中单击✓按钮，完成旋转特征的创建，结果如图 3-89 所示。

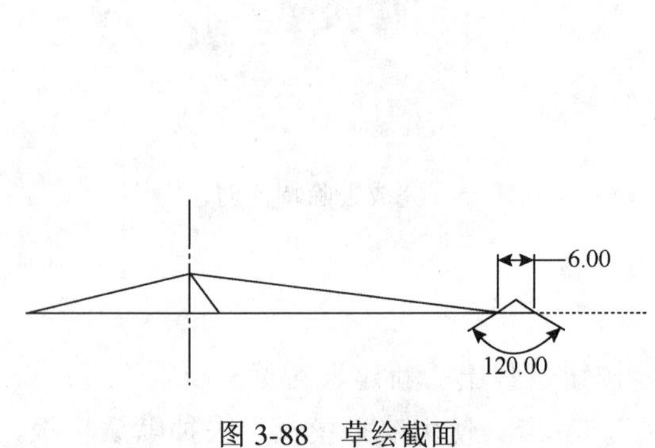

图 3-88　草绘截面

图 3-89　完成扫描特征创建

3.4.3 实体混合特征操作实例二：机油壶

步骤 1：单击“文件”工具栏中的新建文件按钮，系统弹出“新建”对话框。

步骤 2：在“名称”文本框中输入“jiyouhu”，单击“使用缺省模板”去掉默认模板，再单击“确定”按钮，进入零件设计模块。

步骤 3：单击“基准”工具栏中的按钮，系统弹出“草绘”对话框。

步骤 4：选取基准平面 DTM2 草绘平面，选取基准平面 DTM1 为参照平面，选取方向向 “右”，单击“草绘”按钮，系统进入草绘环境，绘制如图 3-90 所示截面。

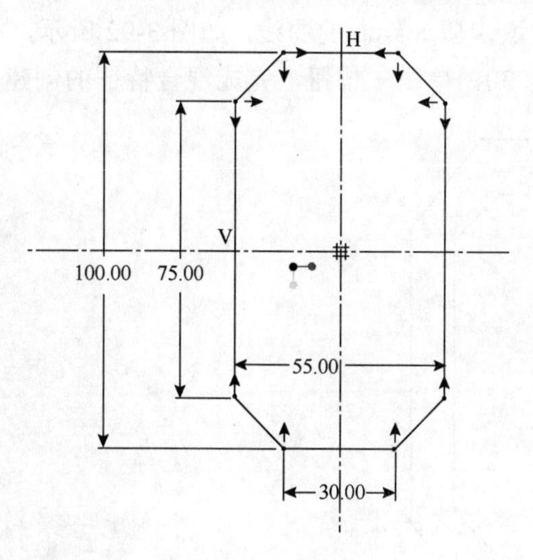

图 3-90 草绘截面

步骤 5：单击“草绘”工具栏中的✔按钮，完成草绘截面的绘制。

步骤 6：单击“基准”工具栏中的按钮，系统弹出草绘对话框。

步骤 7：单击基准工具栏中的按钮，系统弹出“基准面”对话框，选取基准平面 DTM2，输入平移的值为 30，单击“确定”按钮，完成基准平面 DTM4 的创建，选取 DTM1 为参照平面，单击“草绘”按钮，系统进入草绘环境，绘制如图 3-91 的草绘截面。

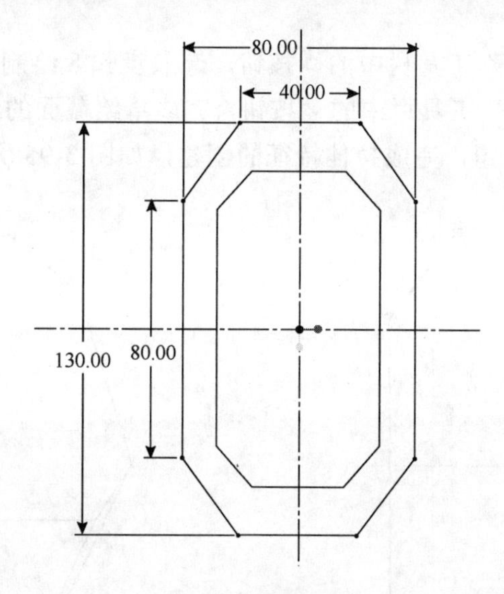

图 3-91 草绘截面

步骤 8：单击“草绘”工具栏中的✔按钮，完成草绘截面的绘制。

步骤 9：单击主菜单中“插入”→“混合”→“伸出项”→“平行”→“规则截面”→“草绘截面”→“完成”→“直的”→“完成”，选取基准平面 DTM2 为草绘截面，单击

"正向"→"缺省"，系统进入草绘环境。

步骤 10：单击"草绘"工具栏中的□按钮，选取步骤 5 草绘的截面，单击鼠标右键选取"切换截面"选项，选取步骤 8 绘制的曲线，如图 3-92 所示，单击单击草绘工具栏中的✓按钮，输入混合厚度为 30，单击☑按钮，完成混合特征的创建，如图 3-93 所示。

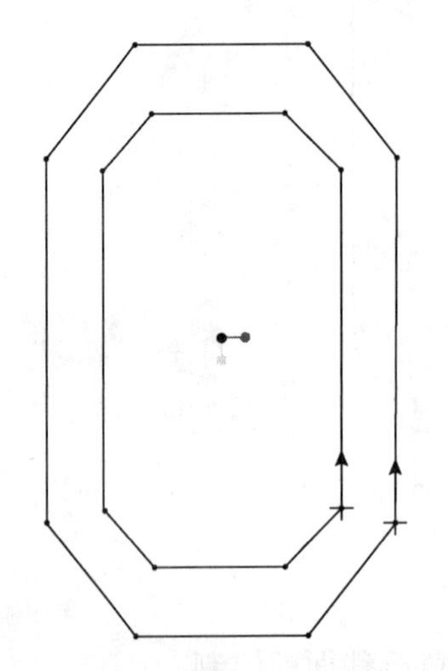

图 3-92　绘制、切换剖面

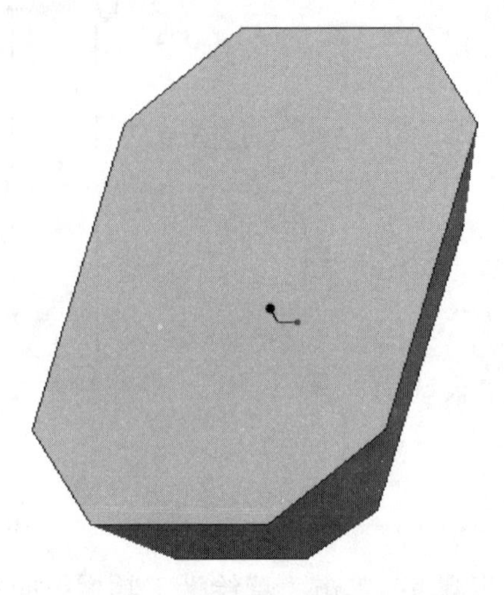

图 3-93　完成混合特征的创建

步骤 11：单击主菜单中"插入"→"拉伸"命令，系统弹出拉伸操控板。

步骤 12：单击"放置"→"定义"按钮，系统弹出"草绘"对话框，选取特征顶面为草绘平面，选取基准平面 DTM3 为参照平面，选取方向向"底"，单击"草绘"按钮，系统进入草绘环境。

步骤 13：单击"草绘"工具栏中的□按钮，选取步骤 8 绘制的曲线，如图 3-94 所示。

步骤 14：单击"草绘"工具栏中的✓按钮，完成草绘截面的绘制，单击⊔按钮，输入拉伸深度为 10，单击☑按钮，完成拉伸特征的创建，如图 3-95 所示。

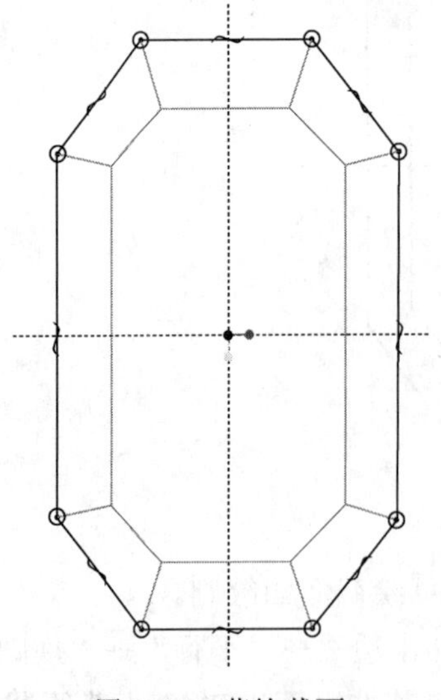

图 3-94　草绘截面

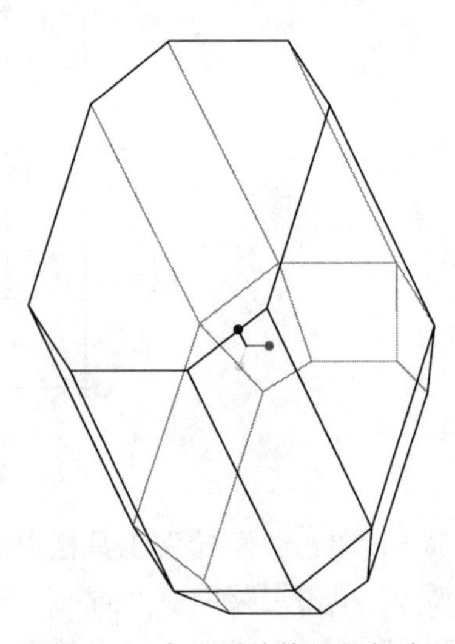

图 3-95　完成拉伸特征的创建

步骤 15：单击主菜单中“插入”→“混合”→“伸出项”→“平行”→“规则截面”→“草绘截面”→“完成”→“直的”→“完成”，选取顶面为草绘平面，单击“正向”→“缺省”，系统进入草绘环境。

步骤 16：单击“草绘”工具栏中的□按钮，选取步骤 8 绘制的曲线，单击鼠标右键选取“切换截面”选项，单击“草绘”工具栏中的＼按钮，绘制如图 3-96 所示的截面。

步骤 17：单击“草绘”工具栏中的✓按钮，完成草绘截面的绘制，单击“盲孔”→“完成”，单击“确定”按钮，输入混合深度为 25，单击✓按钮，完成混合特征的创建，如图 3-97 所示。

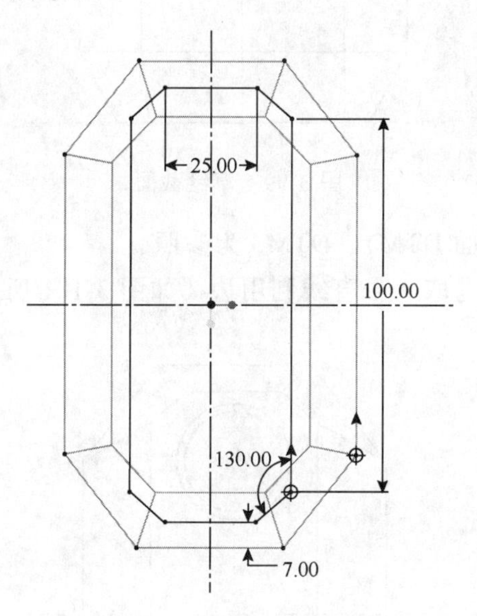

图 3-96　绘制、切换剖面

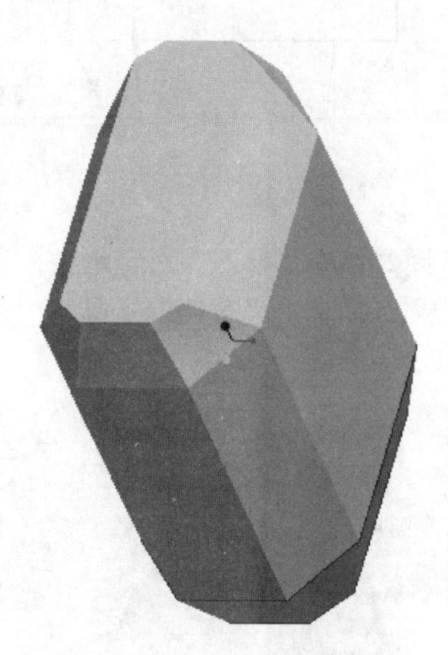

图 3-97　完成混合特征的创建

步骤 18：单击主菜单中“插入”→“旋转”命令，系统弹出旋转操控板。

步骤 19：单击“放置”→“定义”按钮，系统弹出“草绘”对话框，选取基准平面 DTM1 为草绘平面，选取基准平面 DTM2 为参照平面，选取方向向“顶”，单击“草绘”按钮，系统进入草绘环境。

步骤 20：系统弹出“参照”对话框，选取 1、2 为参照面。

步骤 21：单击“草绘”工具栏中的¦按钮，与 1 边重合绘制一条中心线，如图 3-98 所示。

步骤 22：单击“草绘”工具栏中的＼按钮，绘制如图 3-99 所示的截面。

步骤 23：单击“草绘”工具栏中的✓按钮，完成旋转截面的绘制。

步骤 24：在弹出的“旋转特征”操控板中，输入旋转角度为 360°，单击✓按钮，完成旋转特征的创建，如图 3-100 所示。

步骤 25：单击主菜单中“插入”→“混合”→“伸出项”→“平行”→“规则截面”→“草绘截面”→“完成”→“直的”→“完成”，选取 3 平面为草绘平面，单击“正向”→“缺省”，系统弹出“参照”对话框。

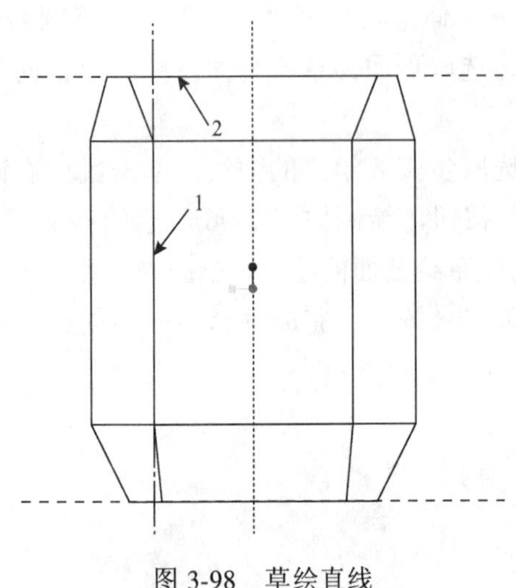

图 3-98　草绘直线

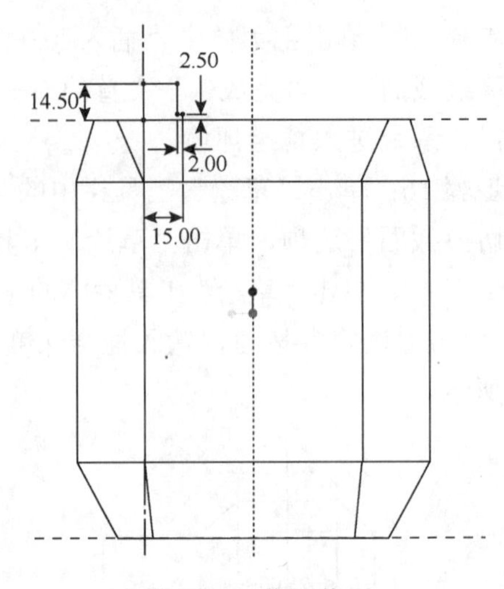

图 3-99　草绘截面

步骤 26：在“参照”对话框中，选取基准平面 DTM1、DTM3 为参照。

步骤 27：单击“草绘”工具栏中的□按钮，选取 4 号直线利用边，如图 3-101 所示。

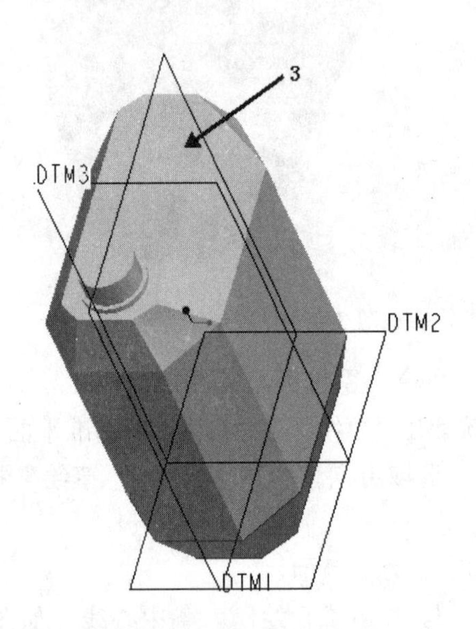

图 3-100　完成旋转特征的创建

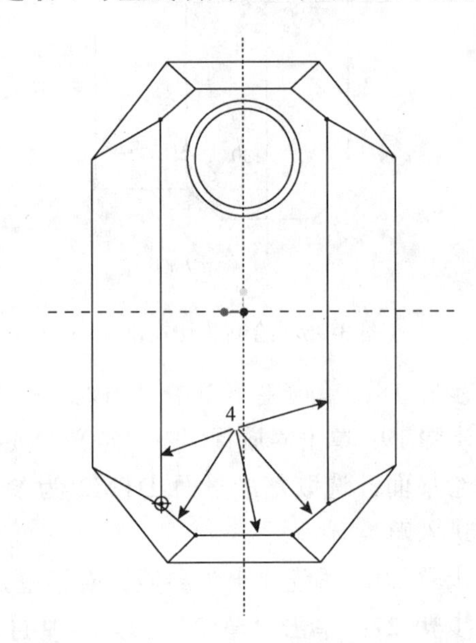

图 3-101　利用边

步骤 28：单击“草绘”工具栏中的╲按钮，绘制如图 3-102 所示的截面，单击鼠标右键选取“切换截面”选项。

步骤 29：单击“草绘”工具栏中的□按钮，绘制一个矩形，如图 3-103 所示，选取 A、B 两点，单击主菜单中“草绘”→“特征工具”→“混合顶点”命令，增加两个混合起点。

步骤 30：单击“草绘”工具栏中的✓按钮，单击“盲孔”→“完成”，输入混合厚度为 25，单击✓按钮，完成混合特征的创建，如图 3-104 所示。

步骤 31：单击主菜单中“插入”→“拉伸”命令，系统弹出拉伸特征操控板。

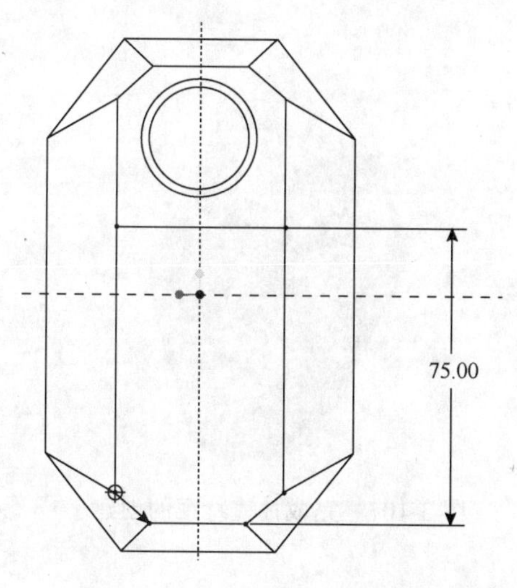

图 3-102　绘制、切换剖面

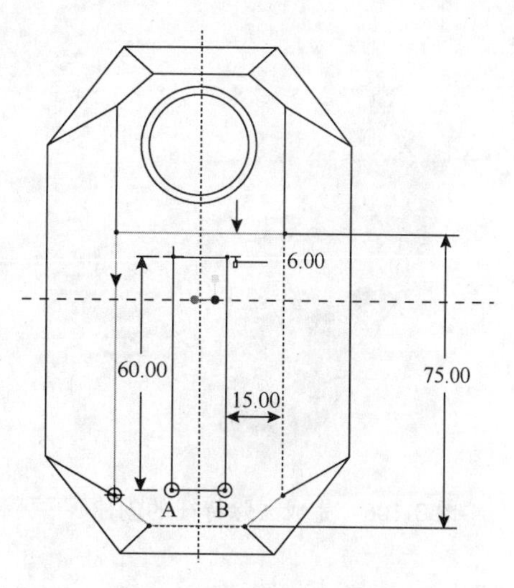

图 3-103　绘制、切换剖面

步骤 32：在弹出的“拉伸特征”操控板中单击“放置”→“定义”按钮，系统弹出“草绘”对话框，选取基准平面 DTM1 为草绘平面，选取基准平面 DTM2 为参照平面，选取方向向“顶”，单击“草绘”按钮，系统进入草绘环境，绘制如图 3-105 所示的截面。

图 3-104　完成混合特征的创建

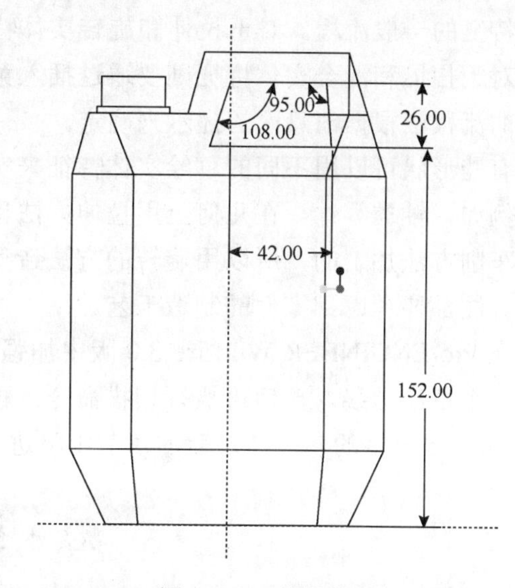

图 3-105　草绘截面

步骤 33：单击“草绘”工具栏中的✔按钮，完成旋转截面的绘制。

步骤 34：在“拉伸特征”操控板中单击和按钮，输入拉伸厚度为 70，单击✔按钮，完成拉伸去除材料特征的创建，结果如图 3-106 所示。

步骤 35：单击主菜单中“插入”→“抽壳”命令，系统弹出抽壳特征操控板，选择壶口的顶面，在抽壳特征操控板中输入抽壳厚度为 1，单击✔按钮，完成抽壳特征的创建，结果如图 3-107 所示。

图 3-106　完成去除特征的创建

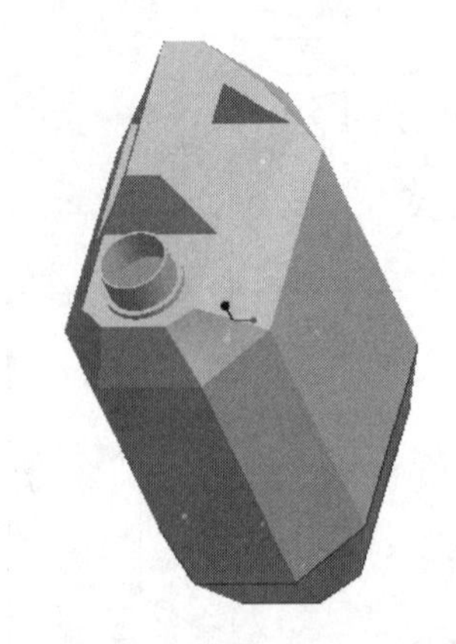

图 3-107　完成抽壳特征的创建

3.5　小结

在本章中，我们学习了草绘实体特征的基本生成方法。草绘实体特征包括拉伸实体特征、旋转实体特征、扫描实体特征，以及混合实体特征。通过学习，我们掌握了建立草绘实体特征的一般流程。对于拉伸和旋转实体特征分别选择□或□按钮，激活相应的命令流程；对于扫描和混合实体特征则要通过插入菜单中相应的菜单项来进入特征的创建过程。具体的流程应根据消息区的提示来确定。

有些形状可以用不同的草绘实体特征来实现，在选择时应尽可能和零件的加工方法一致。例如，轴类零件，在几何上用拉伸方法也可以方便地实现，但是轴回转类零件，一般是用车削方法加工的，所以用旋转的方法造型更合适。另外，草绘平面和参照的选择、尺寸的标注都要考虑到零件的制造工艺。

在 Pro/ENGINEER Wildfire 3.0 版中加强了“对象-操作”的功能，例如，我们可以先选择一个草绘曲线，然后再执行扫描命令；再如，我们可以通过拖动图柄来确定深度。这些 Windows 风格的功能在以后的章节中将进一步讲述。

思　考　题

（1）草绘平面与参照平面在设计过程中的作用是什么？

（2）简述拉伸特征的操作步骤与特点。

（3）简述旋转特征的操作步骤与特点。

（4）简述扫描特征的操作步骤与特点。

（5）简述混合特征的操作步骤与特点。

（6）比较三种混合特征的异同。

（7）在混合特征建立过程中，怎样切换到不同的特征截面？如何保证各特征的边数相同，如何控制起始点？

练 习 题

（1）创建如图 3-108 和图 3-109 所示的 3D 零件图。

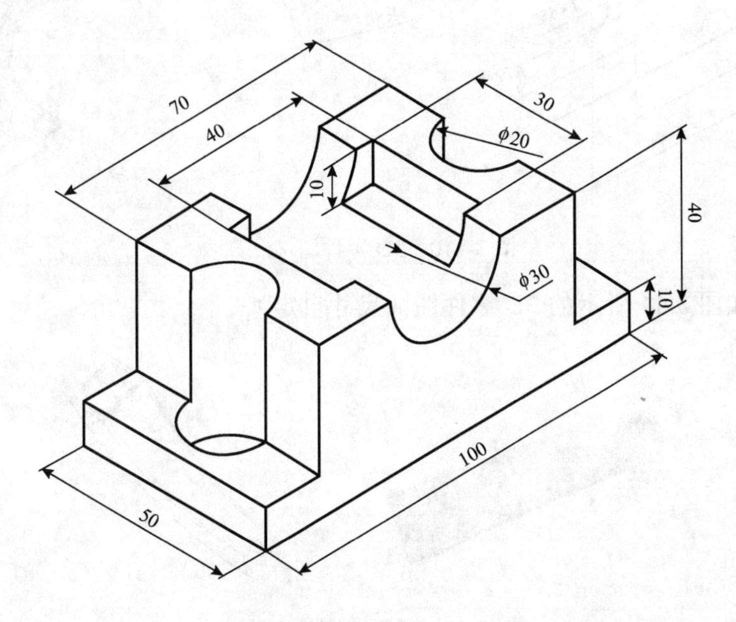

图 3-108　3D 零件图（一）

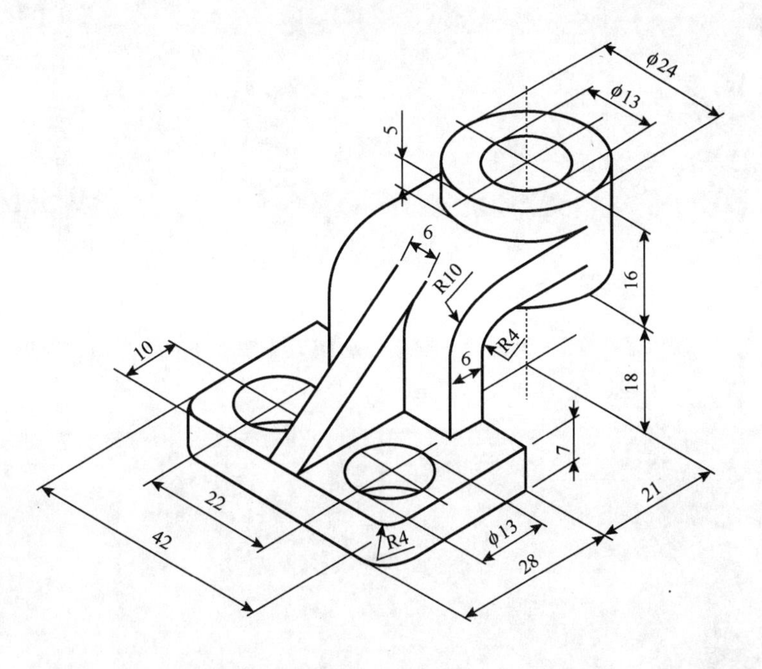

图 3-109　3D 零件图（二）

（2）创建如图 3-110 所示的 3D 零件图。

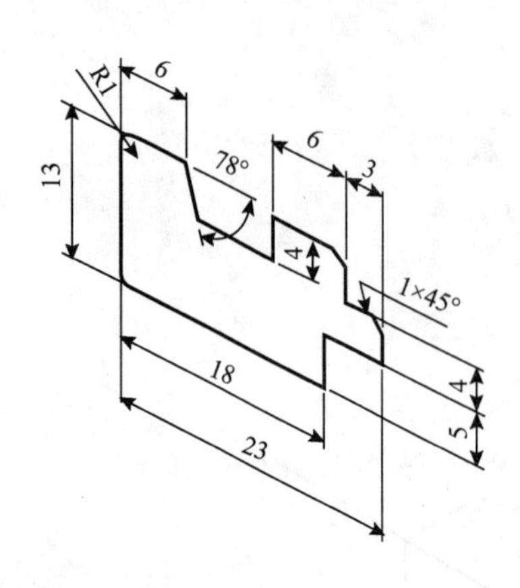

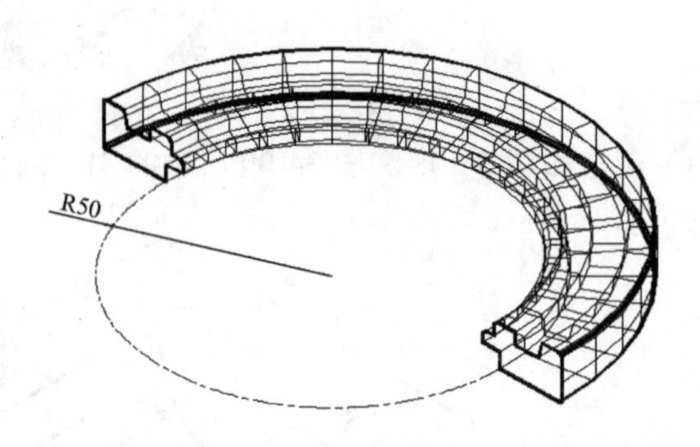

图 3-110　3D 零件图（三）

（3）创建如图 3-11 所示的 3D 零件图（尺寸自定）。

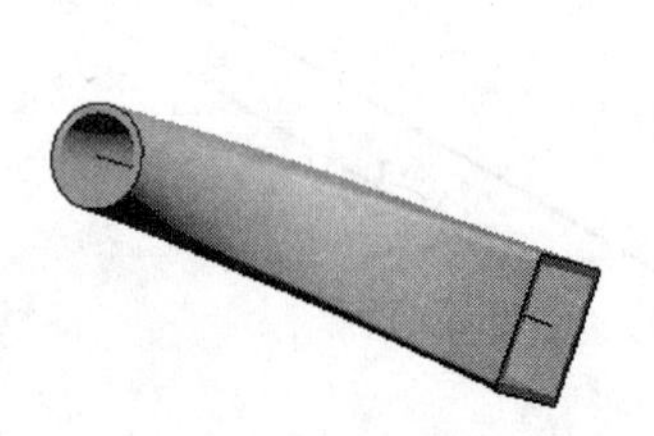

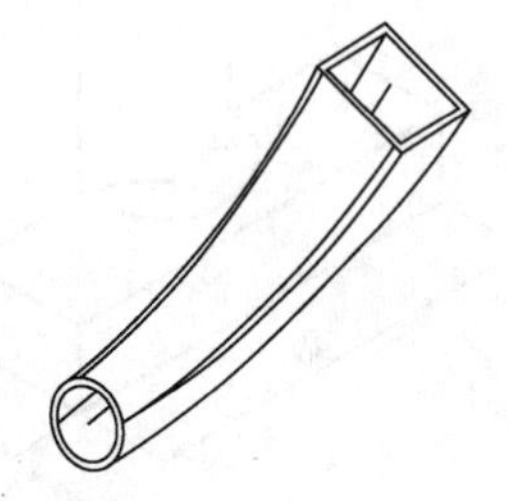

图 3-111　3D 零件图（四）

第4章 基 准 图 元

教学提示：基准是进行三维建模的参照或基准数据，其主要用于辅助 3D 特征的创建，Pro/ENGINEER Wildfire 3.0 中的基准图元包括基准平面、基准轴、基准点、基准曲线、基准坐标系和基准图形等。当基准图元位置发生变化时，以其作为基准或参照依据的特征也会相应地改变，本章将对这些基准特征及其构建方法进行介绍。

教学要求：本章要求读者掌握基准特征的类型和基本创建方法，并在实际操作中能够灵活应用，举一反三。

4.1 基准平面

基准平面是零件建模过程中使用最为频繁的基准特征，被认为是一个无限大的平面，但可以设定其显示大小以便观察与使用。创建基准平面时，单击主菜单中“插入”→“模型基准”→“平面”命令或单击基准工具栏中的按钮。单独创建的基准平面在模型中是可见的，可以重复用作其他特征的参照。而在模型实体或曲面特征的创建过程中，所插入创建的基准平面称为临时基准面。临时基准面在模型中并不显示，只在当前所创建的特征中出现，并且会自动与所依托的模型特征合并为一个群组特征。

4.1.1 基准平面的方向及用途

基准平面在模型创建中主要有以下用途：

（1）作为尺寸标注的参照。草绘特征截面时，可选取已创建的某基准平面作为截面的尺寸标注参照，这样尽可能地减少不必要的特征父子关系。

（2）作为视图方位设定的参照。设定 3D 模型视图方位时需要指定两个互为法向的面，而基准面可以作为其视图方位设定的参照平面。

（3）作为特征创建的草绘平面或参照平面。绘制特征截面时需指定草绘平面和参照平面，若 3D 模型在空间上无所需的表面，可选取或创建基准面作为截面绘制的草绘平面或参照平面。

（4）作为组合体设计时零件配合的参照平面。零件组合时有时需定义“匹配”、“对齐”等的参照平面，则可以选取基准面作为配合的参照。

4.1.2 基准面的创建方式

单击主菜单中“插入”→“模型基准”→“平面”命令或单击“基准”工具栏中的

按钮，弹出如图 4-1 所示的对话框。该对话框包括“放置”、“显示”、“属性”三个选项卡，根据所选取的参照不同，对话框中各选项卡显示的内容也不相同。

（1）“放置”选项卡。在“放置”选项卡中，可能显示的约束类型有以下几种：

1）“穿过”：用于定义基准平面穿过所选取的轴、实体边、曲线、基准点/顶点、平面或圆弧面。

2）“偏移”：用于定义基准平面与选取的平面或坐标系平移一定距离，或成一定的角度，则需给出相对的放置尺寸值。

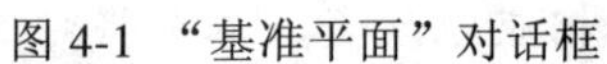

图 4-1 “基准平面”对话框

3）“平行”：用于定义基准平面与选取的平面平行。

4）“法向”：用于定义基准平面与选取的轴、实体边或平面法向。

5）“相切”：用于定义基准平面与选取的圆弧面或圆锥面相切。

（2）“显示”选项卡。该选项卡包括“反向”按钮和“调整轮廓”检查框。

1）“反向”按钮用于切换基准平面的正向。

2）勾选“调整轮廓”检查框，则可分别以“大小”和“参照”两种方式对基准平面的外部轮廓尺寸进行调整，否则系统默认设定基准平面符合当前模型或组合体的大小。

（3）“属性”选项卡。该选项卡用于显示当前基准平面的特征信息，也可对基准平面进行重命名。

1. 用“穿过”和“角度”命令创建基准平面

（1）单击基准工具栏中的按钮。

（2）选取模型的边 1，“基准平面”对话框的“参照”栏中默认显示“穿过”的约束类型。

（3）按住 Ctrl 键选取表面 1，系统默认显示“偏移”约束类型，在“偏移”栏中输入相交的角度值 30，产生符合指定条件的基准平面。

（4）单击“确定”按钮，完成基准平面 DTM4 的创建，如图 4-2 所示。

2. 用“相切”和“法向”命令创建基准平面

（1）单击“基准”工具栏中的按钮。

（2）选取模型圆柱面，“基准平面”对话框的“参照”栏中默认显示“穿过”的约束类型，将其改成“相切”命令。

（3）按住 Ctrl 键选取表面 1，系统默认显示“法向”约束类型。

（4）单击“确定”按钮，完成基准平面 DTM5 的创建，如图 4-3 所示。

3. 用“相切”和“平行”命令创建基准面

（1）单击“基准”工具栏中的按钮。

（2）选取模型圆柱面，“基准平面”对话框的“参照”栏中默认显示“穿过”的约束类型，将其改成“相切”命令。

（3）按住 Ctrl 键选取表面 2，系统默认显示“法向”约束类型，将其改成“平行”选项。

（4）单击“确定”按钮，完成基准平面 DTM6 的创建，如图 4-4 所示。

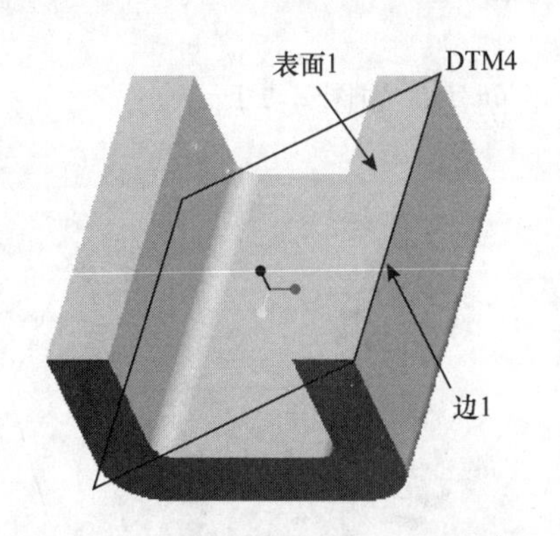

图 4-2　基准平面 DTM4 的创建

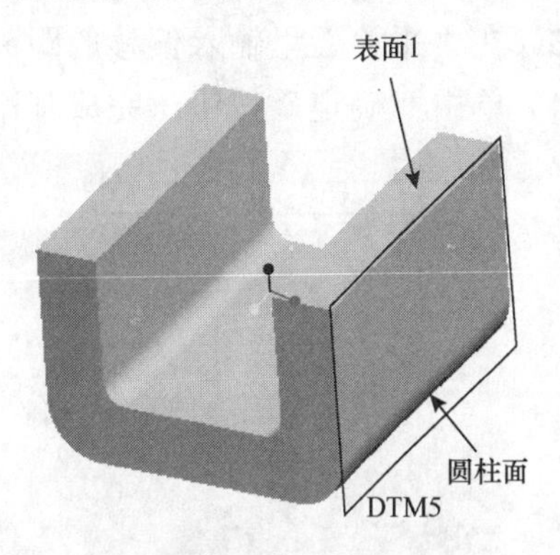

图 4-3　基准平面 DTM5 的创建

4. 用“穿过”和“法向”命令创建基准面

（1）单击“基准”工具栏中的▱按钮。

（2）选取模型的边 2，“基准平面”对话框的“参照”栏中默认显示“穿过”的约束类型。

（3）按住 Ctrl 键选取表面 2，系统默认显示“偏移”约束类型，将其改成“法向”选项。

（4）单击“确定”按钮，完成基准平面 DTM7 的创建，如图 4-5 所示。

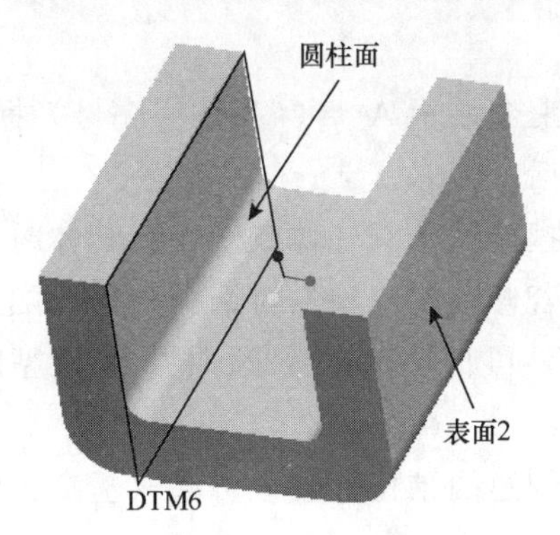

图 4-4　基准平面 DTM5 的创建

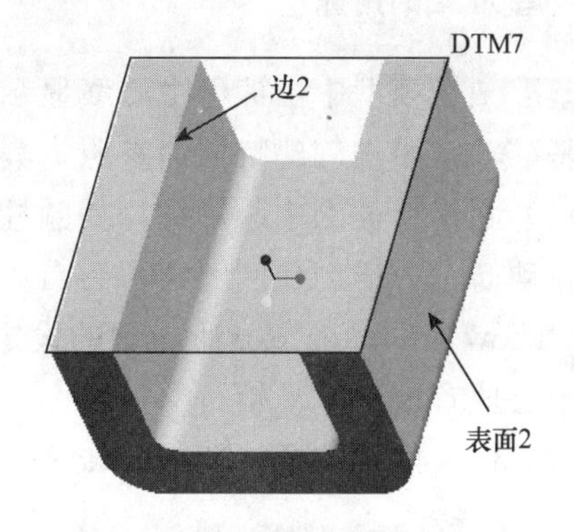

图 4-5　基准平面 DTM7 的创建

5. 用“穿过”和“穿过”命令创建基准面

（1）单击“基准”工具栏中的▱按钮。

（2）选取模型的边 3，“基准平面”对话框的“参照”栏中默认显示“穿过”的约束类型。

（3）按住 Ctrl 键选取模型实体的边 4，“基准平面”对话框的“参照”栏中默认显示“穿过”的约束类型。

（4）单击“确定”按钮，完成基准平面 DTM8 的创建，如图 4-6 所示。

6. 用“偏移”命令创建基准平面

（1）单击“基准”工具栏中的▱按钮。

（2）选取表面 2，“基准平面”对话框的“参照”栏中默认显示“偏移”的约束类型。

（3）在“平移”里输入偏移的距离为 50。

（4）单击“确定”按钮，完成基准平面 DTM9 的创建，如图 4-7 所示。

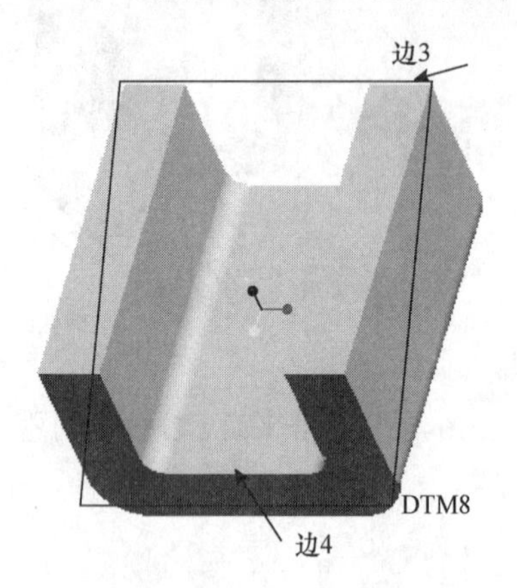

图 4-6 基准平面 DTM8 的创建

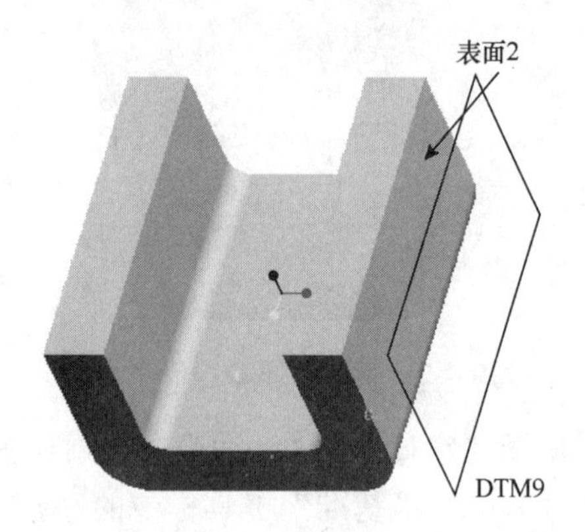

图 4-7 基准平面 DTM9 的创建

4.2 基准轴

4.2.1 基准轴的用途

基准轴在模型中由棕色中心线显示，且在轴线上会显示 A_#（#为数字序号）标号。

基准轴常用作创建特征的参照，具体的用途包括：

（1）回转特征的中心轴线，如圆柱、孔等。当拉伸一个圆柱体或创建旋转体时，基准轴会自动产生，但创建倒圆角不会自动产生轴线。若修改“选项”对话框中环境配置参数选项“show_axes_for_exrt_arcs”的设定值为“Yes”，可自动在具有“圆弧界面”造型的特征弧面中心放置产生基准轴。

（2）作为同轴放置特征或旋转阵列的参照等，创建同轴特征时，可选取基准轴作为定位参照。

4.2.2 基准轴的创建方式

单击主菜单中“插入”→“模型基准”→“轴”命令或单击“基准”工具栏中的 按钮，弹出如图 4-8 所示的对话框。该对话框包括“放置”、“显示”、“属性”三个选项卡，可定义基准轴的约束条件并创建出基准轴，且创建的基准轴为独立的特征，允许被重定义、隐含或删除。

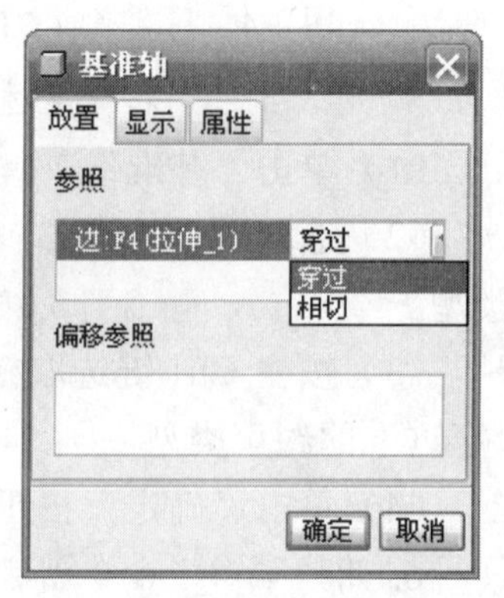

图 4-8 “基准轴”对话框

（1）“放置”选项卡。在“放置”选项卡中，有“参照”栏和“偏移参照”栏。“参照”栏用于显示基准轴的放置参照，且允许定义所需的约束类型，可供选取的约束类型有：

1）“穿过”：用于定义基准轴穿过所选取的参照边、基准点或顶点、基准平面、实体表面或基准轴线等。当选取的参照为旋转面时，创建的基准轴穿过其中心放置。

2）“法向”：用于定义基准轴法向选取的参照平面，并需指定放置尺寸以产生基准轴。

3）“相切”：用于定义基准轴与选取的参照曲线或实体边相切，则还需指定基准点或顶点以限定相切约束的放置。

若在“放置”栏中选用“法向”约束类型，“偏移参照”栏被激活，允许为基准轴指定合适的定位参照及尺寸值。

（2）“显示”选项卡。该选项卡上有“调整轮廓”检查框，勾选“调整轮廓”检查框，则可分别以“大小”和“参照”两种方式对基准轴的长度尺寸进行调整，否则系统默认设定基准轴符合当前模型或组合体的大小。

（3）“属性”选项卡。该选项卡用于显示当前基准轴的特征信息，也可对基准轴进行重命名。

1. 用“穿过”命令创建基准轴

（1）穿过边。

1）单击“基准”工具栏中的 / 按钮；

2）选取选取模型的边 1 作为基准轴放置参照，则系统默认“穿过”约束类型并在模型中显示基准轴；

3）单击“基准轴”对话框中的“确定”按钮，完成基准轴 A_1 的创建，如图 4-9 所示。

（2）穿过圆柱中心。

1）单击“基准”工具栏中的 / 按钮；

2）选取模型圆柱面作为基准轴放置参照，则系统默认“穿过”约束类型并在模型中显示基准轴；

3）单击“基准轴”对话框中的“确定”按钮，完成基准轴 A_2 的创建，如图 4-10 所示。

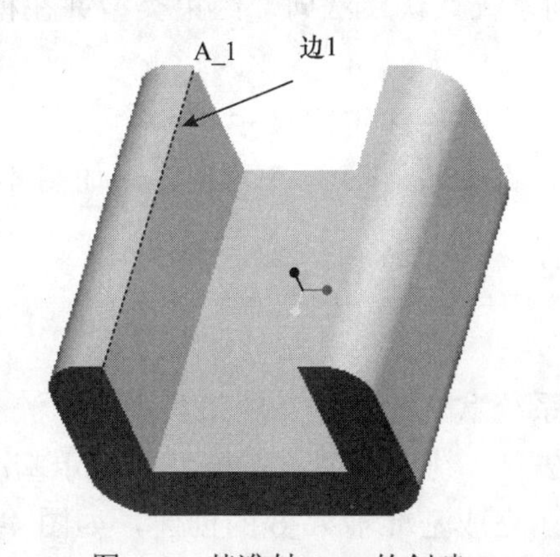

图 4-9　基准轴 A_1 的创建

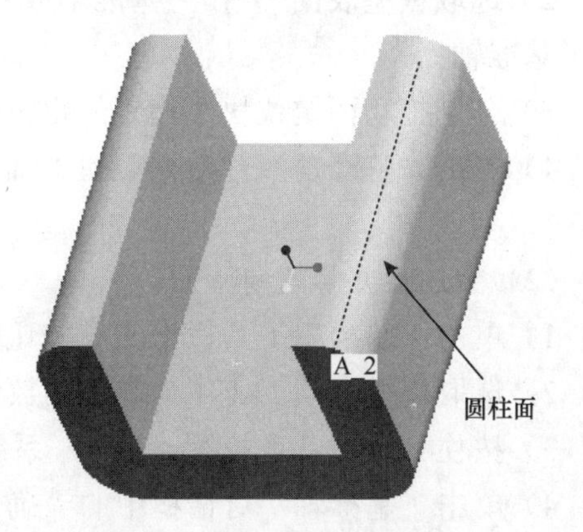

图 4-10　基准轴 A_2 的创建

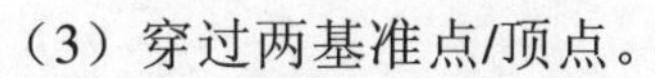

（3）穿过两基准点/顶点。

1）单击“基准”工具栏中的 / 按钮；

2）选取模型顶点 1 作为基准轴放置参照，系统默认“穿过”约束类型；

3）按住 Ctrl 键选取顶点 2，系统默认“穿过”约束类型并在模型中显示基准轴；

4）单击“基准轴”对话框中的“确定”按钮，完成基准轴 A_3 的创建，如图 4-11 所示。

（4）穿过两实体面。

1）单击“基准”工具栏中的/按钮；

2）选取模型表面 1 作为基准轴放置参照，系统默认“穿过”约束类型；

3）按住 Ctrl 键选取表面 2，系统默认“穿过”约束类型并在模型中显示基准轴；

4）单击“基准轴”对话框中的“确定”按钮，完成基准轴 A_4 的创建，如图 4-12 所示。

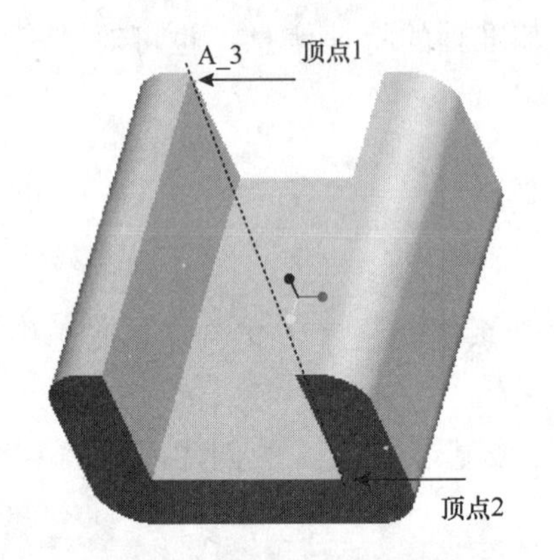

图 4-11　基准轴 A_3 的创建

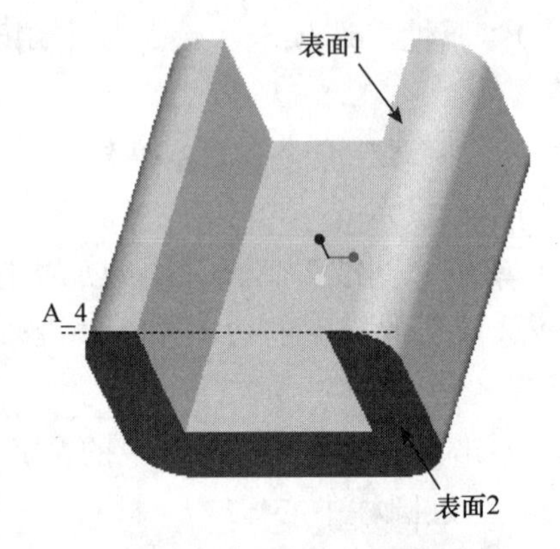

图 4-12　基准轴 A_4 的创建

2. 用“法向”命令创建基准轴

（1）法向于实体面。

1）单击“基准”工具栏中的/按钮；

2）选取模型表面 3 作为基准轴放置参照，则系统默认“法向”约束类型并在模型中显示基准轴；

3）分别拖动两定位块至指定的定位参照面或边，并标注定位尺寸；

4）单击“基准轴”对话框中的“确定”按钮，完成基准轴 A_5 的创建，如图 4-13 所示。

（2）穿过点并且法向于面。

1）单击“基准”工具栏中的/按钮；

2）选取模型上顶点 3 作为基准轴放置参照，系统默认“穿过”约束类型；

3）按住 Ctrl 键选取模型表面 4，系统默认“法向”约束类型并在模型中显示基准轴；

4）单击“基准轴”对话框中的“确定”按钮，完成基准轴 A_6 的创建，如图 4-14 所示。

（3）穿过点并且法向于曲面。

1）单击“基准”工具栏中的/按钮；

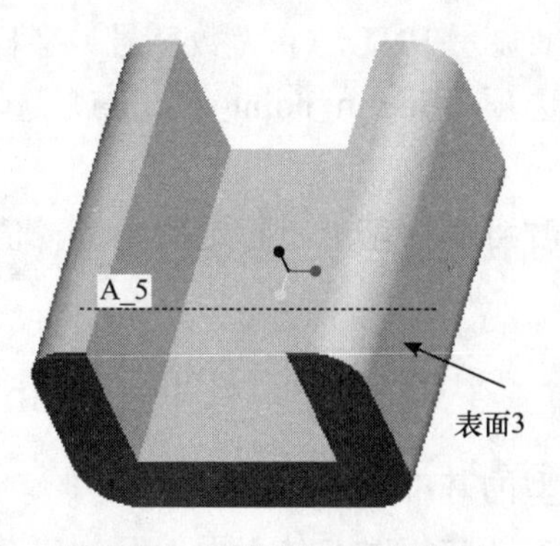

图 4-13 基准轴 A_5 的创建

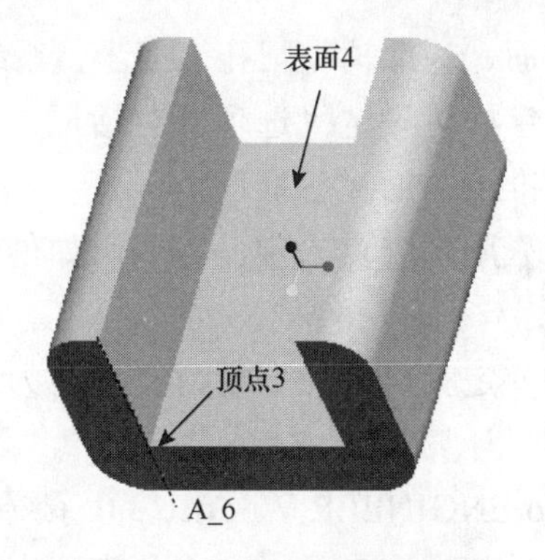

图 4-14 基准轴 A_6 的创建

2）选取模型圆柱面上面的点作为基准轴放置参照，系统默认“穿过”约束类型；

3）按住 Ctrl 键单击圆柱面，系统默认“法向”约束类型并在模型中显示基准轴；

4）单击“基准轴”对话框中的“确定”按钮，完成基准轴 A_7 的创建，如图 4-15 所示。

3. 用“相切”命令创建基准轴

穿过点并相切于曲线。

（1）单击“基准”工具栏中的/按钮。

（2）选取模型表面曲线上的一个端点作为基准轴放置参照，则系统默认“穿过”约束类型并在模型中显示基准轴。

（3）按住 Ctrl 键选取曲线，系统默认“相切”约束类型并在模型中显示基准轴。

（4）单击“基准轴”对话框中的“确定”按钮，完成基准轴 A_8 的创建，如图 4-16 所示。

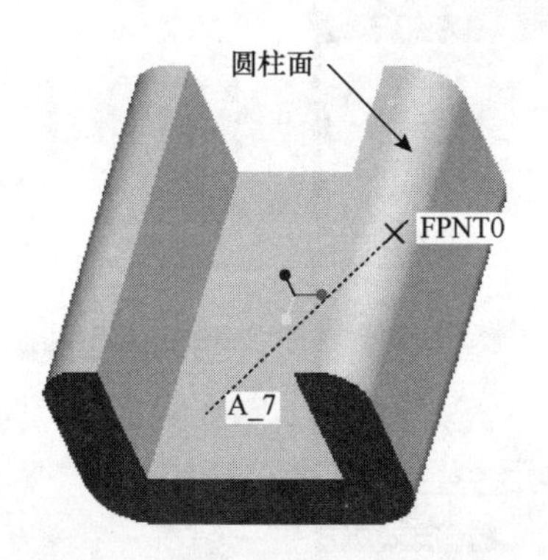

图 4-15 基准轴 A_7 的创建

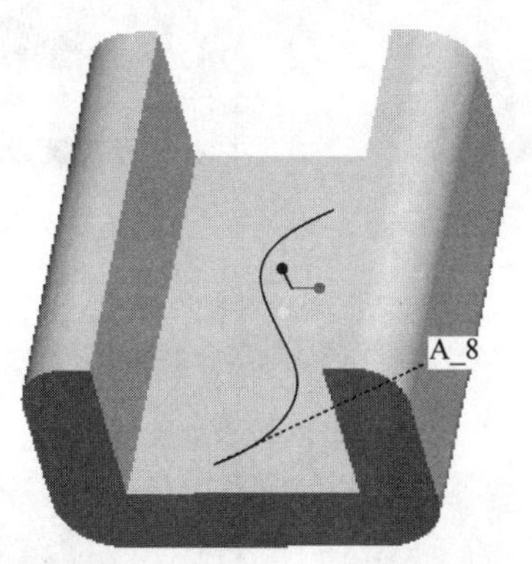

图 4-16 基准轴 A_8 的创建

4.3 基准点

4.3.1 基准点的用途

基准点常用于辅助创建其他基准特征或管道特征轨迹线，以及辅助特征定位，可创建在基准面、基准轴与圆孔表面上。系统会在基准点上显示 PNT*n*（*n* 为数字号）字样，若要修改此字样可设定“选项”对话框中环境配置参数选项“datum_point_symbol”选项值。

基准点的用途包括：

（1）用基准点来定义参数，如创建变半径圆角时可利用基准点指定圆角半径值的参照点。

（2）定义有限元分析网格的施力点。

（3）计算几何公差。

Pro/ENGINEER Wildfire 3.0 系统提供了四种类型的基准点。

（1）基准点工具：在实体表面、实体边或曲线上，或相对实体表面偏距创建基准点。

（2）草绘的基准点工具：在指定的草绘平面上创建基准点。

（3）偏移坐标基准点工具：在指定的参照坐标系中以坐标值偏移的方式创建基准点。

（4）域基准点工具：在实体或曲面上单击任意放置创建出的基准点，常用于行为建模中的分析。

4.3.2 基准点的创建方式

创建基准点的类型不同，其操作方法也有不同，下面分别予以介绍。

1. 一般基准点

单击主菜单中“插入”→“模型基准”→“点”命令或单击“基准”工具栏中的按钮，弹出如图 4-17 所示的“基准点”对话框。该对话框包括“放置”和“属性”两个选项卡，“放置”选项卡用于定义基准点产生的放置条件，“属性”选项卡用于显示特征信息或修改特征的名称等。根据选取的参照不同，“放置”选项卡中的内容也有不同。

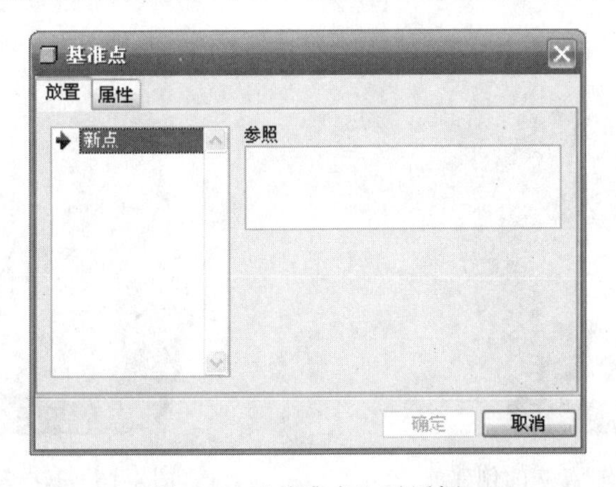

图 4-17 “基准点”对话框

（1）在面上创建点。

1）单击“基准”工具栏中的按钮；

2）在模型表面 1 单击一点，系统默认的放置类型为“在……上”，并在模型中显示一基准点和两定位块；

3）用鼠标左键在“偏移参照”栏内单击一下，选取边 1，按住 Ctrl 键选取边 2，分别输入偏移的距离；

4）单击“基准点”对话框“确定”按钮，完成基准点 PNT0 的创建，如图 4-18 所示。

（2）创建曲线与曲线的交点。

1）单击“基准”工具栏中的按钮；

2）选取模型上曲线 1，系统默认的放置类型为“在……上”，按住 Ctrl 键选取曲线 2，系统默认的放置类型为“在……上”；

3）单击“基准点”对话框“确定”按钮，完成基准点 PNT1 的创建，如图 4-19 所示。

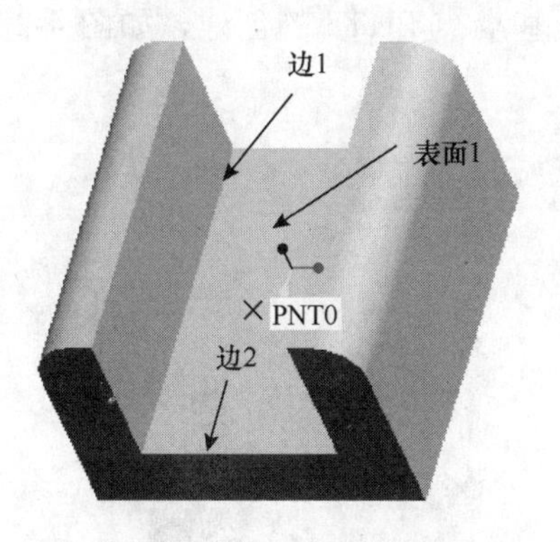

图 4-18　基准点 PNT0 的创建

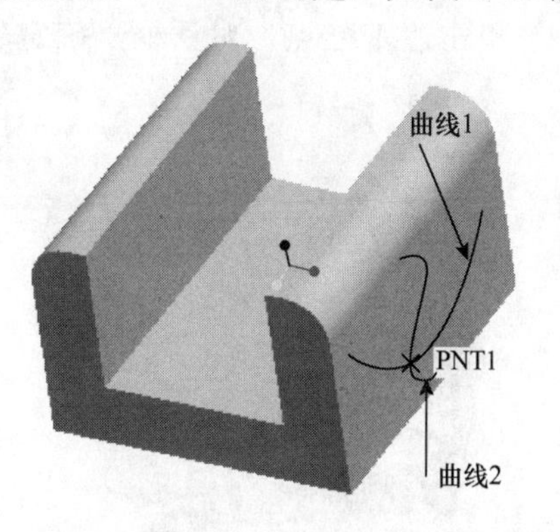

图 4-19　基准点 PNT1 的创建

（3）创建曲线与曲面的交点。

1）单击“基准”工具栏中的按钮；

2）选取模型上曲线，系统默认的放置类型为“在……上”，按住 Ctrl 键选取实体面 1，系统默认的放置类型为“在……上”；

3）单击“基准点”对话框“确定”按钮，完成基准点 PNT2 的创建，如图 4-20 所示。

（4）在实体的顶点创建基准点。

1）单击“基准”工具栏中的按钮；

2）单击模型的顶点，系统默认的放置类型为“在……上”；

3）单击“基准点”对话框“确定”按钮，完成基准点 PNT3 的创建，如图 4-21 所示。

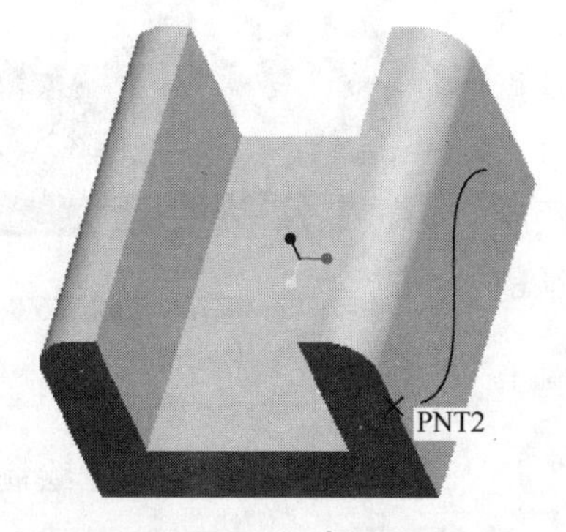

图 4-20　基准点 PNT2 的创建

图 4-21　基准点 PNT3 的创建

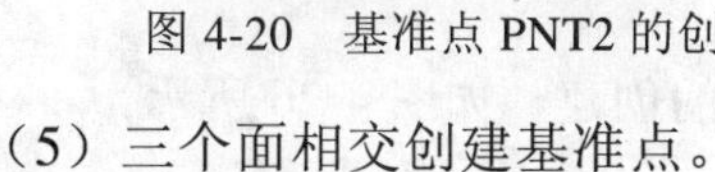

（5）三个面相交创建基准点。

1）单击“基准”工具栏中的按钮；

2）选取模型表面 1，系统默认的放置类型为“在……上”，按住 Ctrl 键依次选取表面 2 和表面 3，系统默认的放置类型为“在……上”；

3）单击“基准点”对话框“确定”按钮，完成基准点 PNT4 的创建，如图 4-22 所示。

（6）在圆、圆弧的中心创建基准点。

1）单击“基准”工具栏中的按钮；

2）选取模型中的圆弧，系统默认的放置类型为“在……上”，将其改为居中；

3）单击“基准点”对话框“确定”按钮，完成基准点 PNT5 的创建，如图 4-23 所示。

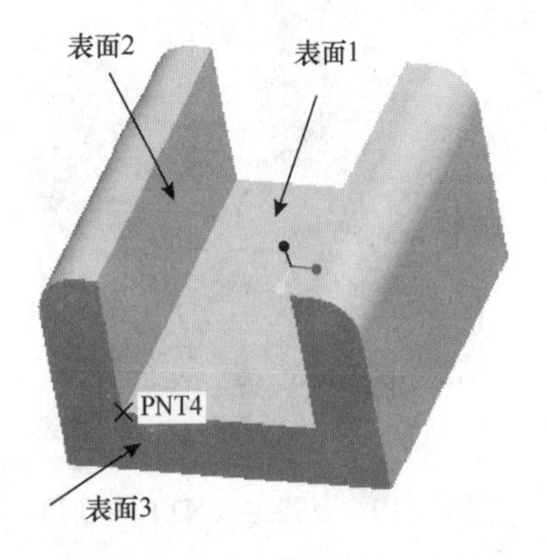

图 4-22　基准点 PNT4 的创建

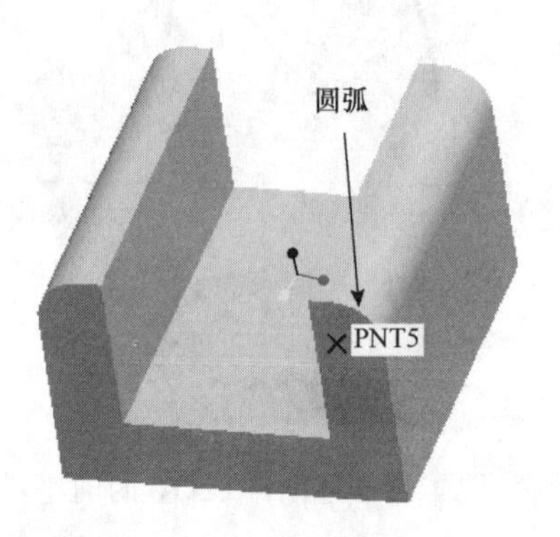

图 4-23　基准点 PNT5 的创建

（7）在曲线上创建基准点。

1）单击“基准”工具栏中的按钮；

2）选取模型中的曲线，系统默认的放置类型为“在……上”，在“偏移”栏里输入比例值 0.6；

3）单击“基准点”对话框“确定”按钮，完成基准点 PNT6 的创建，如图 4-24 所示。

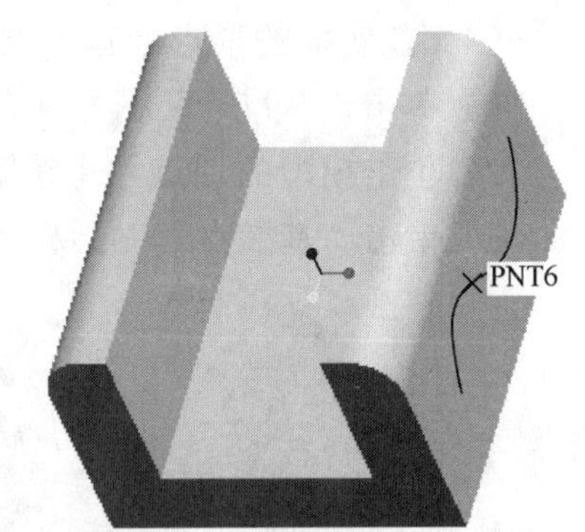

图 4-24　基准点 PNT6 的创建

2. 草绘基准点

单击主菜单中“插入”→“模型基准”→“点”→“草绘的”命令或单击“基准”工具栏中的按钮，出现如图 4-25 所示的“草绘的基准点”对话框，该对话框包括该对话框包括“放置”和“属性”两个选项卡，“放置”选项卡用于指定草绘平面、参照平面以草绘基准点，“属性”选项卡用于显示特征信息或修改特征的名称等。

（1）单击“基准”工具栏中的按钮。

（2）选取模型表面 4 为草绘平面，单击“草绘”进入草绘界面，用点命令绘制两点，单击按钮。

（3）单击“确定”按钮，完成基准点 PNT0、PNT1 的创建，如图 4-26 所示。

图 4-25 “草绘的基准点”对话框

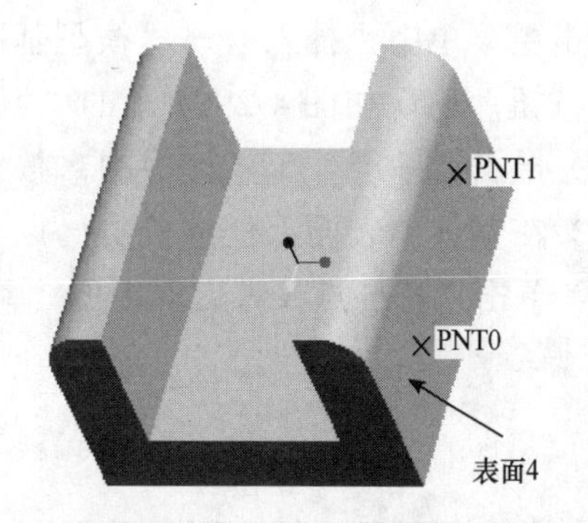

图 4-26 基准点 PNT0、PNTI 的创建

3. 坐标系偏移基准点

在 Pro/ENGINEER Wildfire 3.0 系统中，选取已有的坐标系为参照，采用直角坐标系、圆柱坐标系或球坐标系的方式，定义坐标系值以产生偏移的一个或多个基准点。用此方法一次所创建的多个基准点，归属于同一个特征。单击主菜单中“插入”→“模型基准”→“点”→“偏移坐标系”命令或单击“基准”工具栏中的按钮，出现如图 4-27 所示的“偏移坐标系基准点”对话框。

（1）首先做一坐标系，单击“基准特征”工具栏中的按钮。

（2）选取基准坐标系 CS0 作为参照，并指定为笛卡尔坐标系方式。

（3）单击基准点坐标输入栏，系统自动加入基准点名称及其默认坐标值为 0，重新输入基准点相对参照坐标系各轴的坐标系值为 100、150、200。

（4）单击“基准点”对话框中的“确定”按钮，完成基准点 PNT0 的创建，如图 4-28 所示。

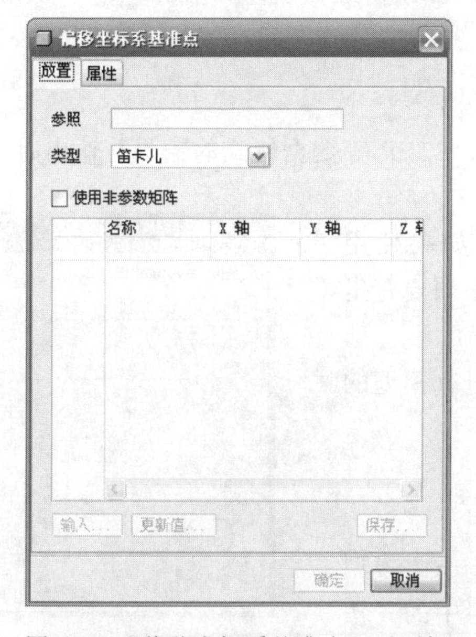

图 4-27 “偏移坐标系基准点”对话框

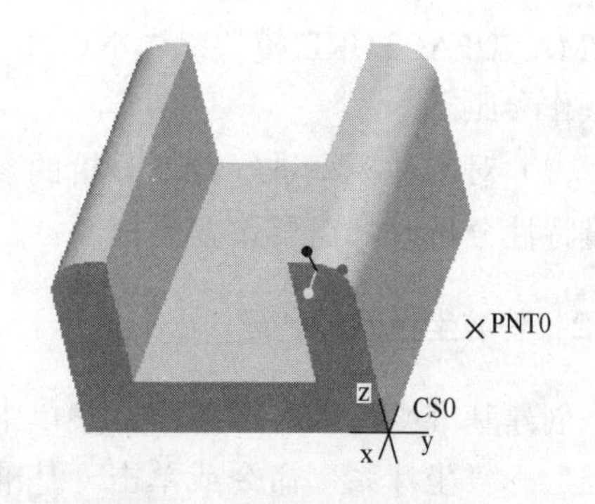

图 4-28 基准点 PNT0 的创建

4. 区域基准点

单击主菜单中“插入”→“模型基准”→“点”→“域”命令或单击“基准”工具栏中的按钮，出现如图 4-29 所示的“域基准点”对话框。

（1）单击“基准”工具栏中的按钮。

（2）在实体上表面上任意单击一点。

（3）单击“基准点”对话框中的“确定”按钮，完成基准点 FPNT0 的创建，如图 4-30 所示。

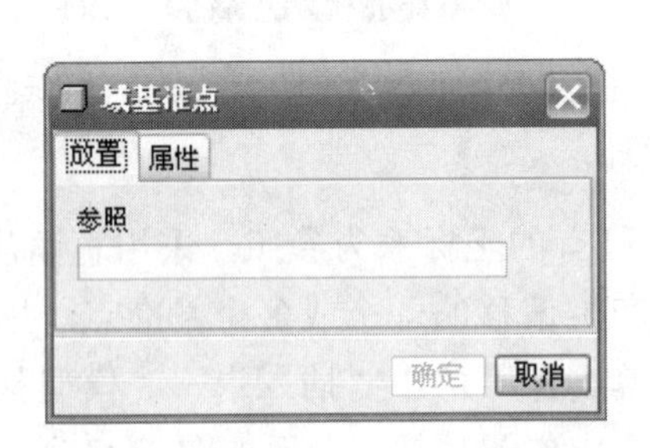

图 4-29 “域基准点”对话框

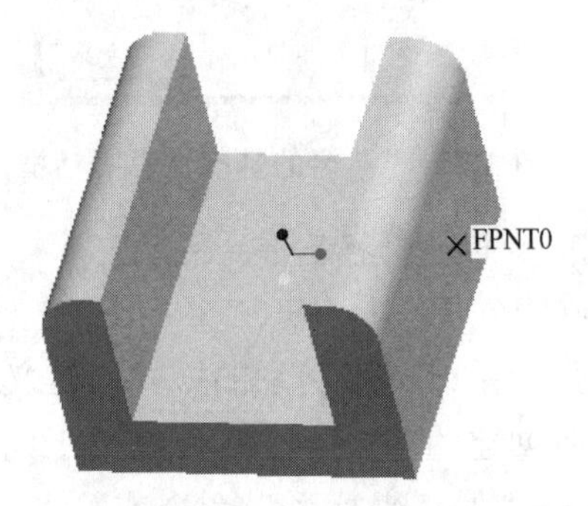

图 4-30 基准点 FPNT0 的创建

4.4 基准坐标系

在 Pro/ENGNEER Wildfire 3.0 系统中创建 3D 模型时，特征定位均采用相对放置尺寸，基本上不用到坐标系，若需标注坐标原点以供其他软件系统使用或方便特征创建时，需在模型上创建基准坐标系。

4.4.1 基准坐标系的用途

零件模型中的坐标系主要有以下三种用途：

（1）用于 CAD 数据的转换，如进行 IGES、STEP 等数据格式的输入与输出时一般需要设置坐标系统。

（2）作为加工制造时刀具路径的参照，如果使用 Pro/MANUFACTURE 模块编制 NC 加工程序，必须要有坐标系作参照。

（3）对零件模型进行特性分析的参照，如进行模型的质量特性分析时，需要设置坐标系。

4.4.2 基准坐标系的创建

创建基准坐标系时，单击主菜单中“插入”→“模型基准”→“坐标系”命令或单击“基准”工具栏中的按钮，出现如图 4-31 所示的“坐标系”对话框。

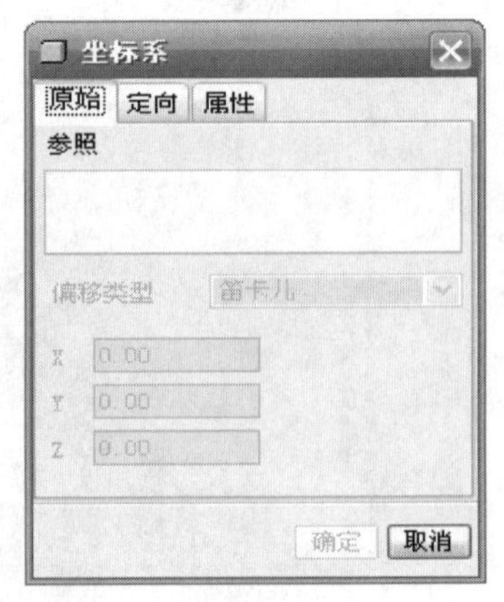

图 4-31 “坐标系”对话框

该对话框中包括“原始”、“定向”和“属性”三个选项卡，对各选项卡的功能介绍如下：

（1）“原始”选项卡。该选项卡用于定义坐标系的原点放置，并列出其对应的放置参照、坐标偏移方式及坐标值等。

（2）“定向”选项卡。该选项卡用于设定各坐标轴方向，定义基准坐标系的X、Y和Z轴方向时，指定了其中的两个轴向，第三轴的正方向满足“右手定则”。

（3）“属性”选项卡。该选项卡用于显示当前基准坐标系的特征信息，也可对基准坐标系进行重命名。

1. 创建模型顶点处的基准坐标系CS0

（1）单击“基准特征”工具栏中按钮，出现基准坐标系对话框。

（2）直接选取指定的顶点，或按住Ctrl键连续选取在该顶点相交的三个平面。

（3）切换至“定向”选项卡，默认系统对“参照选取”按钮的选定，单击对话框内的“使用”按钮，再单击模型中在该点相交的两实体边边1和边2，并分别设定其坐标轴正向。

（4）单击“基准坐标系”对话框“确定”按钮，完成基准坐标系CS0的创建，如图4-32所示。

2. 创建位于实体边边2与边3相交处，且X轴在边2上的基准坐标系CS1

（1）单击“基准”工具栏中的按钮，出现基准坐标系对话框。

（2）先选取实体边2，再按住Ctrl键选取边3。

（3）切换至“定向”选项卡，默认系统对“参照选取”选项的设定，然后穿过改变坐标轴的选取或正向的设定得到所需的基准坐标系。

（4）单击“基准坐标系”对话框“确定”按钮，完成基准坐标系CS1的创建，如图4-33所示。

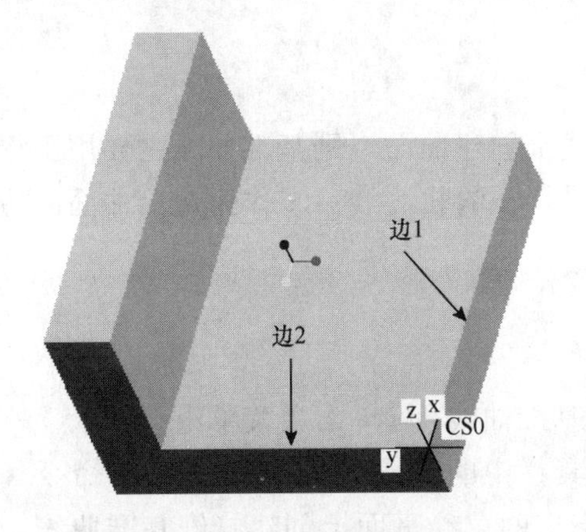

图4-32 基准坐标系CS0的创建

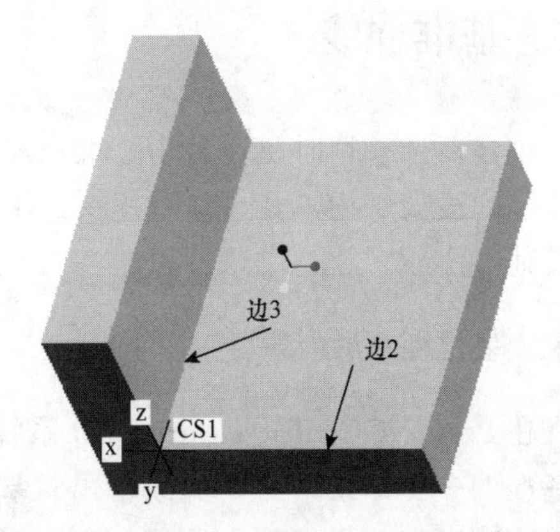

图4-33 基准坐标系CS1的创建

3. 相对默认坐标系偏移，创建Z轴法向当前屏幕的基准坐标系CS2

（1）单击“基准”工具栏中的按钮，出现基准坐标系对话框。

（2）单击基准坐标系CS0作为参照，指定直角坐标偏移方式，分别输入X、Y和Z轴方向的点坐标值为120、180和220，则模型中显示一个基准坐标系。

（3）切换至“定向”选项卡，默认“所选坐标轴”选项的设定，单击“设置Z垂直于屏幕”按钮，系统将自动调整相对参照坐标系各轴的转角，并在定位的原点处显示一个Z轴法向于屏幕的基准坐标系。

（4）单击“基准坐标系”对话框“确定”按钮，完成基准坐标系CS2的创建，如图4-34所示。

4. 在实体边边1和边4相交处，创建坐标轴与两边指向相同的基准坐标系CS3

（1）单击“基准”工具栏中的按钮，出现基准坐标系对话框。

（2）按住Ctrl键，在模型中连续选取边线边1和边4。

（3）切换至“定向”选项卡，默认系统对“参照选取”选项的设定，然后穿过改变坐标轴的选取或正向的设定得到所需的基准坐标系。

（4）单击“基准坐标系”对话框“确定”按钮，完成基准坐标系CS3的创建，如图4-35所示。

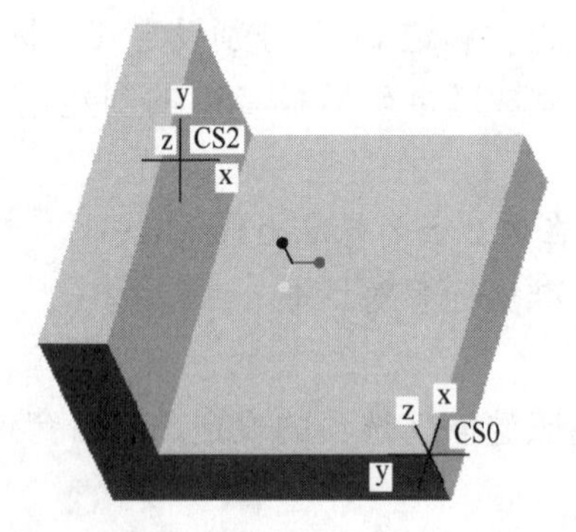

图4-34　基准坐标系CS0的创建

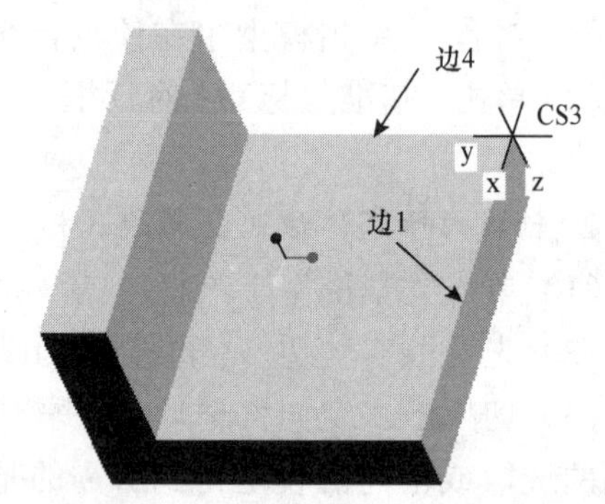

图4-35　基准坐标系CS0的创建

4.5　基准曲线

创建复杂模型时，通常用基准点和基准曲线来创建曲面。则基准曲线主要用于形成几何模型的线架结构，其具体用途有：①作为扫描特征的轨迹线；②作为边界曲面的边界线或其他参照线。

4.5.1　基准曲线的创建

在Pro/ENGINEER Wildfire 3.0系统中创建基准曲线，可单击主菜单中“插入”→“模型基准”→“草绘”命令（或单击“基准”工具栏中的按钮），或“曲线”命令（或单击“基准”工具栏中的按钮）。前者限于在指定的草绘平面上创建二维基准曲线，后者可用于创建二维基准曲线或空间基准曲线。

1. 草绘基准曲线

草绘基准曲线是在指定的草绘平面上创建一条2D曲线，是一种常用的方法。单击“基准”工具栏中的按钮，出现草绘基准曲线对话框，如图4-36所示。

该对话框中包含“放置”和“属性”两个选项卡。创建基准曲线时，用“放置”选项卡定义所需的草绘平面和参照平面及其方位，单击“草绘”按钮进入草绘环境，绘制所需的曲线，单击对话框中✓按钮即创建基准曲线。“属性”选项卡用于显示基准曲线的特征信息，可更改基准曲线的名称，或设定是否为封闭的曲线并添加内部剖面线，如图 4-37 所示。

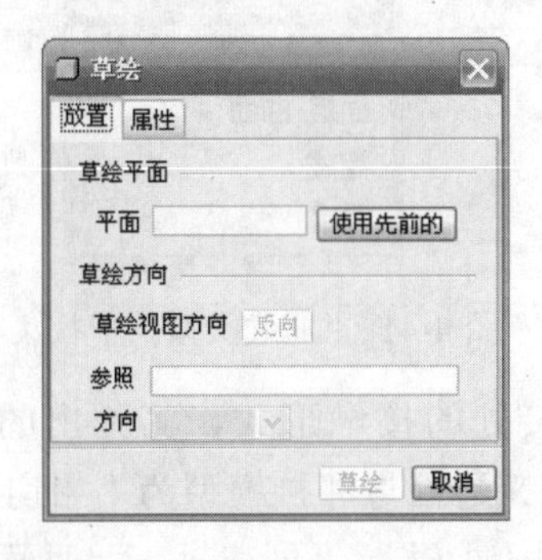

图 4-36 “草绘”对话框（一）

图 4-37 “草绘”对话框（二）

2. 一般基准曲线

单击“基准”工具栏中的～按钮，系统显示 CRV“菜单管理器”对话框，图 4-38 所示为“曲线选项”下拉菜单。

（1）经过点。该选项是穿过指定的一系列的参照点来创建基准曲线，系统提供了三种连结形式，如图 4-39 所示。

图 4-38 “曲线选项”下拉菜单

图 4-39 “连结类型”下拉菜单

1）“样条”表示各点之间以平滑曲线相连；

2）“单一半径”表示点和点之间以直线段连接，在线段和线段交接处形成圆角，整条线段各圆角的半径值相同；

3）“多重半径”与“单一半径”相同，但在线段与线段的交接处必须指定半径值以形成圆角，并可指定各圆角的半径值不相同。

完成定义所穿过的一系列点，出现如图 4-40 所示的“曲线：通过点”对话框，可设定该对话框中相应的选项。

1）“属性”：用于指定基准曲线是否包含于所选的平面上，有“自由”和“面组/曲面”

两种属性的设定，如图 4-41 所示。

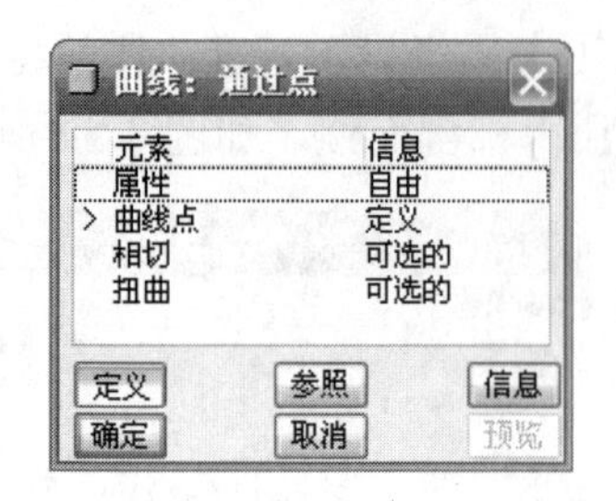

图 4-40 “曲线：通过点”对话框

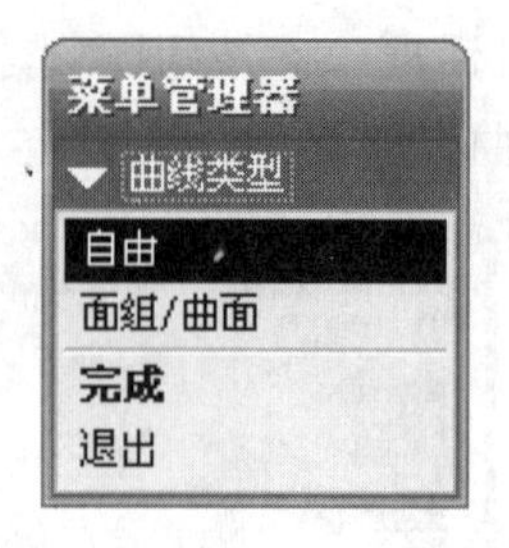

图 4-41 “曲线类型”下拉菜单

2）“相切”：用于设定基准曲线与邻接模型相接处的接触形式，其弹出的菜单如图 4-42 所示，可指定基准曲线在起点、终点（即相接处）是否与邻接模型为“相切”、“法向”及“曲率”关系，而相切或正交的方向可通过“曲线/边/轴”、“创建轴”、“曲面”或“曲面法向边”来定义。

3）“曲线点”：用于重新指定基准曲线上的连接点，在弹出菜单中，“单个点”表示单一的基准点或顶点的选取；“整个阵列”表示以连续的顺序选取基准点或偏移坐标系的所有点；“增加点”用于添加基准曲线的连接点；“删除点”用于删除指定的基准曲线连接点；“插入点”用于插入基准曲线的连接点，如图 4-43 所示，利用“经过点”方式创建基准曲线 1，使其在起始点与实体边相切、在终止点与顶面法向。

图 4-42 “定义相切”下拉菜单

（2）自文件。该选项用于指定一个参照坐标系，读取指定的文件来创建基准曲线。首先在记事本里输入：

```
open
arclength
begin section
begin curve
1    0  0    0
2    0  30   30
3    0  60   0
4    0  90   30
5    0  120  0
6    0  150  30
```

单击主菜单中“文件”→“保存副本”，输入名称 curve.ibl，再单击“确定”按钮。

单击“基准”工具栏中～按钮，再单击“自文件”→“完成”→“选取坐标系”，选取文件 curve.ibl，再单击“打开”按钮，如图 4-44 所示。

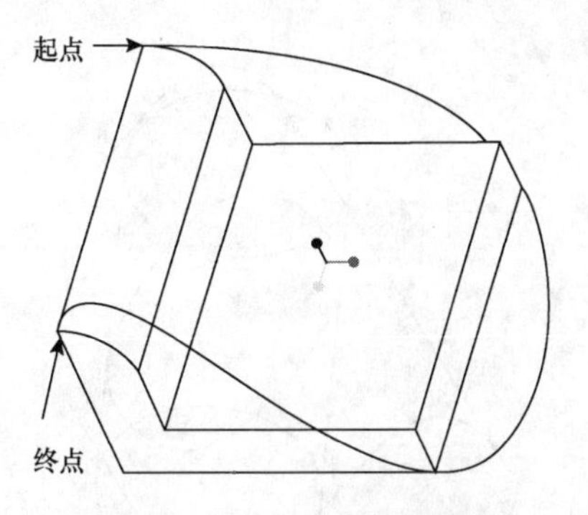

图 4-43　经过点创建基准曲线

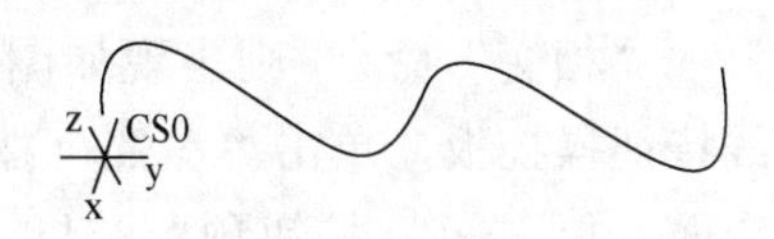

图 4-44　自文件创建基准曲线

（3）使用剖截面。该选项用于指定一个横截面名称，在该横截面的边界产生基准曲线，在 DTM3 上双面拉伸一实体。

单击主菜单中“视图”→“视图管理器”命令，选取“X 截面”，单击“新建”，输入名称 A，按“回车”键，再单击“完成”，选取 DTM3，再单击“关闭”。

单击“基准”工具栏中的〜按钮，单击“使用剖截面”→“完成”，选取名称 A 即在该截面的边界产生基准曲线，如图 4-45 所示。

图 4-45　使用 X 截面创建基准曲线

（4）从方程。该选项用于在指定的参照坐标系下，由输入曲线的方程式来创建基准曲线。先选取一个坐标系作为参照，并指定坐标系类型为笛卡尔坐标系、圆柱坐标系或球坐标系，根据所指定的坐标类型输入曲线方程式以创建基准曲线。

如图 4-46 所示，用“从方程”方式并以笛卡尔坐标系类型定义图 4-46（a）所示的方程式，即可生成图 4-46（b）的基准曲线。

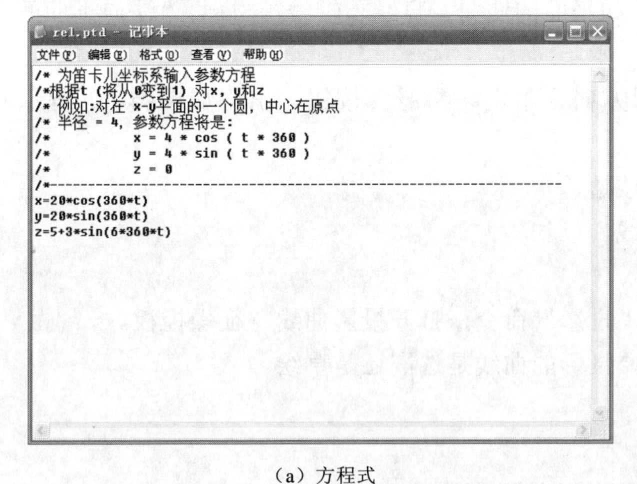

（a）方程式

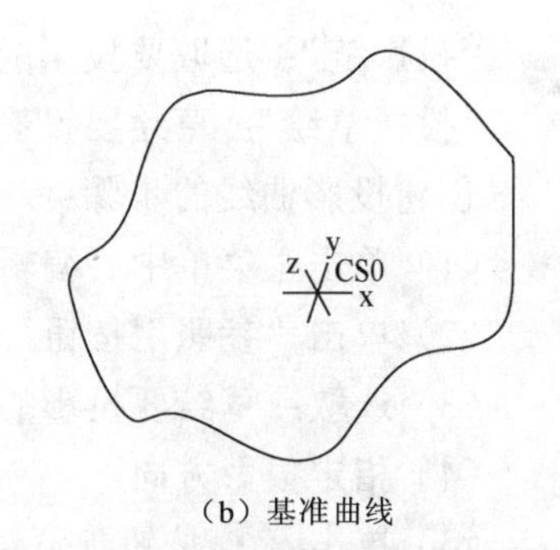

（b）基准曲线

图 4-46　从方程创建基准曲线

3. 相交基准曲线

选取两个相交的曲面、实体表面或基准面，单击主菜单中“编辑”→“相交”命令，即可创建一条相交曲线，如图 4-47 所示。

若选取的面不能创建相交曲线，单击主菜单中“编辑”→“相交”命令，则出现如图 4-48 所示的相交曲线特征操控板，单击“参照”按钮，可重新选取两个面，单击☑︎👓按钮预览结果。

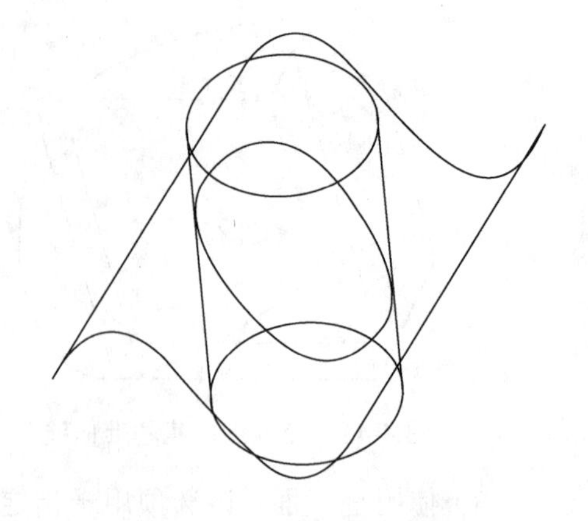

图 4-47 相交创建基准曲线

4. 投影

若要在指定的曲面上创建基准曲线，且该曲线完全位于指定的曲面上，则可通过投影曲线的方式来完成。

图 4-48 相交特征操控板

单击主菜单中“编辑”→“投影”命令，出现如图 4-49 所示的投影曲线特征操控板。

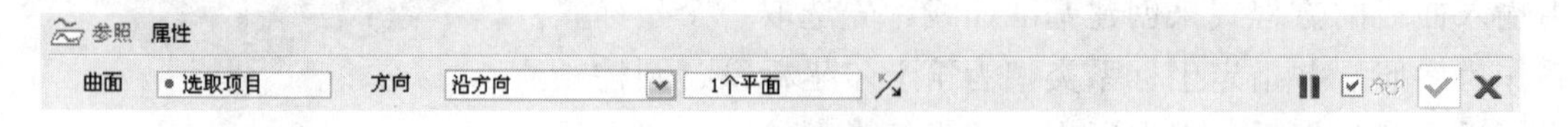

图 4-49 投影特征操控板

“曲面”：显示选取的投影面。

“方向”：根据需要选取确定投影方向的方式，有“沿方向”和“法向于曲面”两种方式。“沿方向”指沿着指定的方向，如平面的法向、直线、轴线等方向。“法向于曲面”指法向于投影面方向。

⅟：单击该按钮，可切换投影方向，单击“参照”按钮，出现如图 4-50 所示的面板。

“投影链”：选取要投影的曲线或边。

“投影草绘”：草绘要投影的曲线。

创建投影曲线的步骤：

（1）单击主菜单中“编辑”→“投影”命令，打开投影曲线特征操控板。

（2）单击“参照”按钮，指定要投影的曲线是选取还是草绘。

（3）选取或草绘要投影的曲线。

（4）指定投影方向。

（5）单击☑︎👓按钮预览结果，则草绘的曲线投影到指定的曲面上，如图 4-51 所示。

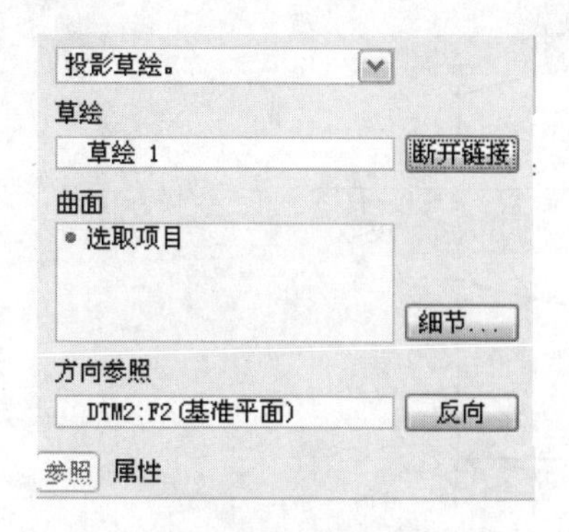

图 4-50 参照特征操控板

图 4-51 投影创建基准曲线

4.6 基准图形

“图形”曲线是一种数学函数的图形表示，以描述 x 与 y 之间的关系，如图 4-52 所示。主要用在关系式中以控制零件特征的生成，如可变剖面扫描特征的创建。

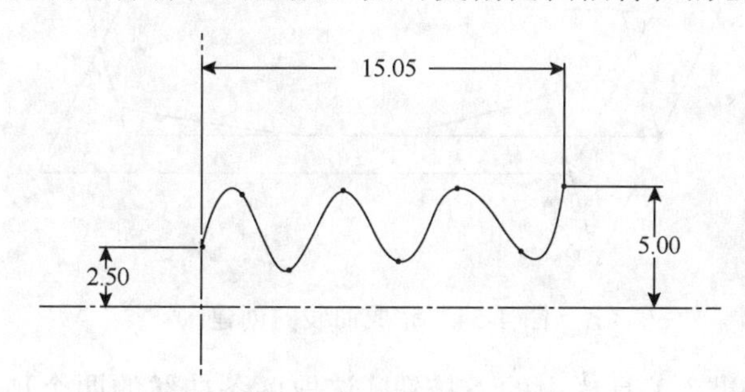

图 4-52 图形创建基准曲线

单击主菜单中“插入”→“模型基准”→“图形”命令，输入基准图形特征的名称，系统自动进入草绘模式，完成基准图形的绘制，单击✔按钮即可创建基准图形特征。基准图形特征不是具体的零件几何特征，因此在零件模型上不显示，但可与零件信息间产生关联性。

4.7 综合举例

步骤 1：单击“文件”工具栏中的新建文件按钮，系统弹出“新建”对话框。

步骤 2：在“名称”文本框中输入“chuifengji”，单击“使用缺省模板”去掉默认模板，单击“确定”按钮，进入零件设计模块。

步骤 3：单击“基准”工具栏中的按钮，系统弹出“草绘”对话框。

步骤 4：选取基准平面 DTM2 为草绘平面，选取基准平面 DTM1 为参照平面，选取方向向“右”，单击“草绘”按钮，系统进入草绘环境，绘制如图 4-53 所示的截面。

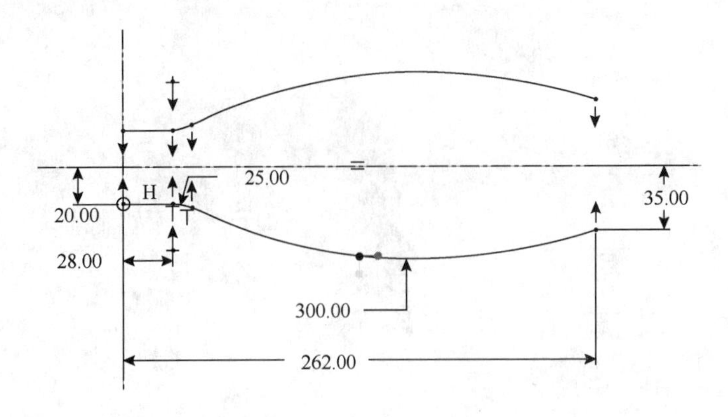

图 4-53　草绘截面

步骤 5：单击“草绘”工具栏中的✓按钮，完成草绘截面的绘制，如图 4-54 所示。

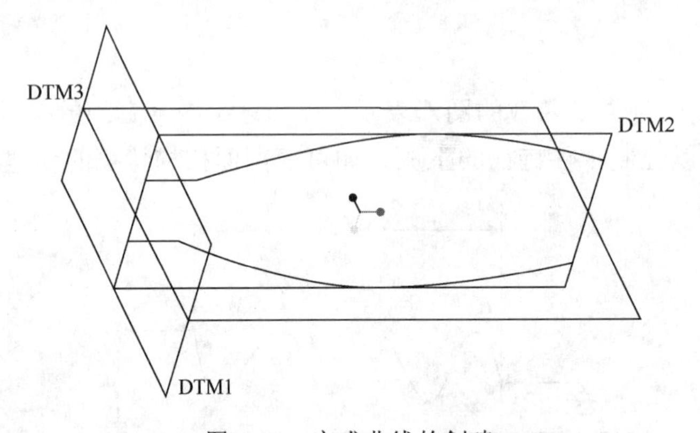

图 4-54　完成曲线的创建

步骤 6：单击“基准”工具栏中的按钮，选取两条曲线的四个顶点，分别产生 PNT0、PNT1、PNT2、PNT3 四个基准点，如图 4-55 所示。

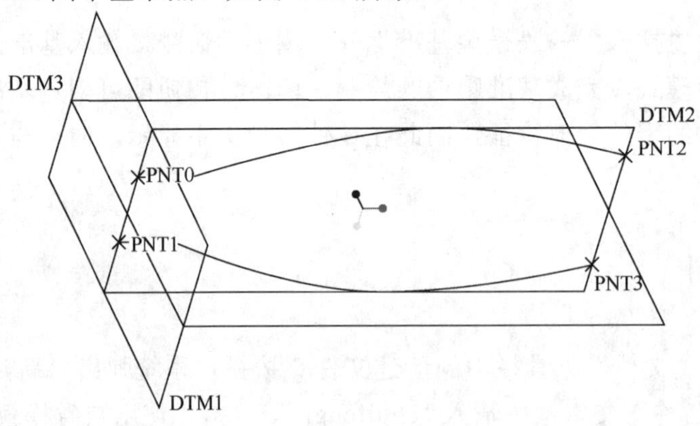

图 4-55　基准点的创建

步骤 7：单击“基准”工具栏中的按钮，系统弹出“基准面”对话框，选取基准平面 DTM1，输入偏移距离为 160，完成基准平面 DTM4 的创建，如图 4-56 所示。

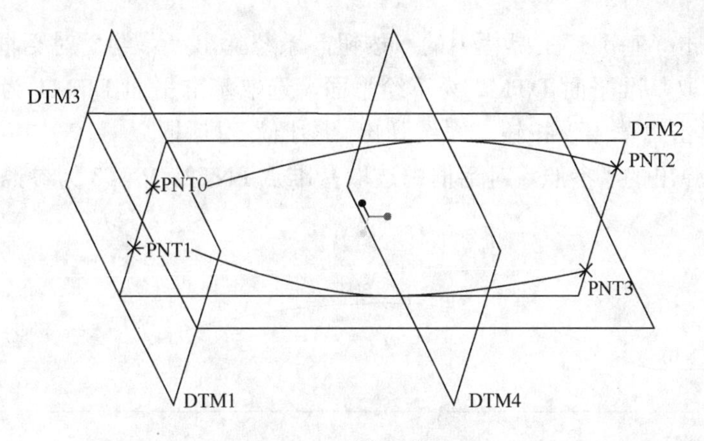

图 4-56 基准面的创建

步骤 8：单击“基准”工具栏中的按钮，系统弹出“基准点”对话框，选取基准平面 DTM4，按住 Ctrl 键再选取曲线 A，获得交点 PNT4，选取基准平面 DTM4，按住 Ctrl 键再选取曲线 B，获得交点 PNT5，如图 4-57 所示。

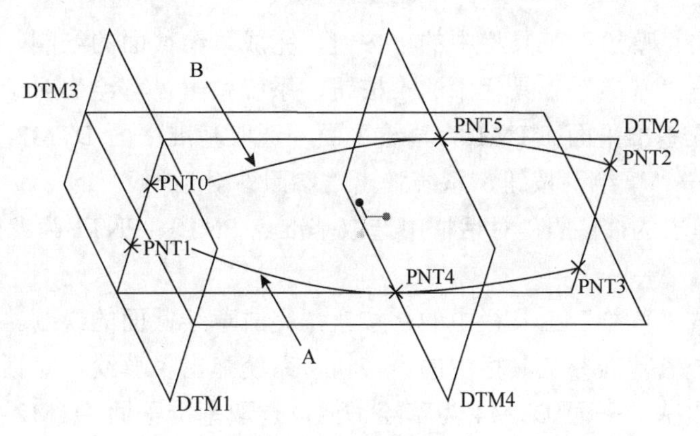

图 4-57 基准点的创建

步骤 9：单击“基准”工具栏中的按钮，系统弹出“基准面”对话框，选取基准点 PNT2，按住 Ctrl 键选取基准点 PNT3，按住 Ctrl 键选取基准平面 DTM2，如图 4-58 所示，单击“确定”按钮，完成基准平面 DTM5 的创建，如图 4-59 所示。

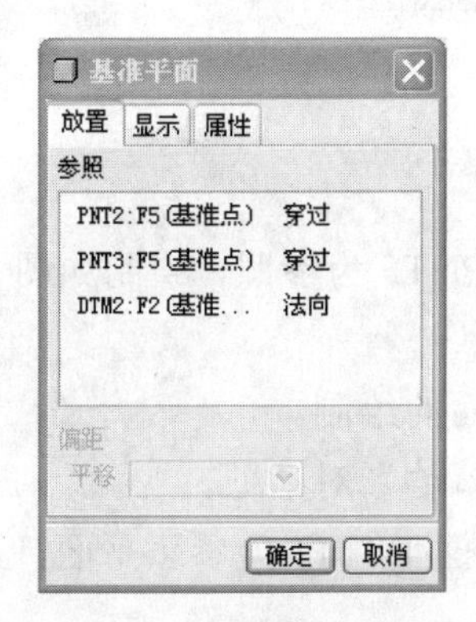

图 4-58 “基准平面”对话框

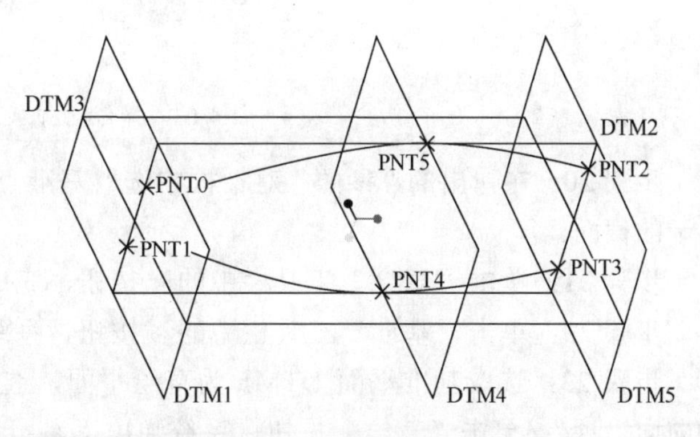

图 4-59 基准平面的创建

步骤 10：单击“基准”工具栏中的按钮，系统弹出“草绘”对话框。

步骤 11：选取基准平面 DTM2 为草绘平面，选取基准平面 DTM1 为参照平面，选取方向向“右”，单击“草绘”按钮，系统弹出“参照”对话框。

步骤 12：在弹出的“参照”对话框中选取基准点 PNT2、PNT3 为参照，绘制如图 4-60 所示的截面。

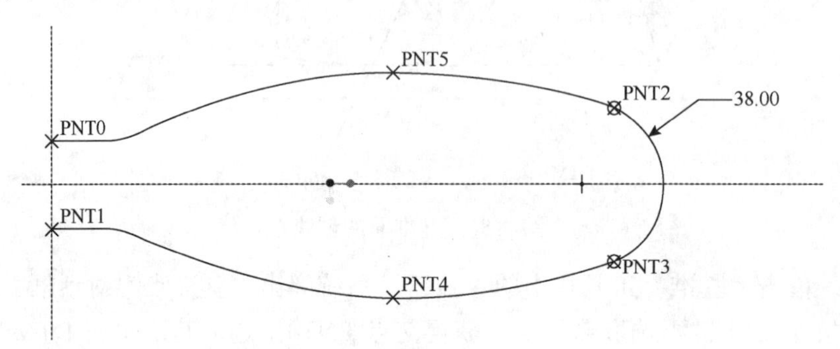

图 4-60　草绘圆弧（一）

步骤 13：单击“草绘”工具栏中的✓按钮，完成草绘截面的绘制。

步骤 14：单击“基准”工具栏中的按钮，系统弹出“草绘”对话框。

步骤 15：选取基准平面 DTM1 为草绘平面，选取基准平面 DTM2 为参照平面，选取方向向“顶”，单击“草绘”按钮，系统弹出“参照”对话框。

步骤 16：在弹出的“参照”对话框中选取基准点 PNT0、PNT1 为参照，绘制如图 4-61 所示的截面。

步骤 17：单击“草绘”工具栏中的✓按钮，完成草绘截面的绘制。

步骤 18：单击“基准”工具栏中的按钮，系统弹出“草绘”对话框。

步骤 19：选取基准平面 DTM4 为草绘平面，选取基准平面 DTM2 为参照平面，选取方向向“顶”，单击“草绘”按钮，系统弹出“参照”对话框。

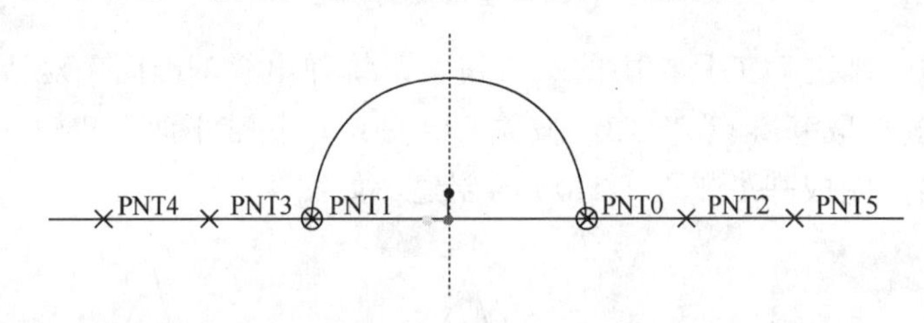

图 4-61　草绘圆弧（二）

步骤 20：在弹出的“参照”对话框中选取基准点 PNT4、PNT5 为参照，绘制如图 4-62 所示的截面。

步骤 21：单击“草绘”工具栏中的✓按钮，完成草绘截面的绘制。

步骤 22：单击“基准”工具栏中的按钮，系统弹出“草绘”对话框。

步骤 23：选取基准平面 DTM5 为草绘平面，选取基准平面 DTM2 为参照平面，选取方向向“顶”，单击“草绘”按钮，系统弹出“参照”对话框。

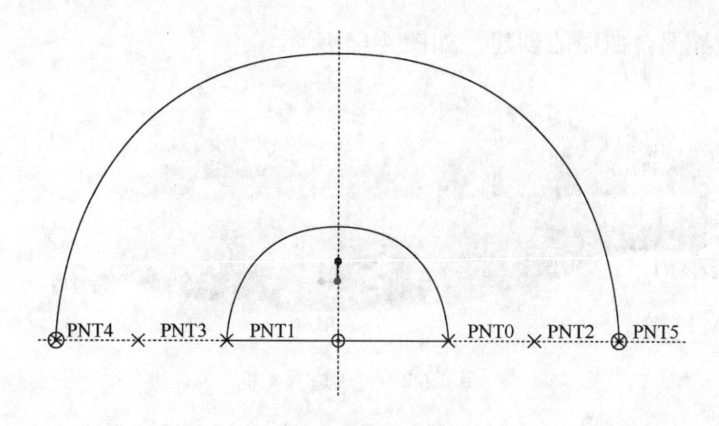

图 4-62　草绘圆弧（三）

步骤 24：在弹出的“参照”对话框中选取基准点 PNT2、PNT3 为参照，绘制如图 4-63 所示的截面。

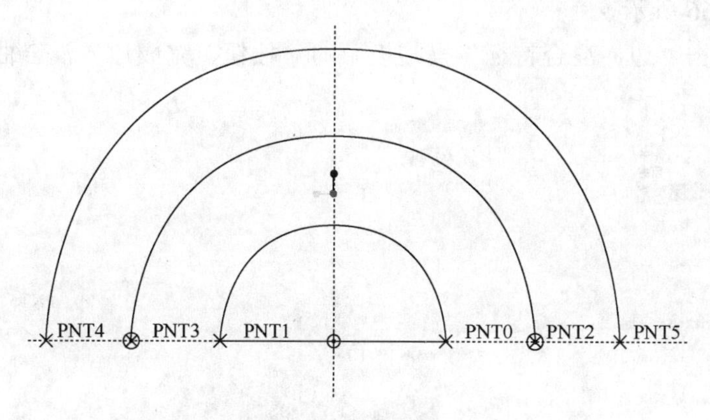

图 4-63　草绘圆弧（四）

步骤 25：单击“草绘”工具栏中的✓按钮，完成草绘截面的绘制，结果如图 4-64 所示。

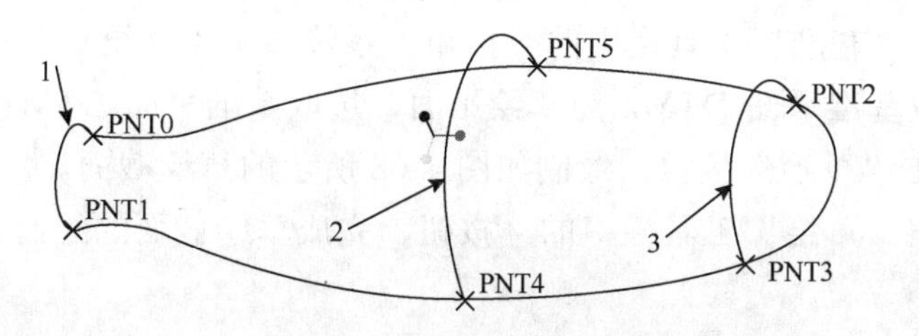

图 4-64　完成曲线的创建

步骤 26：单击主菜单中“插入”→“边界混合”命令，系统弹出“边界混合特征”操控板。

步骤 27：在“边界混合特征”操控板中单击“曲线”→“第一方向”选项，选取曲线 A，按住 Ctrl 键选取曲线 B，单击“第二方向”按钮，选取曲线 1、2、3，单击操控板中的按钮，完成边界混合曲面的创建，如图 4-65 所示。

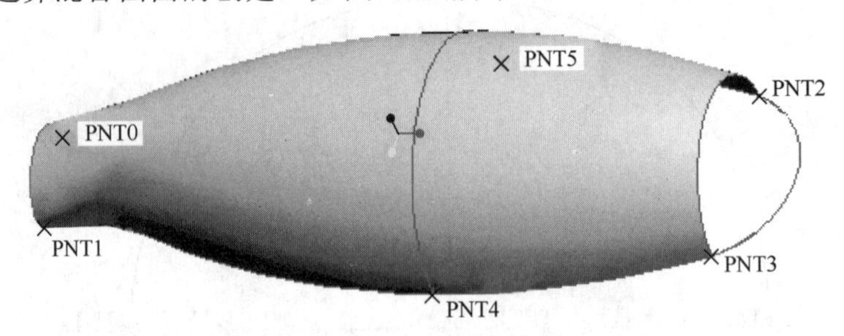

图 4-65　完成边界构面

步骤 28：单击主菜单中“插入”→“边界混合”命令，系统弹出边界混合特征操控板。

步骤 29：在“边界混合特征”操控板中单击“曲线”→“第一方向”选项，选取曲线 3，按住 Ctrl 键选取 R38 的圆弧，单击操控板中的“约束”按钮，将第二条曲线的条件改为平直，如图 4-66 所示。

步骤 30：单击“边界混合特征”操控板中的按钮，完成边界混合曲面的创建，如图 4-67 所示。

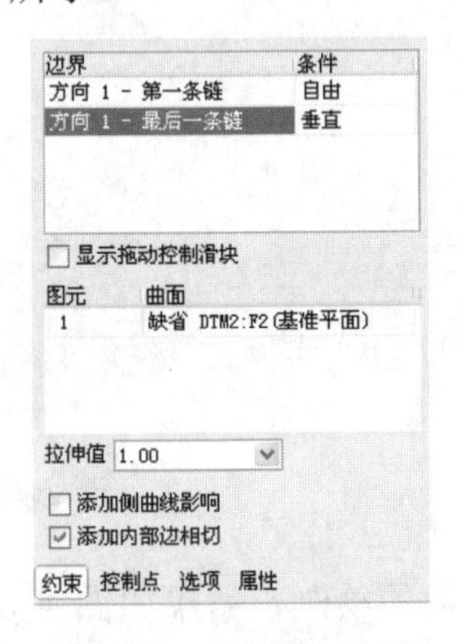

图 4-66 “约束”对话框

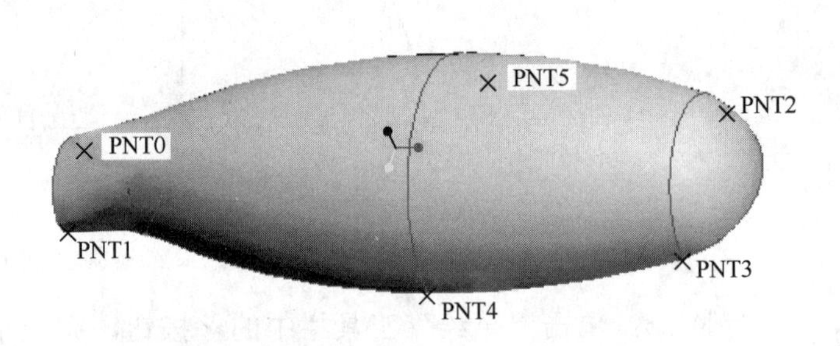

图 4-67　完成边界混合曲面

步骤 31：单击“基准”工具栏中的按钮，系统弹出“草绘”对话框。

步骤 32：选取基准平面 DTM2 为草绘平面，选取基准平面 DTM1 为参照平面，选取方向向“右”，单击“草绘”按钮，绘制如图 4-68 所示的草绘截面。

步骤 33：单击“草绘”工具栏中的按钮，完成草绘截面的绘制，结果如图 4-69 所示。

步骤 34：单击“基准”工具栏中的按钮，系统弹出“基准点”对话框，选取步骤 33 绘制的两条曲线的四个顶点，分别产生 PNT6、PNT7、PNT8、PNT9 四个基准点，如图 4-70 所示。

步骤 35：单击“基准”工具栏中的按钮，系统弹出“草绘”对话框。

步骤 36：选取基准平面 DTM3 为草绘平面，选取基准平面 DTM1 为参照平面，选取方向向“右”，单击“草绘”按钮，系统弹出“参照”对话框。

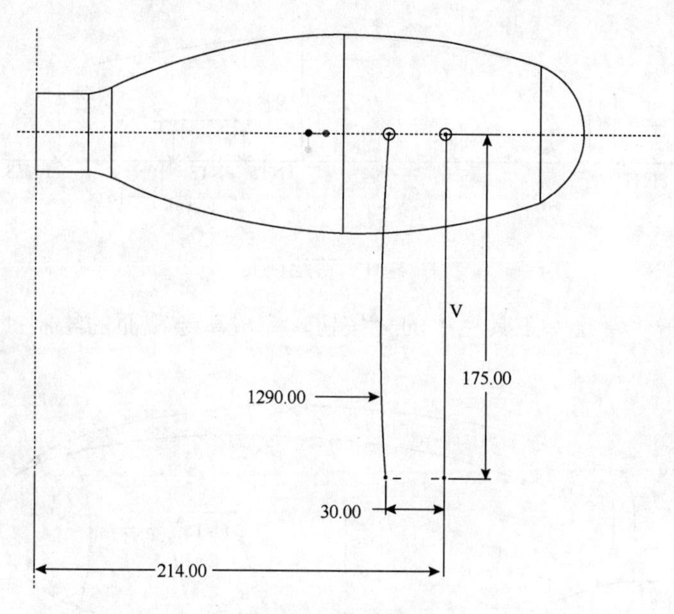

图 4-68 草绘截面

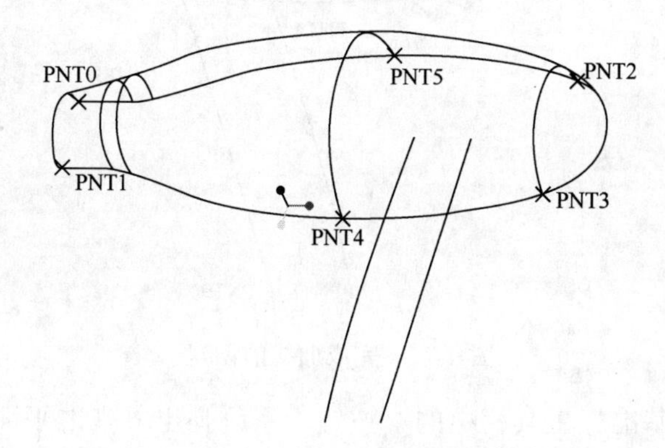

图 4-69 完成曲线的创建

步骤 37：在弹出的“参照”对话框中选取基准点 PNT6、PNT7 为参照，绘制如图 4-71 所示的截面。

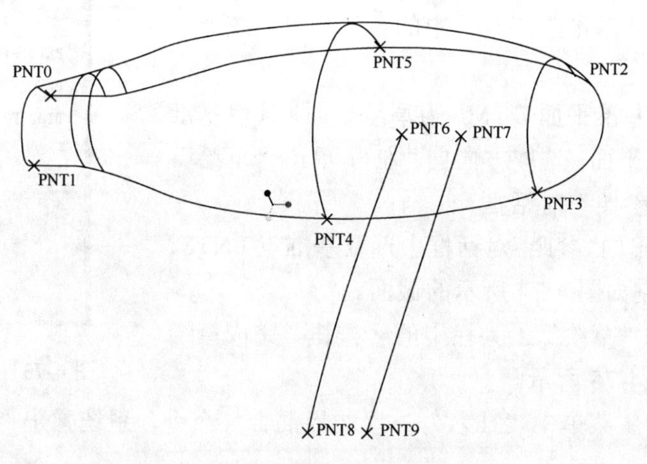

图 4-70 基准点的创建

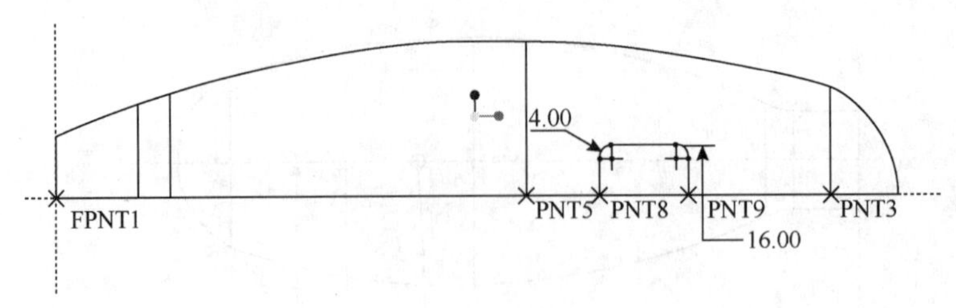

图 4-71　草绘截面

步骤 38：单击“草绘”工具栏中的✓按钮，完成草绘截面的绘制，结果如图 4-72 所示。

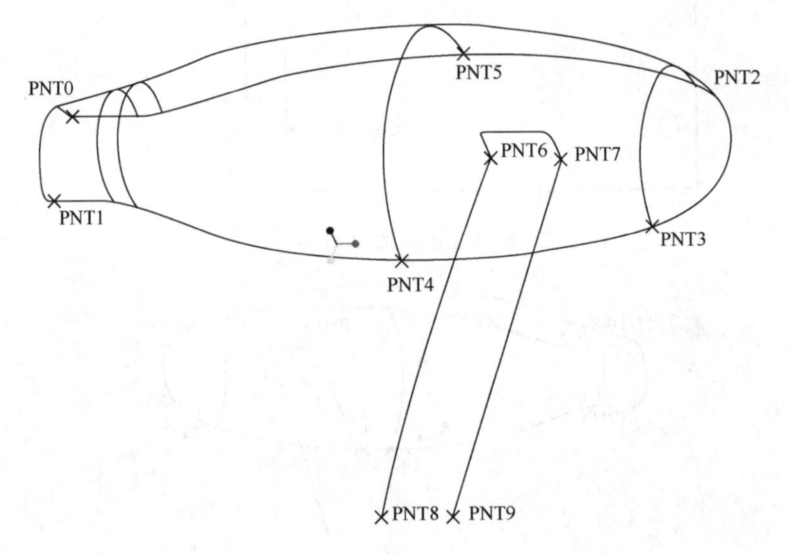

图 4-72　完成曲线的创建

步骤 39：单击“基准”工具栏中的▱按钮，系统弹出“基准平面”对话框。

步骤 40：在弹出的对话框中选取基准点 PNT8，按住 Ctrl 键选取基准点 PNT9，按住 Ctrl 键选取基准平面 DTM2，单击“确定”按钮，完成基准平面 DTM6 的创建，如图 4-73 所示。

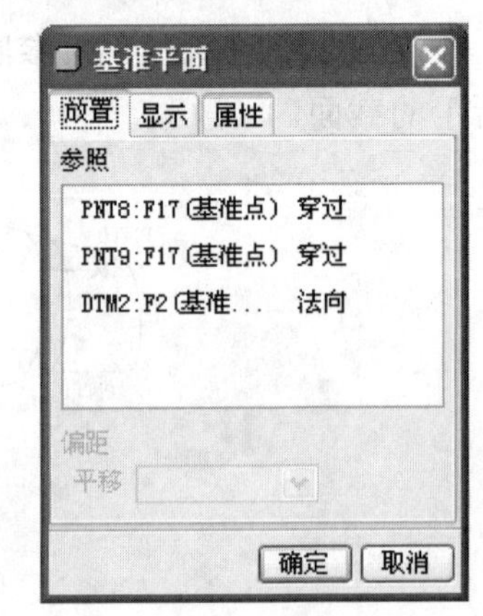

图 4-73　“基准平面”对话框

步骤 41：单击“基准”工具栏中的按钮，系统弹出“草绘”对话框。

步骤 42：选取基准平面 DTM6 为草绘平面，选取基准平面 DTM2 为参照平面，选取方向向“左”，单击“草绘”按钮，系统弹出“参照”对话框。

步骤 43：在弹出的“参照”对话框中选取基准点 PNT8、PNT9 为参照，绘制如图 4-74 所示的截面。

步骤 44：单击“草绘”工具栏中的✓按钮，完成草绘截面的绘制，如图 4-75 所示。

步骤 45：单击主菜单中“插入”→“边界混合”命令，系统弹出“边界混合特征”操控板。

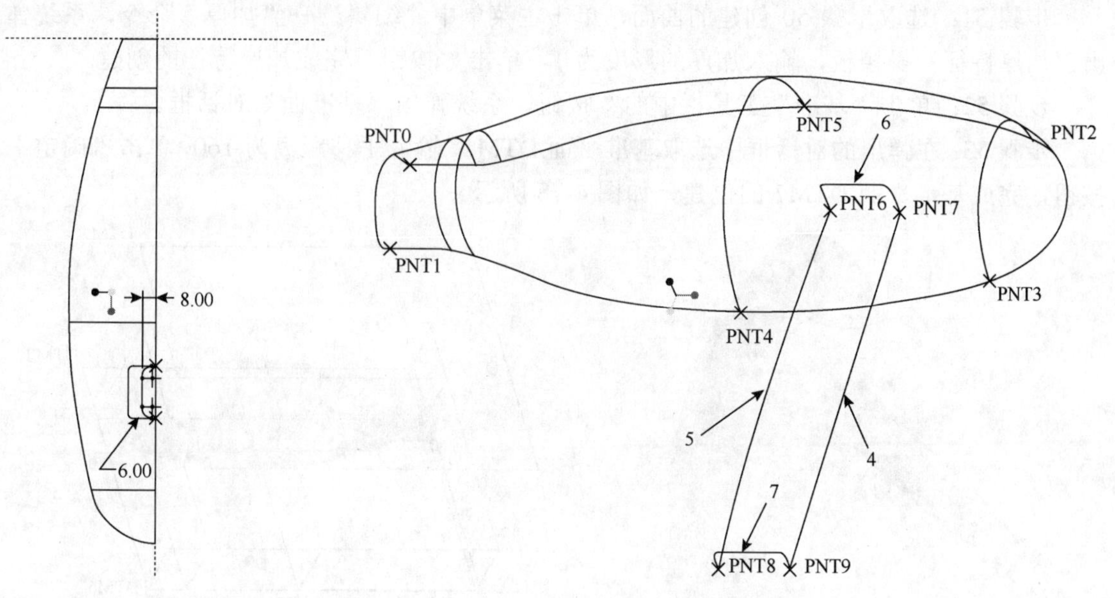

图 4-74 草绘截面　　　　图 4-75 完成曲线的创建

步骤 46：在“边界混合特征”操控板中单击“曲线”→“第一方向”选项，选取曲线 4，按住 Ctrl 键选取曲线 5，单击“第二方向”选项，选取曲线 6，按住 Ctrl 键选取曲线 7，单击操控板中的✓按钮，完成边界混合曲面的创建，如图 4-76 所示。

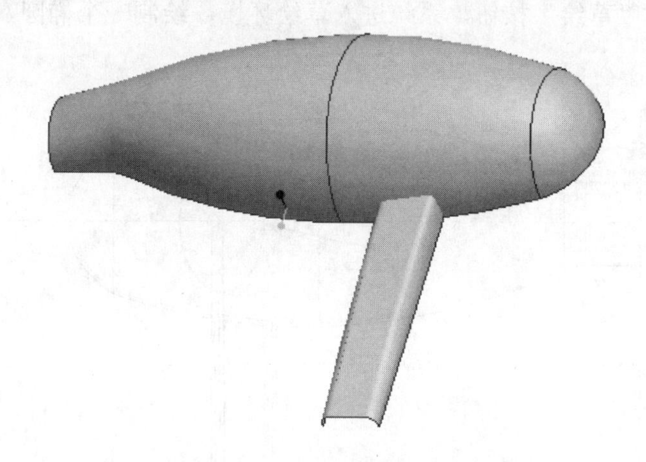

图 4-76 完成边界混合曲面

步骤 47：选取步骤 27 创建的曲面，按住 Ctrl 键，选取步骤 47 创建的曲面，单击主菜单中“编辑”→“合并”命令，系统弹出“合并特征”操控板。

步骤 48：在“合并特征”操控板中单击✓按钮，完成合并特征的创建。

步骤 49：选取步骤 27 创建的曲面，按住 Ctrl 键，选取步骤 30 创建的曲面，单击主菜单中“编辑”→“合并”命令，系统弹出“合并特征”操控板。

步骤 50：在“合并特征”操控板中单击✓按钮，完成合并特征的创建，如图 4-77 所示。

步骤 51：选取步骤 50 创建的曲面，单击主菜单中“编辑”→“加厚”命令，系统弹出“加厚特征”操控板，输入加厚的厚度为 1，单击✓按钮，完成加厚特征的创建。

步骤 52：单击“基准”工具栏中的▱按钮，系统弹出“基准面”对话框。

步骤 53：在弹出的对话框中选取基准平面 DTM2，输入平移距离为 160，单击“确定”按钮，完成基准平面 DTM7 的创建，如图 4-78 所示。

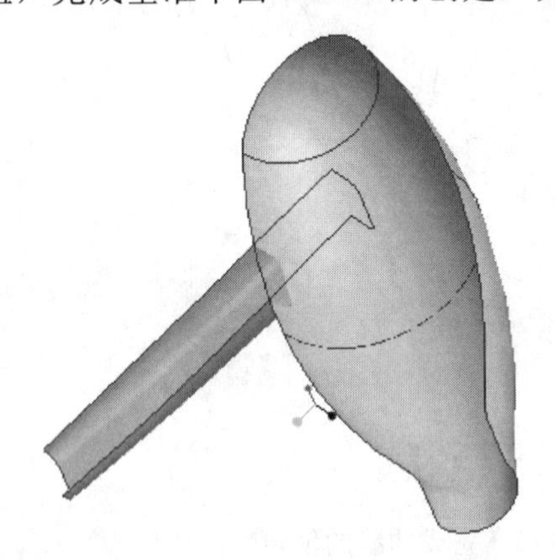

图 4-77　完成曲面的合并

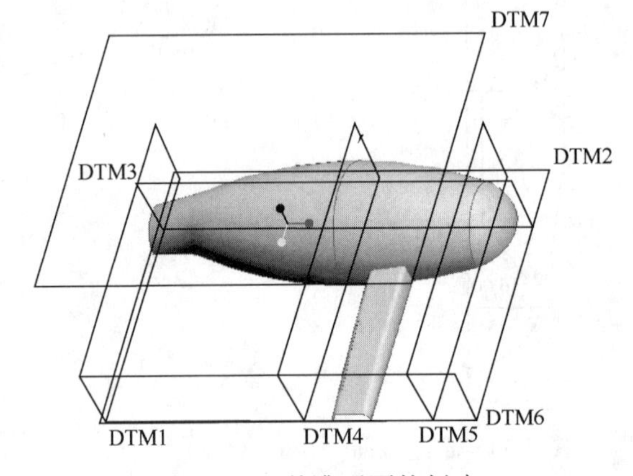

图 4-78　基准平面的创建

步骤 54：单击“基准”工具栏中的按钮，系统弹出“草绘”对话框。

步骤 55：选取基准平面 DTM7 为草绘平面，选取基准平面 DTM1 为参照平面，选取方向向“右”，单击“草绘”按钮，系统进入草绘环境，绘制一个椭圆，如图 4-79 所示。

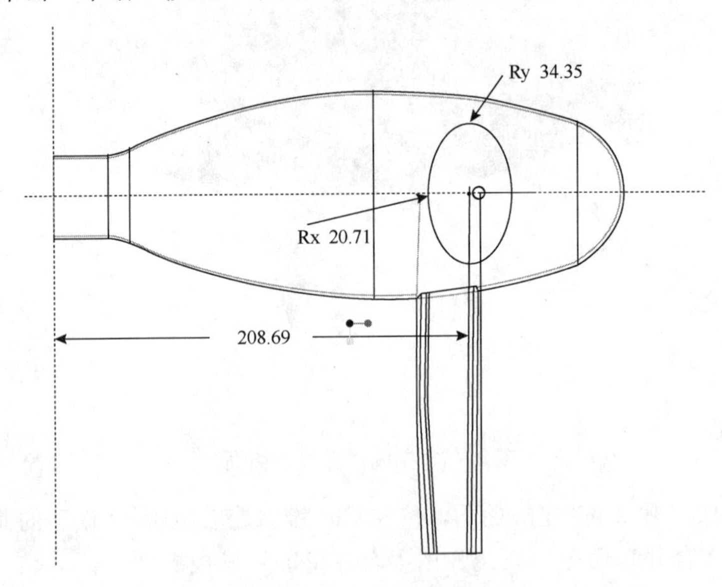

图 4-79　草绘截面

步骤 56：单击“草绘”工具栏中的✓按钮，完成草绘截面的绘制，如图 4-80 所示。

步骤 57：选取步骤 56 创建的椭圆曲线，单击主菜单中“插入”→“投影”命令，系统弹出“投影特征”操控板，选取吹风机外壳，单击✓按钮，完成投影特征的创建，如图 4-81 所示。

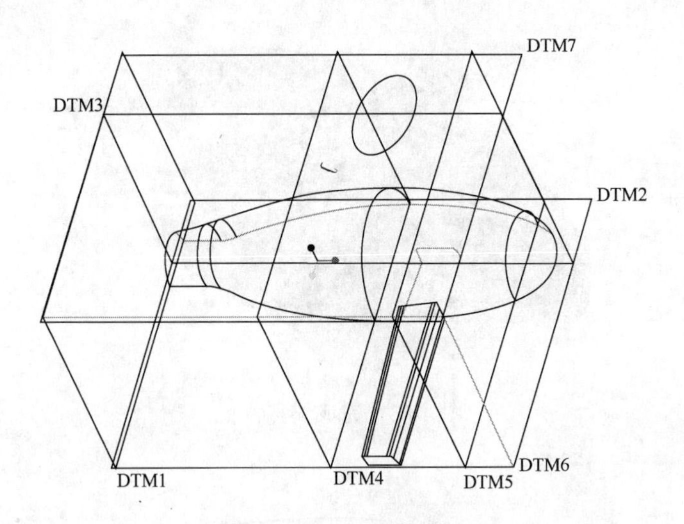

图 4-80　完成截面的绘制

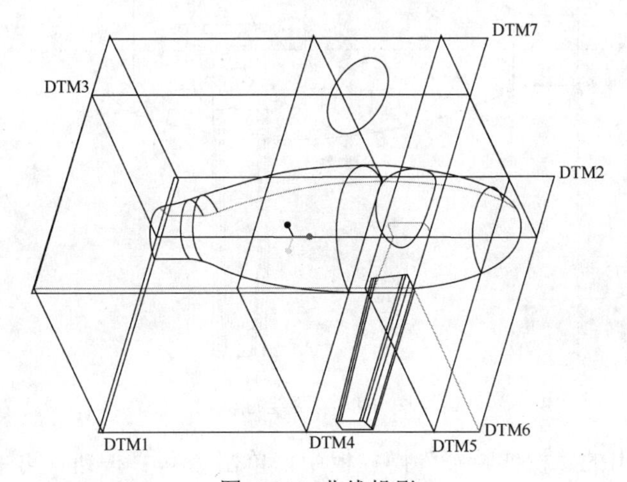

图 4-81　曲线投影

步骤 58：选取吹风机外壳，单击主菜单中“编辑”→“偏移”命令，系统弹出“偏移特征”操控板。

步骤 59：在操控板中选取偏移类型，如图 4-82 所示，选取基准平面 DTM7 上的椭圆，单击✓按钮，完成偏移特征的创建，如图 4-83 所示。

图 4-82　在操控板中选取偏移类型

步骤 60：单击主菜单中“特征”→“拉伸”命令，系统弹出“拉伸特征”操控板。

步骤 61：在“拉伸特征”操控板中，单击“放置”→“定义”按钮，系统弹出“草绘”对话框，选取基准平面 DTM2 为草绘平面，接受系统默认的视图方向和参照平面，单击“草绘”按钮，系统进入草绘环境，绘制三个矩形（尺寸任意），如图 4-84 所示。

步骤 62：单击“草绘”工具栏中✓按钮，完成草绘截面绘制。

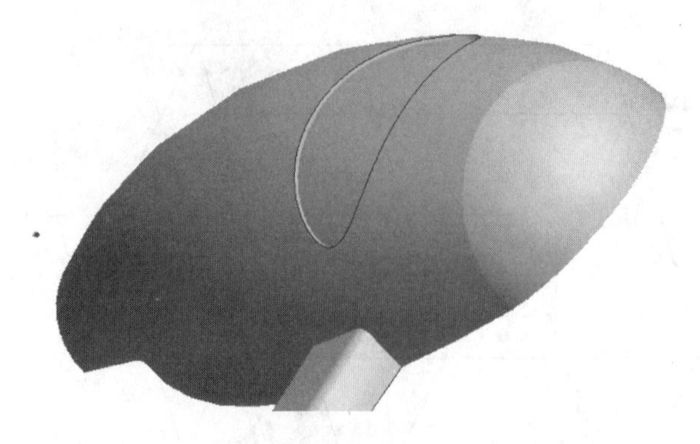

图 4-83　完成偏移特征

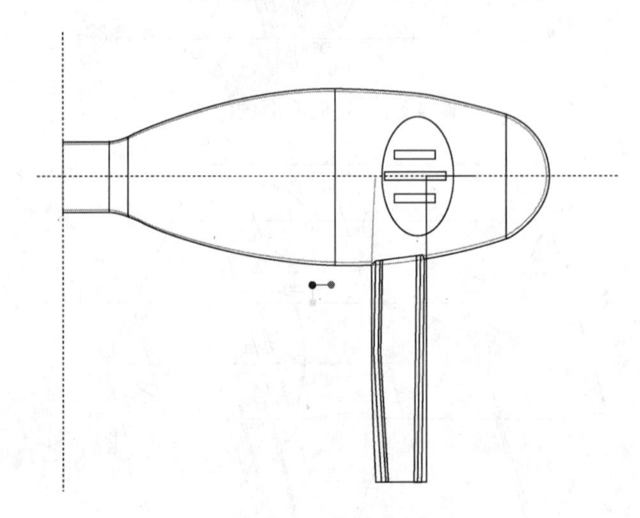

图 4-84　草绘截面

步骤 63：在弹出的“拉伸特征”操控板中，单击 和 按钮，再单击 按钮，完成拉伸特征的创建，如图 4-85 所示。

步骤 64：打开模型树，单击“显示”→“层树→“层”→“新建层”命令，系统弹出“层属性”对话框，选取基准平面 DTM4、DTM5、DTM6、DTM7 四个面，单击“确定”按钮，完成图层的创建，如图 4-86 所示。

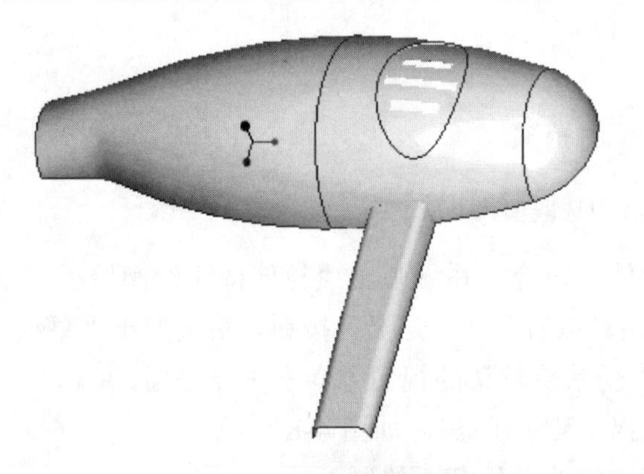

图 4-85　完成曲面修剪

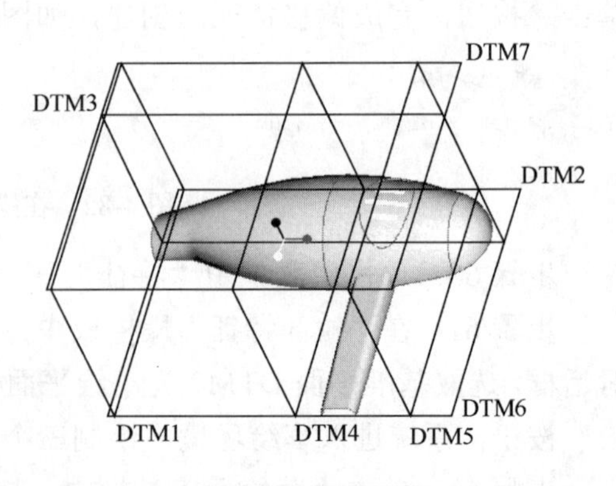

图 4-86　创建图层

步骤65：打开模型树，选取LAY001，单击鼠标右键选取“隐藏”选项，如图4-87所示。

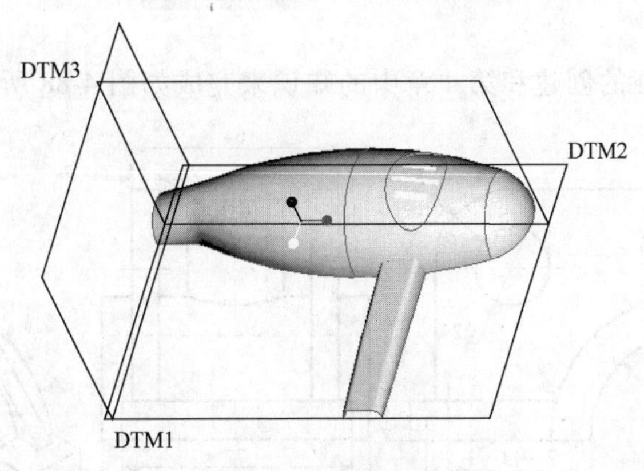

图4-87 隐藏图层

4.8 小结

本章首先介绍了基准特征的概况，然后介绍了Pro/ENGINEER Wildfire 3.0中的基准平面、基准轴、基准点、基准曲线、基准坐标系的创建方法，主要内容包括以下几个方面：

（1）新建基准特征的两种方式，重点讲述了先启动基准命令，再选取参照的方法进行创建；另一种方式是先配合过滤器选取不同参照，再单击基准命令便可出现不同的结果。读者可结合自身习惯，进行快速地创建基准特征。

（2）基准特征的显示控制。

（3）在基准平面中以大量的图例介绍了基准平面的用途，并通过这些图例讲述了基准平面的创建步骤，使读者能够快速地掌握基准平面的创建方法。

（4）在基准轴中通过几种约束组合来创建基准轴的方法。

（5）在基准点中，介绍了一般基准点的各种创建方法及创建步骤；介绍了草绘基准点、偏移坐标系基准点、域基准点的创建方法。

（6）在基准坐标系中，介绍了几种比较常用的坐标系创建方法及创建步骤。

（7）本章结合新版本的基准创建工具介绍了基准特征的一般创建原理，比较适合学习Pro/ENGINEER Wildfire 3.0版的初学者，对于使用过老版本的读者也可以达到提高的目的。

思考题

（1）简述基准平面的定义。

（2）比较几种基准特征创建步骤的区别。

（3）思考创建基准平面时各种创建方式的区别以及各自的特点。

练习题

（1）结合基准特征的创建和第 4 章中的知识来完成如图 4-88 所示的模型。

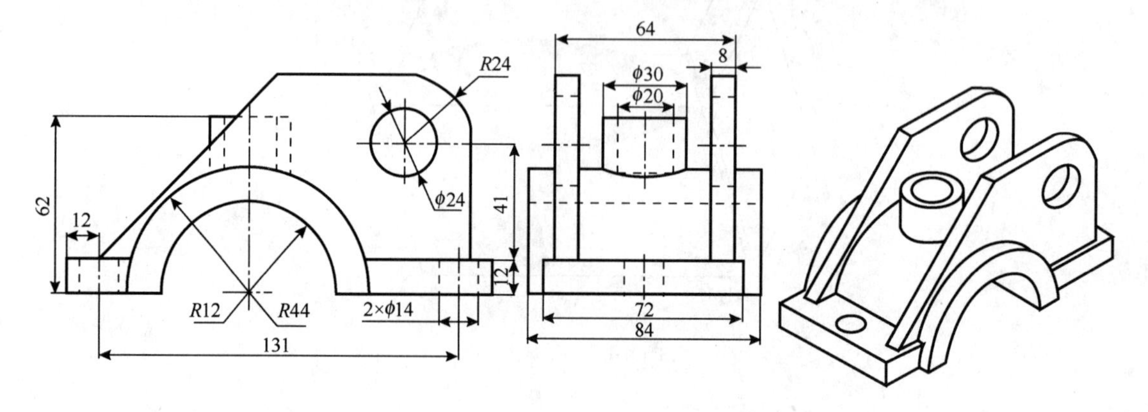

图 4-88　零件模型图

（2）创建如图 4-89 所示的 3D 零件图（尺寸自定）。

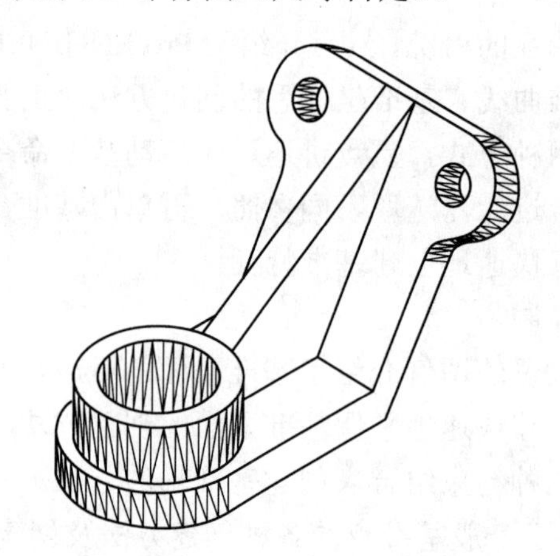

图 4-89　零件模型图

第5章
零件设计基本特征的创建和操作

教学提示：在 Pro/ENGINEER Wildfire 3.0 中，零件模型的建立都是以特征作为创建的基本单位，即零件模型由一连串的特征所构成。创建零件模型时，要先完成基本特征的创建，再进行各种结构特征的创建。本章主要介绍工程特征的创建方法，如孔、倒圆角、倒角、抽壳、筋板、阵列和特征的基本操作及生成失败的解决方法等。

教学要求：本章要求掌握孔特征、倒圆角特征、倒角特征、抽壳、筋板、阵列等常用工程特征的创建方法，熟练应用这些工程特征创建实体零件。

5.1 圆孔特征

5.1.1 圆孔的类型

在 Pro/ENGINEER Wildfire 3.0 系统中，孔类型分为直孔、草绘孔和标准孔三种。

创建孔特征时，单击主菜单中“插入”→“孔”命令，或单击“工程特征”工具栏中的按钮，出现如图 5-1 所示的“孔特征”操控板。

图 5-1 “孔特征”操控板

1. 直孔

单击“孔特征”操控板中的按钮，在下拉列表框中选取“简单”按钮，可创建直孔，相当于以圆形剖面向垂直于孔放置面拉伸去除体积而得，可直接输入孔的直径与深度。

创建时，要指定孔的放置平面，相应的定位参照、定位尺寸，以及孔的直径和深度。

2. 草绘孔

单击“孔特征”操控板中的按钮，在下拉列表框中选取“草绘”按钮，可创建草绘孔，相当于以草绘孔的 1/2 剖面绕指定中心轴线旋转去除材料，其孔径和孔深完全取决于剖面的形状和尺寸，不允许单独指定。另起一行创建时，在指定孔的放置平面和定位参照、定位尺寸后，单击“孔特征”操控板中的按钮，系统进入草绘模式，绘制孔的剖面。也可单击按钮调入一个已有的剖面文件来定义孔的剖面形状和尺寸。

绘制草绘剖面孔的剖面时应注意：

（1）必须绘制中心线作为孔的轴线，剖面要封闭。

（2）必须存在某剖面线与中心线垂直，放置孔时该剖面线将与所选的放置面对齐。

3. 标准孔

单击“孔特征”操控板中的按钮，可创建标准孔，即创建各种标准尺寸的孔，该孔的形状及尺寸可从系统中选取来确定，用户只需指定孔的放置平面和定位参照、定位尺寸等，其特征操控板如图 5-2 所示。

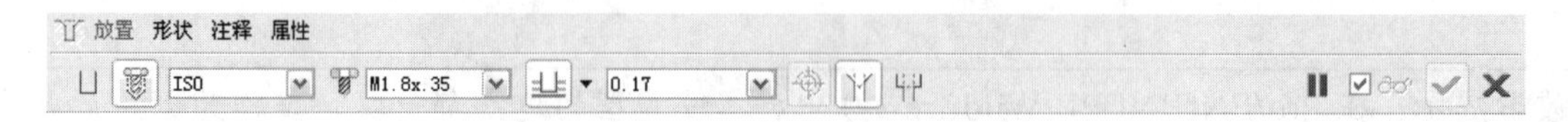

图 5-2 “标准孔特征”操控板

创建标准孔时，可选取标准孔的类型（如 ISO、UNC 和 UNF 等）和孔的形状（如沉头孔、牙型孔等），并可单击 形状 按钮来指定孔的相关尺寸。

5.1.2 孔的定位方式

下面分别对“孔特征”操控板中的各功能选项予以介绍，并详细介绍孔的四种定位方式。

“放置”：单击该按钮，可分别指定孔的放置平面、定位方式、定位参照及尺寸。

“形状”：单击该按钮，可显示孔的形状及其尺寸，并可设定孔的生成方式，以及修改孔的尺寸，如图 5-3 所示。

“注释”：该按钮仅在创建标准孔时才被激活，用于显示标准孔的信息。

“属性”：该按钮用于显示孔特征的相关信息、更改孔的名称等。

：单击该按钮，可创建直孔或草绘孔。

：单击该按钮，可创建标准孔。

简单：当选中按钮时该项才显示，用于指定是创建直孔“简单”，还是草绘孔“草绘”。

48.00：用于显示或修改孔的直径。

91.38：单击该按钮的下拉列表栏，可根据需要选取孔的各种生成方式。

创建孔时必须标定孔中心的位置，系统提供了四种定位方式，分别是线性、径向、直径和同轴。单击“孔特征”操控板中的 放置 按钮，出现如图 5-4 所示的操控板，该操控板中各功能选项如下：

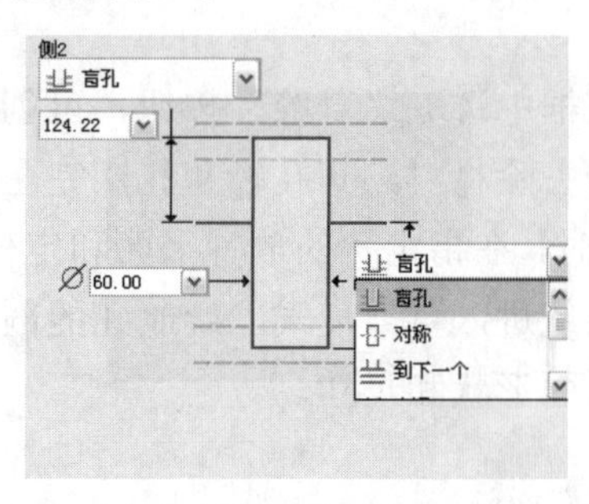

图 5-3 “形状特征”操控板

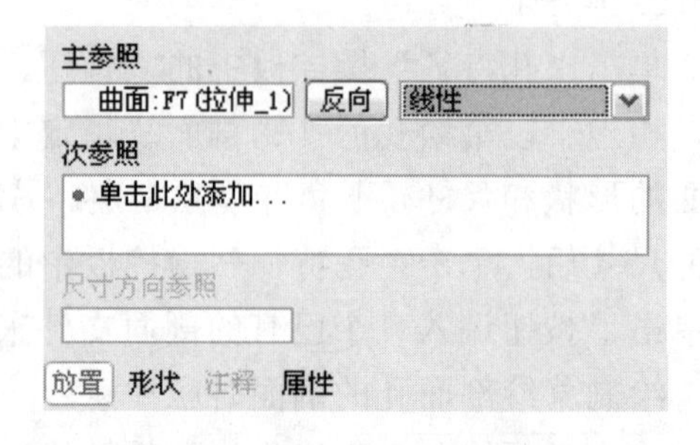

图 5-4 “放置特征”操控板

"主参照"：该栏用于显示选定的放置平面的信息，单击 反向 按钮可改变孔放置的方向。

"次参照"：该栏用于显示孔的定位参照、定位尺寸，并可修改定位尺寸。

"线性"：相对于定位参照以线性距离来标注孔的轴线位置，如图 5-5 所示。

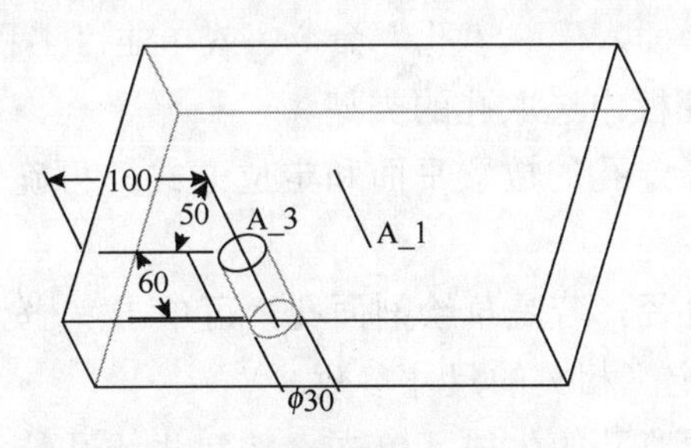

图 5-5 标注孔的轴线位置

"径向"：以极坐标形式来标注孔的轴线位置，即标注孔的轴线到参照轴线的距离（该距离值以半径表示）、孔的轴线与参照轴线之间连线与参照平面的夹角。标注时必须指定参照的基准轴、平面及其极坐标参照值（r、θ），如图 5-6 所示。

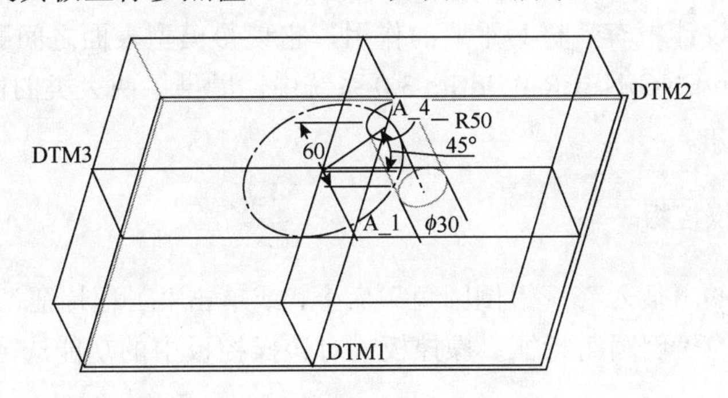

图 5-6 标注距离及夹角

"直径"：与径向方式相同，即以极坐标形式来标注孔的轴线位置，但以直径形式标注孔的轴线到参照轴线的距离，如图 5-7 所示。

"同轴"：以选定的一轴线为参照，使创建的孔轴线与参照轴重合，如图 5-8 所示。

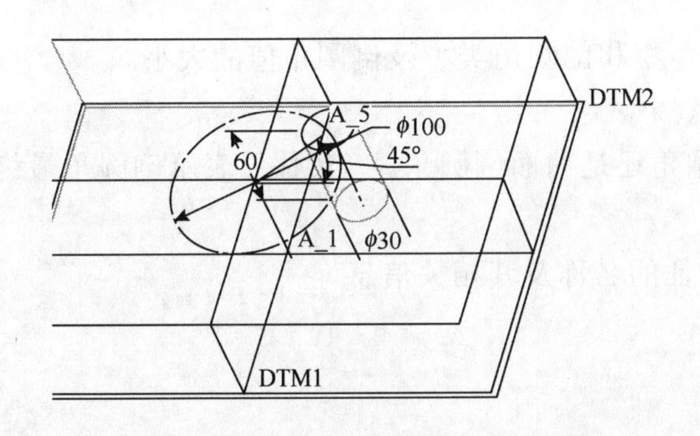

图 5-7 以直径形式标注孔的轴线到参照轴线的距离

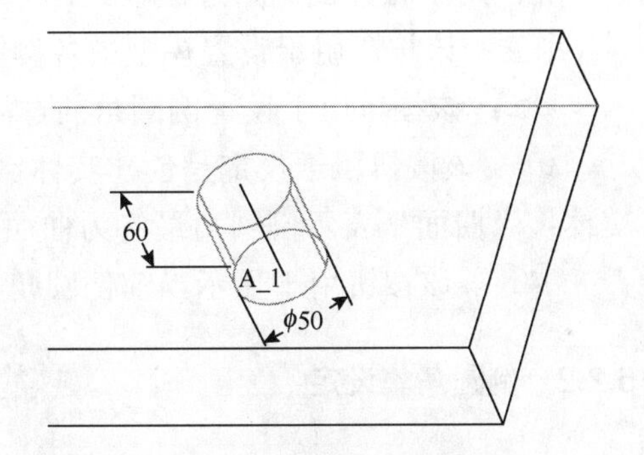

图 5-8 孔轴线与参照轴线重合

5.1.3 孔特征的创建

创建孔特征的一般步骤：

（1）单击主菜单中的“插入”→“孔”命令，或单击“工程特征”工具栏中的按钮。

（2）从“孔特征”操控板中选取孔的类型。

（3）单击放置按钮，指定孔的放置平面和定位方式，再确定相应的定位参照、定位尺寸。

（4）指定孔的深度、直径，若是草绘剖面孔，可单击按钮绘制孔的旋转剖面，若是标准孔，可单击形状按钮定义相关的尺寸参数。

（5）单击按钮可预览孔的生成，单击按钮生成孔特征。若单击按钮，将取消操作。单击按钮表示暂停当前的操作，可单击按钮恢复。

5.2 倒圆角特征

倒圆角在零件设计中有着极其重要的作用，它使得模型表面之间顺滑过渡，满足工艺结构的需要。在 Pro/ENGINEER Wildfire 3.0 系统中，提供了两大类的倒圆角特征，即简单倒圆角和高级倒圆角。

5.2.1 倒圆角特征操控板

单击主菜单中的“插入”→“倒圆角”命令，或单击“工程特征”工具栏中的按钮，出现如图 5-9 所示的“倒圆角特征”操控板。对该操控板中的功能选项介绍如下。

图 5-9 “倒圆角特征”操控板

：用于打开倒圆角设定模式。

：用于打开倒圆角过渡模式。

设置：该按钮用于设置模型中各倒圆角集和倒圆角类型及倒圆角值的大小。

过渡：该按钮用于设置倒圆角的过渡效果。

选项：该按钮用于设定是创建实体倒圆角还是曲面倒圆角。“实体”表示倒圆角最终为实体；“曲面”表示倒圆角最终为曲面。

属性：该按钮用于显示当前倒圆角特征的名称及其相关信息。

5.2.2 倒圆角集设定

单击“倒圆角特征”操控板中“设置”按钮，出现如图 5-10 所示的操控板，利用其中的选项可设定模型中各倒圆角集和倒圆角类型及其参数。

1. 倒圆角类型

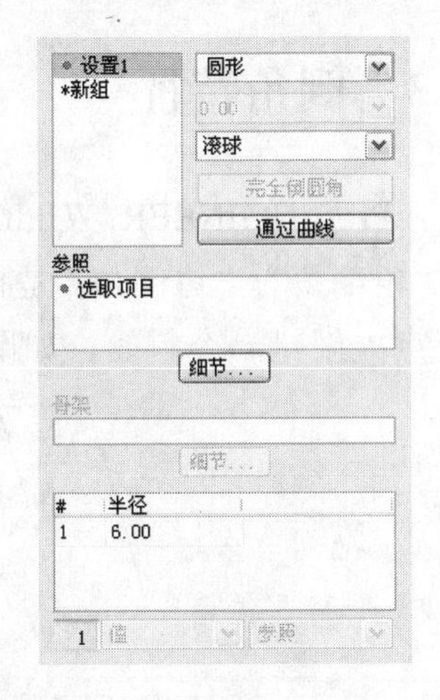

图 5-10 “放置特征”操控板

根据倒圆角参照的不同，可产生四种不同的倒圆角类型：

（1）“等半径”：指创建的倒圆角半径值为一个常数，如图 5-11（a）所示。

（2）“变半径”：指创建的倒圆角允许有不等半径，如图 5-11（b）所示。

（3）“完全倒圆角”：指选取两个平行的平面（还要选一个驱动曲面）或两条平行的倒圆角边自动产生完全倒圆角，半径值为两平行对象间距离的一半，如图 5-11（c）所示。

（4）“通过曲线”：选取倒圆角要通过的曲线和要倒圆角的边产生倒圆角，不需定义倒圆角的半径值，如图 5-11（d）所示。

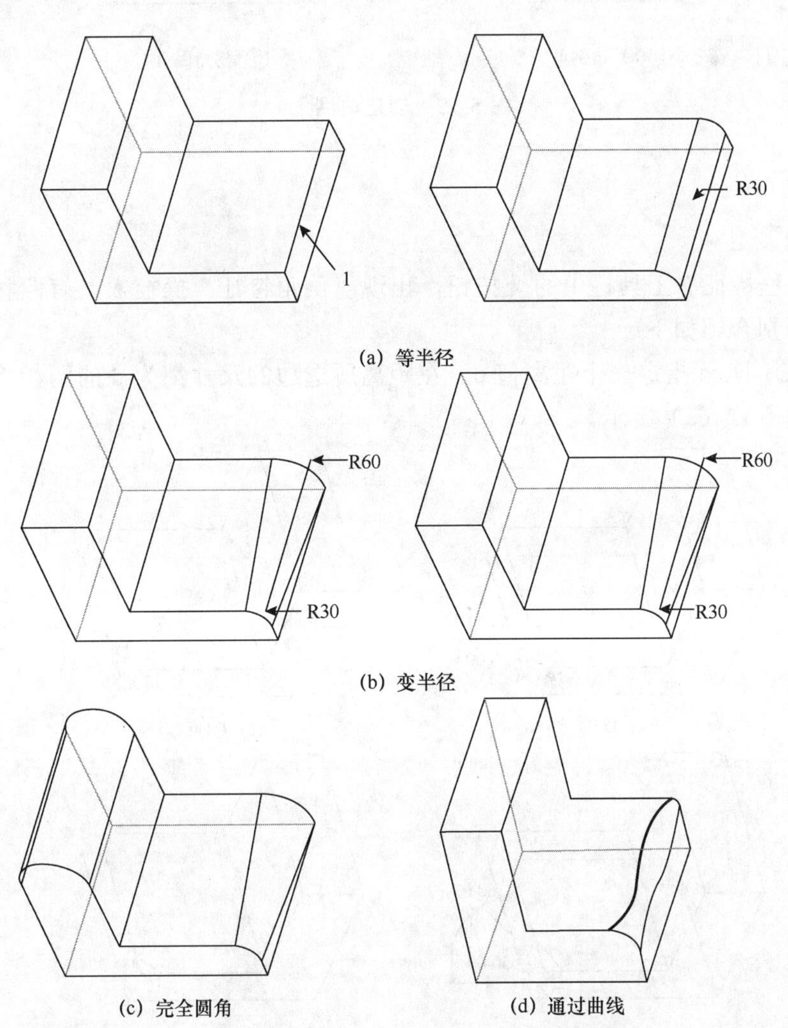

图 5-11 生成不同类型的倒圆角

5.3 倒角特征

Pro/ENGINEER Wildfire 3.0 系统提供的倒角功能包括两种选项，分别是“边倒角”或“拐角倒角”。“边倒角”是指在选定的边线上创建斜面，而“拐角倒角”是指在三条边线的交点处创建一个斜面，如图 5-12 所示。

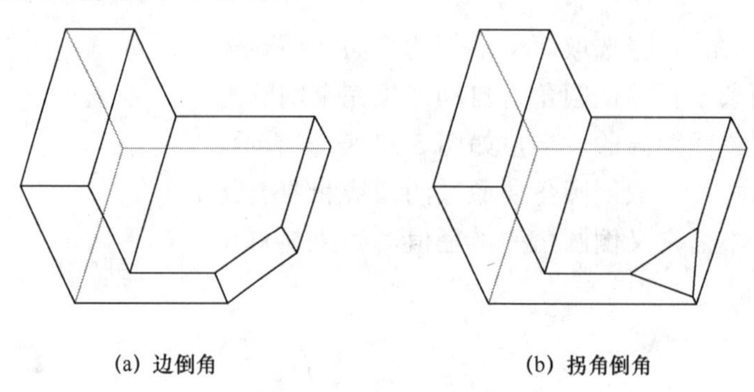

(a) 边倒角　　(b) 拐角倒角

图 5-12 创建边倒角

5.3.1 边倒角

1. 边倒角类型

单击“工程特征”工具栏中的按钮，出现“倒角特征”操控板。有四种边倒角类型以供选取，分别介绍如下：

（1）D×D：表示指定一个距离值 d，在距离所选边的尺寸都为 d 的两相接表面位置产生倒角，如图 5-13（a）所示。

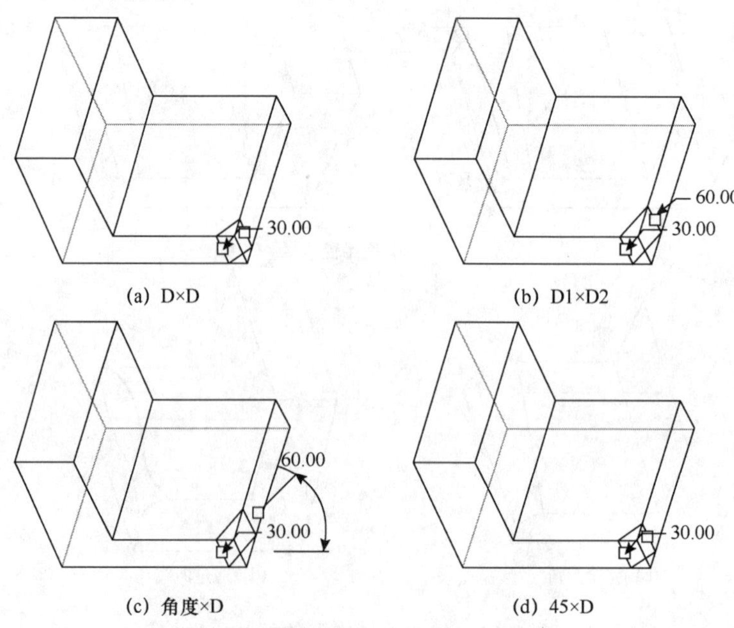

(a) D×D　　(b) D1×D2

(c) 角度×D　　(d) 45×D

图 5-13 四种边倒角类型

（2）D1×D2：表示指定两个距离值 d1、d2，在选取边的两相接表面上产生不等尺寸的倒角，如图 5-13（b）所示，可单击按钮切换 d1 和 d2 在两相接表面的尺寸分配。

（3）角度×D：表示指定一个距离值 d 以及倒角斜面与某相接面（参照面）的夹角角度，来产生倒角，如图 5-13（c）所示。系统内定在参照面上测得的倒角距离为 d，可单击按钮来切换参照面的设定。

（4）45×D：表示指定一个距离值 d 以产生一个 45°的倒角，该项仅适于两个相互垂直的平面间产生倒角，如图 5-13（d）所示。

2. 边倒角的创建

创建边倒角的步骤：

（1）单击主菜单中的“插入”→“倒角”→“边倒角”命令，或单击“工程特征”工具栏中的按钮，系统显示“倒角特征”操控板。

（2）选取合适的边倒角类型并输入相应的尺寸，对于多条相邻边构成的倒角接头，可使用过渡设置按钮对其外形及尺寸进行设置。

（3）单击按钮进行预览，或单击按钮，完成特征的创建。

5.3.2 拐角倒角

创建拐角倒角的步骤：

（1）单击主菜单中的“插入”→“倒角”→“拐角倒角”命令，出现如图 5-14 所示的对话框。

（2）选取欲创建倒角的实体顶点。

（3）此时，系统会逐一高亮显示顶点处的每条边线，出现如图 5-15 所示的“选出/输入”菜单，用于定义各条边线的倒角尺寸。“选出点”方式需在依次高亮显示的边线上选取点，以点取的位置来确定倒角尺寸值；若用“输入”方式，则直接输入数值来定义倒角尺寸值。

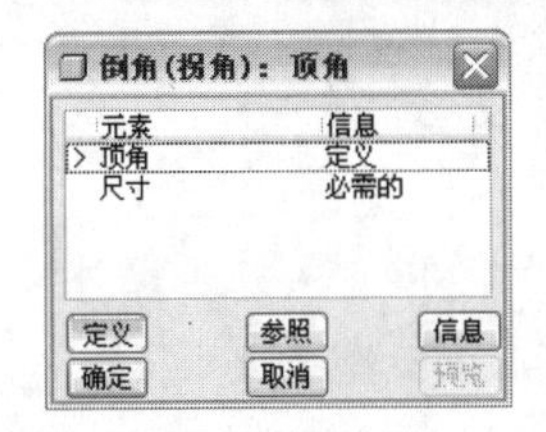

图 5-14 “倒角（拐角）”对话框

图 5-15 “选出/输入”下拉菜单

（4）所有特征要素定义完成后，可单击“预览”按钮预览倒角效果，或单击“确定”按钮完成特征的创建。

5.4 壳特征

抽壳用于移除模型表面，使实体模型成为一薄壁件，如图 5-16 所示。创建抽壳特征的步骤如下：

图 5-16 薄壁件

（1）单击主菜单中的“插入”→“壳”命令，或单击“工程特征”工具栏中按钮，出现如图 5-17 所示的“抽壳特征”操控板。

图 5-17 “抽壳特征”操控板

（2）单击“抽壳特征”操控板中的“参照”按钮，出现如图 5-18 所示的操控板。选取要去除的实体表面（一个或多个），若要选取多个表面时按下 Ctrl 键，所选取的表面将会显示在操控板的“移除曲面”栏中。

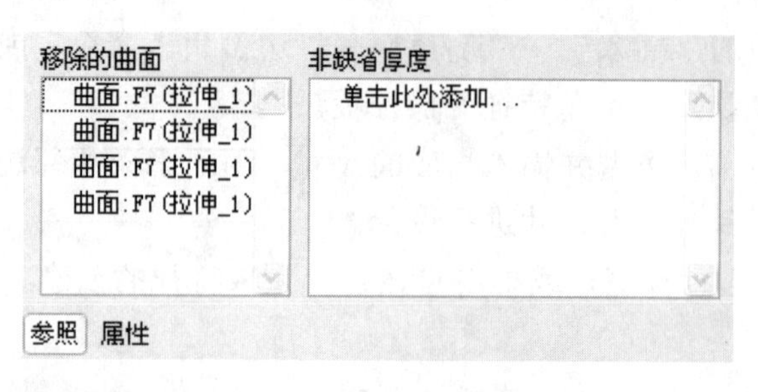

图 5-18 “参照特征”操控板

（3）在操控板中指定薄壁的厚度，可为负值。输入正值，表示以外壳为准在实体内部抽空余下指定的厚度；若为负值，表示以外壳为准在实体外部加上指定的厚度。

（4）若实体模型中有厚度不等的外壳面，可单击“参照特征”操控板的“非缺省厚度”栏，选取模型中某实体表面作为厚度不等面，并输入新的厚度值。

（5）单击按钮进行预览，或单击按钮完成特征的创建，如图 5-19 所示。

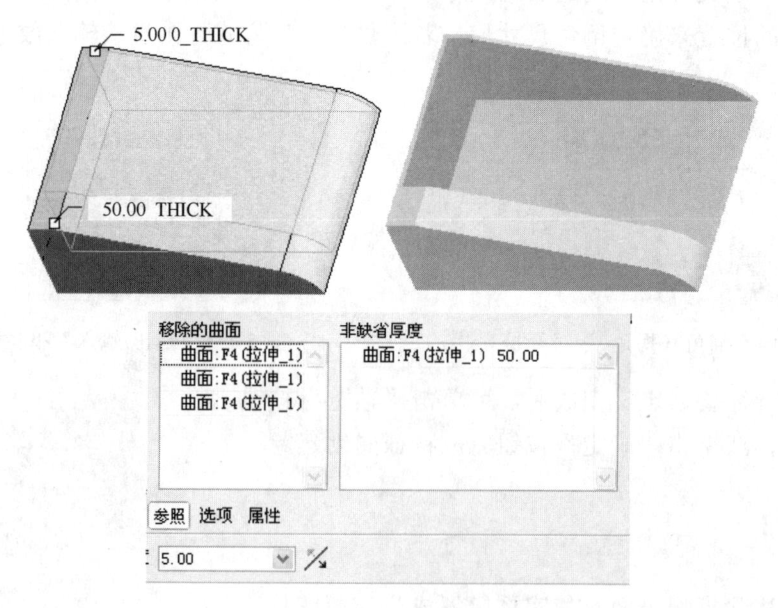

图 5-19 “参照特征”操控板

5.5 筋特征

筋特征是指在两个或两个以上的相邻实体表面间添加的加强筋，属于一种特殊的长出特征。按照相邻表面的不同，生产的筋可以分为直筋和旋转筋两种形式。

1. 特征操控板

（1）单击主菜单中的“插入”→“筋”命令，或单击“工程特征”工具栏中的按钮，出现如图5-20所示的“筋特征”操控板。对该操控板中的功能选项介绍如下。

图5-20 “筋特征”操控板

单击“参照”→“定义”按钮，可创建或修改筋特征的草绘剖面。注意，筋特征的剖面必须是开放的。

0.09：用于设定筋特征的厚度及生成位置，在该文本框内输入筋的厚度值，单击按钮可将筋特征由关于草绘平面对称切换至草绘平面的某一侧。

参照：单击该按钮，出现的操控板中的“草绘”栏用于显示定义筋特征剖面的草绘文件名称，单击“编辑”按钮用于重新定义筋特征的草绘平面、参照平面及剖面形状等，单击“反向”按钮可控制筋特征材料相对于草绘剖面边界的生成方向是朝内还是朝外，如图5-21所示。

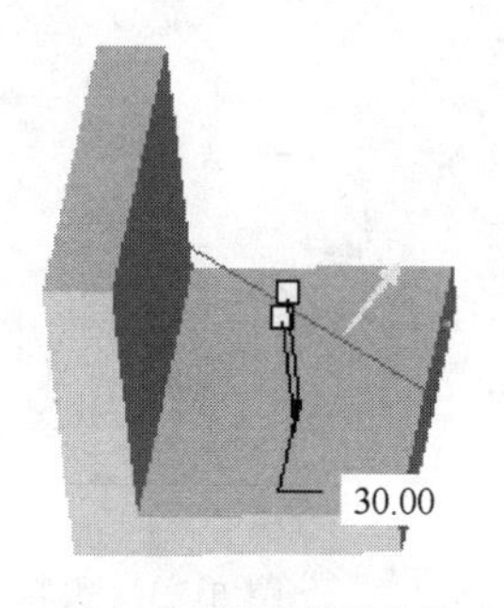

（a）特征材料朝外生长

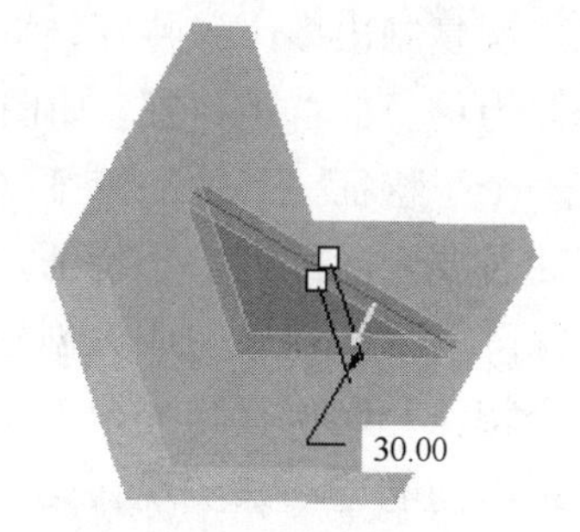

（b）特征材料朝内生长

图5-21 创建筋特征

属性：单击该按钮，用于查看当前筋特征的相关信息，以及修改当前筋特征的名称。

2. 筋特征的创建

创建加强筋的步骤如下：

（1）单击主菜单中的“插入”→“筋”命令，或单击“工程特征”工具栏中的按钮。

（2）单击“筋特征”操控板中的“参照”→“定义”按钮，指定草绘平面和参照平面，绘制出筋的特征剖面并指定筋特征的材料生长方向。若是旋转筋，则其草绘平面必须通过旋转曲面的中心轴。

（3）定义筋特征的厚度值，并通过按钮指定筋特征的生成位置，如图 5-22 所示。

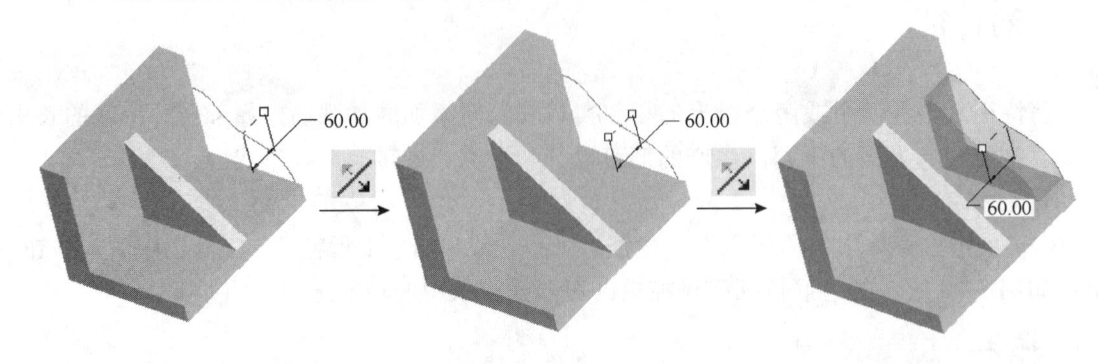

图 5-22　筋特征创建

（4）单击按钮进行预览，或单击按钮完成特征的创建。

5.6　阵列与复制

复制是计算机中常用的命令，在 Pro/ENGINEER Wildfire 3.0 系统中也常用该命令来进行特征的复制。在此介绍的复制包括阵列、复制和组等几种。

使用不同的复制方法，用户均可以方便地创建同类型的特征。

5.6.1　阵列

阵列：是指以现有特征或特征组为原始特征，按照指定的方式一次复制出多个子特征，此时原始特征与所有子特征将合并为单一的群组特征，如图 5-23 所示。修改阵列中的任何一个子特征，其他的特征（包括原始特征）将一起被修改。若要删除阵列的子特征，可单击鼠标右键菜单中的“删除阵列”按钮来完成。创建阵列时，系统不允许一次对多个特征一起执行阵列，若一次要阵列多个特征，可利用“组”功能选项来实现（此命令将在后面介绍）。

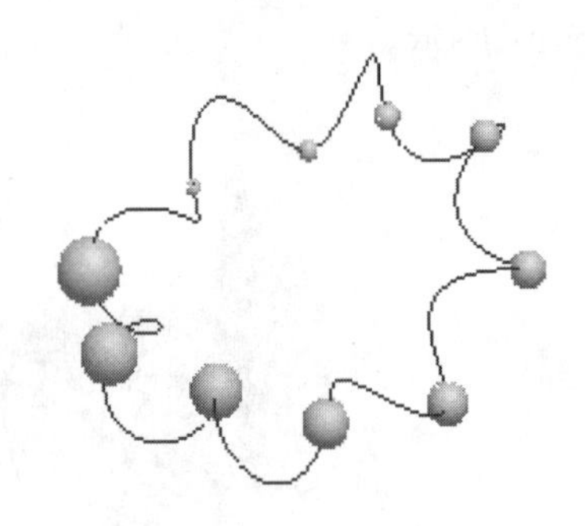

图 5-23　组特征阵列

1. 阵列方式

选取模型中要阵列的特征，单击主菜单中的“编辑”→“阵列”命令，或单击工程特征工具栏中的按钮，出现如图 5-24 所示的“阵列特征”操控板。

图 5-24　“阵列特征”操控板

单击操控板左下角的下拉列表框，有四种阵列方式（拖动滚动还有另外三种，一共有七种），如图 5-25 所示。

（1）尺寸。尺寸阵列是指选取原始特征的定位尺寸作为阵列驱动尺寸，并指定定位尺寸的尺寸增量及该方向的特征总数。

选取阵列参照尺寸时，单击“阵列特征”操控板中“尺寸”按钮，出现如图5-26所示的操控板，此时可分别在“方向1”和“方向2”栏中选取所需的参照尺寸并指定相应的增量。若勾选操控板中的“按关系定义增量”复选框，用关系式控制阵列间距（即参照尺寸增量），单击“编辑”按钮打开记事本窗口以输入和编辑关系式。

图5-25 阵列方式

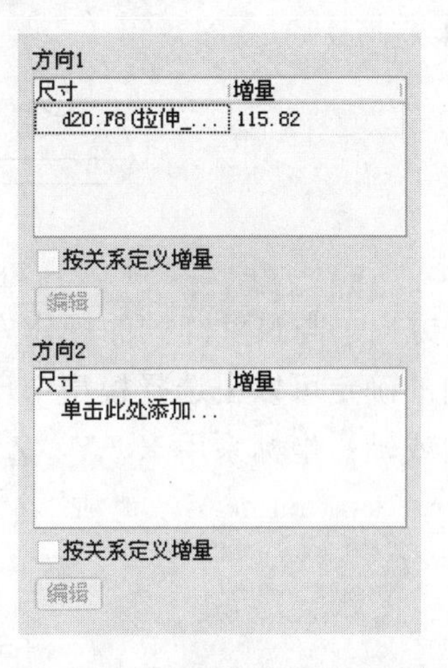

图5-26 “尺寸特征”操控板

在每个阵列方向的定义中，允许同时选取一个或多个参照尺寸，若选取多个参照尺寸时应按住Ctrl键。指定一个参照尺寸，该参照尺寸的增量方向即是阵列的方向；若指定有多个参照尺寸，则参照尺寸的增量合成方向决定着阵列的方向。

根据选取的参照尺寸不同可产生线性阵列和旋转阵列，线性阵列以线性尺寸作为驱动尺寸，如图5-27所示。旋转阵列以角度尺寸作为驱动尺寸，如图5-28所示。

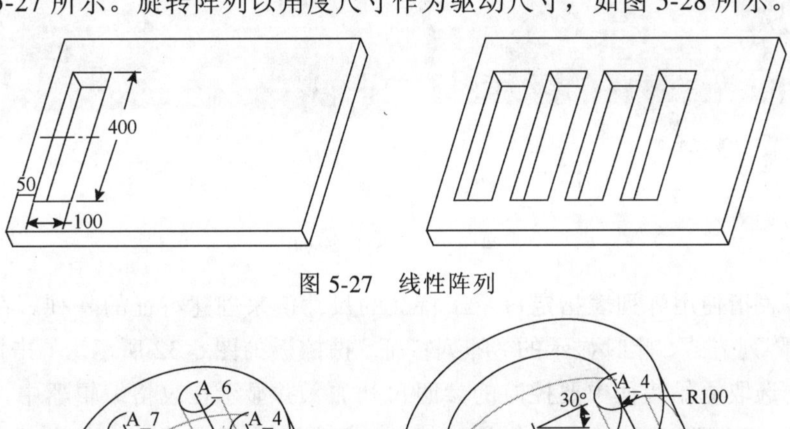

图5-27 线性阵列

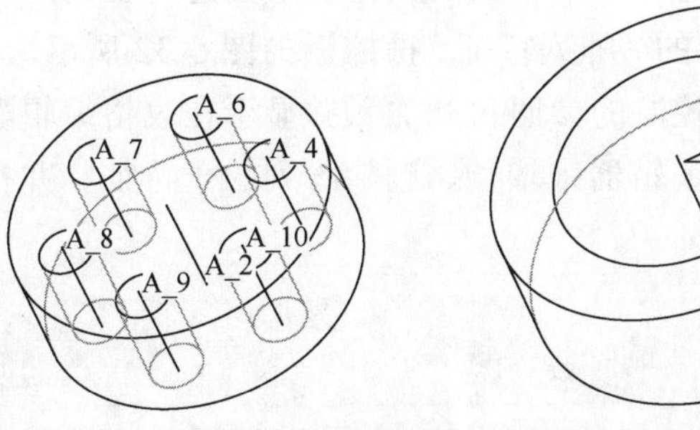

图5-28 旋转阵列

创建线性阵列时，允许设定一个或两个阵列方向（即第一方向与第二方向），如图 5-29 所示，但每个阵列方向都要分别指定参照尺寸及增量、阵列特征总数。

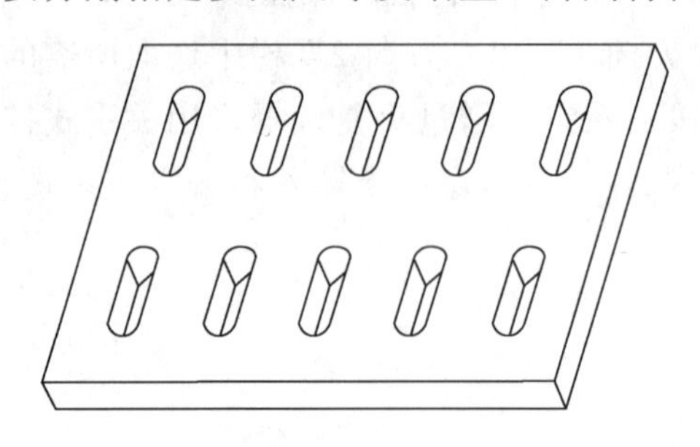

图 5-29　线性阵列

（2）方向。与尺寸阵列的操作方式类似，“阵列特征”操控板如图 5-30 所示。但两个阵列方向的确定可以去选择模型中已有的对象。对象选某个平面（即面的法线）方向；选直线、边或轴；坐标系用 X、Y、Z 轴来确定。

图 5-30　“阵列特征”操控板

（3）轴。使阵列对象绕着已有的轴旋转分布，如图 5-31 所示。

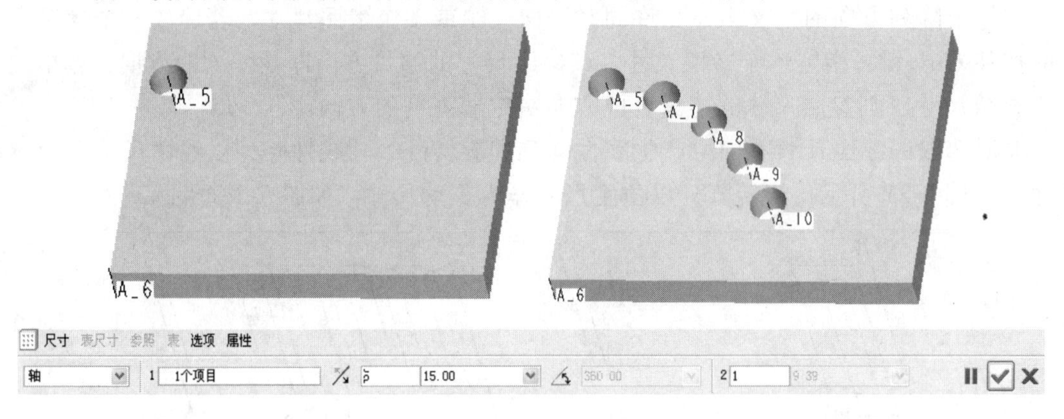

图 5-31　“轴”阵列

（4）表。表指使用阵列表指定每个子特征的尺寸值来创建特征的阵列。在下拉列表框中选取“表”阵列方式，此时显示的“阵列特征”操控板如图 5-32 所示。单击操控板中“表尺寸”按钮，选取原始特征中要控制的参照尺寸加入并显示在表格编辑器中，再单击“编辑”按钮，以“Pro/Tabile”表格编辑器来增加、删除阵列的子特征，并指定每个子特征的相关尺寸。

图 5-32　“表特征”操控板

（5）填充。填充阵列是指在指定区域来创建阵列。选取“填充”阵列方式，显示的操控板如图 5-33 所示，各功能选项介绍如下。

图 5-33 “填充特征”操控板

选取 1 个项目：用于绘制填充阵列的区域并显示所选取的对象。

正方形：用于选取填充阵列的网格模板，有正方形、菱形、三角形、圆、曲线、螺旋等排列方式的阵列。

73.33：用于设定阵列子特征的中心间距。

0.00：用于设定阵列子特征的中心距离填充区域边界的最小值，若是负值则在填充区域之外。

0.00：用于设定网格关于原点的角度。

0.00：用于设定圆形或样条曲线网格的径距。

（6）参照。参照（参照阵列）是指在已有的阵列基础上，参照该阵列参数来创建的阵列。创建“参照”（参照阵列）之前，模型中必须有可参照的阵列，如图 5-34 所示。

参照（参照阵列）的创建方法较为简单，选取要阵列的原始特征，则模型自动重新生成，参照原有尺寸阵列产生新的阵列。创建参照（参照阵列）时不需指定参照尺寸及其增量、阵列个数等。

创建参照（参照阵列）的原始特征必须与所参照的尺寸阵列的原始特征间存在依附关系。

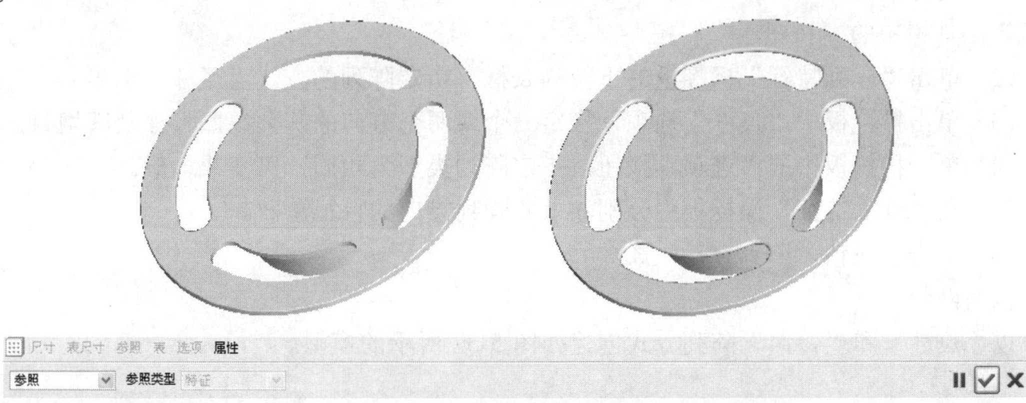

图 5-34 参照阵列

（7）曲线。使阵列的对象沿着已有的二维曲线均匀分布，如图 5-35 所示。

2. 阵列选项

单击“阵列特征”操控板的“选项”按钮，出现如图 5-36 所示的菜单，用于指定阵列特征的生成模式。

（1）相同。该选项用于产生的阵列子特征与原始特征同类型的阵列，要求阵列子特征的放置平面、尺寸大小与原始特征相同，且任何子特征均不得与放置平面的边界相交、子特征相互间也不能有相交现象。采用该方式创建的阵列特征产生的速度最快。

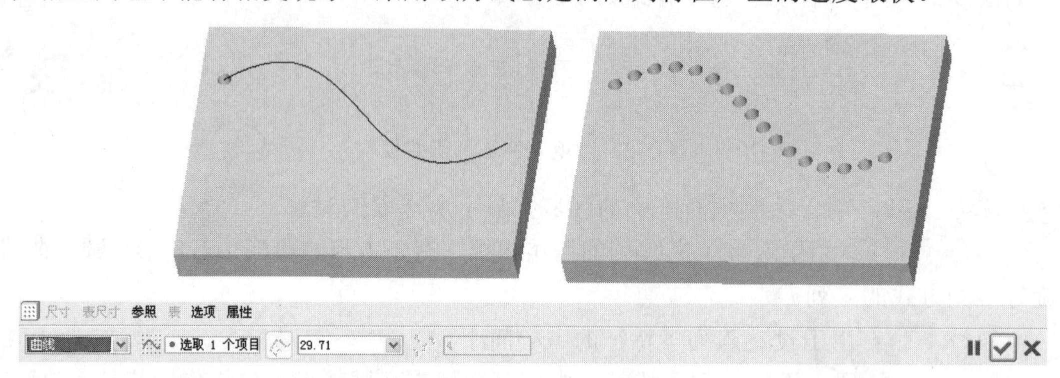

图 5-35　参照阵列

（2）可变（变化阵列）。该选项用于产生允许有变化的阵列特征，阵列子特征与原始特征的大小可不相同、可位于不同的放置面并且允许与放置面的边界相交，但子特征之间不允许有相交现象。

（3）一般（一般阵列）。该选项用于产生不受任何限制的阵列特征，系统允许阵列子特征与原始特征的大小不相同，也允许子特征相互间有相交，该阵列选项使用范围最广。

3. 阵列的创建

创建阵列时，根据阵列方式的不同操作步骤也有不同。在此以尺寸阵列为例介绍具体的创建步骤：

（1）先选取要阵列的特征，单击主菜单中的“编辑”→“阵列”命令，或单击“工程特征”工具栏中的按钮。

（2）单击“阵列特征”操控板的下拉列表框，指定阵列的方式“尺寸”选项。

（3）单击操控板中“尺寸”选项，指定一个或两个方向的阵列参照尺寸及其增量。

（4）单击操控板中的“选项”按钮，指定阵列类型为相同、可变或一般。

（5）在“阵列特征”操控板中分别输入各阵列方向的特征总数。

（6）单击按钮，阵列自动生成。

范例操作：

以“尺寸”和“参照”阵列方式创建如图 5-37 所示的模型。

图 5-36 “选项特征”操控板

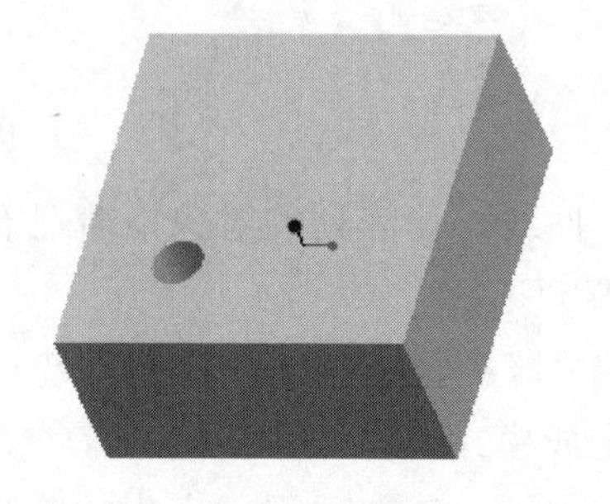

图 5-37　模型

1. 创建孔两个方向的尺寸阵列

（1）在模型上选取要阵列的特征（孔）。

（2）单击“编辑特征”工具栏中的▦按钮，显示“阵列特征”操控板。

（3）单击“特征”操控板中“尺寸”按钮，选取如图5-38所示箭头1指示的横向定位尺寸100作为第一个阵列方向的参照尺寸，并输入其增量为80；选取箭头2指示的纵向定位尺寸80作为第二个阵列方向的参照尺寸，并输入其增量为100；按住Ctrl键，再选取箭头3指示的高度尺寸100作为第三个方向的参照尺寸，并输入其增量为-20。

（4）在“阵列特征”操控板中输入第一个阵列方向的特征总数为 3，第二个阵列方向的特征总数为3。

（5）单击☑按钮，完成圆柱体特征的阵列，如图5-39所示。

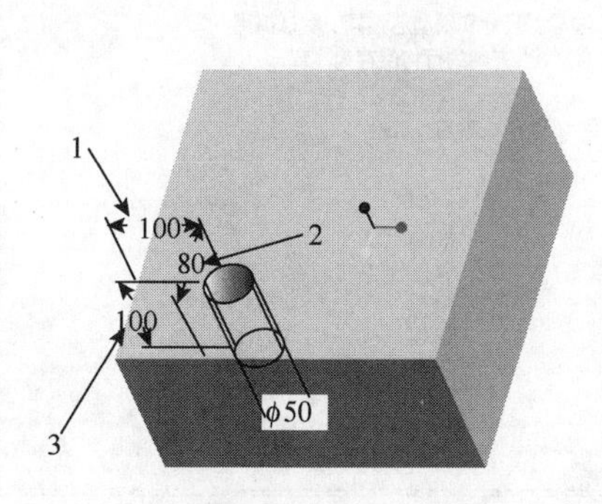

图5-38　尺寸

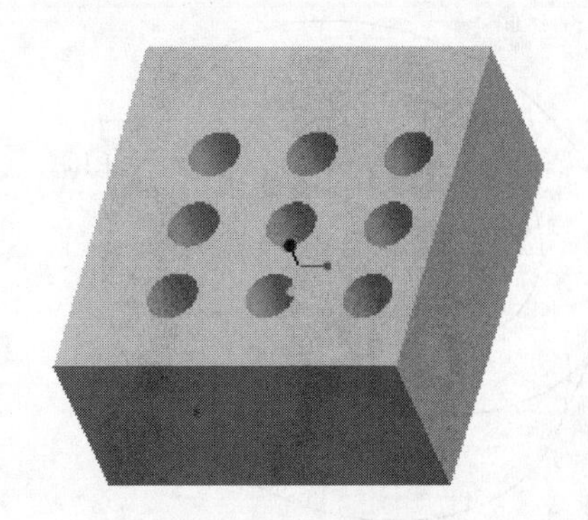

图5-39　完成阵列

2. 为顶部孔的倒圆角特征创建参照阵列

（1）在已创建孔阵列的零件模型上，先给原特征孔的边上创建倒圆角特征。

（2）在模型树中（或模型上）选取顶部倒角特征。

（3）单击“工程特征”工具栏中的▦按钮，系统默认以“参照”方式自动重新生成，过程如图5-40所示。

图5-40　参照阵列

3. 创建表阵列

（1）在模型上选取孔的特征，单击“工程特征”工具栏中的▦按钮，系统显示“阵列特征”操控板。

（2）在“阵列特征”操控板中选取“表”阵列方式，按住Ctrl键依次在模型上选取30这个尺寸，如图5-41所示。

（3）单击“阵列特征”操控板中按钮编辑，显示“表”编辑窗口。

（4）在编辑表中输入特征顺序号和4个阵列子特征的相应尺寸，如图5-42所示。

（5）单击按钮，完成特征的“表”，结果如图5-43所示。

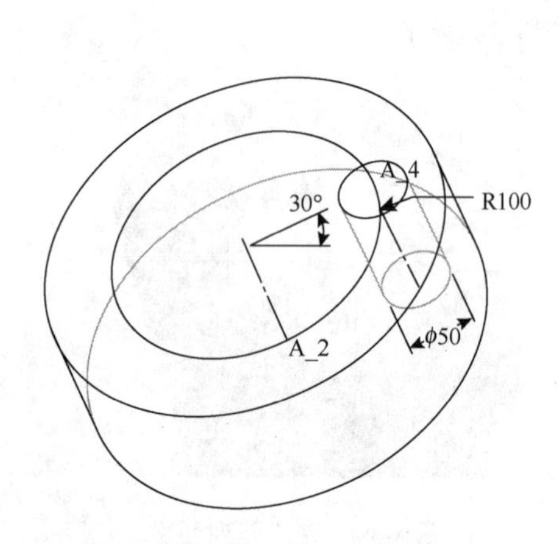

图5-41　选择尺寸

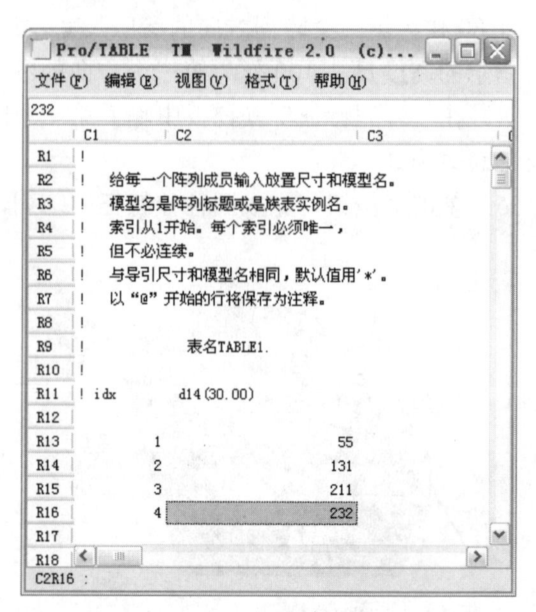

图5-42　“表特征”操控板

4. 创建填充阵列

（1）在模型上选取要阵列的孔特征，单击“工程特征”工具栏中的按钮，系统显示“阵列特征”操控板。

（2）选取“阵列特征”操控板中的“填充”阵列方式，单击“参照”→“定义”按钮，选取模型上表面绘制如图5-44所示的草绘曲线，单击按钮完成剖面的绘制。

（3）在“阵列特征”操控板的中依次选取各种类型的网格模板观察其效果，如图5-45所示。

（4）单击按钮，完成特征的填充阵列，结果如图5-46所示。

图5-43　完成阵列

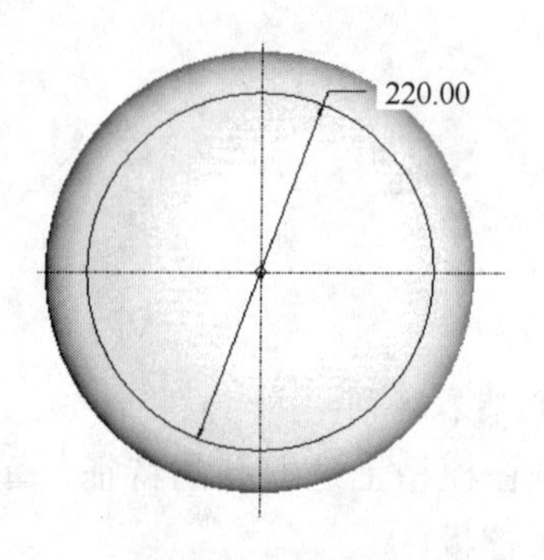

图5-44　草绘曲线

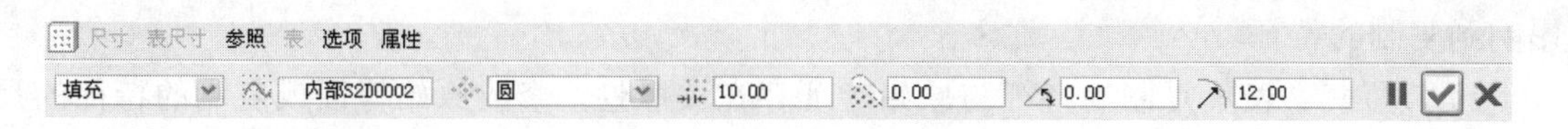

图 5-45 “填充特征”操控板

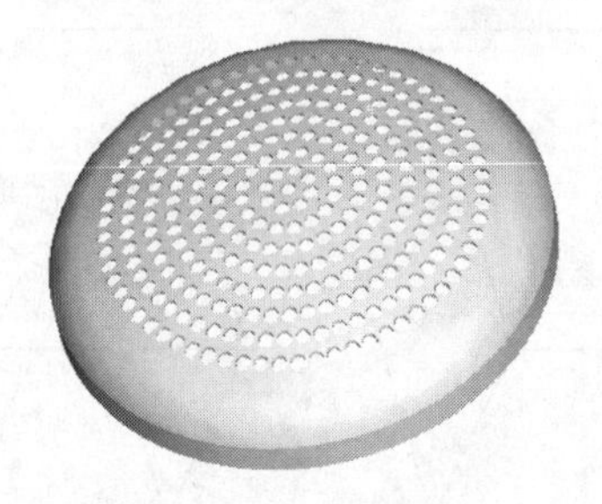

图 5-46 填充阵列

5.6.2 特征复制

特征复制主要用于将相同或不同模型中的特征复制到当前模型上。特征复制用于创建一个或多个特征的一个副本，一次只能复制出一个，复制时可改变特征的定位参照和尺寸标注值。

1. 特征复制选项

单击主菜单中的“编辑”→“特征操作”→“复制”命令，出现如图 5-47 所示的菜单。

图 5-47 “复制特征”下拉菜单

（1）复制方式。创建特征复制时，系统提供了以下四种复制方法：

1）“新参照”：给复制的原特征重新选取新的参照和确定新的定形、定位尺寸来创建复制的新特征，如图 5-48（a）所示。

2）“相同参照”：用于以相同的参照来创建复制的特征，可改变复制的特征的尺寸值，如图 5-48（b）所示。

3）“镜像”：用于以镜像的方式创建复制的特征，如图 5-48（c）所示。

4）“移动”：用于以平移或旋转的方法来创建复制的特征，如图 5-48（d）所示。

（2）特征选取。确定复制方式后，需选取要复制的特征，系统提供了四种方法：

1）“选取”：用于从模型上直接取图 5-48（a）要复制的特征。

2）“所有特征”：用于选取模型中所有的特征，该选项只在创建镜像时有效。

3）“不同模型”：用于选取不同模型上的特征，该选项只在用“新参照”方式时有效。

4）“不同版本”：用于选取同一文件但不同版本模型中的特征，该选项只在用“新参照”或“相同参照”方式时有效。

（3）特征关系。特征复制时可定义原始特征与复制的特征的关系，系统提供了两种设定：

1）“独立”：表示复制的特征与原始特征的尺寸相互独立，修改原始特征的尺寸并不会影响到复制的特征。

2）“从属”：表示复制的特征与原始特征存在关联性，修改原始特征或复制的特征的尺寸时，另一特征也会改变。

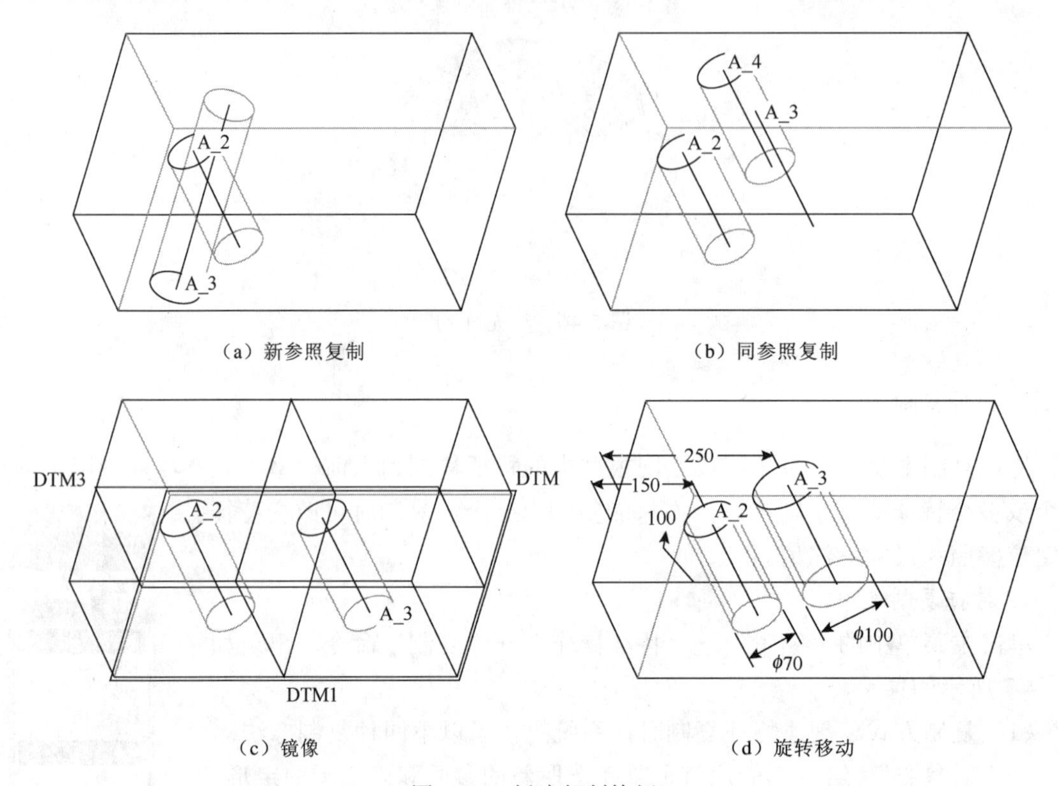

图 5-48 创建复制特征

2. 复制特征的操作

(1) 新参照复制。使用“新参照”方式，可以复制不同模型中的特征或同一文件但不同版本模型上的特征。具体创建步骤如下：

1）单击主菜单中的“编辑”→“特征操作”→“复制”→“新参照”命令。

2）指定特征选取和特征关系（默认“选取”和“独立”）选项，单击“确定”按钮。

3）选取复制的特征，单击“确定”按钮。注意，用“选取”按钮可直接在当前模型中选取特征；若用“不同模型”或“不同版本”按钮，则从另一模型窗口中选取一个模型零件，再从中取要复制的特征，可指定复制的特征的比例缩放。

4）在模型上或用如图 5-49 所示的菜单，选取要变更的尺寸标注，单击“完成”选项，然后依次输入新的尺寸值。

5）出现如图 5-50 所示的菜单，依次指定新的特征参照替换原始特征上高亮显示的参照。在“参照”菜单中，“替换”表示指定新的参照替换当前高亮显示的参照；“相同”表示用与原始特征相同的参照；“跳过”表示暂时跳过此特征参照的定义，可用“重定义”来定义；“参照信息”表示显示参照的有关信息。

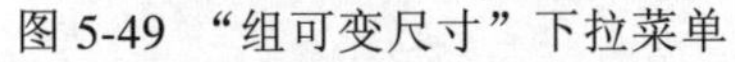
图 5-49 “组可变尺寸”下拉菜单

图 5-50 “参考”下拉菜单

6）单击“反向”或“正向”确定特征的生成方向，然后单击“确定”按钮。

（2）相同参照复制。“相同参照”是指在不改变特征定位参照的前提下创建特征复制，创建步骤如下：

1）单击主菜单中的“编辑”→“特征操作”→“复制”→“相同参照”命令。

2）指定特征选取和特征关系选项，单击“确定”按钮。

3）选取要复制的特征。

4）定义要变更的尺寸值，依次指定新的尺寸值。

5）单击对话框中的“确定”按钮，完成特征的复制。

（3）镜像。镜像是指选取某平面为镜像平面，以镜像方式创建特征复制。具体创建步骤如下：

1）单击主菜单中的“编辑”→“特征操作”→“复制”→“镜像”命令。

2）指定特征选取和特征关系选项，单击“确定”按钮。

3）选取要镜像的特征。若用“所有特征” 选项，则所有的特征被选取。

4）选取或创建一个平面作为镜像平面，系统会立即镜像复制特征。

（4）移动。用“移动”复制特征，可采用平移“平移”与旋转“旋转”两种方法。创建时需指定平移或旋转的参照方向，其可以由平面的法线方向、实体的边线/轴线/曲线或坐标系的轴向来确定，旋转复制时可用“右手定则”判定旋转方向。

用“移动”方式复制特征的步骤如下：

1）单击主菜单中的“编辑”→“特征操作”→“复制”→“移动”命令。

2）指定特征选取和特征关系选项，单击“确定”按钮。

3）选取要复制的特征。

4）在如图 5-51 所示的菜单中指定“平移”或“旋转”，并定义平移或旋转的参照方向。

系统提供了三种方式来定义参照方向，如图 5-52 所示。“平面”表示选取某平面的法线方向；“曲线/边/轴”表示选取曲线、基本轴或边线来定义平移或旋转的参照方向；“坐标系”表示选取坐标系中的一轴向（X、Y、Z）作为平移或旋转的参照方向。

图 5-51 “特征”下拉菜单

图 5-52 “选取方向”下拉菜单

5）指定平移的距离值或旋转的角度值，单击“确定”→“移动”选项。

6）可选取变更的尺寸值，单击“确定”按钮，依次输入新的尺寸值。

7）单击对话框中的“确定”按钮，完成特征的复制。

5.6.3 群组

创建阵列时只能选取单个特征，而不能同时选取多个特征。若要对多个特征一起阵列，可使用“组”（成组）命令将（一个或多个）特征合成一个群组，再对群组执行阵列或复制等操作。

单击主菜单中的“编辑”→“特征操作”→“组”命令，出现如图 5-53 所示的菜单。

图 5-53 “特征”下拉菜单

“创建”：创建新的群组。

“替换”：替代一个放置在模型中的“从 UDF 库”（用户定义特征），要求新的“从 UDF 库”必须具有相同个数和类型的参照。

“更新”：取消指定的群组中特征的成组关系。

“阵列”：阵列所创建的群组。

“取消阵列”：取消阵列的群组间的阵列关系。

1. 群组的创建

创建新的群组，系统提供了两种类型，即“从 UDF 库”和“局部组”（本地组）。用户定义特征是指把集合数个特征在一个模型零件中创建成“从 UDF 库”放置到模型上为一个群组。本地组是指在当前模型上选取特征成组，组成本地组必须是特征序号相连的特征，且成组的特征间一般要有依附关系。

创建本地组的步骤如下：

（1）单击主菜单中的“编辑”→“特征操作”→“组”→“创建”→“局部组”，输入群组的名称。

（2）选取要成组的特征，单击“确定”按钮，即可创建一个新的群组。

（3）群组以一个合并特征的形式显示在模型树中，用“更新”命令可取消群组中特征的合并关系，如图 5-54 所示。

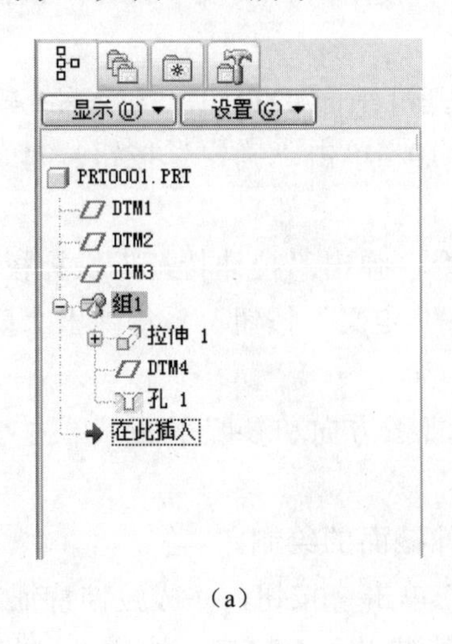

（a）

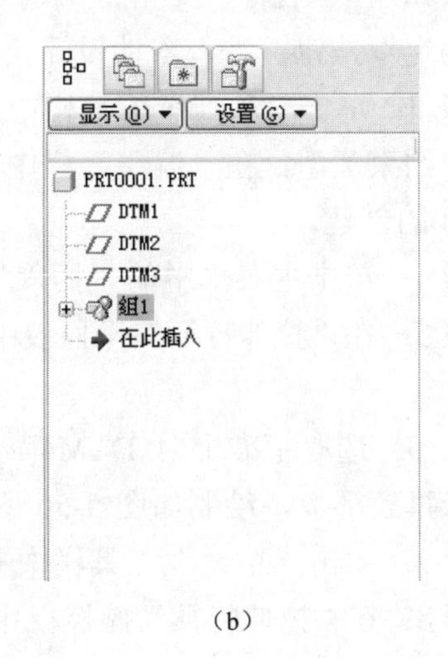

（b）

图 5-54 模型树

2. 群组的阵列

创建群组阵列的步骤如下：

（1）单击主菜单中的“编辑”→“特征操作”→“组”→“阵列”命令。

（2）选取要阵列的群组。

（3）在“阵列特征”操控板中，分别指定阵列的类型、参照尺寸及相关参数。

（4）单击✓按钮，完成群组的阵列。阵列群组以阵列特征的形式显示在模型树中。用“取消阵列”命令可取消其阵列关系，如图 5-55 所示。

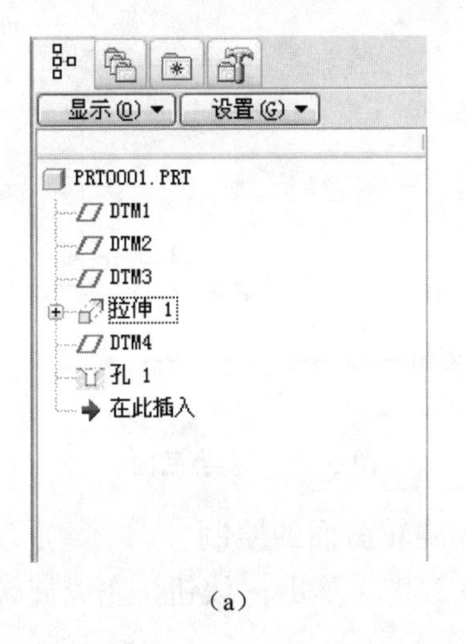

（a）

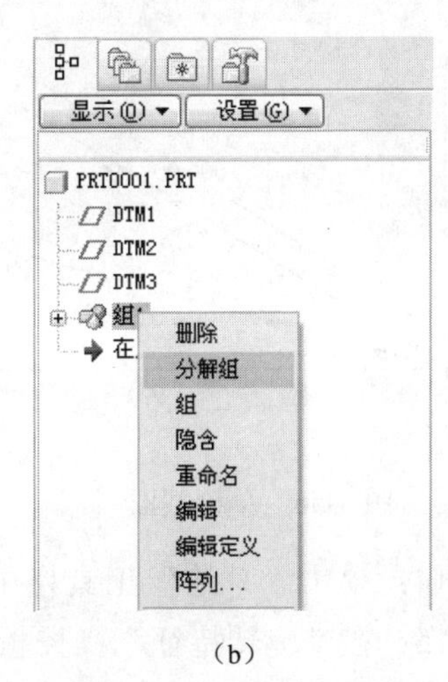

（b）

图 5-55 模型树

5.6.4 特征成组操作实例一：旋转扶梯

步骤 1：单击“文件”工具栏中单击新建文件按钮，弹出“新建”对话框。

步骤 2：在“名称”文本框中输入“Xzhft”，单击“使用缺省模板”去掉默认模板，再单击“确定”按钮，进入零件设计模块。

步骤 3：单击“基准”工具栏中的按钮，选取基准平面 DTM2，接受系统默认显示“偏移”约束类型，在“偏移”栏中输入偏移距离为 10，单击“确定”按钮，完成基准平面 DTM4 的创建。

步骤 4：单击主菜单中的“插入”→“拉伸”命令，弹出“拉伸特征”操控板。

步骤 5：在“拉伸特征”操控板中单击“放置”→“定义”按钮，系统弹出“草绘”对话框。

步骤 6：选取基准平面 DTM4，接受系统默认的视图方向和参照平面，单击“草绘”按钮进入草绘环境，绘制如图 5-56 所示的截面。

步骤 7：单击“草绘”工具栏中按钮，完成拉伸截面的绘制。

步骤 8：在“拉伸特征”操控板中输入深度为 10，单击按钮，完成拉伸特征的创建。

步骤 9：单击“基准”工具栏中的按钮，选取基准平面 DTM1，按住 Ctrl 键选取基准平面 DTM3，单击“确定”按钮完成 A_1 轴的创建。

步骤 10：单击“基准”工具栏中的按钮，选取 A_1 轴，按住 Ctrl 键选取拉伸实体的前端面，输入旋转角度为-8°，单击“确认”按钮，完成基准平面 DTM5 的创建。

步骤 11：单击主菜单中的“插入”→“旋转”命令，弹出旋转特征操控板。

步骤 12：在“旋转特征”操控板中单击“放置”→“定义”按钮，弹出“草绘”对话框。

步骤 13：选取基准平面 DTM4 为草绘平面，接受系统默认的视图方向和参照平面，单击“草绘”按钮进入草绘环境，绘制如图 5-57 所示的截面。

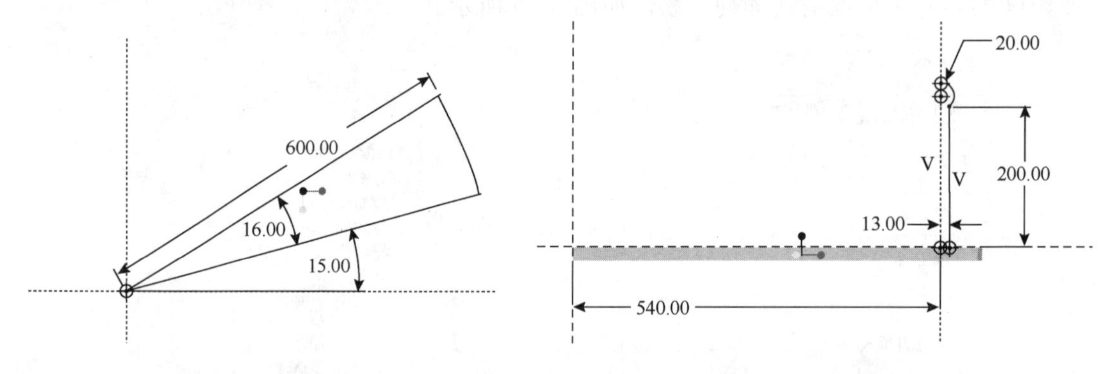

图 5-56　草绘截面　　　　图 5-57　草绘截面

步骤 14：单击“草绘”工具栏中的按钮，完成旋转截面的绘制。

步骤 15：在“旋转特征”操控板中输入旋转角为 360°，单击按钮，完成旋转特征的创建，如图 5-58 所示。

步骤 16：选取基准轴 A-1 轴、基准平面 DTM4、DTM5 以及步骤 10 中所创建的拉伸特征和步骤 13 中所创建的旋转特征，单击主菜单中的“编辑”→“组”命令，打开模型树，右键重新定义组的名字“group”，完成一个组的创建。

步骤 17：选取“group”，单击“工程特征”工具栏中的按钮，选取驱动尺寸为 15°，将尺寸 15 的增量还是改为 15，并按住 Ctrl 键选取驱动尺寸 10，将尺寸 10 的增量改为 20，在系统信息栏中输入个数为 50，单击☑按钮，完成组阵列特征的创建，如图 5-59 所示。

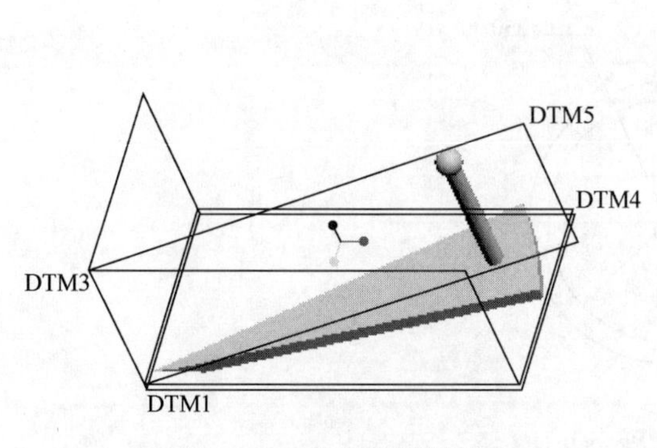

图 5-58　完成特征创建

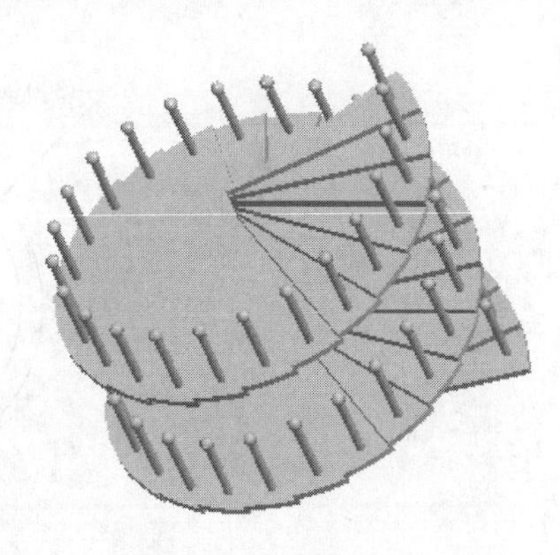

图 5-59　完成阵列

步骤 18：单击主菜单中的“插入”→“拉伸”命令，弹出“拉伸特征”操控板。

步骤 19：在“拉伸特征”操控板中单击“放置”→“定义”按钮，弹出“草绘”对话框。

步骤 20：选取基准平面 DTM2 为草绘平面，接受系统默认的视图方向和参照平面，单击“草绘”按钮进入草绘环境。

步骤 21：在图中心绘制一个直径为 300 的圆，单击“草绘”工具栏中的☑按钮，完成草绘截面的绘制。

步骤 22：在“拉伸特征”操控板中输入拉伸距离为 1200，单击☑按钮完成拉伸特征的创建，如图 5-60 所示。

步骤 23：单击“文件”工具栏中的▣按钮，系统弹出“保存对象”对话框，单击“确定”按钮完成该文件的保存。

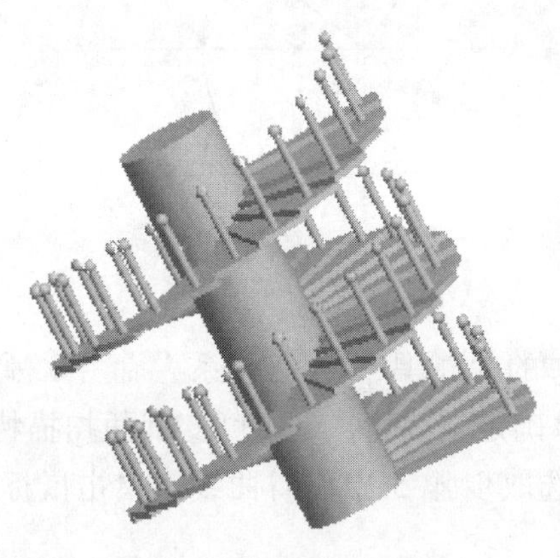

图 5-60　完成特征创建

5.6.5　特征成组操作实例二：高级编组阵列

步骤 1：在“文件”工具栏中单击新建文件▯按钮，弹出“新建”对话框。

步骤 2：在“名称”文本框中输入“gjbzzhl”，单击“使用缺省模板”去掉默认模板，再单击“确定”按钮进入零件设计模块。

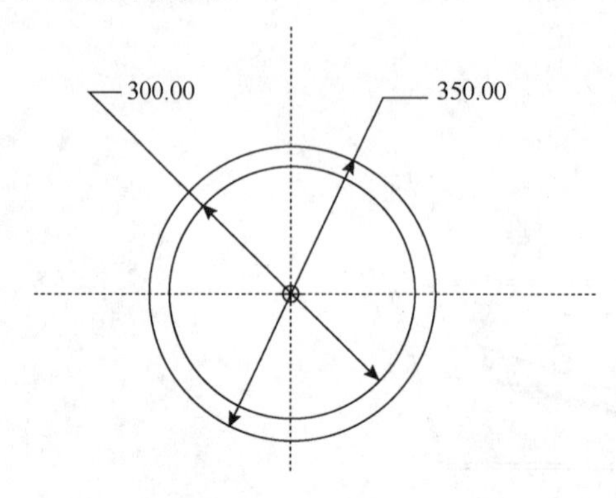

图 5-61 草绘截面

步骤 3：单击“基准”工具栏中的按钮，弹出“草绘”对话框。

步骤 4：选取基准平面 DTM2 为草绘平面，接受系统默认的视图方向和参照平面，单击“草绘”按钮进入草绘环境，绘制直径为 300 和 350 两个圆，如图 5-61 所示。

步骤 5：单击“草绘”工具栏中的按钮，完成草绘截面的绘制。

步骤 6：单击主菜单中的“插入”→“可变剖面扫描”命令，选取直径为 300 的圆为原始轨迹，按住 Ctrl 键选取直径为 350 的圆为 X 轨迹，单击操控板中按钮，系统进入草绘环境。作一条长为 30 的斜线，角度为任意值，如图 5-62 所示。

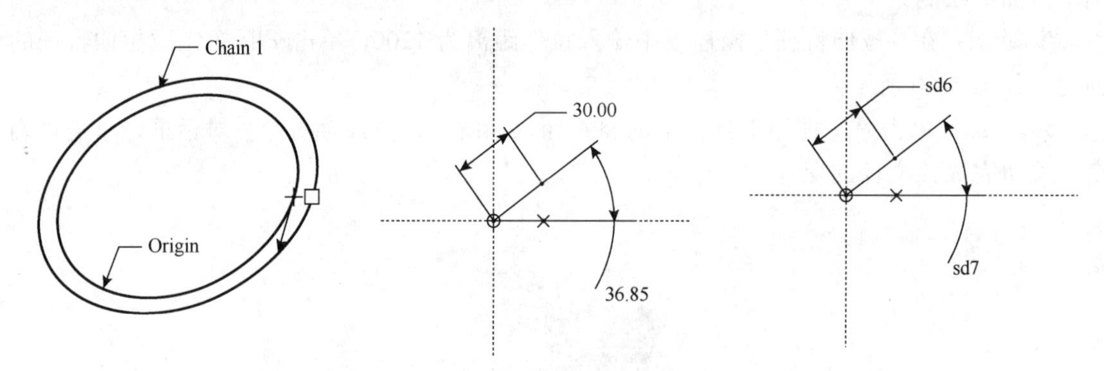

图 5-62 草绘截面

步骤 7：单击主菜单中的“工具”→“关系”命令，弹出“关系”对话框，输入“sd7=trajpar*360*8”，单击“确定”按钮，完成可变剖面扫描特征的创建，如图 5-63 所示。

步骤 8：打开模型树，选取步骤 5 中所得曲线，单击鼠标右键，选择“隐藏”项，完成曲线的隐藏。

步骤 9：选取曲面的边界如图 5-64 所示，单击主菜单中的“编辑”→“偏移”→“参照”→“细节”→“基于规则”→“完整环”→“确定”，在“特征”操控板中输入偏移的距离为 0，单击“确定”按钮，创建一条曲面的边界线，如图 5-65 所示。

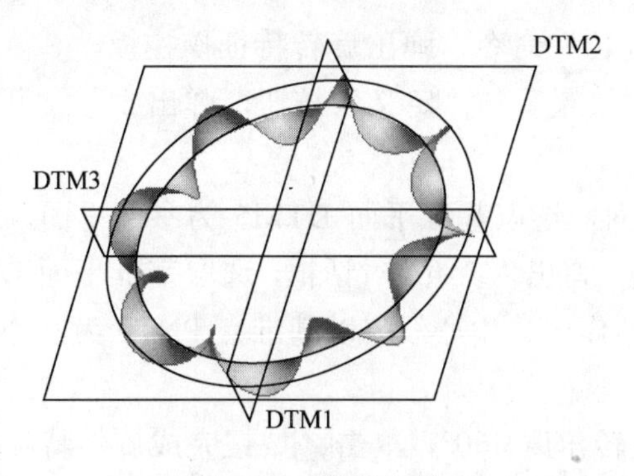

图 5-63 完成扫描

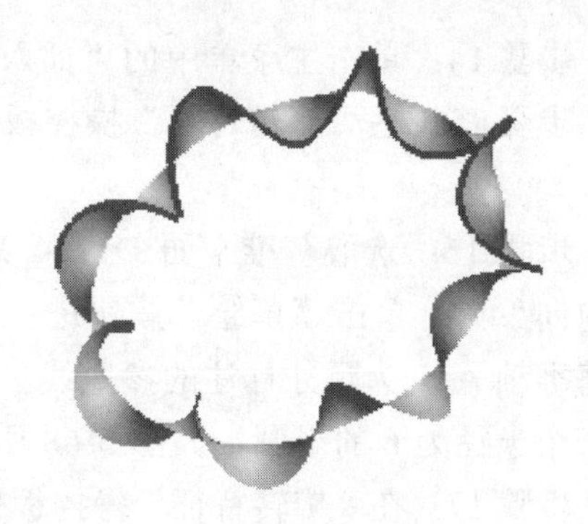

图 5-64 选取曲线

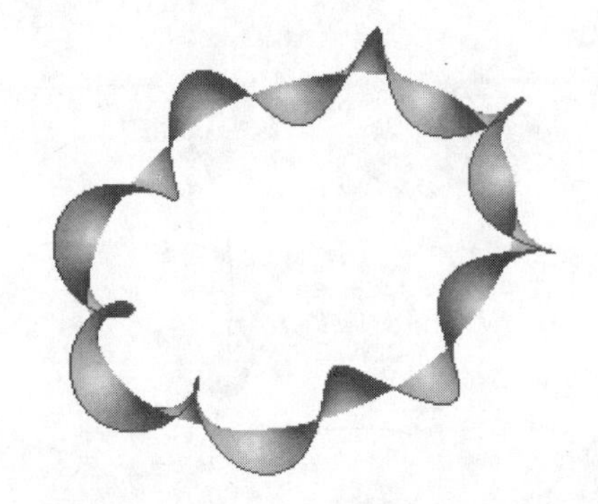

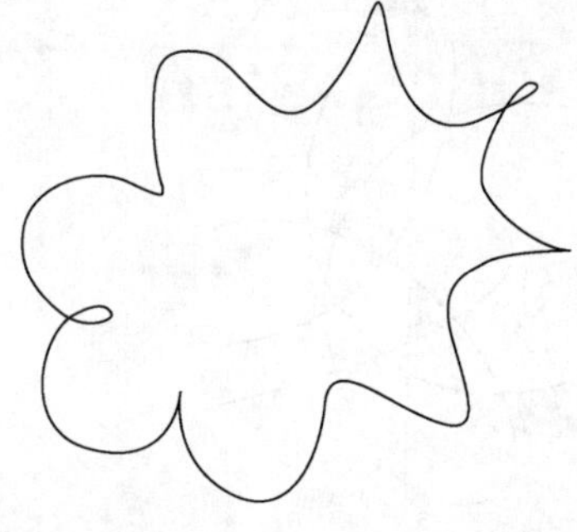

图 5-65 完成选取曲线

步骤 10：单击“基准”工具栏中的按钮，单击曲线上任何一点，输入比例值为 0.1，单击“确定”按钮，完成基准点 PNT0 的创建，如图 5-66 所示。

步骤 11：单击“基准”工具栏中的按钮，选取基准点 PNT0 按住 Ctrl 键选取曲线，单击“确定”按钮，完成基准轴 A_1 的创建，如图 5-66 所示。

步骤 12：单击“基准”工具栏中的按钮，选取基准点 PNT0 按住 Ctrl 键选取基准轴 A_1，单击“确定”按钮，完成基准平面 DTM4 的创建，如图 5-67 所示。

步骤 13：单击“基准”工具栏中的按钮，选取轴 A_1 按住 Ctrl 键选取基准平面 DTM2，单击“确定”按钮，完成基准平面 DTM5 的创建，如图 5-67 所示。

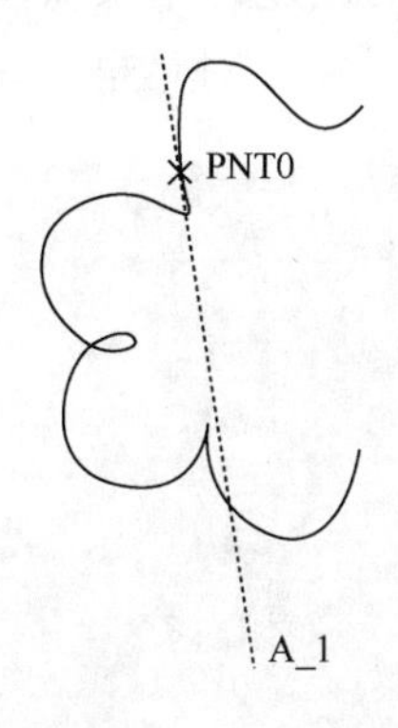

图 5-66 创建点、轴

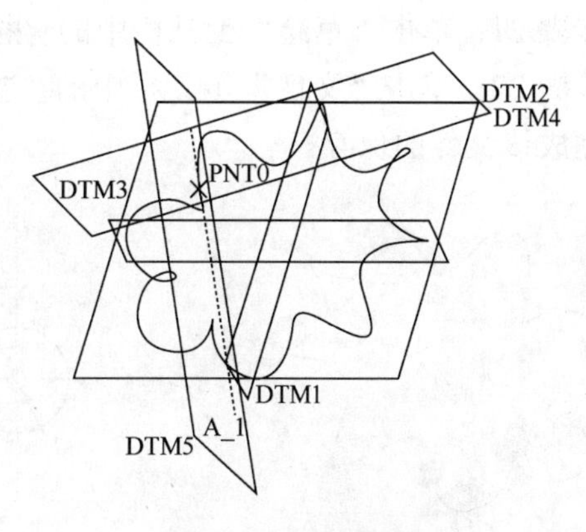

图 5-67 创建面

步骤 14：单击主菜单中的“插入”→“旋转”命令，弹出旋转特征操控板。

步骤 15：在“旋转特征”操控板中单击“放置”→“定义”按钮，弹出“草绘”对话框。

步骤 16：选取基准平面 DTM4 为草绘平面，选取基准平面 DTM5 为参照平面，选取方向向“顶”，单击“草绘”按钮进入草绘环境，弹出“参照”对话框，选取基准平面 DTM2 和基准轴 A_1 为尺寸标注的参照线，过 A_1 轴作一条中心线，以基准点 PNT0 为圆心，绘制一个半径为 6 的半圆，如图 5-68 所示。

步骤 17：在“旋转特征”操控板中输入旋转角度 360°，单击☑按钮完成旋转特征的创建，如图 5-69 所示。

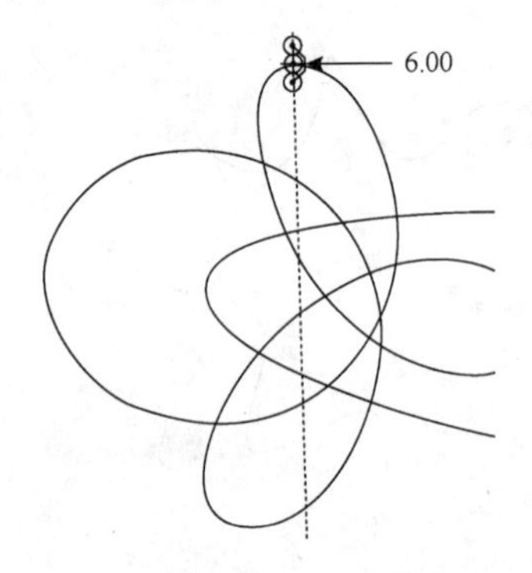

图 5-68 草绘截面

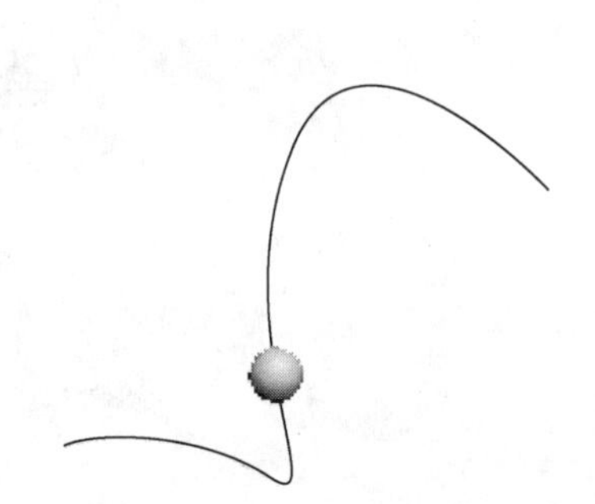

图 5-69 完成特征创建

步骤 18：选取基准点 PNT0、基准轴 A_1、基准平面 DTM4、DTM5 及上步所创建的旋转特征，单击主菜单中的“编辑”→“组”命令打开模型树，右键重新定义组的名字“group”，完成一个组的创建。

步骤 19：选中“Group”组，单击工程特征工具栏中的▦按钮，选取驱动尺寸 0.1，将尺寸 0.1 的增量改为 0.1，按住 Ctrl 键选取驱动尺寸 6，将尺寸 6 改为 2，在信息栏中输入个数为 10，单击☑按钮，如图 5-70 所示。

步骤 20：单击主菜单中的“插入”→“扫描”→“伸出项”→“选取轨迹”命令。选取曲线，单击“完成”按钮进入草绘环境，绘制一个直径为 10 的圆，如图 5-71 所示。

步骤 21：单击“草绘”工具栏中的☑按钮完成扫描特征的创建，结果如图 5-72 所示。

步骤 22：单击“文件”工具栏中的▣按钮，弹出“保存对象”对话框，单击“确定”按钮完成该文件的保存。

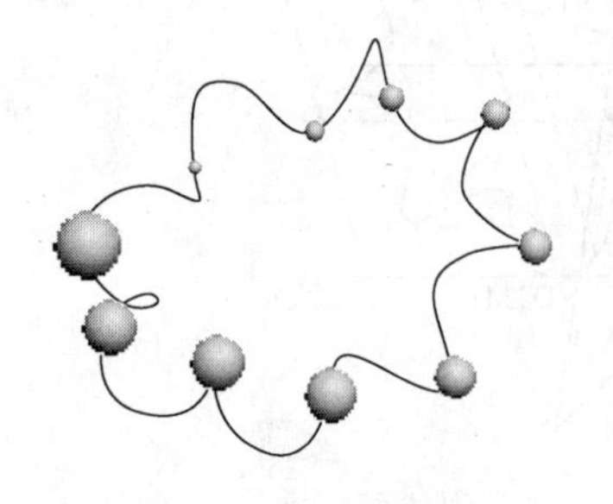

图 5-70 完成组

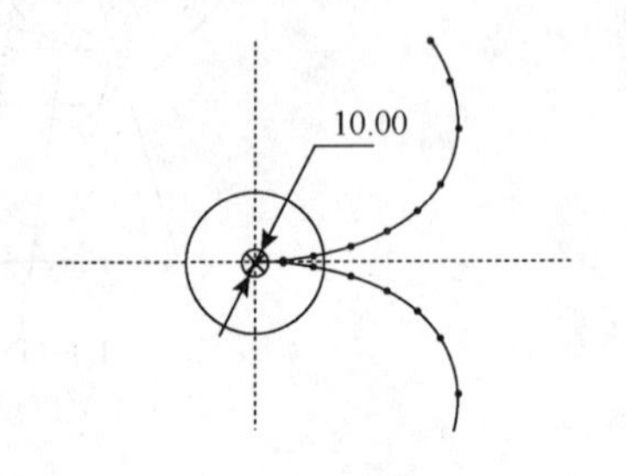

图 5-71 草绘截面

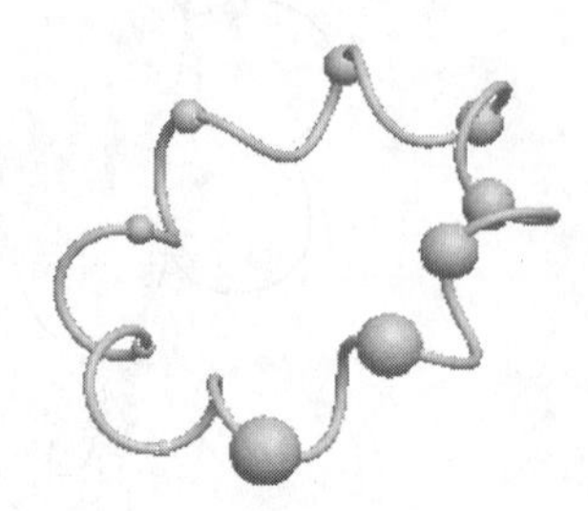

图 5-72 完成扫描

5.7 特征的修改

Pro/ENGINEER Wildfire 3.0 是一个参数化设计的软件，它具有强大的特征修改功能，以便在模型设计过程中随时修改特征参数，使设计达到最佳效果。

单击主菜单中的“编辑”→“特征操作”命令，出现如图 5-73 所示的菜单。此外，在模型树上选取要修改的特征单击鼠标右键，出现如图 5-74 所示的菜单，选取的特征不同，该菜单的内容也会有所不同。

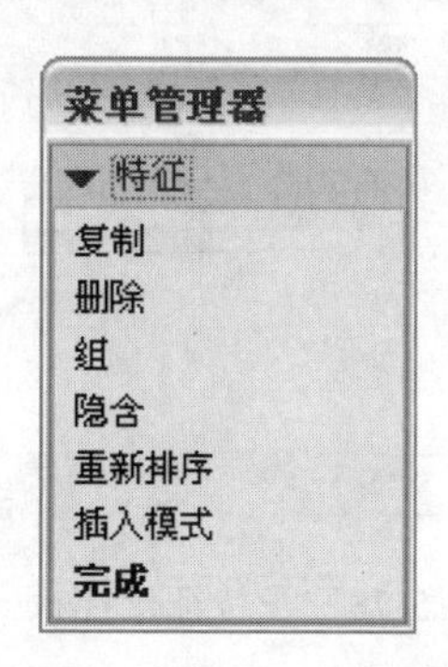

图 5-73 “特征”下拉菜单

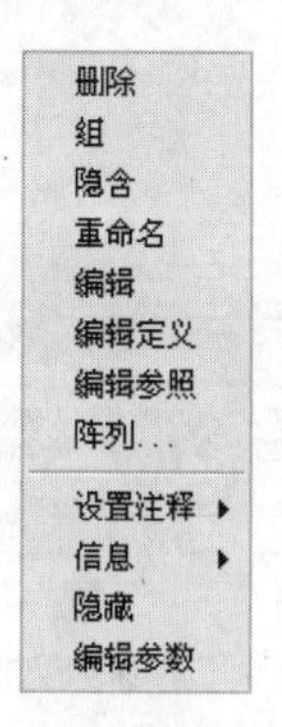

图 5-74 “特征操作”菜单

5.7.1 特征的删除、隐含和恢复

在 Pro/ENGINEER Wildfire 3.0 系统中，可对特征进行删除或隐含等操作。

1. 特征的删除和隐含

用“删除”命令可将模型中的特征永久删除，且不能被恢复；而用“隐含”命令可暂时将模型上的特征隐含，被隐含的特征可用“恢复”命令恢复。

在零件设计过程中，把与当前操作无关的一些特征隐含可以提高模拟再生的速度，且能使复杂的模型简化。

隐含特征的步骤（删除类似）如下：

（1）选取特征后，单击主菜单中的“编辑”→“隐含”命令。

（2）出现如图 5-75 所示的菜单，“隐含”表示将选取的特征及其子特征隐含；“隐含直到模型的终点”表示将选取的特征及其之后的所有特征一起隐含；“隐含不相关的项目”表示隐含与所选特征不存在父子关系的特征。

其中，若采用“隐含直到模型的终点”方式并且所选特征具有子特征，系统将会显示“隐含”对话框，如图 5-76 所示。可用其中选项对各高亮显示的子特征进行处理。单击“确认”按钮，系统自动重新生成，隐含所选取的特征。

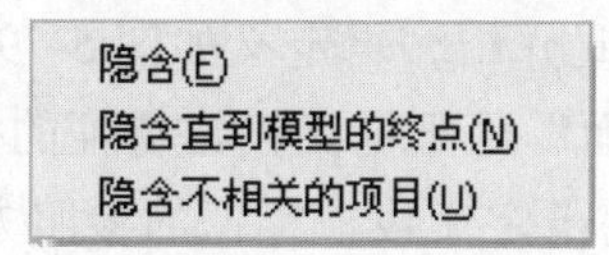

图 5-75 “隐含”菜单

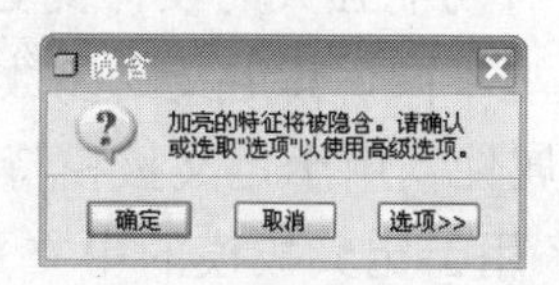

图 5-76 “隐含”对话框

注意 单击鼠标右键菜单或编辑菜单中的“删除”或“隐含”选项，当选取的特征具有子特征时，在模型树中被选取的特征及其子特征将高亮显示提醒用户，同时出现如图5-77所示的对话框，以确定要删除或隐含的特征。

单击“确定”按钮，则将所选特征及其子特征一同删除或隐含；单击“取消”按钮则取消当前操作；单击“选项”按钮，则打开子特征操作对话框，设定子特征的操作方式，如图5-78所示。

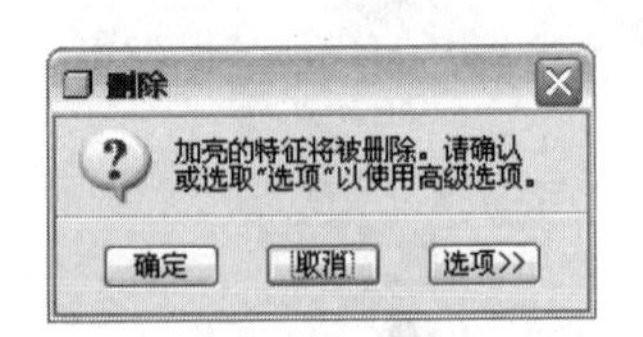

图5-77 “删除”对话框

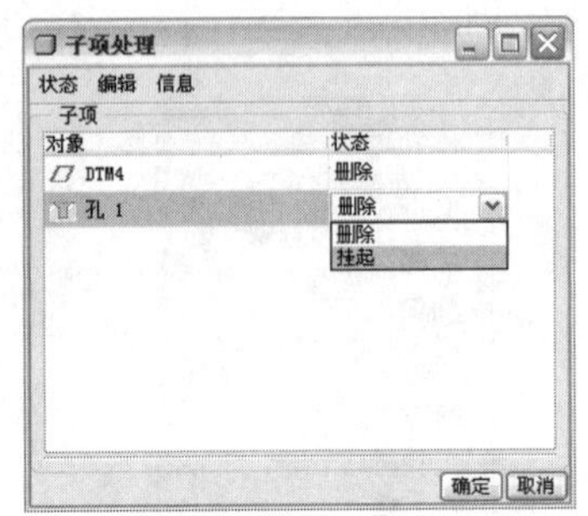

图5-78 子特征操控板

2. 特征的恢复制

恢复隐含的特征的步骤如下：

（1）单击主菜单中的“编辑”→“恢复”选项。

（2）“恢复”表示恢复选中的特征；“恢复上一个集”表示恢复上一次操作隐含的特征集；“恢复全部”表示恢复所有被隐含的特征。

5.7.2 特征尺寸修改

在模型树上选取要修改的特征，单击鼠标右键菜单中“编辑”选项，在模型上双击要修改的尺寸值，输入新的尺寸值。可以修改特征的尺寸值、阵列特征个数等完成特征尺寸的修改，单击文件工具栏中的按钮，模型重新生成。

5.8 特征的基本操作

5.8.1 特征编辑定义

特征编辑定义是指重新定义特征的参数项，包括特征属性、参照、草绘剖面及几何数据等，是一种功能强大的设计变更方法。

特征类型不同，其定义的参数项也会有所不同。在此介绍编辑定义如图5-79所示的拔模特征。“属性”用于定义拔模特征的属性；“拔模表面”用于定义拔模特征的拔模表面；“中立平面”用于定义拔模的中立平面；“拔模方向”用于定义拔模特征的参照方向；“拔模角度”用于指定拔模斜面与拔模参照方向的夹角。

图 5-79 “定义特征”操控板

特征重定义的步骤如下：

(1)在模型树或零件模型上选取要重定义的特征,单击主菜单中的“编辑”→“定义”选项，或单击鼠标右键菜单“编辑定义”命令。

（2）系统显示特征的创建操控板或对话框，在特征操控板上选取需要定义的选项，若出现特征对话框，则选中要重定义的选项并单击“定义”按钮。

（3）重新定义选项的参照。

（4）完成选项的定义后，单击特征操控板✔按钮或对话框的“确定”按钮。

5.8.2 特征重排序

零件模型的特征创建后，用户可以根据设计的需要更改特征在模型树中的顺序，即特征重排序（“重新排序”）。但存在父子关系的两特征的顺序不可调换。

特征重排序的步骤如下：

（1）单击主菜单中“编辑”→“特征操作”→“重新排序”命令。

（2）出现如图 5-80 所示的菜单，选取要重排序的特征，单击“完成”按钮。其中，“选取”表示选取单个的特征；“层”表示选取某图层中的所有特征；“范围”表示选取指定范围内的所有特征。

图 5-80 “特征”下拉菜单

（3）单击“之前”或“之后”按钮，以决定所选特征是排在参照特征之前或之后，排序方式不唯一时，系统会提示特征可以被移动的范围。若只有两个特征间可以重排序，单击“确定”按钮，特征重排序。

（4）在允许的范围中选取参照特征，模型立即重新生成，完成特征的重排序。

范例操作：

用“重新排序”命令将如图 5-81 所示零件的“壳”特征调到倒圆角特征之后。

（a）零件模型

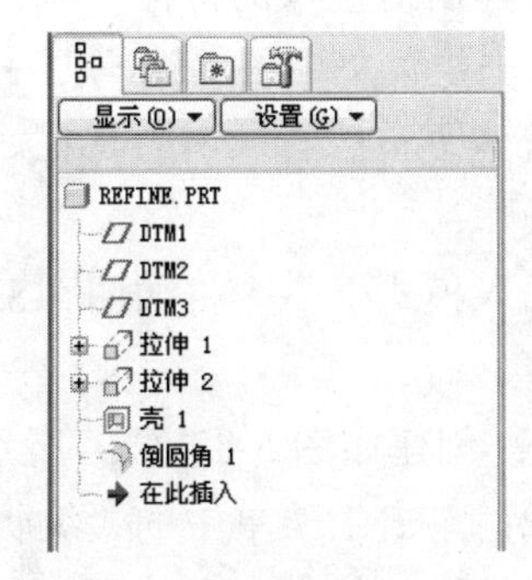

（b）模型树

图 5-81 调整前特征

步骤 1：创建如图 5-82（a）所示抽壳前的实体（具体步骤略）。

（a）零件模型

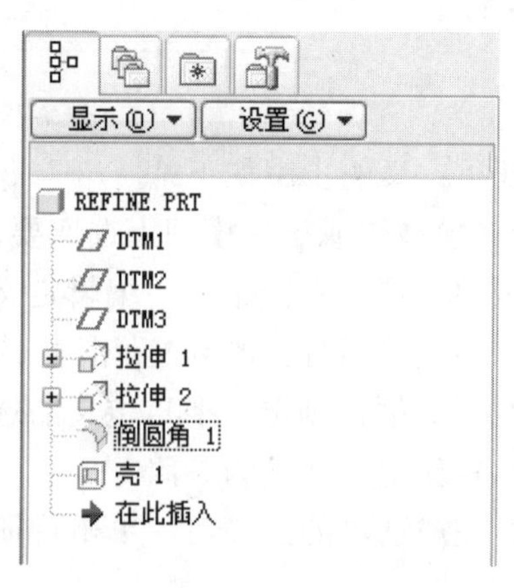

（b）模型树

图 5-82　调整后特征

步骤 2：单击主菜单中的“编辑”→“特征操作”→“重新排序”选项，选取“壳”特征并单击“确定”按钮。

步骤 3：单击菜单“之后”选项，选取倒圆角特征为参照特征，模型立即重新生成，完成特征的重排序，如图 5-82 所示。

5.8.3　插入特征

在零件模型上，用“插入模式”可在模型树上指定的参照特征之后创建（一个或多个）要插入的特征。

特征插入的步骤如下：

（1）单击主菜单中的“编辑”→“特征操作”→“插入模式”→“激活”，进入插入模式。

（2）选取一个参照特征，以在其后创建要插入的特征，此时参照特征之后的所有特征自动被隐含。

（3）创建所需插入的特征。

（4）单击主菜单中的“编辑”→“特征操作”→“插入模式”→“取消”，单击“是”按钮，系统恢复被隐含的所有特征。

范例操作：

用“插入模式”命令将如图 5-83 所示零件的“拉伸 2”特征后插入一个“拉伸 3”特征。

步骤 1：创建如图 5-83（a）所示抽壳前的实体（具体步骤略）。

步骤 2：单击主菜单中的“编辑”→“特征操作”→“插入模式”命令，并单击“激活”选项，选取“拉伸 2”特征，如图 5-84 所示。

步骤 3：此时，单击“基础”工具栏中的拉伸工具按钮，创建如图 5-85 所示的特征，去除材料的实体拉伸特征“拉伸 3”，完成此特征还可以创建若干个新特征，在该范例中就创建一个特征。

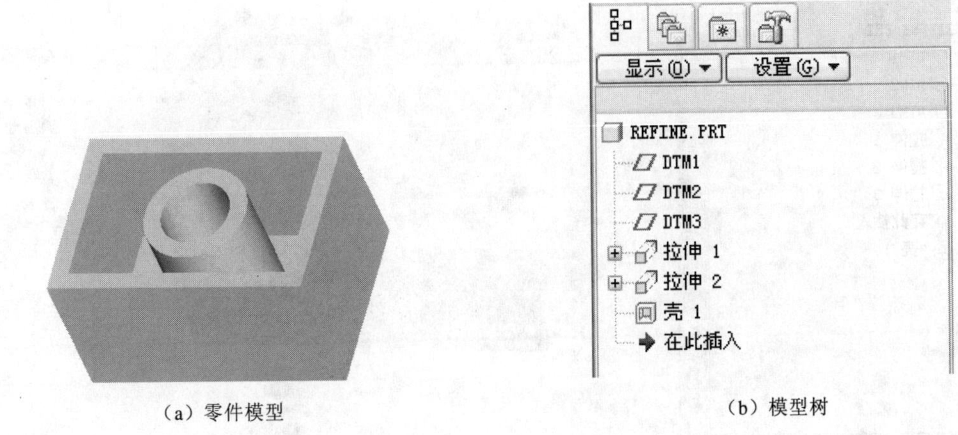

（a）零件模型　　（b）模型树

图 5-83　插入特征

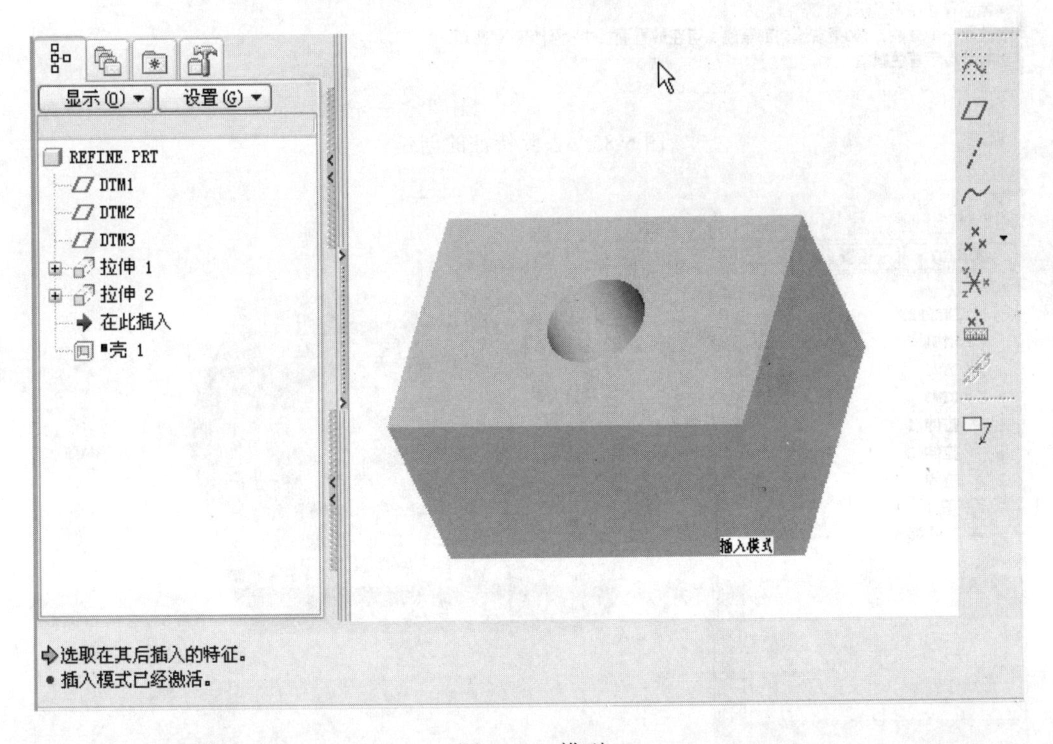

图 5-84　模型

步骤 4：单击主菜单中的“编辑”→“特征操作”→“插入模式”→“取消”，单击“是”按钮，系统恢复被隐含的所有特征，如图 5-86 所示。

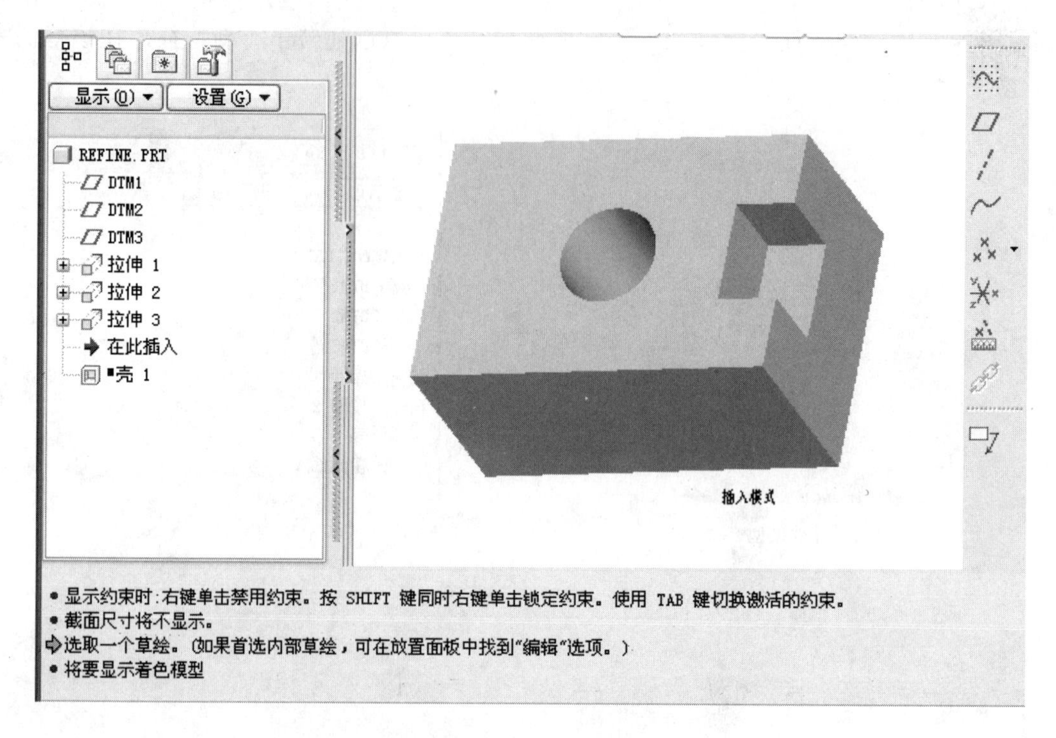

图 5-85 去除特征的创建

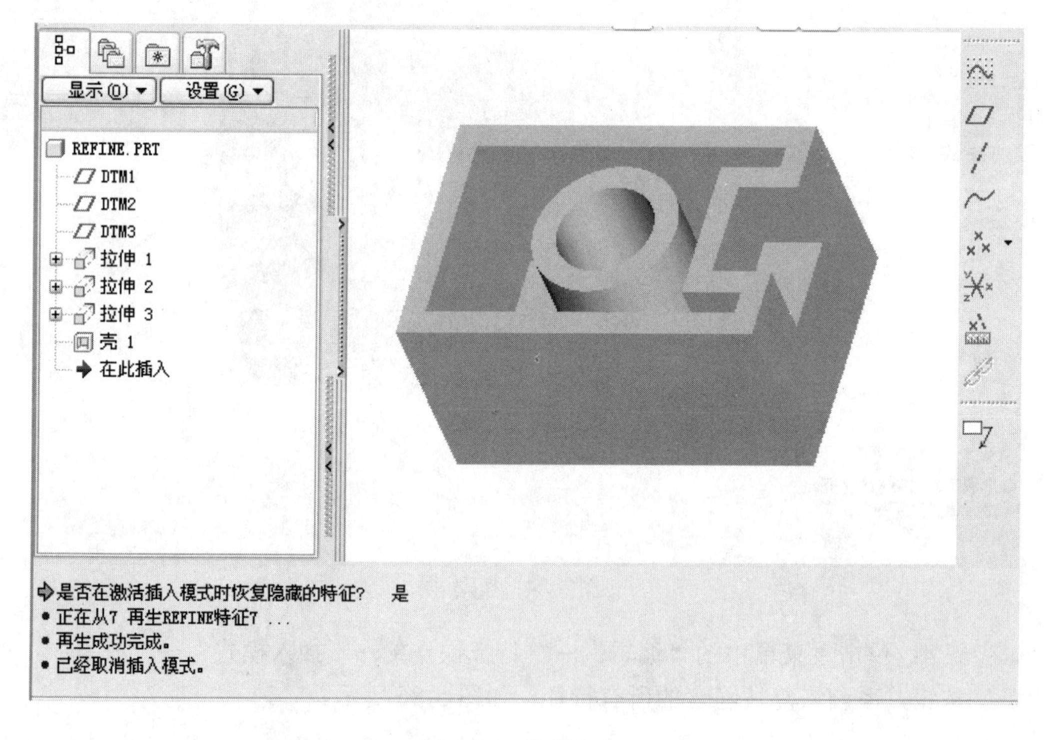

图 5-86 恢复隐含

5.9 特征生成失败的解决

在创建特征或对特征进行重定义、删除、隐含等操作时，常会出现特征生成失败现象，并出现“失败诊断”对话框以说明当前失败的情况，如图 5-87 所示。

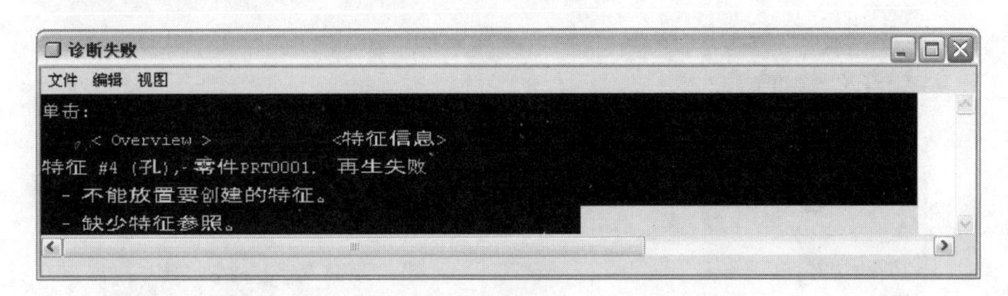

图 5-87 “诊断失败”对话框

特征生成失败的原因主要有以下几种：

（1）设计修改时，特制的几何关系无法实现。

（2）进行删除、重排序或重定义等操作后，使特征所依赖的参照已不存在或发生变化。

（3）特征创建或修改时与控制尺寸参数的关系式发生矛盾。

特征生成失败时，出现如图 5-88 所示的菜单，用该菜单中的功能选项可解决特征生成失败的问题。

1. 取消更改

“取消更改”用于取消造成生成失败的变更，回复到特征尚未变更前的状态。

2. 调查

“调查”用于查看特征生成失败的原因，单击该选项会显示如图 5-89 所示的菜单。

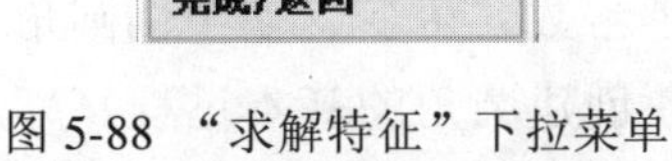

图 5-88 “求解特征”下拉菜单

图 5-89 “检测”下拉菜单

其中，“当前模型”（当前模型）表示对当前模型执行诊断运算；“备份模型”表示对备份模型执行诊断运算；“诊错”用于控制失败诊断对话框是否显示；“列出修改”用于显示特征所进行的各种设计改变；“显示参考”用于显示特征的参照；“失败几何形状”用于显示失败或无效的几何元素；“转回模型”用于将模型回到所指定的状态。

3. 修复模型

“修复模型”表示在创建特征的一般环境下修复模型，如图 5-90 所示。可使用特征功能选项对当前模型的特征进行修改，可消除造成生成失败的原因。

4. 快速修复

快速修复用指定的功能选项修复失败的特征，如图 5-91 所示。可用“重定义”或“删除”来重新定义或删除失败的特征。单击“重定参照”选项，出现“所有参照”选项表示可变更失败特征的所有参照，“缺少参照”选项表示只变更丢失的参照。

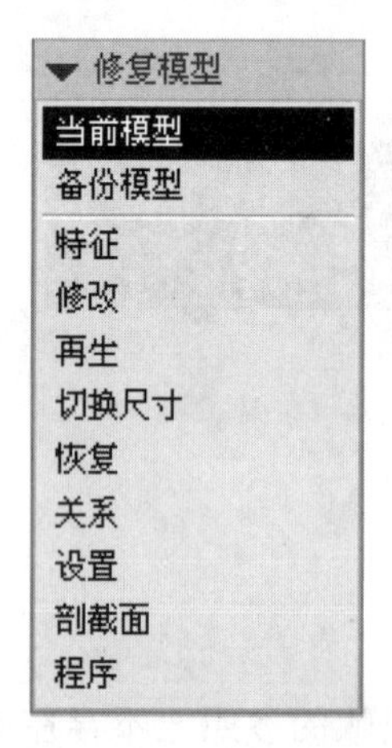

图 5-90 “修复模型”下拉菜单

图 5-91 “快速修复”下拉菜单

5.10 小结

本章主要介绍了在基础实体特征上创建各种放置实体特征的基本方法及一般步骤，这些放置实体特征包括孔特征、圆角特征、倒角特征、抽壳特征、筋特征和特征的复制方法，包括复制、阵列和群组等。熟练掌握这些方法对图形的绘制有很大帮助，可以大大提高工作效率。同时，利用这些复制命令还可以建立特征，其主要内容如下。

（1）Pro/E 中可以创建直孔、草绘孔及标准孔三种类型的孔特征，结合孔特征操控板（图标板）的使用方法，从孔的类型、孔的尺寸及孔的放置位置三个方面讲述了这三类孔特征的一般创建流程。

（2）倒圆角在实际设计过程中应用非常广泛。倒圆角在类型中可以分为一般倒圆角和高级倒圆角。在本章只介绍了一般倒圆角，重点介绍了常数、可变、完全倒圆角、曲线驱动四类圆角及倒圆角边线的选取技巧，以帮助大家掌握创建圆角的基本过程。

（3）倒角也是运用较多的一种放置实体特征，本章详细介绍了创建边倒角与顶角的基本过程。

（4）抽壳通常是用在创建薄壳类零件，本章详细介绍了创建相同厚度抽壳、不等厚度抽壳和体抽壳的一般过程。

（5）筋特征在零件中是起支撑作用、加固设计的零件，本章通过实例详细说明了筋特征的创建过程。

思 考 题

（1）创建孔特征有哪些定位方式，有何区别？
（2）草绘孔与普通孔有何区别？草绘孔有何用途？
（3）比较倒圆角与倒角的区别。
（4）抽壳特征有何用途？
（5）复制特征分为哪几种方式，其各自的特点是什么？
（6）Pro/ENGINEER Wildfire 3.0 版新提供的两种阵列方式是什么？各自有什么特点？
（7）几种阵列方式的特点和主要操作步骤是什么？
（8）创建组特征的目的以及在操作中的注意事项是什么？

练 习 题

（1）按如图 5-92 所示的工程图绘制零件的三维实体模型。

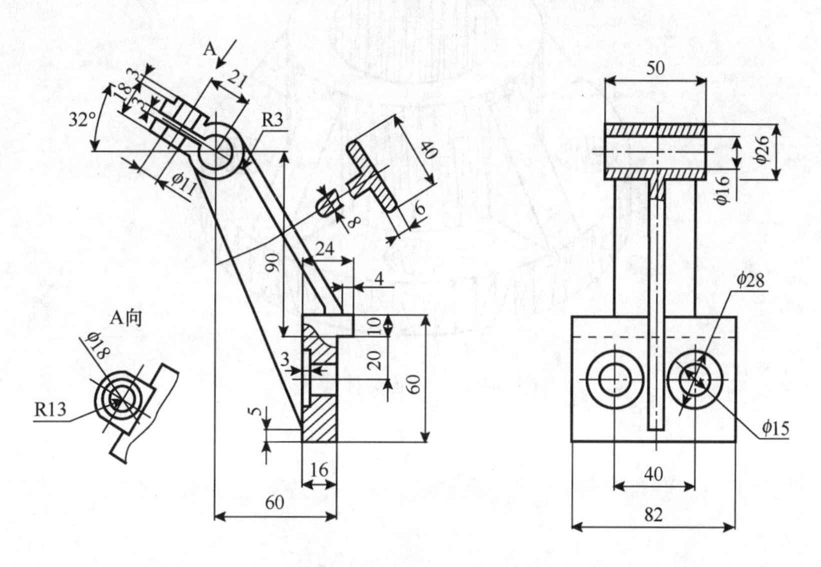

图 5-92　三维实体模型

（2）按如图 5-93 所示的工程图绘制零件的三维实体模型。

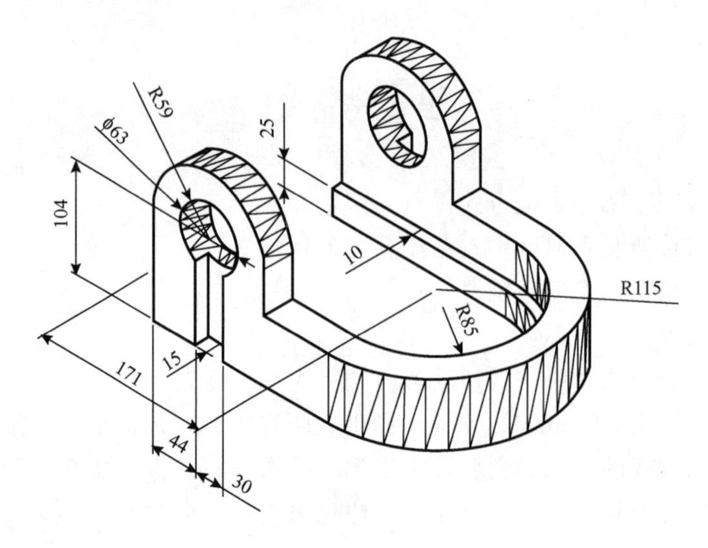

图 5-93　三维实体模型

（3）按如图 5-94 所示的工程图绘制零件的三维实体模型（尺寸自定）。

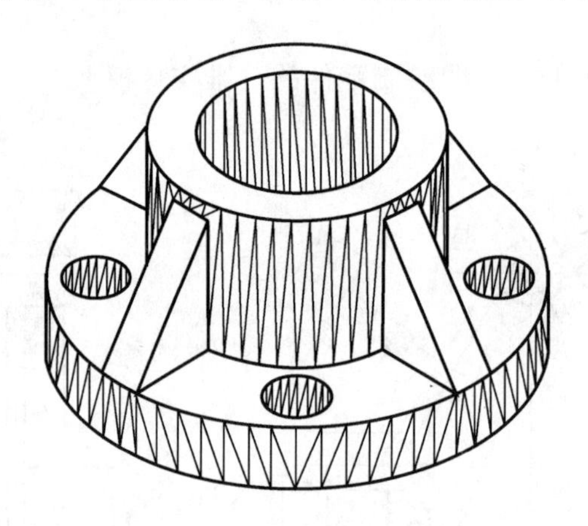

图 5-94　三维实体模型

第6章
零件设计高级实体特征

教学提示：Pro/ENGINEER 提供了一些高级实体特征建模工具，可建立较为复杂的模型。所谓高级实体特征，是指某些较复杂的实体形状用一般的实体特征方法无法实现，或者实现起来非常烦琐困难，而用实体特征的命令可以较轻松地实现。本章主要介绍变剖面扫描、扫描混合特征及螺旋扫描特征。

教学要求：本章要求掌握变剖面扫描、扫描混合以及螺旋扫描高级实体造型的基本概念和方法，并根据这些方法创建出复杂的高级实体特征。

6.1 可变剖面扫描

可变剖面扫描的命令位于“插入”菜单下，也可单击“基础特征”工具栏中的按钮（见图6-1）来进行可变剖面扫描。

以一般的扫描方式创建实体特征时，剖面必须垂直于轨迹线，且剖面的形状不变。但许多零件的剖面与轨迹线并不垂直，且剖面的形状将随着轨迹线和轮廓线的变化而变化，此时可用可变剖面扫描的方式来创建该类实体特征。

可变剖面扫描是用一个剖面及若干条轨迹线来创建的特征，剖面的形状可随着轨迹线和轮廓线的变化而变化，如图6-2所示。

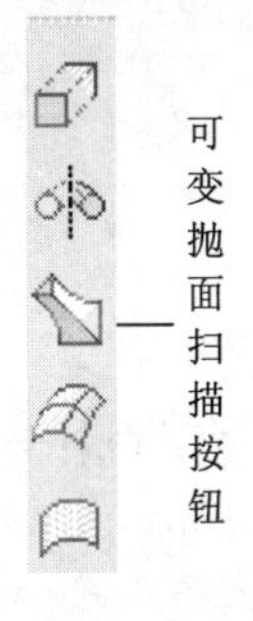

图6-1 基础特征工具栏

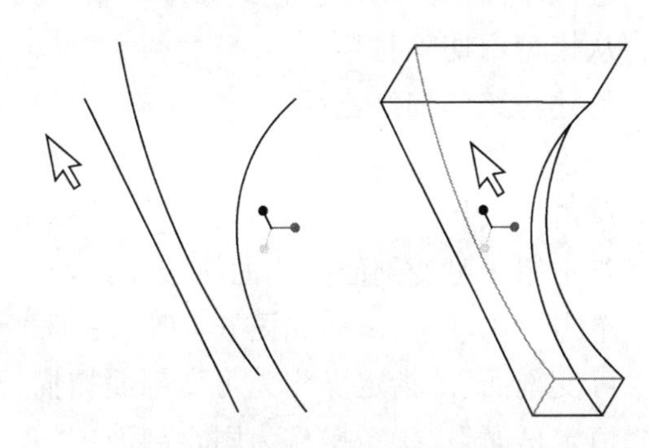

图6-2 可变剖面扫描

6.1.1 剖面定位方式

创建可变剖面扫描特征时，系统提供了三种扫描方式以设定剖面相对于轨迹线的方位。

1. 垂直于轨迹

绘制的剖面在扫描过程中始终与起始轨迹线垂直。起始轨迹线是第一条指定的轨迹线，具备引导剖面扫描移动与控制剖面外形变化的特点。轨迹线是控制可变剖面扫描特征外形的变化，可指定一条或多条。

注意 （1）起始轨迹线必须是顺滑的曲线。

（2）起始轨迹线的起始点垂直于平面与其他轨迹线有交点。

（3）在轨迹线上没有与剖面平行的线段。

（4）起始轨迹线、轨迹线不能交错，但可相交于端点。

---

2. 垂直于投影

剖面在扫描过程中始终垂直于起始轨迹线向枢轴方向的投影，可通过平面法向、曲线/边/轴线、坐标轴三种方式来设定枢轴方向。

3. 恒定法向

剖面在扫描过程中始终垂直于指定的轨迹线。

6.1.2 创建可变剖面扫描特征的操作步骤

（1）单击“基础特征”工具栏中的按钮，或单击主菜单中的“插入”→“可变剖面扫描”命令，弹出“可变剖面扫描特征”操控板，如图 6-3 所示。

图 6-3 “可变剖面扫描特征”操控板

：创建实体扫描特征。

：创建曲面扫描特征。

：进入草图模式，以创建或修改草绘的扫描剖面。

：从模型中切除材料。

：创建薄壁体扫描特征。

：切换扫描方向。

（2）单击按钮，可创建实体特征；若单击按钮，可创建曲面特征。

（3）指定用于可变剖面扫描的轨迹线。若选取多条轨迹线，应按住 Ctrl 键。

（4）单击“选项”，出现如图 6-4 所示的面板，设置面板中的相应项。

1）“可变剖面”：指定操作为可变剖面扫描。

2）“恒定剖面”：指定操作为固定剖面扫描。

3）“草绘放置点”：确定草绘剖面在起始轨迹线上的位置（系统默认为起始轨迹线的起点）。

（5）单击“参照”选项，弹出“参照”对话框，并设置相应项。

（6）在“轨迹”栏中，系统显示选取的起始轨迹线，按住 Ctrl 键可选取其他轨迹线，而在图形窗口中各轨迹线高亮显示（系统的默认颜色为红色）。

（7）在“剖面控制”栏中选取剖面的定位方式。

（8）在“水平/垂直控制”栏中（如图 6-5 所示）确定扫描剖面的定位方式。

图 6-4 “选项特征”操控板

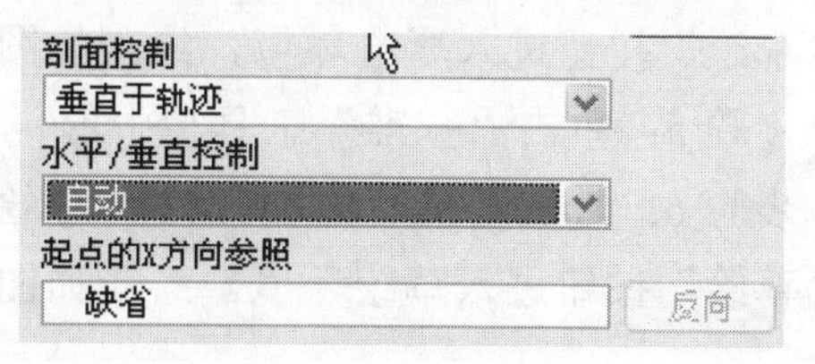

图 6-5 参照特征操控板

1）“X 轨迹”：在扫描的过程中，剖面 X 轴的朝向，以起始轨迹线为起点，X 向量轨迹线为终点。

2）“自动”：剖面自动定位在 X、Y 轴方向，该项为系统默认方式。

（9）单击按钮，进入草绘模式，草绘扫描剖面。

（10）单击按钮预览生成的特征，单击按钮完成特征的创建。

6.1.3 关系式在可变剖面扫描特征中的使用

以可变剖面扫描的方式进行实体或曲面的创建时，剖面的造型变化除了受到各轨迹线（含原点轨迹线、X 向量轨迹线、垂直轨迹线等）所控制外，也可使用关系式来控制剖面参数的变化。关系式中需包含一个控制扫描的起点至终点的变量 trajpar，此变量在扫描的起点处为 0，终点处为 1。如图 6-6（a）所示的零件中，矩形剖面的右下角落在原点轨迹线上，而左下角落在轨迹线上，如图 6-6（b）所示。因此在扫描时，此两个角落点受到两条轨迹线的拖动；另一方面，剖面的高度参数 sd4 受到 sd4＝10＋8*sin（trajpar*360*5）的关系式所控制，因此在扫描起始时剖面高度为 10（因为 trajpar＝0）而在扫描结束时剖面高度为 18（因为 trajpar＝1），而中间的部分则呈现正弦曲线的变化，因此造成波浪形的曲面。

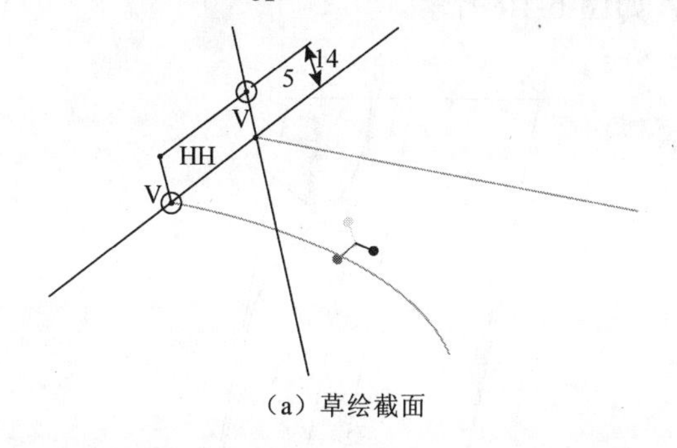

（a）草绘截面

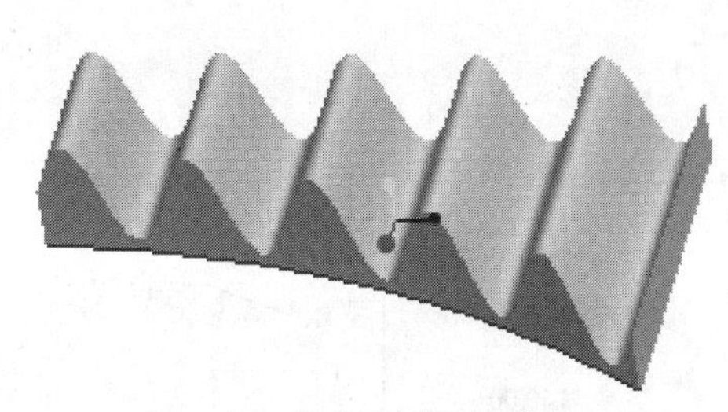

（b）完成可变剖面扫描

图 6-6 可变剖面扫描

6.1.4 可变剖面扫描特征操作实例：油瓶

步骤 1：单击“文件”工具栏中新建文件按钮，弹出“新建”对话框。

步骤 2：在“名称”文本框中输入“youhu”，单击“使用缺省模板”去掉默认模板，单击“确定”按钮进入零件设计模块。

步骤 3：单击“基准”工具栏中的按钮，系统弹出“草绘”对话框。

步骤 4：选取基准平面 DTM3 为草绘平面，接受系统默认的视图方向和参照方向，单击“草绘”按钮进入草绘环境，绘制如图 6-7 所示的草绘截面，完成曲线 1 的创建。

步骤 5：单击“基准”工具栏中的按钮，弹出“草绘”对话框。

步骤 6：选取基准平面 DTM3 为草绘平面，接受系统默认的视图方向和参照方向，单击“草绘”按钮进入草绘环境，绘制如图 6-8 所示的草绘截面，完成曲线 2 的创建。

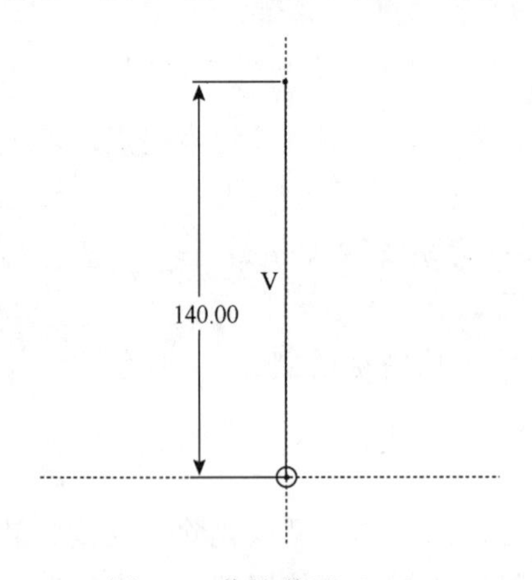

图 6-7　草绘截面（一）

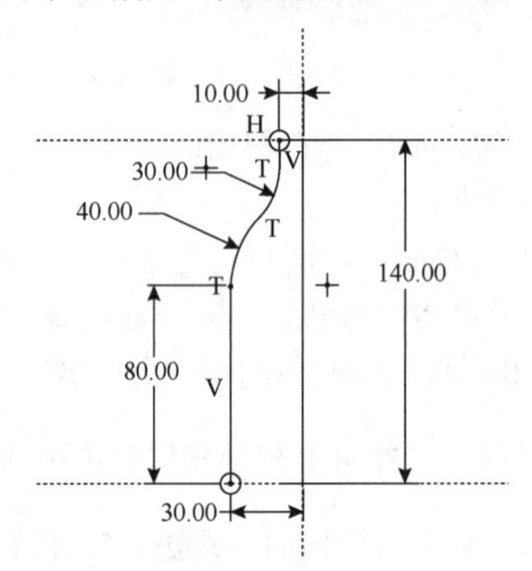

图 6-8　草绘截面（二）

步骤 7：单击“基准”工具栏中的按钮，弹出“草绘”对话框。

步骤 8：选取基准平面 DTM1 为草绘平面，选取基准平面 DTM2 为参照平面，选取方向向“顶”，单击“草绘”按钮进入草绘环境，绘制如图 6-9 所示的草绘截面。

步骤 9：单击“草绘”工具栏中的✓按钮，完成曲线 3 的创建。

步骤 10：选取曲线 2，单击主菜单中的“编辑”→“镜像”命令，选取基准平面 DTM1 为镜像平面，单击✓按钮，完成曲线 4 的创建，如图 6-10 所示。

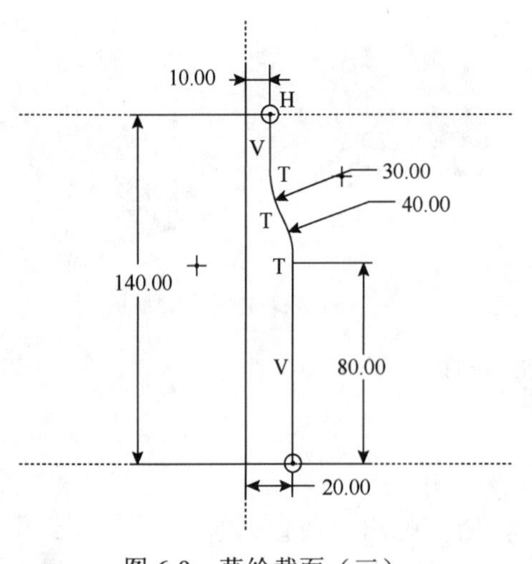

图 6-9　草绘截面（三）

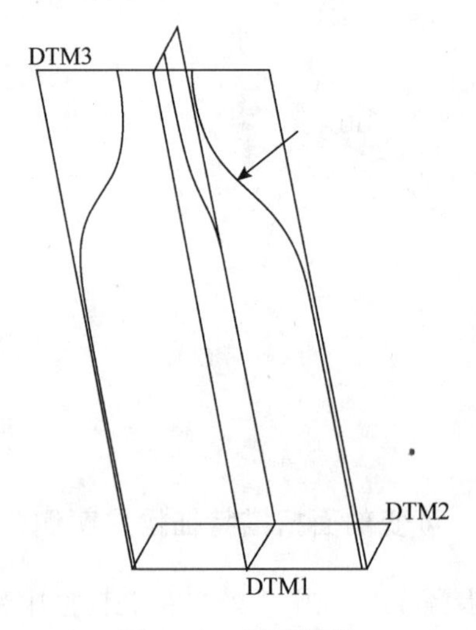

图 6-10　完成镜像

步骤 11：选取曲线 3，单击主菜单中的“编辑”→“镜像”命令，选取基准平面 DTM3 为镜像平面，单击✓按钮，完成曲线 5 的创建，如图 6-11 所示。

步骤12：单击主菜单中的“插入”→“模型基准”→“图形”命令，输入图形的名称为A，系统进入草绘环境，绘制如图6-12所示的草绘截面。

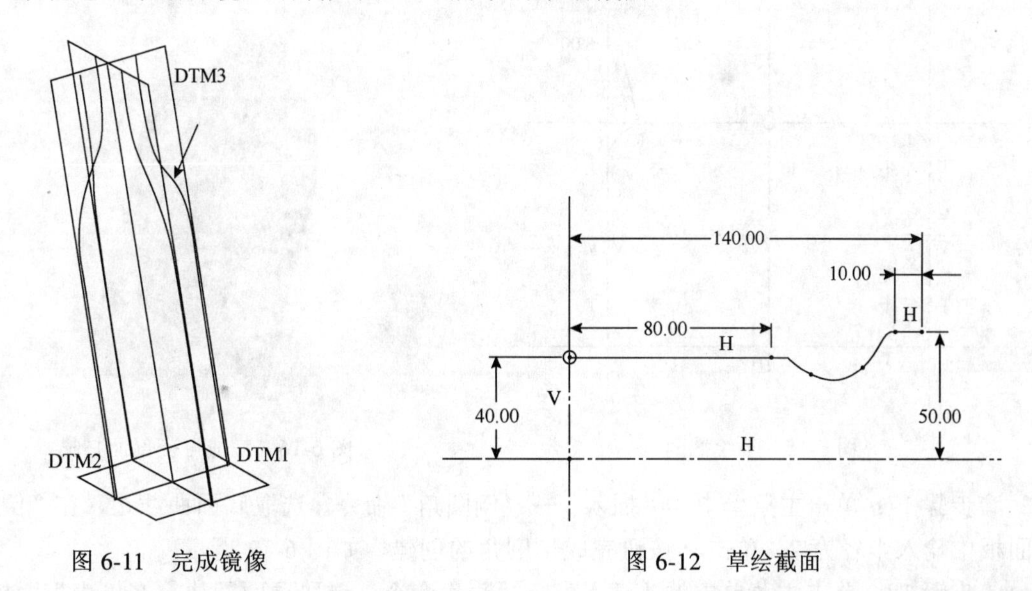

图6-11　完成镜像　　　　图6-12　草绘截面

步骤13：单击主菜单中的“插入”→“可变剖面扫描”命令，选取1曲线为原点轨迹线，按住Ctrl键选取曲线2为X轨迹线，如图6-13所示。再单击“可变剖面扫描特征”操控板中的按钮，零件转为二维视图，绘制如图6-14所示的矩形。

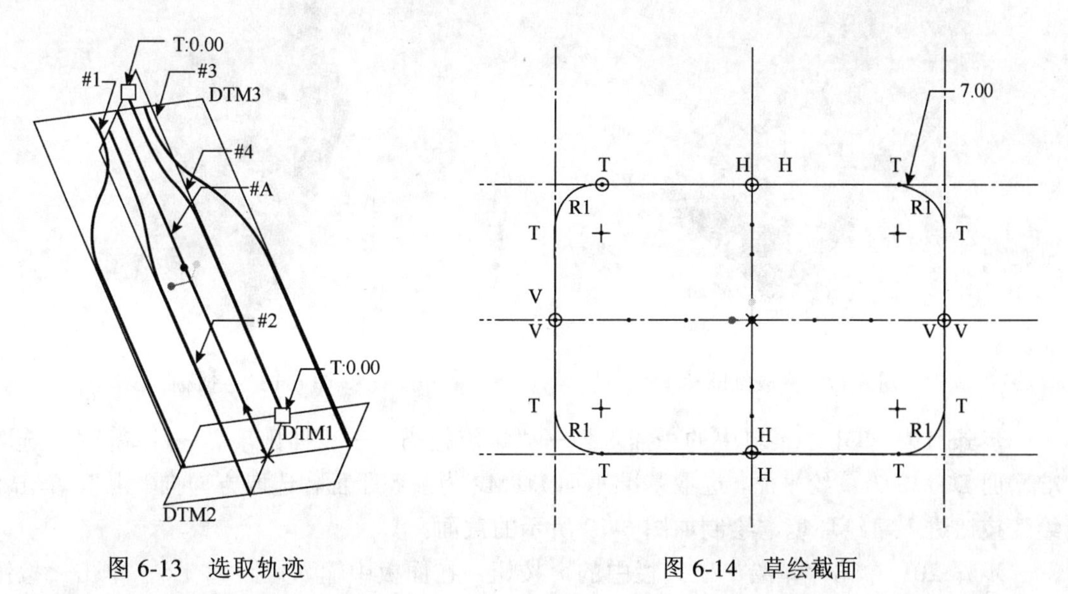

图6-13　选取轨迹　　　　图6-14　草绘截面

步骤14：单击主菜单中的“工具”→“关系”命令，单击尺寸的参数符号，然后输入关系式：

sd7＝evalgraph（“A”，trajpar*140）/5

步骤15：单击对话框中的“确定”按钮，此时即可见矩形的倒圆角尺寸变为8，如图6-15所示。

步骤 16：单击“草绘”工具栏中的✓按钮，完成的扫描实体如图 6-16 所示。

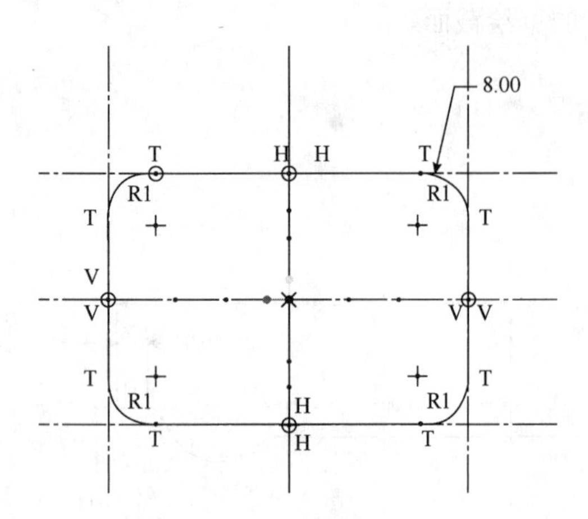

图 6-15 草绘截面

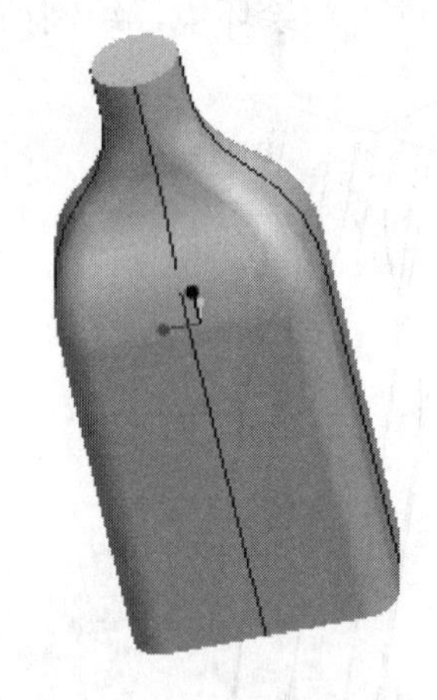

图 6-16 完成可变剖面扫描

步骤 17：单击主菜单中的“插入”→“倒圆角”命令，选取底面曲线边，在“倒圆角”面板中输入半径为 2，单击✓按钮完成倒圆角的创建，如图 6-17 所示。

步骤 18：单击主菜单中的“插入”→“壳”命令，选取顶面圆边，在“壳”面板中输入厚度为 1，单击✓按钮完成壳的创建，如图 6-18 所示。

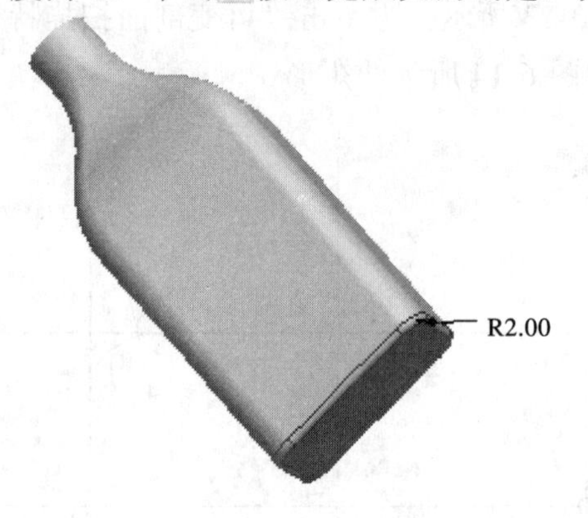

图 6-17 完成倒圆角

图 6-18 完成抽壳

步骤 19：单击主菜单中的“插入”→“螺旋扫描”→“伸出项”→“完成”，选取基准平面 DTM3 为草绘平面，选取基准平面 DTM2 为参照平面，选取方向向“上”，单击“草绘”按钮进入草绘环境，绘制如图 6-19 所示的截面。

步骤 20：单击“草绘”工具栏中的✓按钮，在面板中输入螺距为 1.5，单击✓按钮进入草绘环境，绘制如图 6-20 所示的截面。

步骤 21：单击“草绘”工具栏中的✓按钮，单击“确定”按钮完成螺旋扫描的创建，如图 6-21 所示。

步骤 22：单击“文件”工具栏中的▫按钮，弹出“保存对象”对话框，单击“确定”按钮完成该文件的保存。

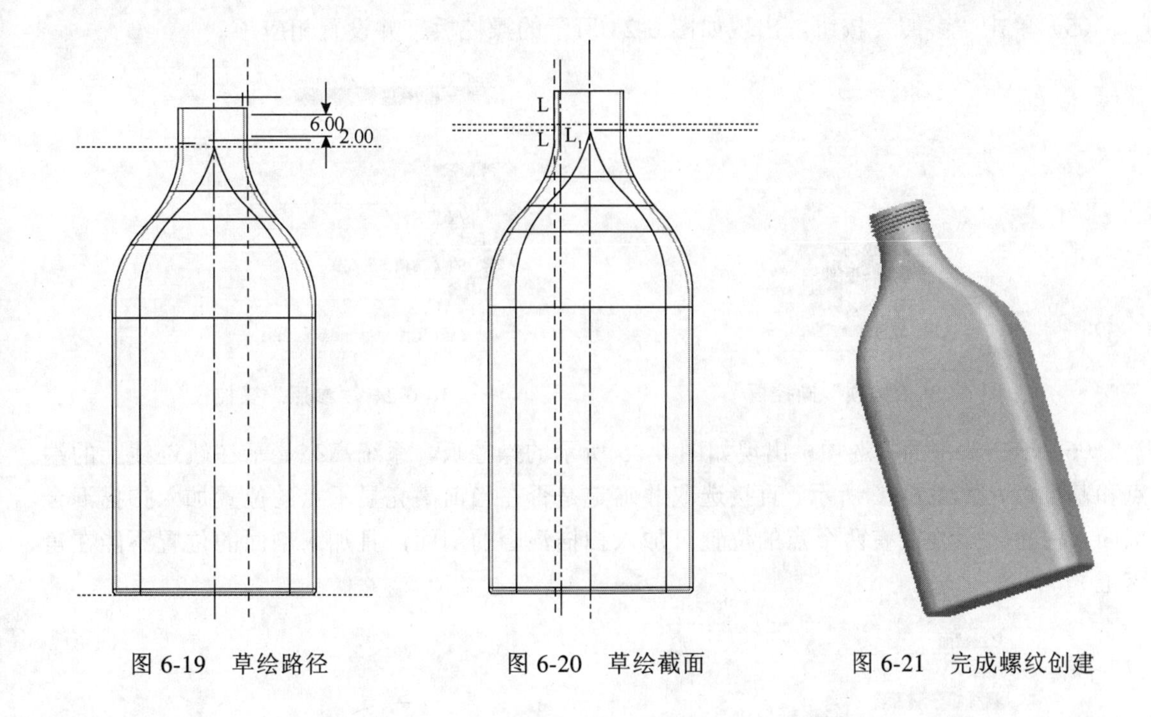

图 6-19　草绘路径　　图 6-20　草绘截面　　图 6-21　完成螺纹创建

6.2　扫描混合特征

扫描混合既有扫描的特征又有混合的特征。创建扫描混合特征时，需要指定一条轨迹线和至少两个扫描混合剖面。

6.2.1　创建扫描混合特征的操作步骤

（1）单击主菜单中的“插入”→“扫描混合”命令，出现如图 6-22 所示的“扫描混合特征”操控板。

图 6-22 “扫描混合特征”操控板

：创建实体扫描混合特征。

：创建曲面扫描混合特征。

：从模型中去除材料。

：创建薄板特征。

：切换扫描混合方向。

（2）单击按钮创建实体特征；若单击按钮，则可创建曲面特征。

（3）指定用于扫描混合的轨迹线。若选取多条轨迹线，应按住 Ctrl 键。

（4）单击“选项”按钮，出现如图 6-23 所示的操控板，设置操控板中的相应项。

（5）单击“参照”按钮，出现如图 6-24 所示的操控板，并设置相应项。

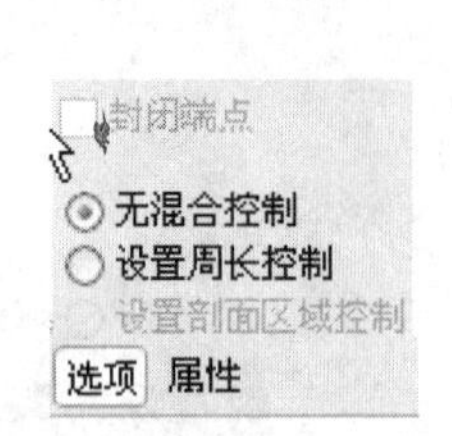

图 6-23 “选项”操控板

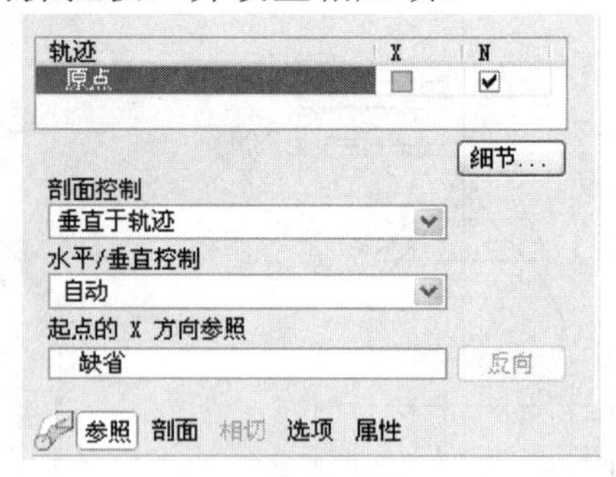

图 6-24 “参照”操控板

（6）单击“剖面”选项，出现如图 6-25 所示的操控板，系统高亮显示在轨迹线上的端点和基准点，如图 6-26 所示。直接选取并确定是否在当前高亮显示点的位置加入扫描混合剖面（注意：至少要有两个点的位置可加入扫描混合的剖面，且加入剖面的位置不能在角落上）。

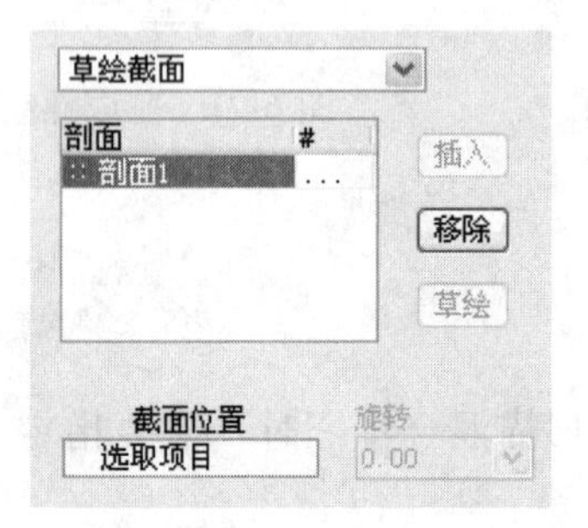

图 6-25 “剖面”操控板

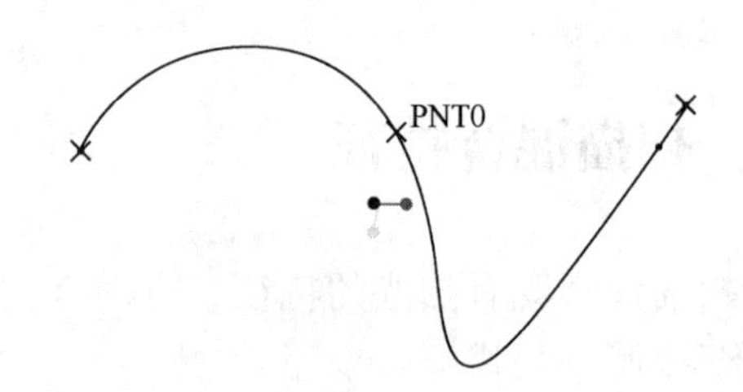

图 6-26 完成选取

（7）单击“草绘”按钮绘制剖面。在绘制剖面之前，在“剖面”操控板中可输入各剖面的旋转角度（范围-120°～＋120°），再单击“插入”按钮绘制下一个剖面。

（8）单击“相切”选项，出现如图 6-27 所示的操控板，设置相应项。

（9）单击✔按钮，完成扫描混合特征的创建。

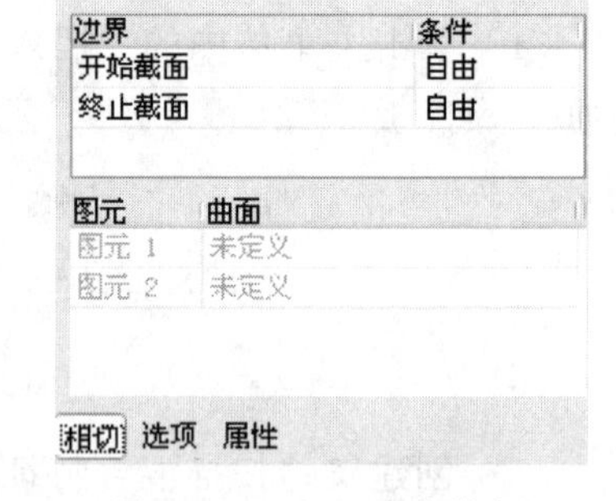

图 6-27 “相切”操控板

6.2.2 变剖面扫描特征操作实例：冰激凌

步骤 1：单击“文件”工具栏中的“新建文件”按钮，弹出“新建”对话框。

步骤 2：在“名称”文本框中输入“Bingjiling”，单击“使用缺省模板”去掉默认模板，单击“确定”按钮进入零件设计模块。

步骤 3：单击主菜单中的“插入”→“旋转”命令，系统弹出“旋转特征”操控板。

步骤 4：在“旋转特征”操控板中单击“放置”→“定义”按钮，弹出“草绘”对话框。

步骤 5：选取基准平面 DTM3 为草绘平面，选取基准平面 DTM2 为参照平面，选取方向向“顶”，单击“草绘”按钮进入草绘环境。

步骤6：作一直角三角形，绘制如图6-28所示的草绘截面。单击“草绘”工具栏中的按钮，完成草绘截面的绘制。

步骤7：在“旋转特征”操控板中单击按钮，输入旋转角360°，单击按钮，操控板如图6-29所示，完成旋转实体的创建，如图6-30所示。

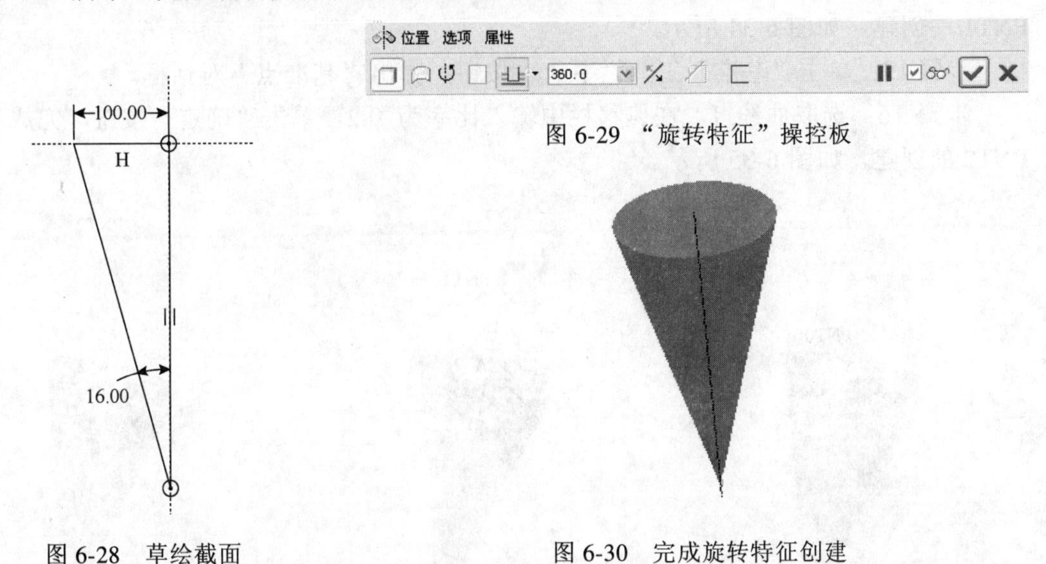

图6-29 “旋转特征”操控板

图6-28 草绘截面

图6-30 完成旋转特征创建

步骤8：单击“基准”工具栏中的按钮，弹出“草绘”对话框。

步骤9：选取基准平面DTM3为草绘平面，选取基准平面DTM2为参照平面，选取方向向“顶”，单击“草绘”按钮进入草绘环境。

步骤10：作一样条曲线，绘制如图6-31所示的草绘截面，单击“草绘”工具栏中的按钮完成曲线1的绘制，如图6-32所示。

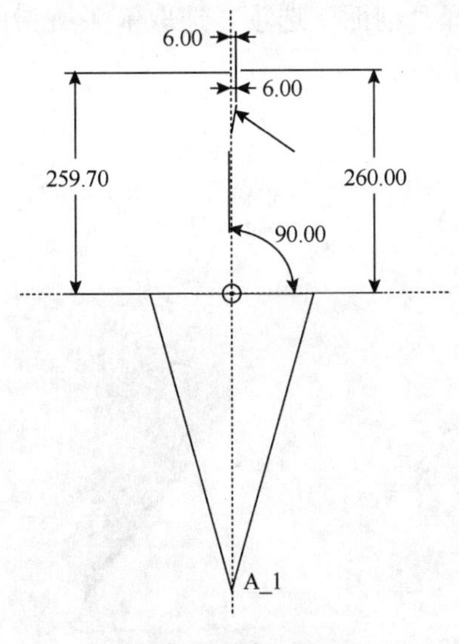

图6-31 草绘截面

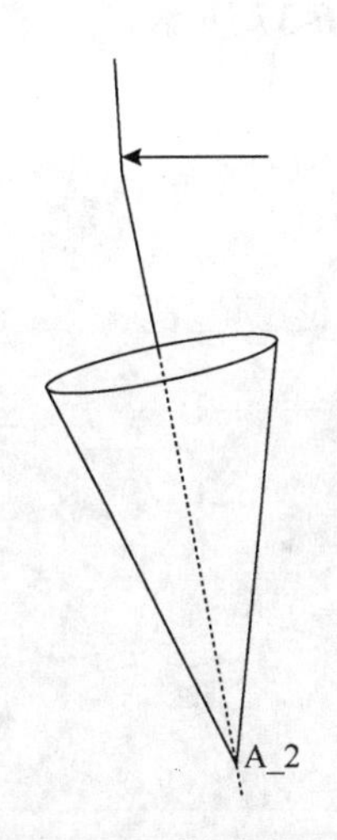

图6-32 创建曲线

步骤 11：单击“基准”工具栏中的按钮，弹出“基准点”对话框。

步骤 12：选取曲线 1，在偏移栏中输入比率为 0.8，单击“确定”按钮，完成基准点 PNT0 的创建，如图 6-33 所示。

步骤 13：单击“基准”工具栏中的按钮，弹出“基准点”对话框。

步骤 14：选取曲线 1，在偏移栏中输入比率为 0.5，单击“确定”按钮，完成基准点 PNT1 的创建，如图 6-34 所示。

步骤 15：单击“基准”工具栏中的按钮，弹出“基准点”对话框。

步骤 16：选取曲线 1，在偏移栏中输入比率为 0.2，单击“确定”按钮，完成基准点 PNT2 的创建，如图 6-35 所示。

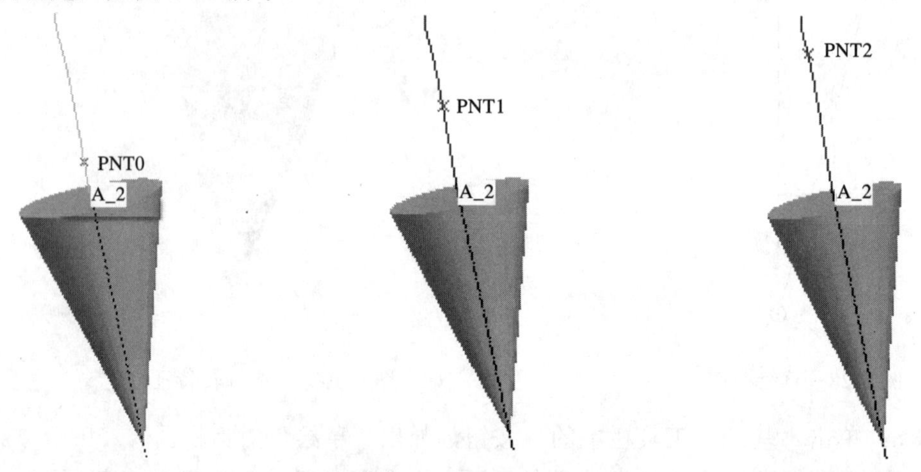

图 6-33　创建点（一）　图 6-34　创建点（二）　图 6-35　创建点（三）

步骤 17：单击主菜单中的“插入”→“扫描混合”命令，系统弹出“扫描混合特征”操控板，如图 6-36 所示。

步骤 18：选取曲线 1 为扫描混合的轨迹线，选择“剖面”选项，选取箭头所指的点为起始点，如图 6-37 所示。

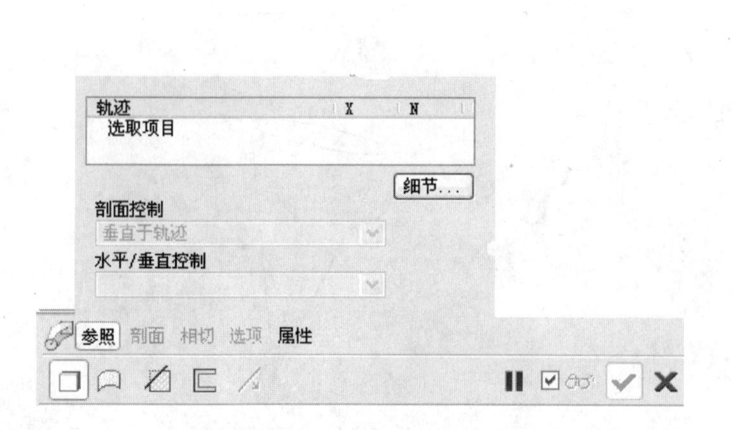

图 6-36　“扫描混合特征”操控板

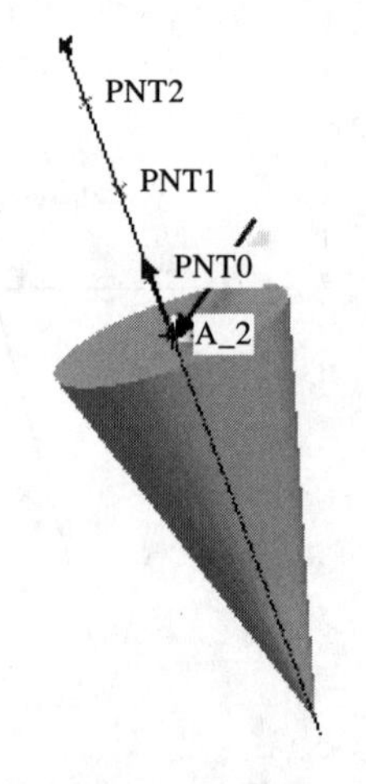

图 6-37　完成选取

步骤 19：在“剖面”面板中输入扫描混合的旋转角度为 60°，“剖面”操控板如图 6-38 所示，单击“草绘”按钮系统进入草绘环境。

步骤 20：作一内接正六边形，如图 6-39 所示，单击“草绘”工具栏中的✓按钮，完成截面 1 的绘制。

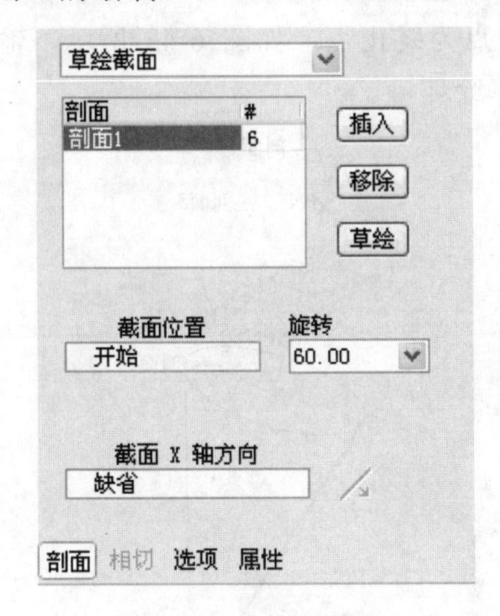

图 6-38 剖面面板

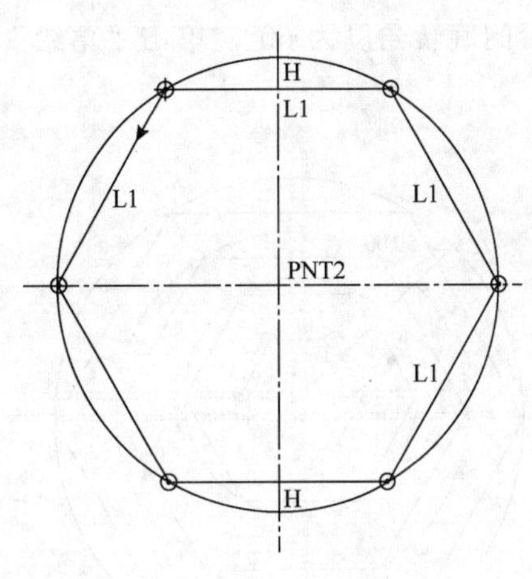

图 6-39 草绘截面

步骤 21：单击“插入”按钮，选取基准点 PNT0 为扫描混合的第二点，输入扫描混合的旋转角度为 60°，单击“草绘”按钮进入草绘环境。

步骤 22：作一内接正六边形，如图 6-40 所示，单击“草绘”工具栏中的✓按钮，完成截面 2 的绘制。

步骤 23：单击“插入”按钮，选取基准点 PNT1 为扫描混合的第三点，输入扫描混合的旋转角度为 60°，单击“草绘”按钮进入草绘环境。

步骤 24：作一内接正六边形，如图 6-41 所示，单击“草绘”工具栏中的✓按钮，完成截面 3 的绘制。

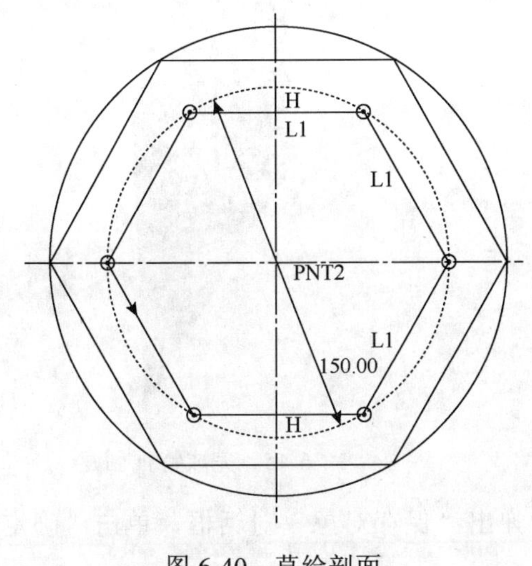

图 6-40 草绘剖面

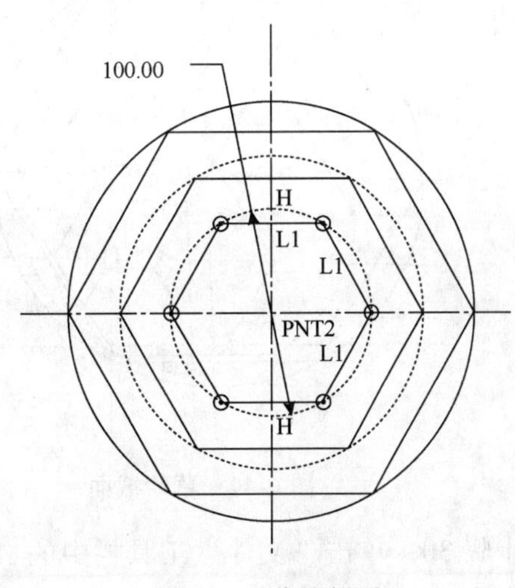

图 6-41 草绘剖面

步骤 25：单击“插入”按钮，选取基准点 PNT2 为扫描混合的第三点，输入扫描混合的旋转角度为 60°，单击“草绘”按钮进入草绘环境。

步骤 26：作一内接正六边形，如图 6-42 所示，单击“草绘”工具栏中的✓按钮，完成截面 4 的绘制。

步骤 27：单击“插入”按钮，选取箭头所指的点为终止点，如图 6-43 所示，输入扫描混合的旋转角度为 60°，单击“草绘”按钮进入草绘环境。

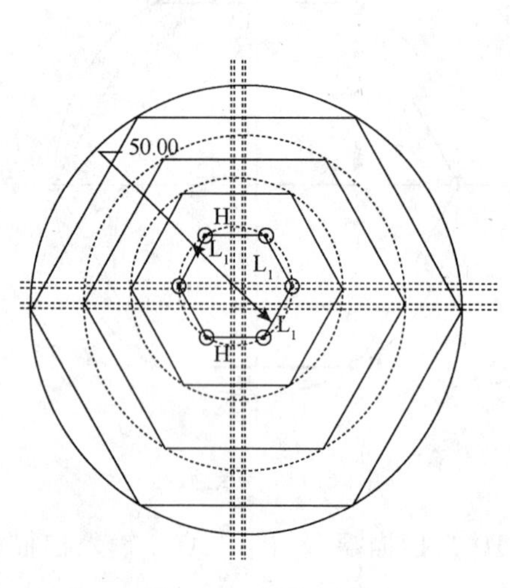

图 6-42　草绘剖面

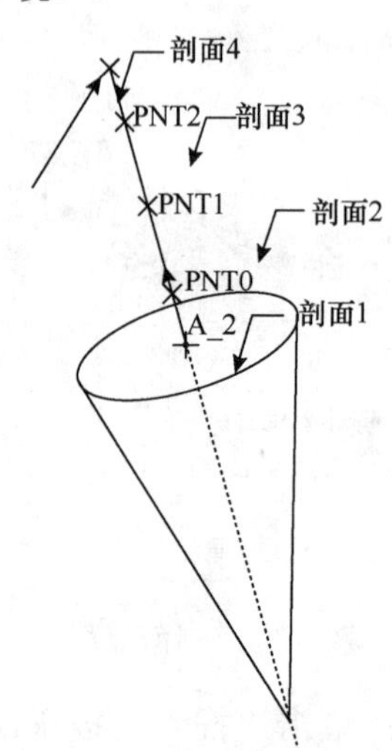

图 6-43　完成选取

步骤 28：作一个点，如图 6-44 所示，单击“草绘”工具栏中的✓按钮，完成截面 5 的绘制。

步骤 29：单击✓按钮完成扫描混合特征的创建，如图 6-45 所示。

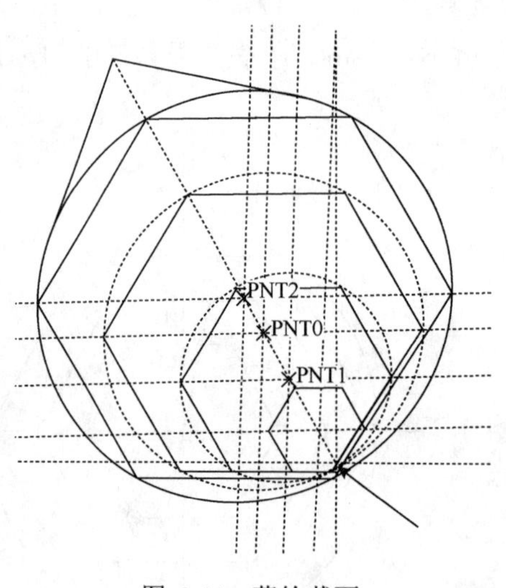

图 6-44　草绘截面

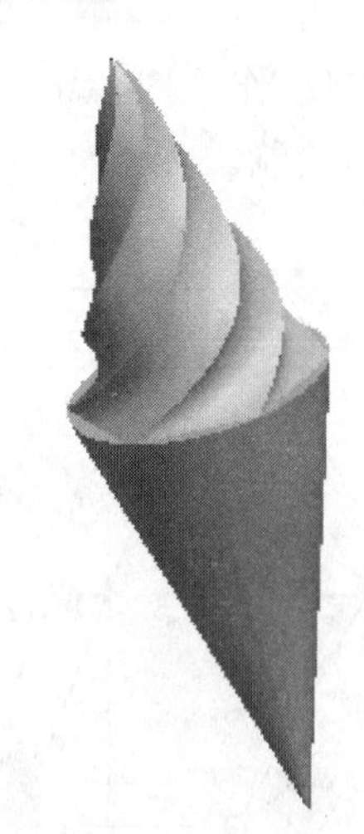

图 6-45　完成特征创建

步骤 30：单击“文件”工具栏中的按钮，弹出“保存对象”对话框，单击“确定”按钮完成该文件的保存。

6.3 螺旋扫描特征

6.3.1 创建螺旋扫描特征的操作步骤

（1）单击主菜单中的“插入”→“螺旋扫描”→“伸出项”命令，出现如图6-46所示的属性菜单，用于选取螺旋扫描特征的类型。

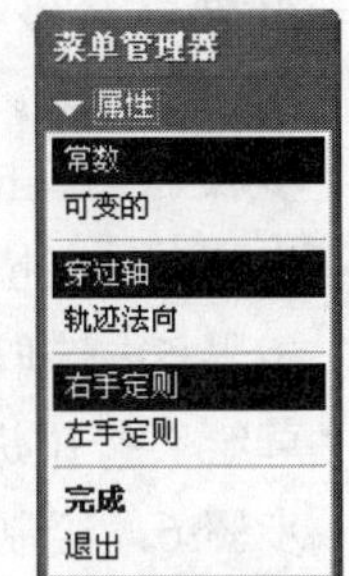

图6-46 属性菜单

1）“常数”：等节距螺旋扫描。

2）“可变的”：变节距螺旋扫描。

3）“穿过轴”：剖面通过中心轴。

4）“轨迹法向”：剖面垂直螺旋轨迹线。

5）“右手定则”：右手螺旋。

6）“左手定则”：左手螺旋。

（2）保持默认的“常数”、“穿过轴”、“右手定则”不变，选中“完成”命令。

（3）选取草绘面及草绘视图定位参照面，绘制一条中心轴线和轮廓线。

（4）指定节距值（节距一般要大于扫描剖面的高度尺寸）。

（5）绘制螺旋扫描的剖面。

（6）单击对话框中的“确定”按钮，完成螺旋扫描特征的创建。

6.3.2 变节距的控制

当在“属性”菜单中选取了变节距选项，系统默认在轨迹线的起点及终点可定义不同节距，如图6-47所示。

变节距的控制方法如下：

（1）在外形轮廓线上创建顶点（用分割曲线），为指定节距的参照点。

（2）输入螺旋起点和终点的节距值。

（3）打开控制曲线菜单，如图6-48所示。

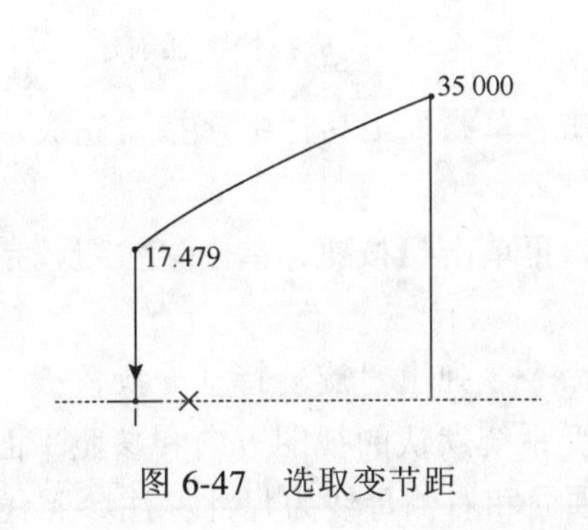

图6-47 选取变节距

图6-48 “控制曲线”下拉菜单

1）“增加点”：增加指定节距的参照点，同时输入节距值。

2）“删除”：去除已有的参照点。

3）“改变值”：改变参照点的节距值。

（4）完成各参照点的定义，单击“完成/返回”→“完成”选项。

6.3.3 螺旋扫描操作实例一：螺母

步骤 1：单击“文件”工具栏中新建文件按钮，弹出“新建”对话框。

步骤 2：在“名称”文本框中输入“luomu”，单击“使用缺省模板”去掉默认模板，单击“确定”按钮。

步骤 3：单击主菜单中的“插入”→“拉伸”命令，弹出“拉伸特征”操控板。

步骤 4：在拉伸特征操控板中单击“放置”→“定义”按钮，弹出“草绘”对话框。

步骤 5：选取基准平面 DTM2 为草绘平面，接受系统默认的视图方向和参照平面，单击“草绘”按钮进入草绘环境。

步骤 6：绘制如图 6-49 所示的截面，单击“草绘”工具栏中按钮，完成草绘截面的绘制。

步骤 7：在“拉伸特征”操控板中单击按钮，输入拉伸深度为 10，并单击按钮完成拉伸特征的创建。

步骤 8：选取箭头所指的平面为草绘平面，如图 6-50 所示。接受系统默认的视图方向和参照平面，单击“草绘”按钮进入草绘环境。

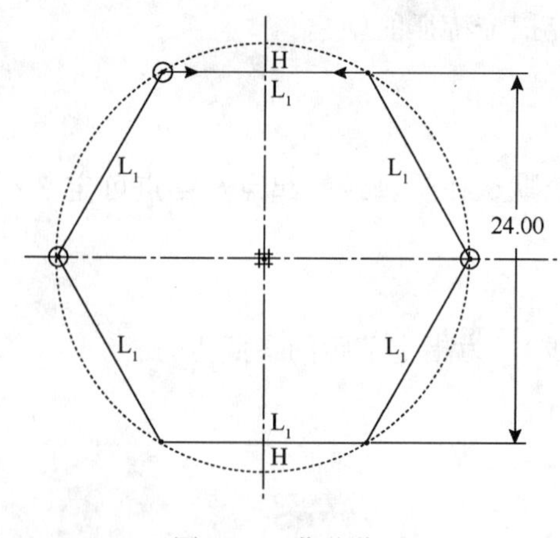

图 6-49 草绘截面

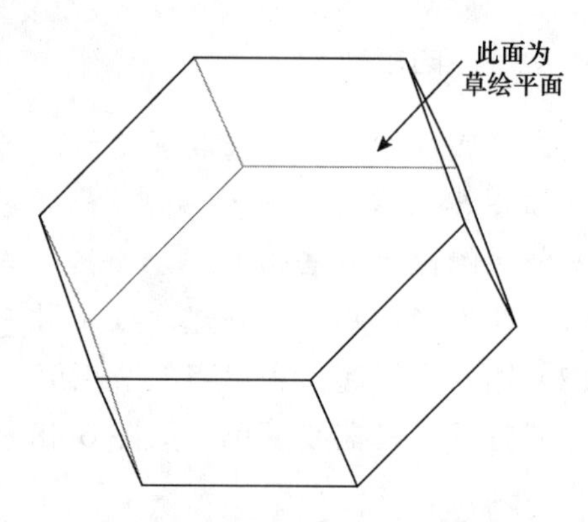

图 6-50 完成拉伸特征创建

步骤 9：在中心上绘制一个直径为 12 的圆，单击“草绘”工具栏中按钮完成草绘截面的绘制。

步骤 10：在“拉伸特征”操控板中单击按钮，再单击按钮，单击按钮，完成拉伸切除的创建，如图 6-51 所示。

步骤 11：单击主菜单中的“插入”→“旋转”命令，弹出“旋转特征”操控板。

步骤 12：选取基准平面 DTM3 为草绘平面，接受系统默认的视图方向和参照平面，单击“草绘”按钮，系统弹出“参照”对话框，选取顶面和右侧母线为尺寸标注参照线，进入草绘环境。

步骤 13：绘制两个等腰直角三角形，如图 6-52 所示。单击草绘工具栏中的✓按钮，完成草绘截面的绘制。

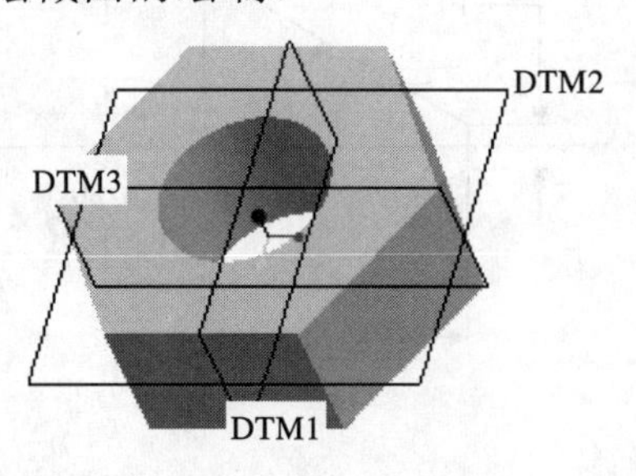

图 6-51　完成去除特征创建

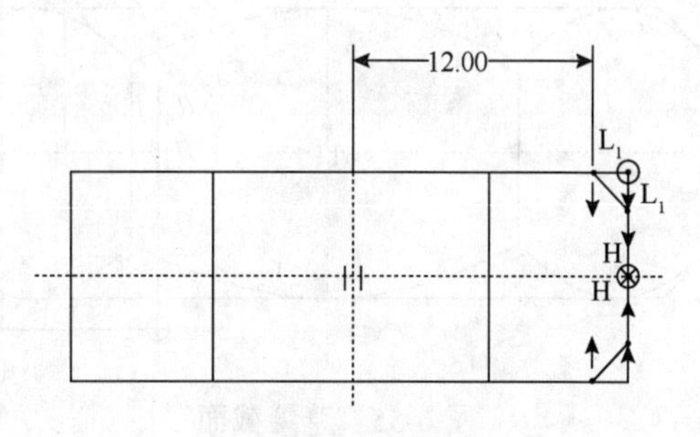

图 6-52　草绘截面

步骤 14：在“旋转特征”操控板中单击按钮，输入旋转角为 360°，并单击✓按钮，完成旋转去除的创建，如图 6-53 所示。

步骤 15：单击主菜单中的“插入”→“倒角”→“边倒角”命令，弹出“倒直角特征”操控板。

步骤 16：在“倒直角特征”操控板中选取 45×D，输入 D 的值为 1，选取如图 6-54 中所示的粗边并单击✓按钮。单击“完成”按钮，完成倒直角特征的创建。

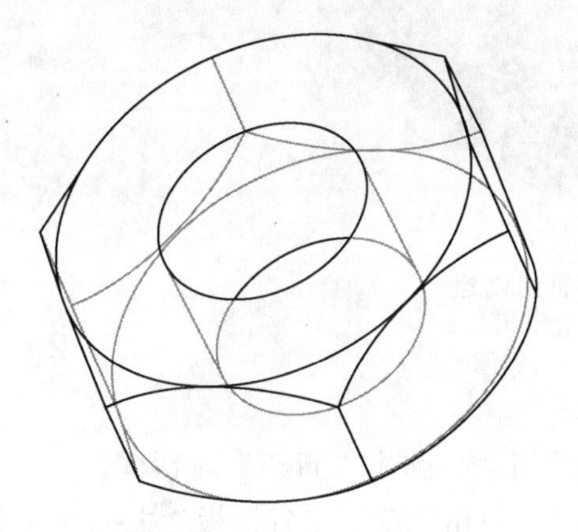

图 6-53　完成旋转特征创建

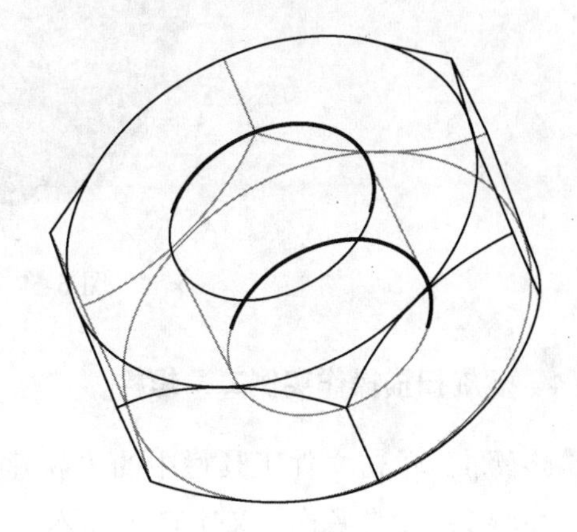

图 6-54　完成选取

步骤 17：单击主菜单中的“插入”→“螺旋扫描”→“切口”→“常数”→“穿过轴”→“右手定则”→“完成”。

步骤 18：选取基准平面 DTM3 作为草绘平面，接受系统默认的视图方向和参照平面，单击“草绘”按钮进入草绘环境，绘制如图 6-55 所示的轨迹线。

步骤 19：单击“草绘”工具栏中的✓按钮，在系统信息栏中输入螺距为 1.2，进入草绘环境，绘制如图 6-56 所示的截面。

步骤 20：单击“草绘”工具栏中的✓按钮，完成去除螺旋扫描特征的创建，如图 6-57 所示。

步骤 21：单击“文件”工具栏中的按钮，弹出“保存对象”对话框，单击“确定”按钮完成该文件的保存。

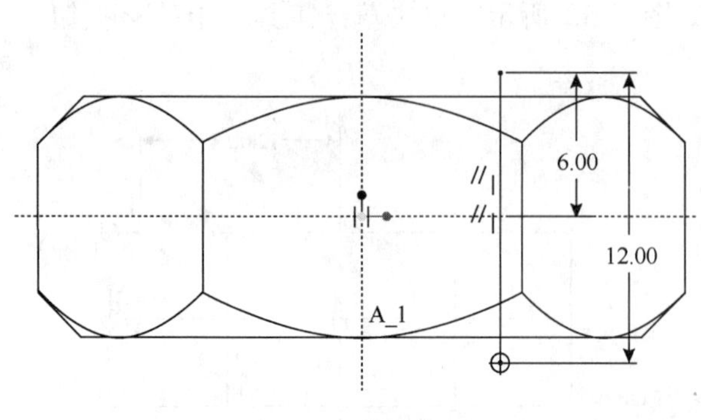

图 6-55　草绘截面

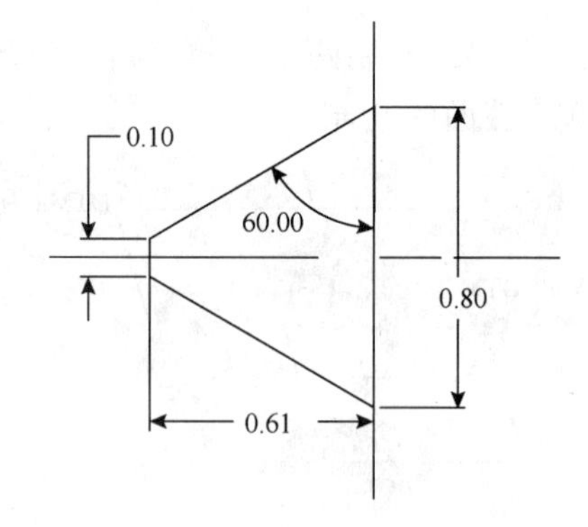

图 6-56　草绘截面

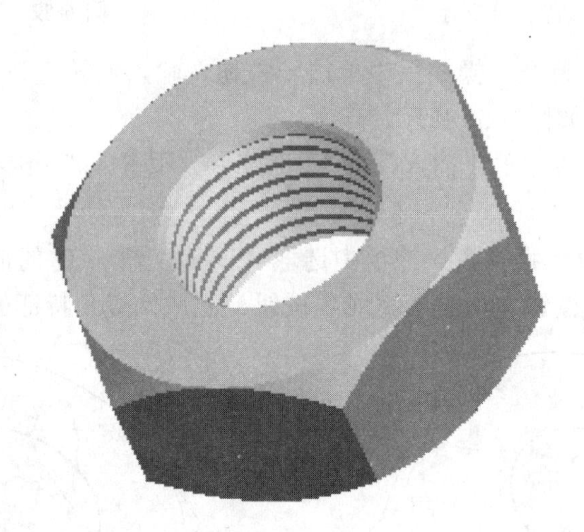

图 6-57　完成特征的创建

6.3.4　螺旋扫描操作实例二：螺栓

步骤 1：单击文件工具栏中的“新建文件”按钮，弹出“新建”对话框。

步骤 2：在“名称”文本框中输入“luoshuan”，单击“使用缺省模板”去掉默认模板，单击“确定”按钮。

步骤 3：单击主菜单中的“插入”→“拉伸”命令，弹出“拉伸特征”操控板。

步骤 4：在拉伸特征操控板中单击“放置”→“定义”按钮，弹出“草绘”对话框。

步骤 5：选取基准平面 DTM2 为草绘平面，接受系统默认的视图方向和参照平面，单击“草绘”按钮进入草绘环境，绘制一个直径为 10 的圆，如图 6-58 所示。

步骤 6：单击“草绘”工具栏中的按钮，完成拉伸截面的绘制。

步骤 7：在“拉伸控制”操控板中输入拉伸深度为 50，单击按钮，完成拉伸特征的创建。

步骤 8：单击主菜单中的“插入”→“拉伸”命令，弹出“拉伸特征”操控板。

步骤 9：在拉伸特征操控板中单击“放置”→“定义”按钮，弹出“草绘”对话框。

步骤 10：选取箭头所指的平面为草绘平面，如图 6-59 所示，接受系统默认的视图方向和参照平面，单击“草绘”按钮进入草绘环境，绘制一个直径为ϕ20的圆，如图6-60所示。

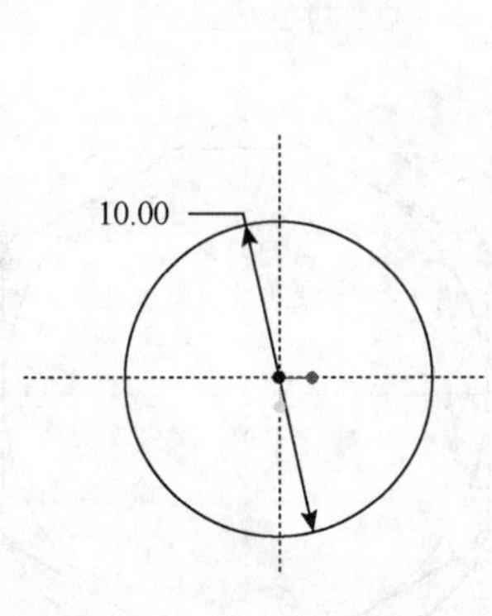

图6-58　草绘截面

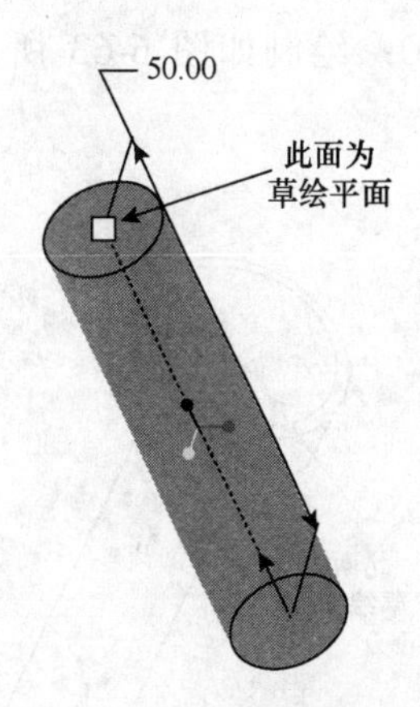

图6-59　特征预览

步骤11：单击“草绘”工具栏中的✔按钮，完成草绘截面的绘制。

步骤12：在“拉伸特征”操控板中输入拉伸深度为7，单击✔按钮完成拉伸特征的创建。

步骤13：单击主菜单中的“插入”→“倒角”→“边倒角”命令，弹出“倒直角特征”操控板。

步骤14：在“倒直角特征”面板中选取角度×D，角度输入30°，D值输入1.34，再选取图6-61中所示的边1，单击✔按钮。完成倒直角特征的创建。

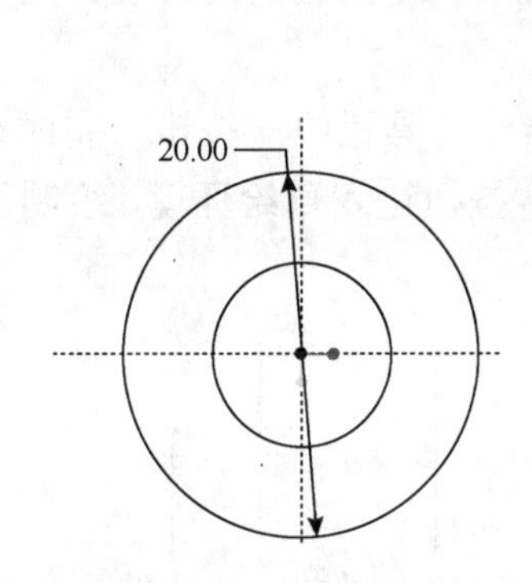

图6-60　草绘截面

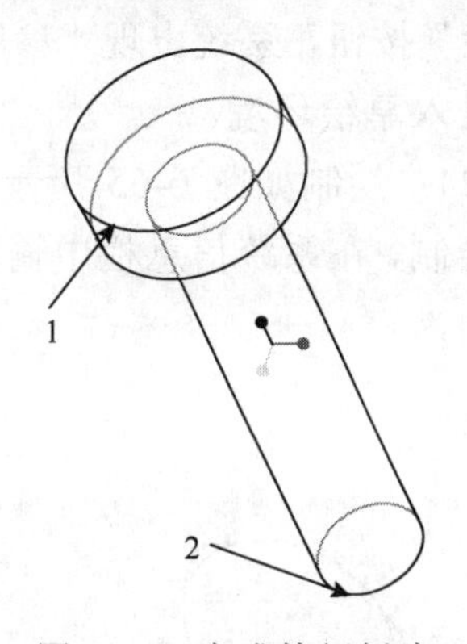

图6-61　完成特征创建

步骤15：单击主菜单中的“插入”→“倒角”→“边倒角”命令，弹出“倒直角特征”操控板。

步骤16：在“倒直角特征”操控板中选取45×D，D值输入1，再选取图6-61中所示的2边并单击✔按钮，完成倒直角特征的创建。

步骤17：单击主菜单中的“插入”→“拉伸”命令，弹出“拉伸特征”操控板。

步骤18：在“拉伸特征”操控板中单击“放置”→“定义”按钮，弹出“草绘”对话框。

步骤19：选取箭头所指的平面为草绘平面，如图6-62所示。接受系统默认的视图方向和参照平面，单击“草绘”按钮，弹出“参照”对话框，选取顶面两圆为尺寸标注的参照线，单击“确定”按钮进入草绘环境。

步骤 20：绘制如图 6-63 所示的截面，单击“草绘”工具栏中的✓按钮，完成草绘截面的绘制。

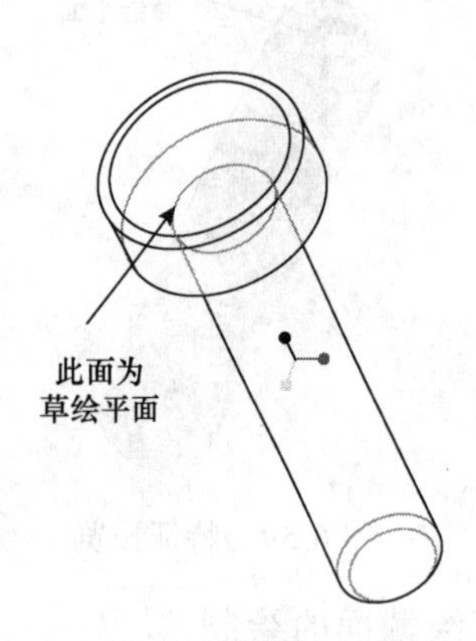

图 6-62 选取草绘平面

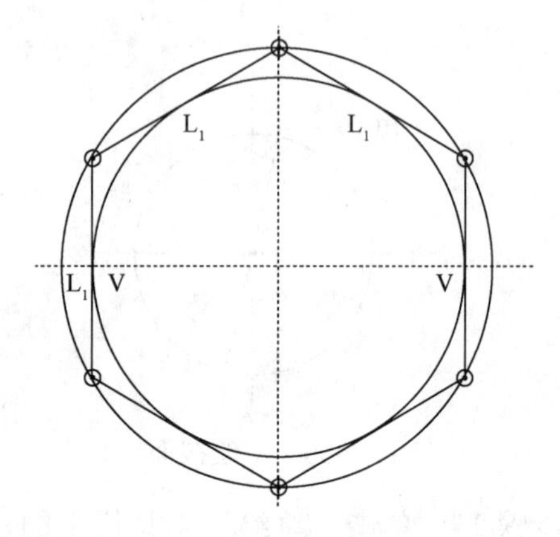

图 6-63 草绘截面

步骤 21：在“拉伸特征”操控板中单击◿和⊥按钮，单击✓按钮完成拉伸去除的特征。如图 6-64 所示。

步骤 22：单击主菜单中的“插入”→“螺旋扫描”→“切口”→“常数”→“穿过轴”→“右手定则”→“完成”。

步骤 23：选取基准平面 DTM3 作为草绘平面，接受系统默认的视图方向和参照平面，单击“草绘”按钮，系统出现“参照”对话框，选取直径为 10 的圆的右母线为尺寸标注的参照线，进入草绘环境。

步骤 24：绘制如图 6-65 所示的直线，单击“草绘”工具栏中✓按钮，完成螺旋扫描轨迹线的绘制，在系统信息栏中输入螺距为 2.2，单击✓按钮进入草绘环境，绘制如图 6-66 所示的截面。

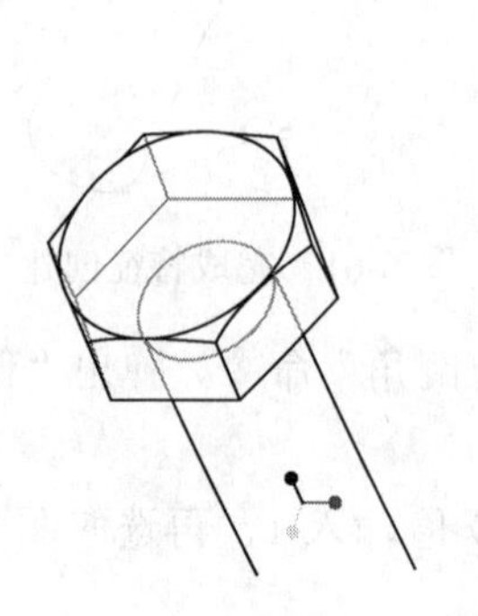

图 6-64 完成拉伸特征创建

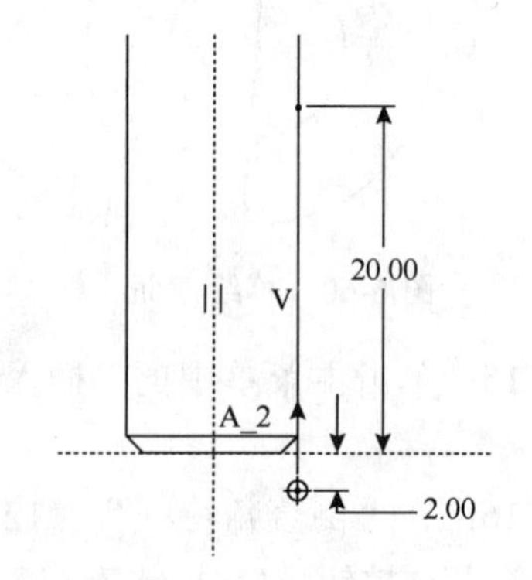

图 6-65 草绘截面

步骤 25：单击“草绘”工具栏中的✓按钮，完成去除螺旋扫描特征的创建，如图 6-67 所示。

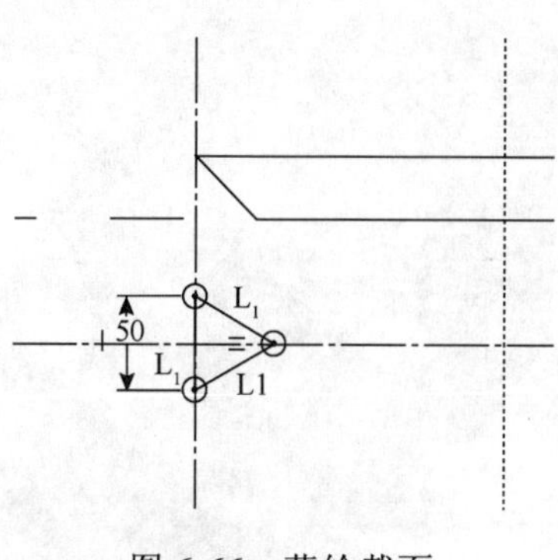

图 6-66 草绘截面

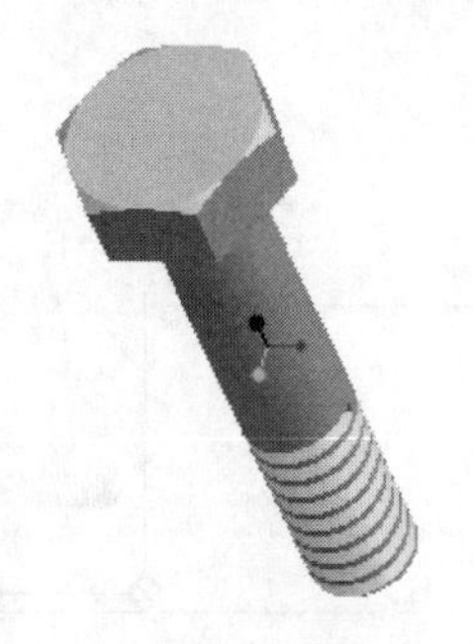

图 6-67 完成螺旋扫描

注意 观察该螺旋的上端发现未收尾，下面将介绍螺旋如何收尾。

（1）单击主菜单中的“插入”→“混合”→“切口”→“旋转”→“规则截面”→“草绘截面”→“完成”→“光滑”→“完成”。

（2）选取基准平面 DTM3 为草绘平面，接受系统默认的视图方向和参照平面，单击“完成”按钮。

（3）单击“草绘”工具栏中□按钮，选取 A 区三角形，如图 6-68 所示。

（4）单击“草绘”工具栏中的┆按钮，过三角形竖直边的中点绘制一条中心线。

（5）单击“草绘”工具栏中的⅄按钮，在竖直中心线与水平中心相交处放一坐标系。

（6）单击“草绘”工具栏中的✓按钮，完成第一个截面的创建，如图 6-69 所示，系统即入第二个草绘环境。

图 6-68 完成选取

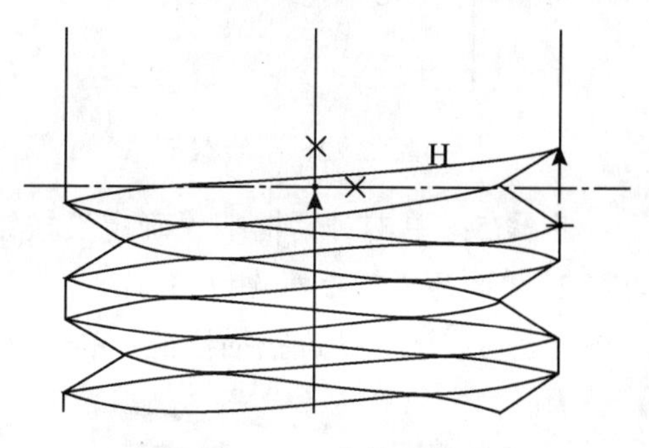

图 6-69 草绘直线

（7）单击“草绘”工具栏中的×按钮绘制一个点，标注两个尺寸，修改尺寸值为 5 和 6/360*1，如图 6-70 所示。

（8）单击“草绘”工具栏中的✓按钮，完成第二个截面的创建，单击“光滑”→“完成”，完成去除旋转混合特征的创建，如图 6-71 所示。

下面介绍如何创建螺旋扫描特征，通过特征重定义把等节距更改为变节距。

1. 创建等节距螺旋扫描特征

步骤 1：单击主菜单中的“插入”→“螺旋扫描”→“伸出项”→“常数”→“穿过轴”→“右手定则”→“完成”选项。

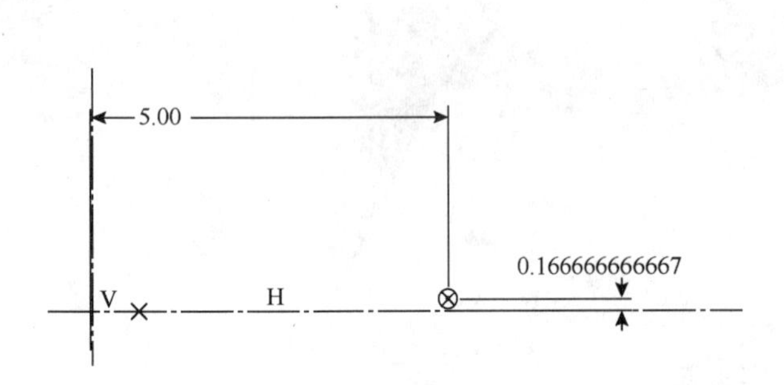

图 6-70　草绘截面

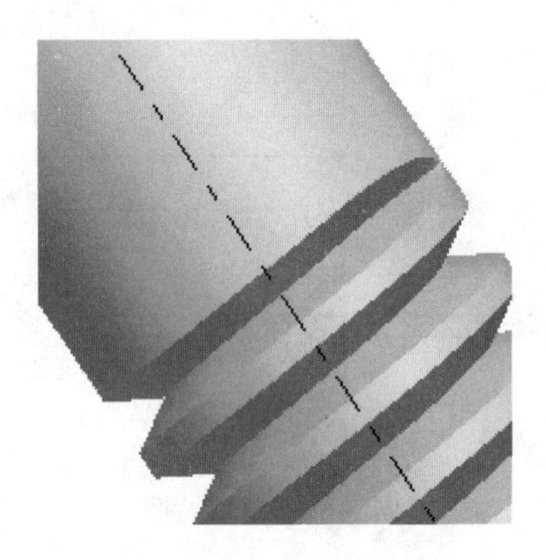

图 6-71　完成螺纹收尾

步骤 2：选取基准平面 DTM3 为草绘平面，单击“确定”按钮，完成草绘平面法向的设置。选取方向向“顶”，选取基准平面 DTM1 为视图定位参照平面。

步骤 3：绘制如图 6-72 所示的中心轴线和轮廓线，单击✔按钮。

步骤 4：输入节距为 50，绘制如图 6-73 所示的扫描剖面。

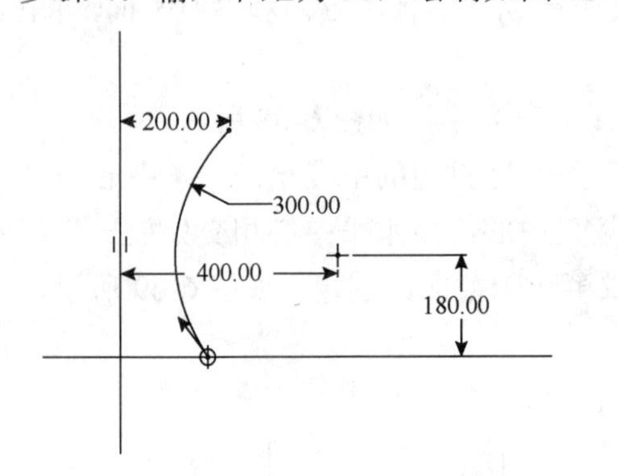

图 6-72　草绘截面

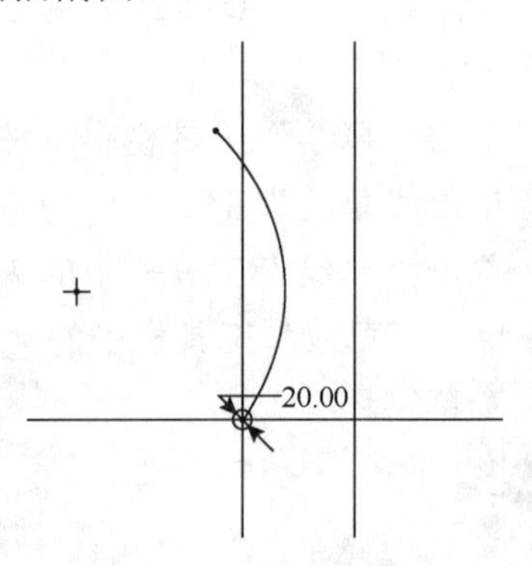

图 6-73　草绘截面

步骤 5：单击对话框中“确定”按钮，完成螺旋扫描特征的创建，如图 6-74 所示。

2. *更改为变节距螺旋扫描*

步骤 1：选取螺旋扫描特征，单击鼠标右键菜单中的“编辑定义”选项，如图 6-75 所示。

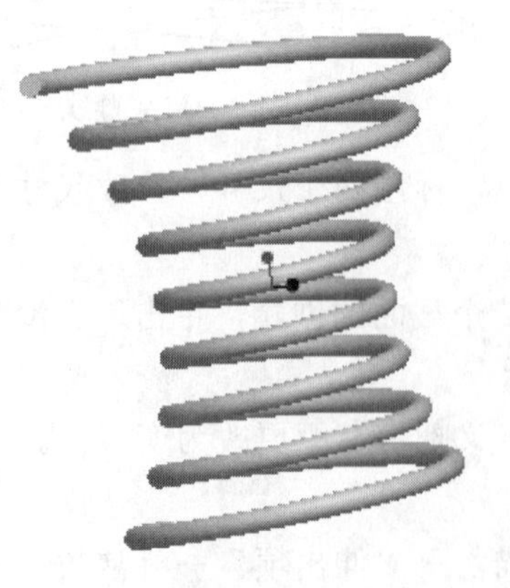

图 6-74　完成螺旋扫描

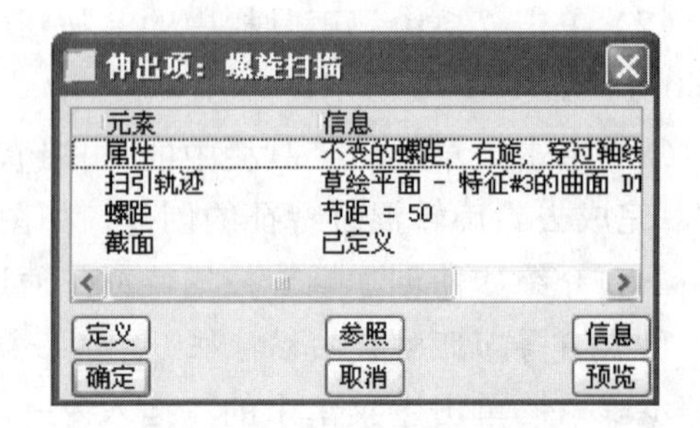

图 6-75　“螺旋扫描”对话框

步骤 2：选取“扫引轨迹”选项再单击“定义”按钮，再单击菜单“修改”→“完成”→“草绘”，系统进入草绘环境。

步骤 3：单击“草绘”工具栏中的按钮，在外形轮廓线分割三断点，如图 6-76 所示，单击按钮完成剖面的修改。

步骤 4：双击对话框中“属性”按钮，单击“可变的”→“完成”选项。

步骤 5：输入起始端的节距为 50，再输入终止端的节距为 50，出现显示节距图形的分窗口，如图 6-77 所示。

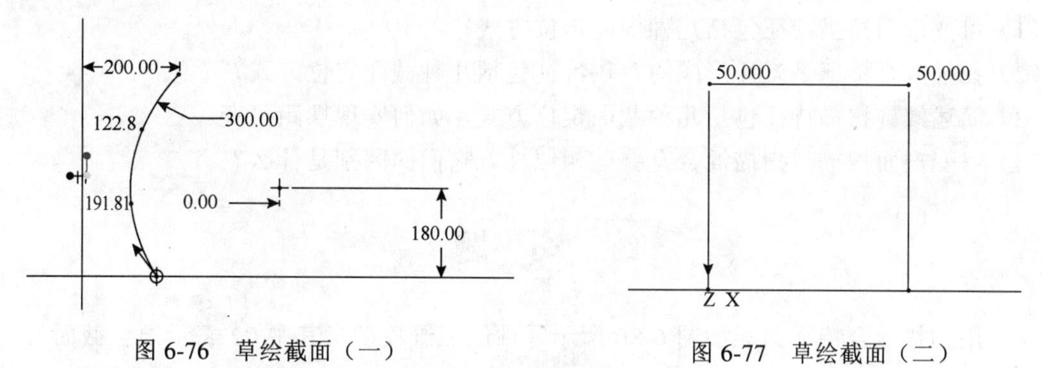

图 6-76　草绘截面（一）　　图 6-77　草绘截面（二）

步骤 6：由下往上依次选取新加入的 2 个参照点，并分别输入节距 30、40，此时节距图形出现如图 6-78 所示的变化。

步骤 7：单击“完成”按钮，再单击对话框中的“确定”按钮完成特征的重定义，如图 6-79 所示。

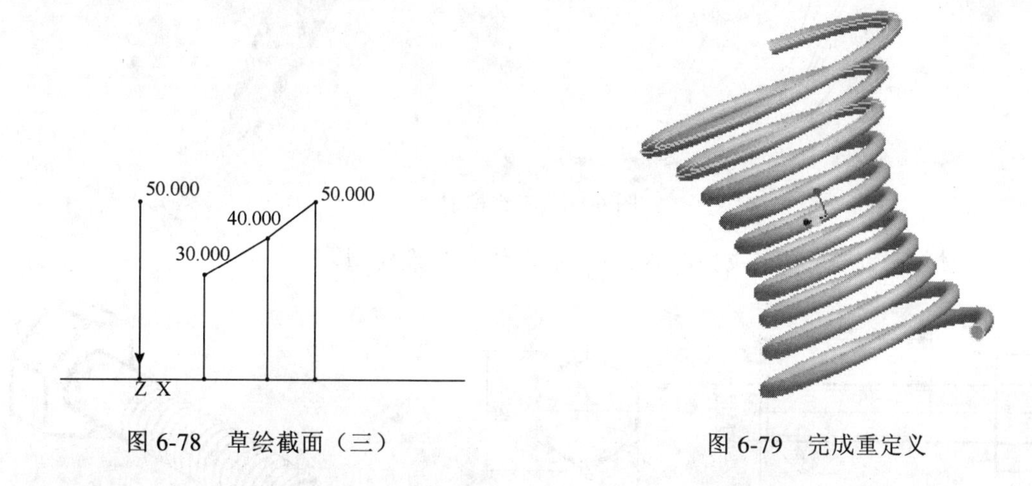

图 6-78　草绘截面（三）　　图 6-79　完成重定义

6.4　小结

本章介绍了三种高级实体特征：可变剖面扫描、扫描混合及螺旋扫描。这三种实体特征为用户创建复杂的实体模型提供了更有力的工具。这三种特征有灵活、高效的一面，同时也有复杂、难以把握的一面。它们的创建一般需要比较多的步骤，如建立轨迹线、建立截面等，稍有不慎就会遇到不能生成实体或是实体生成错误的问题，这是初学者经常会遇到的情况。

本章中提供的实例只是高级实体特征的常规使用，利用这些特征还可以创建更为复杂的实体模型，这就需要读者自己多练习、多思考。

思考题

（1）可变剖面扫描特征包括几种剖面定位方式？

（2）扫描混合特征是怎样形成的？该特征包括几种截面定位方式？

（3）简述螺旋扫描特征包括几种截面定位方式，如何实现螺距可变。

（4）可变剖面扫描与扫描混合有哪些相似性？它们的区别是什么？

练习题

（1）用扫描混合特征完成如图 6-80 所示零件的三维模型（其中 02 表示混合截面）。

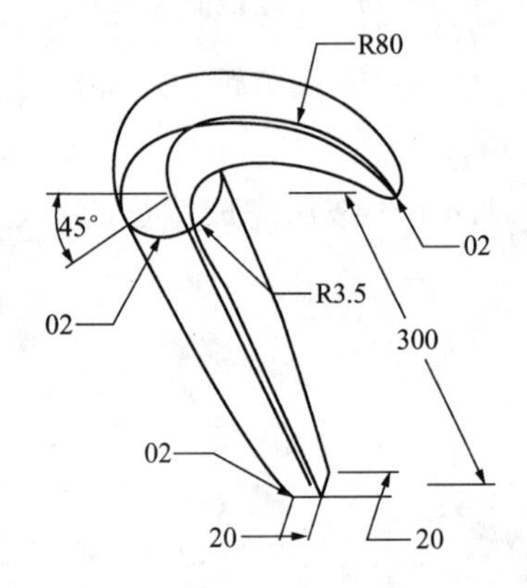

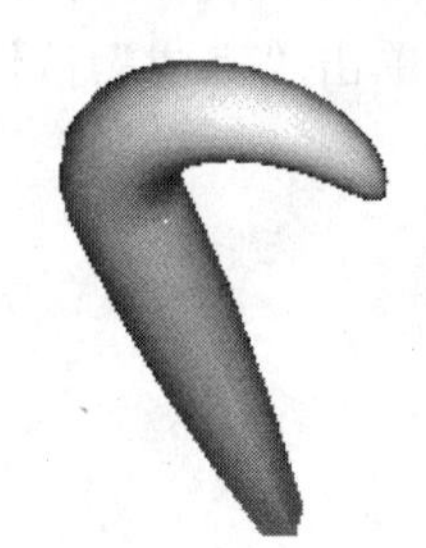

图 6-80 三维模型

（2）用螺旋扫描特征完成如图 6-81 所示零件的三维模型。

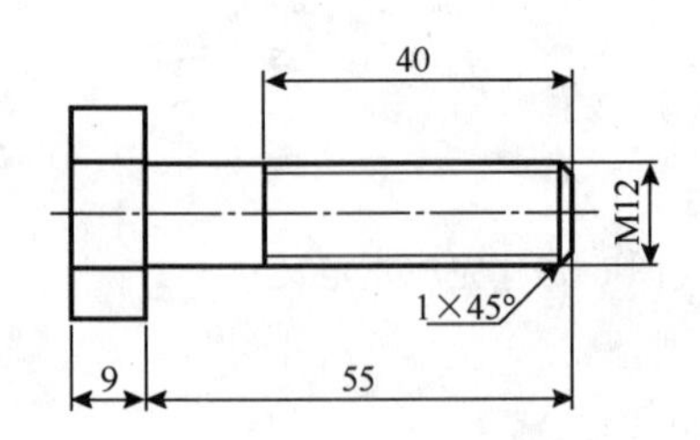

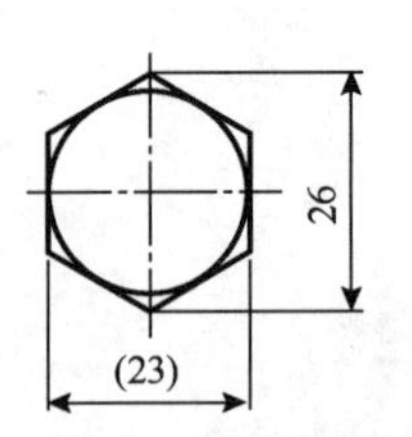

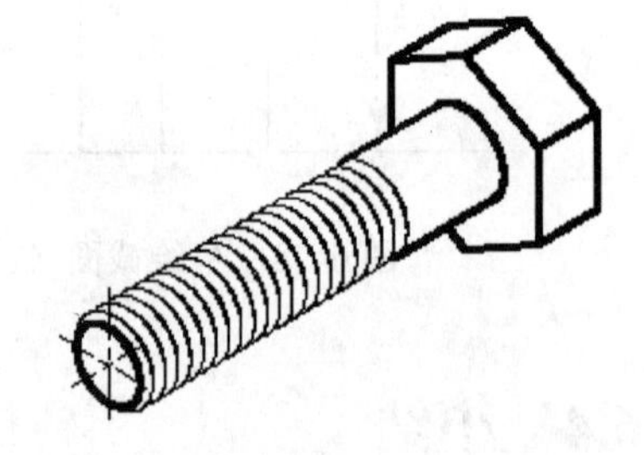

图 6-81 三维模型

第7章 零件设计扭拉特征

教学提示：扭拉特征是指使零件模型产生外形变化的特征，本章主要介绍拔模、耳特征、唇特征、环形弯和曲脊线弯曲等扭拉特征。

教学要求：通过对本章的学习，使读者掌握扭拉特征的创建的方法，并且能够通过扭拉特征创建出各种零件造型。

7.1 拔模

拔模是在一个平面、圆弧面或规则曲面上形成一个斜面，以利模具的脱模，图7-1所示为创建拔模面的示意图。

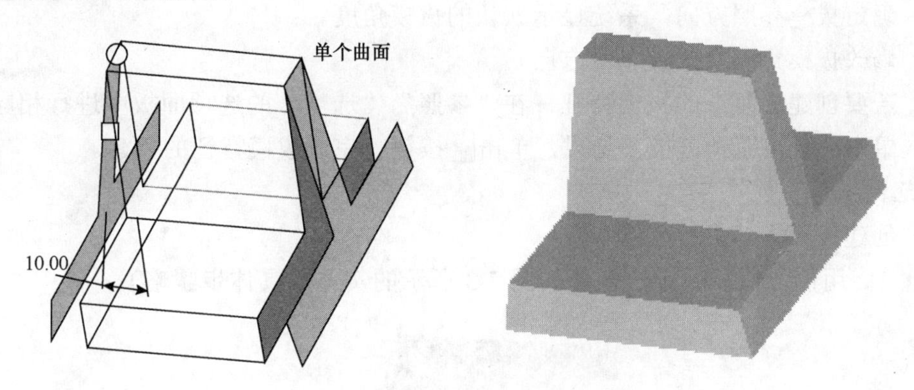

图7-1 拔模面示意图

1. 特征操控板说明

在创建拔模斜面时，特征操控板的主要选项及内容如图7-2所示，说明如下。

“参照”：创建拔模斜面时的参照（如图7-2所示），包括欲拔模的面、拔模枢轴及拖动方向。

各名词解释如下：

（1）拔模曲面：欲进行拔模的面。

（2）拔模枢轴：拔模的旋转轴，此旋转轴可落在一个平面上，也可是一条曲线。

（3）拖动方向：拔模的方向。

“分割”：拔模面分割的选项，包括分割选项、分割对象、侧选项等。

“角度”：固定的拔模角度或可变的拔模角度。

“选项”：拔模斜面的特殊选项。

“属性”：显示拔模特征的特性，包括拔模特征的名称及拔模特征的各项信息。

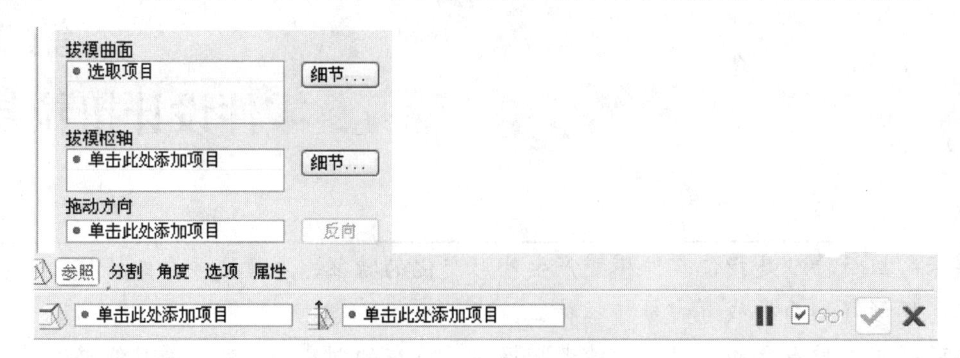

图 7-2　参照特征操控板

2. 创建拔模特征的操作步骤

（1）单击“工程特征”工具栏中的按钮，或单击主菜单中“插入”→“拔模”命令，弹出“拔模特征”操控板。

（2）选取要拔模的面（按住 Ctrl 键可选取多个面）。

（3）单击“拔模枢轴”栏，指定拔模链。

（4）确定拔模参照方向，系统显示默认的拔模角度。

（5）修改拔模角度及拔模参照方向。

（6）若要创建更复杂的拔模特征，在“参照”、“选项”的选项面板中进行相应设置。

（7）单击按钮预览拔模结果，单击按钮，完成拔模特征的创建。

3. 范例操作

（1）创建拔模实体。

步骤 1：用拉伸特征的方法创建如图 7-3 所示的实体（具体步骤略）。

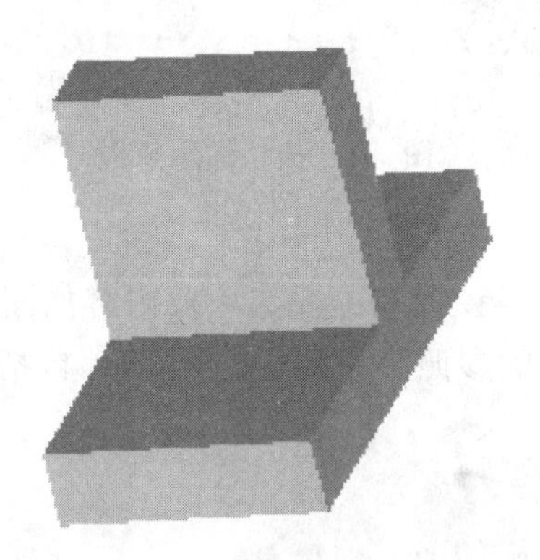

图 7-3　完成拉伸

（2）创建拔模特征。

步骤 2：单击“工程特征”工具栏中的按钮，弹出“拔模特征”操控板，选取模型的右侧面为拔模面，选取模型的上顶面为中立面，选取顶面为拔模参照方向面。

步骤 3：输入拔模角度为-10，单击按钮完成拔模的创建，如图 7-4 所示。

（3）创建沿中立面分割的拔模特征。

步骤 4：选取创建的拔模特征，单击鼠标右键菜单中的“删除”选项，单击“确认”按钮。

步骤 5：单击“工程特征”工具栏中的按钮，弹出“拔模特征”操控板，选取模型的顶面为拔模面，选取基准面 DTM2 为中立面，选取模型的左侧面为拔模参照方向面。

步骤 6：在“分割”栏中选取“根据拔模枢轴分割”通过选项，在“侧选项”栏选取“独立拔模侧面”选项。

步骤 7：输入拔模角度分别 10 和−10，单击按钮，完成拔模特征的创建，如图 7-5 所示。

图 7-4　完成拔模的创建

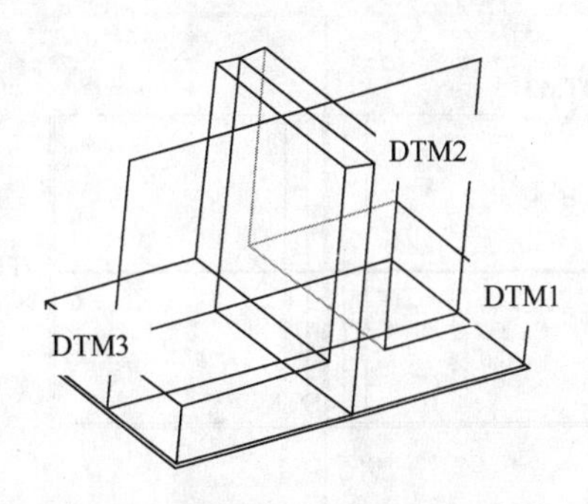

图 7-5　完成拔模特征的创建

（4）使用“侧选项”栏的其他选项。

步骤 8：选取模型树中的拔模特征，单击鼠标右键菜单中的“编辑定义”选项。

步骤 9：在栏中选取“独立拔模侧面”选项，输入拔模角度值分别为 30（上面向外倾斜 30），单击按钮预览结果，如图 7-6（a）所示。

步骤 10：在“侧选项”栏中选取“只拔模第一侧”选项，输入拔模角度为 20（上面向外倾斜 20），单击按钮完成拔模特征的创建，如图 7-6（b）所示。

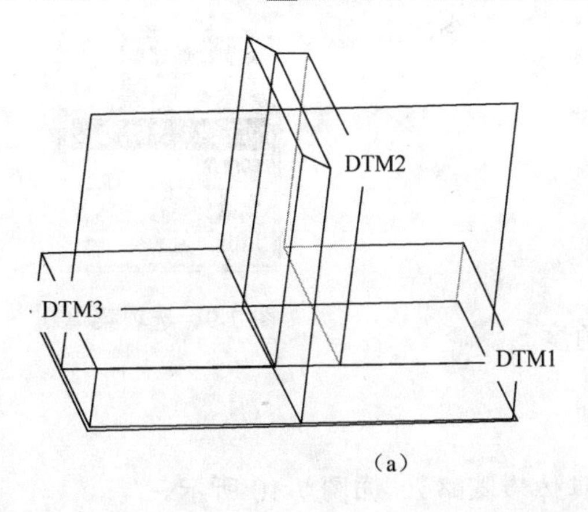

（a）

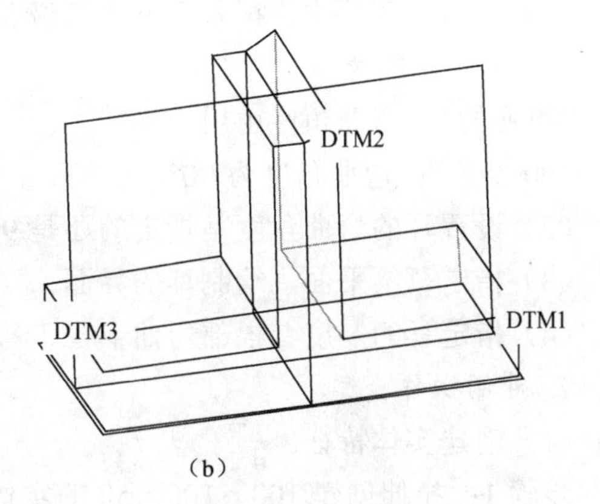

（b）

图 7-6　完成拔模

（5）创建沿曲线分割的拔模特征。

步骤 11：选取创建的拔模特征，单击鼠标右键菜单中的“删除”选项，单击“确定”按钮。

步骤 12：单击“工程特征”工具栏中的按钮，弹出“拔模特征”操控板。

步骤 13：选取模型的顶面为拔模面，选取基准平面 DTM2 为中立面，选取模型的左侧面为拔模参照方向面。

步骤 14：在“分割”栏中选取“根据分割对象分割”选项，选取顶面为草绘平面，接受系统默认的视图方向和参照方向，单击“草绘”按钮，进入草绘环境，绘制如图 7-7 所示的截面（注意：绘制的截面必须将拔模面分出区域），单击按钮。

步骤 15：输入拔模角度分别为 20 和 15，单击按钮完成拔模特征的创建。如图 7-8 所示。

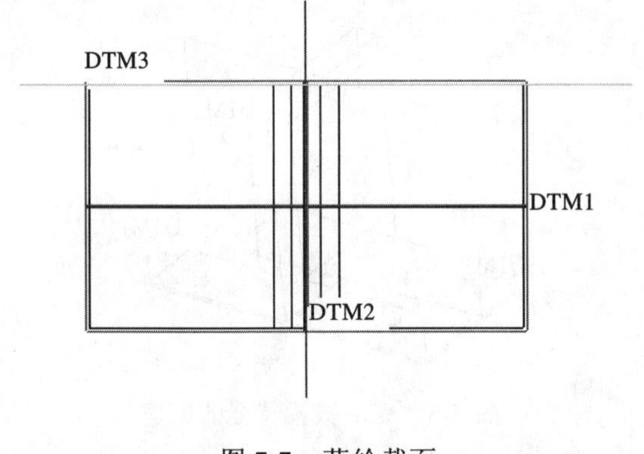

图 7-7　草绘截面

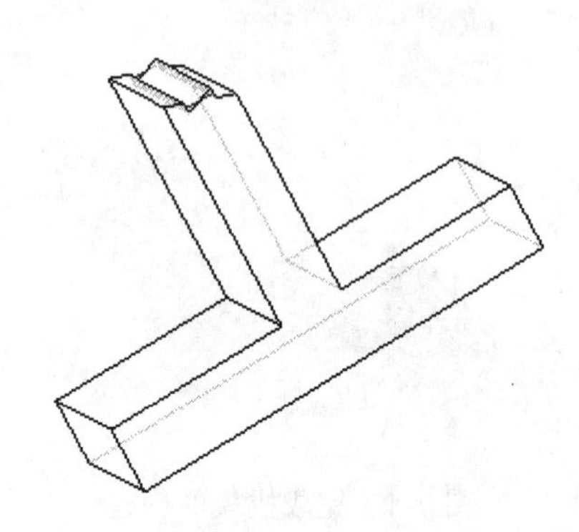

图 7-8　完成拔摸

7.2　耳特征

耳特征是指在模型的端面处长出弯曲的实体特征。

1. 创建耳特征的操作步骤

（1）单击主菜单中“插入”→“高级”→“耳”命令，出现如图 7-9 所示的菜单管理器。

“可变的”：弯曲角度由用户指定。

“90 度角”：弯曲角度为 90°。

（2）设置耳的弯曲角度是指定的还是 90°。

（3）指定草绘平面，绘制耳的界面。

（4）指定耳的厚度、根部弯曲半径、弯曲角度。

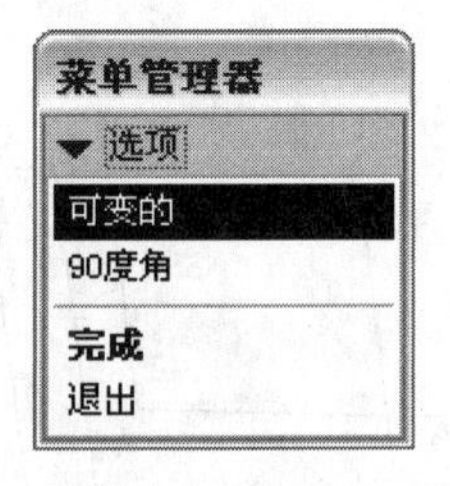

图 7-9　选项菜单

2. 范例操作

（1）创建实体特征。

步骤 1：拉伸创建 100×100×50 的实体（具体步骤略），如图 7-10 所示。

（2）创建耳特征。

步骤 2：单击主菜单中“插入”→“高级”→“耳”→“可变的”→“完成”，选取模型的右侧面为草绘平面，单击“确定”按钮，完成草绘平面法向的设置（特征长出方向朝左）。选取方向向“顶”，选取模型的顶面为视图定位参照平面。

步骤 3：进入草绘环境，绘制如图 7-11 所示的截面，单击✅按钮，完成截面的绘制。

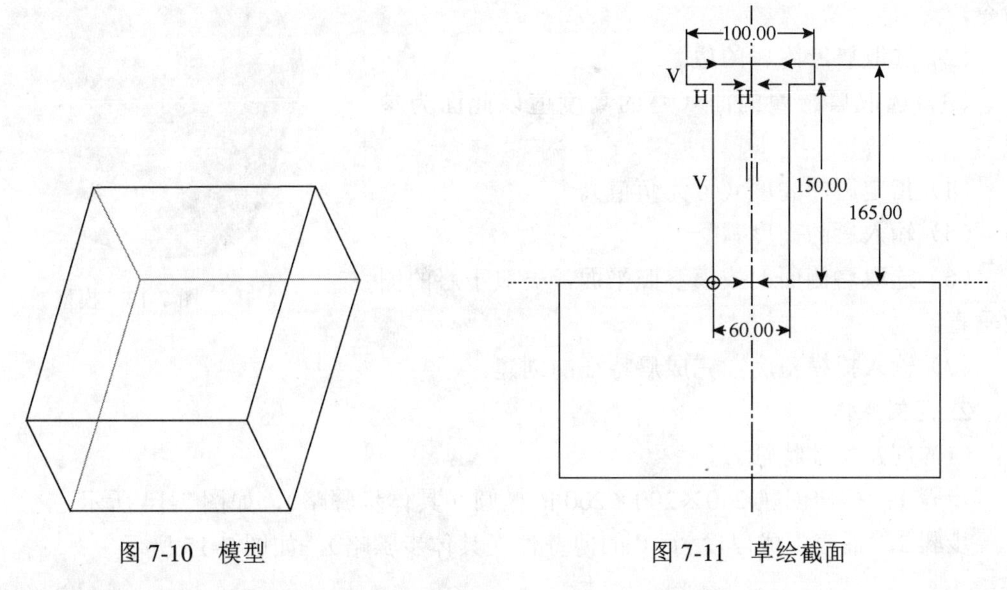

图 7-10 模型　　　图 7-11 草绘截面

步骤 4：输入“耳”厚度为 2，输入直弯曲半径为 30，输入“耳”弯曲角度为 85°。完成耳特征的创建，如图 7-12 所示。

图 7-12 创建耳特征

注意 草绘平面要与耳特征依附的面垂直，耳特征的截面必须是开放的，该界面与耳特征依附面形成封闭区域，不能指定过大的弯曲半径、弯曲角度。

7.3 唇特征

唇特征是指在两个薄壳零件（如手机面板、显示其外壳零件）互相配合的位置，如图 7-13 所示。其中一个零件在配合面上长出凸唇，而另一个零件长出凹唇，两唇配合有利于零件的固定。

1. 创建唇特征的操作步骤

（1）单击主菜单中“插入”→“高级”→“唇”命令。

（2）选取唇所附属的边。

（3）选取唇附属的面（唇的高度值以此面为参照）。

（4）指定唇的高度（可为负值）。

（5）输入唇的高度。

（6）选取唇侧面的拔模参照平面，一般于唇的侧面垂直。

（7）输入拔模角度，完成唇特征的创建。

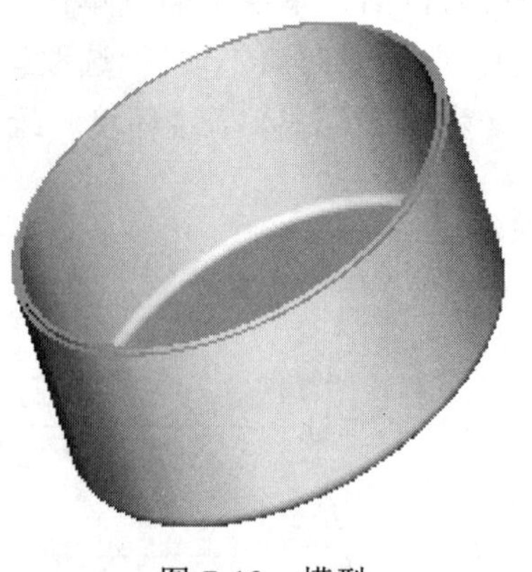

图 7-13　模型

2. 范例操作

（1）创建实体特征。

步骤 1：拉伸创建 250×200×200 的椭圆（具体步骤略），如图 7-14 所示。

步骤 2：抽壳生成厚度为 10 的薄壁件（具体步骤略），如图 7-15 所示。

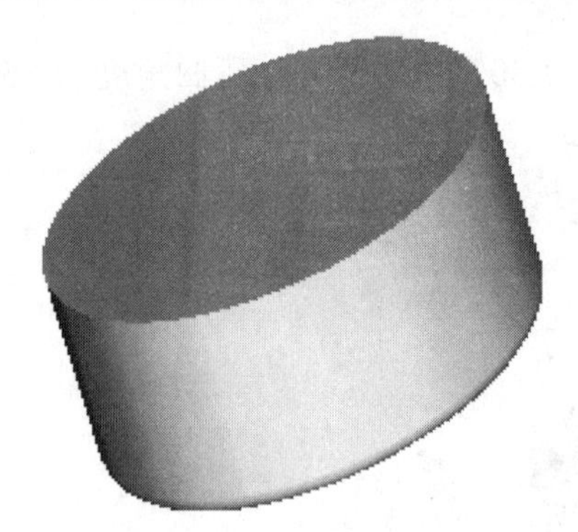

图 7-14　模型

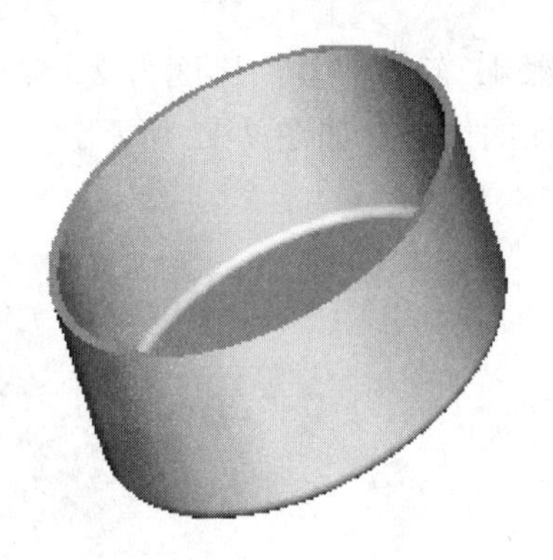

图 7-15　创建抽壳特征

（2）创建唇特征。

步骤 3：单击主菜单中“插入”→“高级”→“唇”命令。

步骤 4：选取模型顶面内边界为唇附属的边（按住 Ctrl 键选取）。

步骤 5：选取模型顶部椭圆环面为唇附属的面。

步骤 6：输入唇的高度为 5，唇的厚度为 5。

步骤 7：选取模型顶部椭圆环面为唇拔模参照面。

步骤 8：输入拔模角度值为 0，单击☑按钮，完成唇的创建，如图 7-16 所示。

（3）修改唇的高度。

步骤 9：选取模型树中的唇特征，单击鼠标右键菜单中的“编辑”命令。

步骤 10：在模型上双击唇高度尺寸值，输入新的高度值为-5。

步骤 11：单击“文件”工具栏中按钮，模型重新生成，结果如图 7-17 所示。

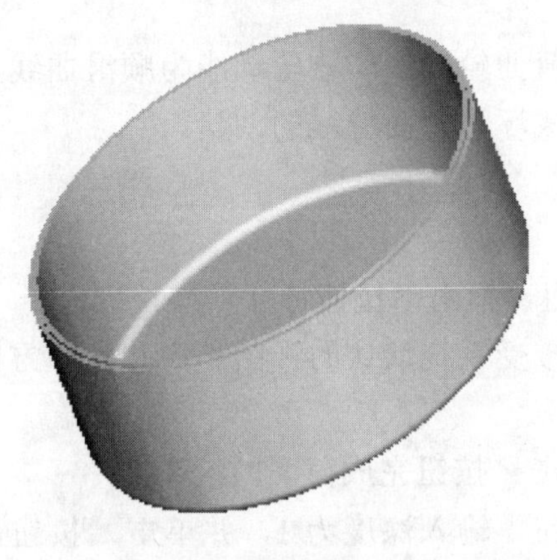

图 7-16 创建唇特征

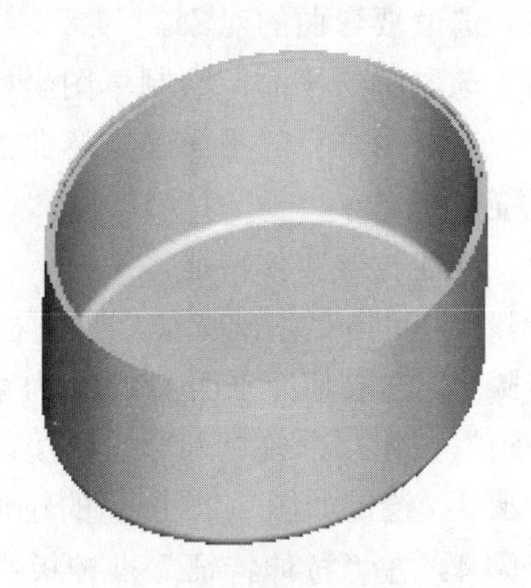

图 7-17 完成特征再生

7.4 环形弯曲

环形弯曲是指将实体、曲面、曲线弯曲成环形（圆环体、圆环面、圆环线）。例如狼牙棒的设计，如图 7-18 所示。

单击主菜单中“插入”→“高级”→“环形折弯”命令，出现如图 7-19 所示的“选项”菜单。

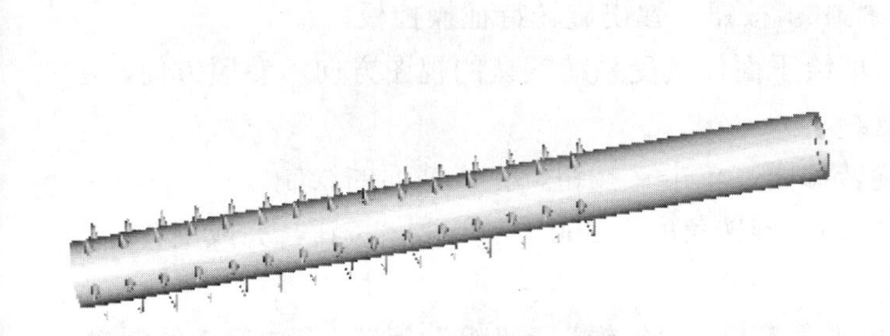

图 7-18 模型

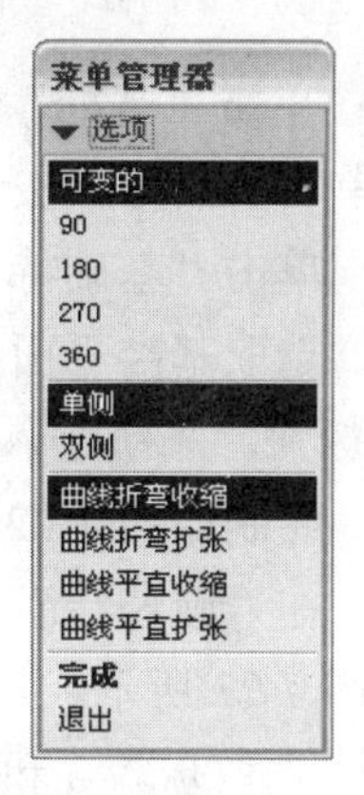

图 7-19 选项下拉菜单

“可变的”：弯曲角度由用户指定，介于 0～360°之间。

“单侧”：特征向草绘平面一侧弯曲。

“双侧”：特征向草绘平面两侧对称弯曲。

创建环形弯曲特征过程中，需绘制径向弯曲轮廓线截面，在绘制该截面时必须加入草图坐标系来决定弯曲中立面的位置，还要指定两个平行的面来确定被弯曲的长度。

1. 创建环形弯曲的操作步骤

（1）单击主菜单中“插入”→“高级”→“环形折弯”命令。

（2）在“选项”菜单中设置弯曲角度和特征创建的方式。

（3）选取要弯曲的对象。

（4）选取草绘平面，绘制草图坐标系和径向弯曲轮廓线（该轮廓线为顺滑曲线）。

（5）选取两平行的平面确定弯曲的长度，完成环形弯曲特征的创建。

2. 范例操作

（1）创建拉伸实体特征。

步骤 1：单击“基础特征”工具栏中的按钮，弹出“拉伸特征”操控板。

步骤 2：选取基准平面 DTM2 为草绘平面，接受系统默认的视图方向和参照方向，单击“草绘”按钮，系统进入草绘环境。

步骤 3：绘制如图 7-20 所示的拉伸截面，单击按钮完成截面的绘制。

步骤 4：在“拉伸特征”操控板中单击按钮，输入深度为 1，并单击按钮，完成拉伸特征的创建，如图 7-21 所示。

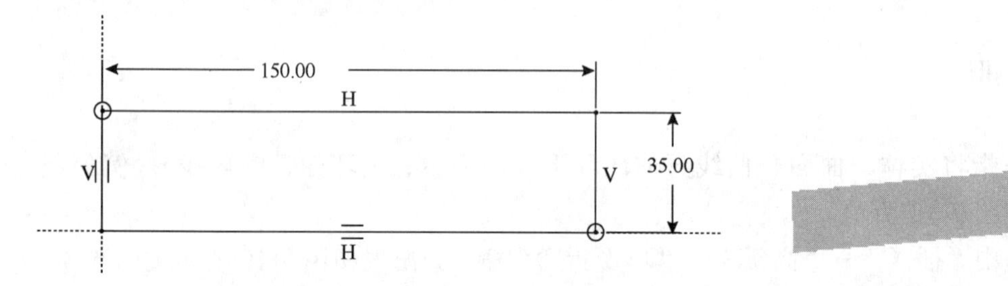

图 7-20　草绘截面　　　　图 7-21　完成特征创建

步骤 5：单击“基准”工具栏中的按钮，选取基准平面 DTM1，在“偏距”栏中向右平移 4，单击“确定”按钮，完成基准平面 DTM4 的创建。

步骤 6：单击“基础特征”工具栏中按钮，弹出旋转特征操控板。

步骤 7：选取基准平面 DTM4 为草绘平面，接受系统默认的视图方向和参照方向，单击“草绘”按钮，系统进入草绘环境。

步骤 8：绘制如图 7-22 所示的旋转截面，单击按钮，完成截面的绘制。

步骤 9：在“旋转特征”操控板中输入旋转角度为 360°，单击按钮，完成旋转特征的创建，如图 7-23 所示。

步骤 10：选取步骤 5 和步骤 9，单击主菜单中“编辑”→“组”命令，完成组 1 的创建。

步骤 11：选取组 1，单击“工程特征”工具栏中的按钮，选取驱动尺寸 4，将 4 改为 7，选取驱动尺寸 3，将 3 改为 7，在“阵列”操控板中分别输入个数为 15 和 5，单击按钮，完成阵列的创建，如图 7-24 所示。

（2）创建环形弯曲特征。

步骤 12：单击主菜单中“插入”→“高级”→“环行折弯”→“360”→“单侧”→“完成”。

步骤 13：在模型上单击一点以选取整个模型来进行弯曲，单击“完成”确认。

步骤 14：选取模型的前端面为草绘平面，单击“正向”按钮，完成草绘平面法向的设置，选取方向向“顶”，选取基准平面 DTM2 为视图定位参照平面。

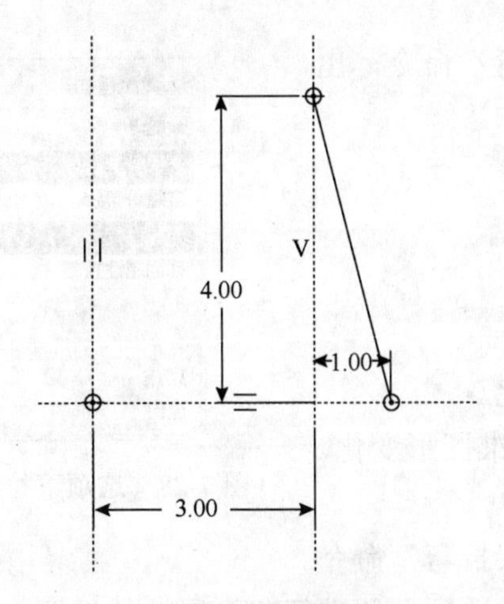

图 7-22　草绘截面

图 7-23　完成特征创建

步骤 15：绘制如图 7-25 所示的草绘坐标系和截面，单击✔按钮。

图 7-24　完成阵列

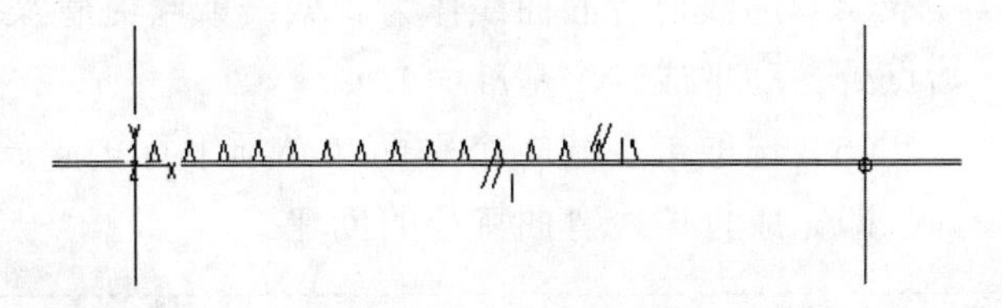

图 7-25　草绘截面

步骤 16：选取模型的前端面和后端面来确定被弯曲长度。完成环形弯曲特征的创建，如图 7-26 所示。

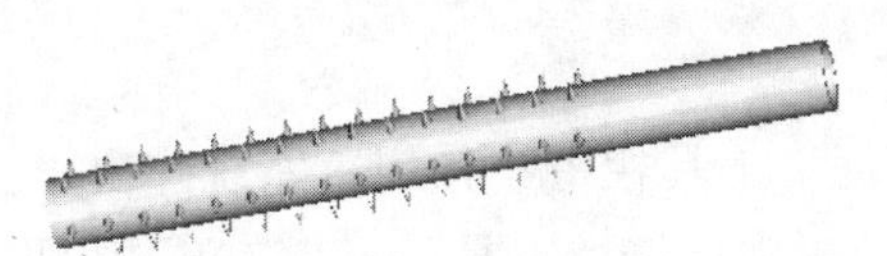

图 7-26　环行折弯

7.5　骨架折弯

骨架折弯是沿着一条连续相切的轨迹线，将实体或曲面弯曲，弯曲后的实体体积和表面积都可能改变，如图 7-27 所示。由于弯曲后的实体或曲面的截面垂直于轨迹线，此轨迹线如同骨架形状，又称为骨架线。

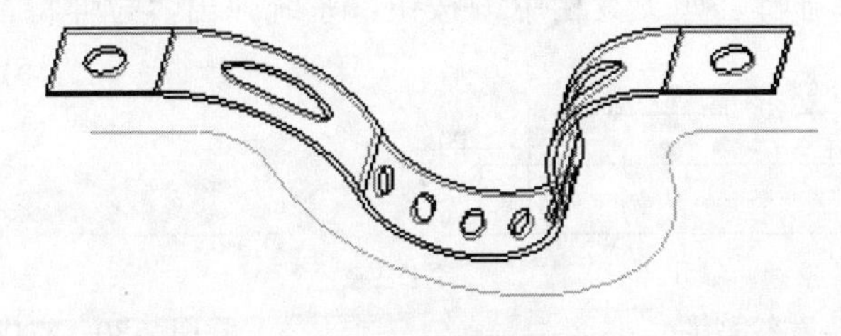

图 7-27　模型

单击主菜单中“插入”→“高级”→“骨架折弯”命令，出现如图7-28所示的“选项”菜单。

图7-28　选项下拉菜单

“选取骨架线”：选取已有的曲线作为骨架线。

“草绘骨架线”：草绘骨架线。

“无属性控制”：不进行截面属性控制。

“截面属性控制”：控制截面属性。

“线性”：截面属性在起点和终点之间以线形变化。

“控制曲线”：截面属性在起点和终点之间根据基准图形变化。

1. 创建骨架折弯的操作步骤

（1）单击主菜单中“插入”→“高级”→“骨架折弯”命令。

（2）选取是“选取骨架线”还是“草绘骨架线”选项，并进行截面属性的设置。

（3）选取要进行骨架折弯的实体或曲面特征。

（4）选取已有的曲线作为骨架线或绘制骨架线，并确定骨架线的起始点（系统会在起始点处自动生成一个基准面）。

（5）选取或创建一个平面（必须平行于起始点处的基准面），以定义被弯曲的实体部分，即完成骨架线弯曲特征的创建。

注意　对实体模型弯曲时，原来的实体模型在弯曲后隐藏。若对曲面进行弯曲，原始曲面依旧会显示。

---

2. 范例操作

（1）创建拉伸实体特征。

步骤1：单击“基础特征”工具栏中按钮，系统弹出“拉伸特征”操控板。

步骤2：在拉伸特征操控板中单击“放置”→“定义”按钮，系统弹出“草绘”对话框。

步骤3：选取基准平面DTM1为草绘平面，选取基准平面DTM2为参照平面，单击“草绘”按钮，进入草绘环境。

步骤4：绘制如图7-29所示的截面，单击“草绘”工具栏中✔按钮，完成草绘截面的绘制。

步骤5：在“拉伸特征”操控板中单击按钮，输入深度为1000，单击✔按钮，完成拉伸特征的创建。

步骤6：单击✔按钮完成拉伸特征的创建，如图7-30所示。

步骤7：单击“基础特征”工具栏中按钮，系统弹出“拉伸特征”操控板。

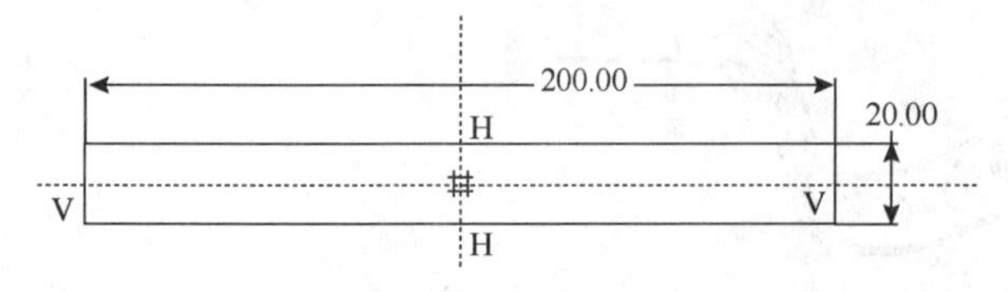

图7-29　草绘截面

图7-30　完成特征创建

步骤 8：在“拉伸特征”操控板中单击“放置”→“定义”按钮，系统弹出“草绘”对话框。

步骤 9：选取顶面为草绘平面，接受系统默认的视图方向和参照平面，单击“草绘”按钮，进入草绘环境。

步骤 10：如图 7-31 所示，单击“草绘”工具栏中按钮，完成草绘截面的绘制。

步骤 11：在“拉伸特征”操控板中单击和按钮，并单击按钮，完成拉伸去除特征的创建。

步骤 12：选取上一步创建的特征，单击“工程特征”工具栏中的按钮，选取驱动尺寸 100，将 100 改为 200，在“阵列”操控板中输入个数为 10，单击按钮，完成阵列的创建，如图 7-32 所示。

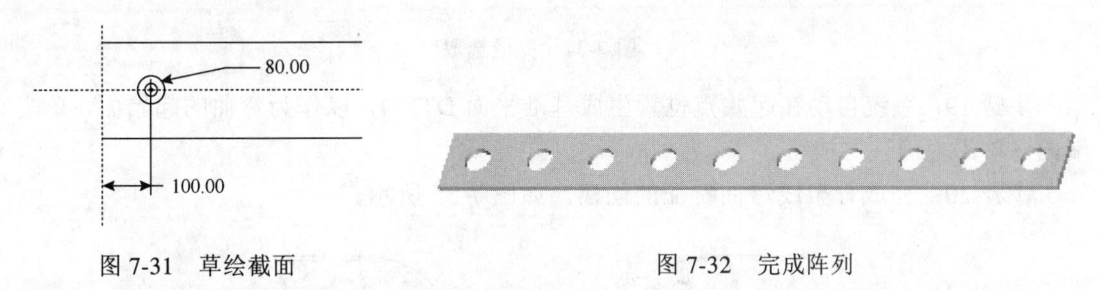

图 7-31　草绘截面　　　　图 7-32　完成阵列

（2）创建骨架线。

步骤 13：单击“基准”工具栏中的按钮，出现“草绘基准曲线”对话框，选取基准平面 DTM3 为草绘平面，接受系统默认的视图方式，单击“草绘”按钮。

步骤 14：系统进入草绘模式，绘制如图 7-33 所示的截面。

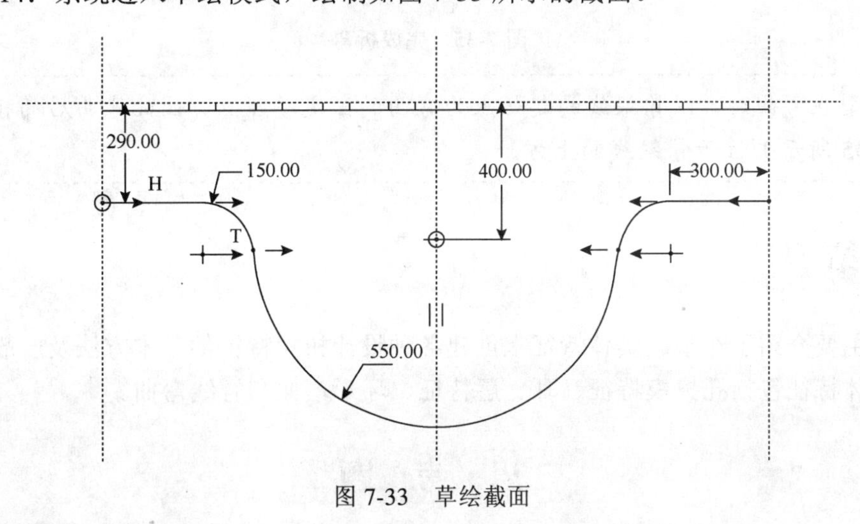

图 7-33　草绘截面

步骤 15：单击“草绘”工具栏中的按钮，完成骨架线的创建。

（3）创建骨架线弯曲特征。

步骤 16：单击主菜单中“插入”→“高级”→“骨架折弯”→“选取骨架线”→“无属性控制”→“确认”。

步骤 17：在模型上单击一点以选取整个模型来进行弯曲，单击“确认”按钮。

步骤 18：从操控板上选取“曲线链”选项，选取创建的基准曲线，单击“选取全部”选项全部选中曲线（如图 7-34 所示的箭头，表示曲线的左端为骨架线的起始点），单击“确认”按钮。

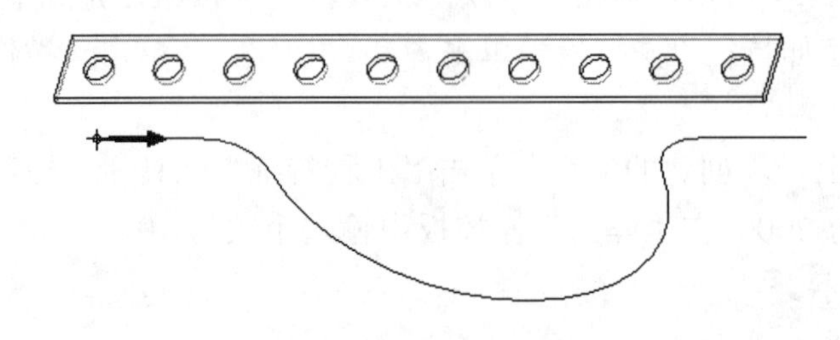

图 7-34 完成选取

步骤 19：系统自动在起始点位置生成基准平面 DTM4，以作为弯曲的起始面，单击右端面，单击“确认”按钮。

步骤 20：完成骨架线弯曲特征的创建，如图 7-35 所示。

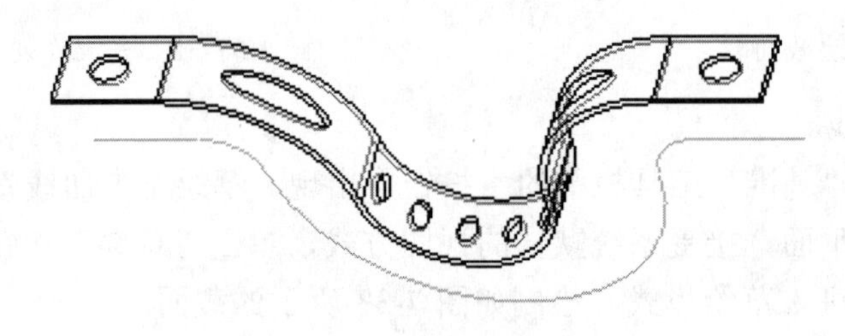

图 7-35 完成折弯

注意 模型在弯曲时，以骨架线的起始点为弯曲的固定参照点，因此弯曲后的模型（如图 7-35 所示）位于骨架线的上方。

7.6 小结

本章主要介绍了在基础实体特征上创建各种设计扭拉特征的基本方法及一般步骤，这些放置实体特征包括孔拔模特征、耳、唇特征、环形弯曲和脊线弯曲。

思 考 题

（1）拔模的含义是什么？

（2）耳特征截面是否封闭？

（3）唇特征创建的步骤是什么？

（4）脊线弯曲对实体模型弯曲时原来的实体模型是否被隐藏？

第 8 章 零件设计曲面特征

教学提示：在 Pro/ENGINEER Wildfire 3.0 中，曲面特征不仅创建方法灵活多样，而且操作性强，能解决复杂程度较高的造型设计问题。本章主要介绍曲面特征的基本概念、曲面的合并、曲面的修剪、曲面的延伸、曲面的转换、高级曲面的构建及面去除实体特征。

教学要求：本章要求读者了解曲面特征在三维造型中的重要性，掌握曲面特征的基本概念、基本曲面特征和高级曲面特征的创建方法，同时掌握利用曲面创建实体零件的方法，并培养及提高读者运用曲面造型方法进行复杂零件设计的能力。

8.1 基本曲面特征

8.1.1 以拉伸方式创建曲面特征

草绘的二维截面沿着草绘平面的垂直方向拉伸指定深度，而创建的曲面特征，称为曲面拉伸特征。

注意 在草绘曲面拉伸特征的截面时，截面不一定要封闭，但截面线同实体拉伸特征一样不能相交、不能有重线。在草绘曲面去除特征拉伸截面时，截面必须将被去除特征的曲面分出区域。

其操作步骤如下：

（1）单击“基础特征”工具栏中的按钮，或单击主菜单中“插入”→“拉伸”命令。

（2）选取一个基准平面或零件模型上的平面为草绘平面，绘制草图，单击✓按钮。

（3）单击“拉伸特征”操控板中的（拉伸为曲面）按钮。

（4）输入曲面的深度（即草绘的拉伸深度），即完成拉伸曲面的创建，如图 8-1 所示。

（a）端面不封闭

（b）端面封闭

图 8-1　端面不封闭和端面封闭

8.1.2 以旋转方式创建曲面特征

草绘的二维截面绕中心轴线旋转指定的角度生成的曲面特征，称为曲面旋转特征。其操作步骤如下。

（1）单击“基础特征”工具栏中的按钮，或单击主菜单中“插入”→“旋转”命令。

（2）选取一个基准平面或零件上的平面为草绘平面，确认草绘的方向参照及其方向。

（3）绘制草图，然后单击✔按钮结束草绘截面的绘制。

（4）单击“旋转特征”操控板中的按钮。

（5）输入曲面的旋转角度，即完成旋转曲面的创建，如图 8-2 所示。

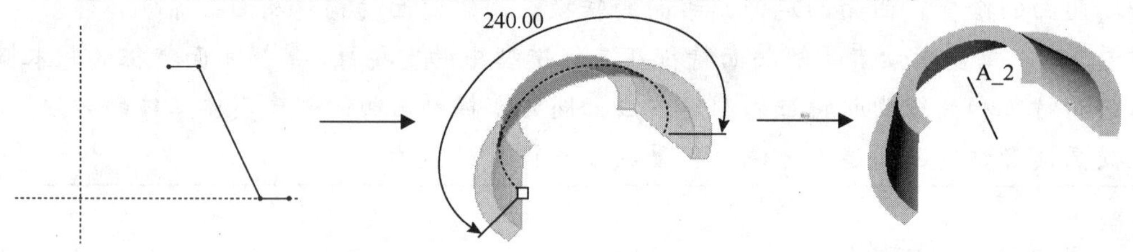

图 8-2　旋转特征

8.1.3 以扫描方式创建曲面特征

将草绘的二维截面沿着指定的轨迹线扫描生成的曲面特征，称为曲面扫描特征。

其操作步骤如下：

（1）单击主菜单中“插入”→“扫描”→“曲面”命令（以扫描的方式创建曲面）。

（2）单击“草绘轨迹”选项（轨迹线为以草绘方式画出来的二维线条）。

（3）选取轨迹线的草绘平面，并决定绘制轨迹线时的视图方向，然后再选取另一平面，作为草绘方向的参照，以将零件转换为二维视图。

（4）绘制扫描的轨迹线。

（5）指定扫描的属性，其选项轨迹线为封闭或非封闭的线条而不同。

若轨迹线为非封闭的线条，则属性的选项为：

“开放终点”曲面的两端不封闭。

“封闭端”将曲面的两端自动封闭住（注：若选此项截面必须绘制成封闭轮廓），如图 8-3 所示。

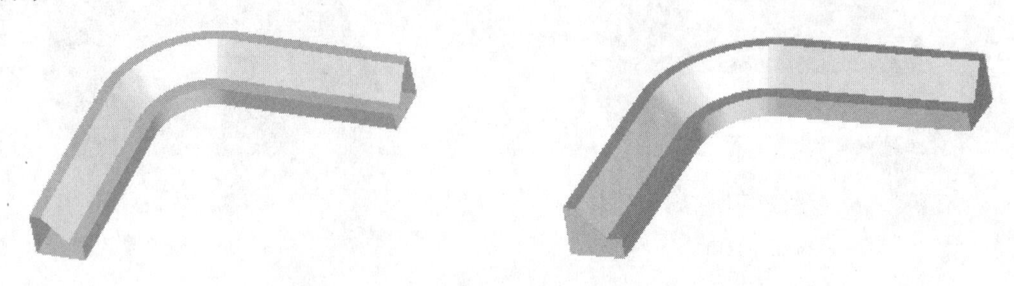

图 8-3　模型

若轨迹线为封闭的线条，则无上述的属性选项，且截面可以封闭，也可以不封闭。

（6）系统再次进入草绘环境，用户绘制扫描的截面，完成曲面扫描特征的创建。

8.1.4 以混合曲面混合特征

在数个截面之间混合形成的曲面特征，称为曲面混合特征。

其操作步骤如下：

（1）单击主菜单中“插入”→“混合”→“曲面”命令。

（2）确认混合的选项：“平行”→“规则截面”→“草绘截面”，表示各截面之间互相平行，截面混合为曲面时，截面不需进行投影，截面是以草绘方式创建而成。

（3）确认混合的属性。

“直的”：截面之间点对点以直线相连。

“光滑”：所有截面点对点之间以平滑曲线相连（当截面个数在两个以上时才有作用）。

“开放终点”：曲面的两端不封闭。

“封闭端”：曲面的两端自动封闭（注：若选此项截面必须绘制成封闭轮廓）。

（4）选取截面的草绘平面，并决定曲面的创建方向。

（5）选取另一平面，作为草绘方向的参照，将三维零件转换为二维视图。

（6）系统进入草绘模式，绘制第一个截面。

（7）单击鼠标右键，在弹出的菜单中再单击“切换剖面”或单击主菜单中“草绘”→“特征工具”→“切换剖面”命令，第一个截面即变为暗线，使用户绘制第二个截面。若仍有其他截面，则持续使用“切换剖面”切换至其他截面（最后一个截面则无需切换），以进行下一截面的绘制。

（8）分别输入相邻两截面之间的深度，完成混合曲面的创建，如图 8-4 所示。

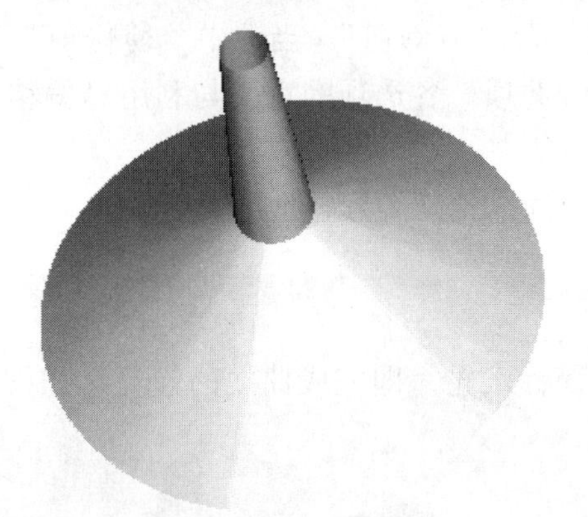

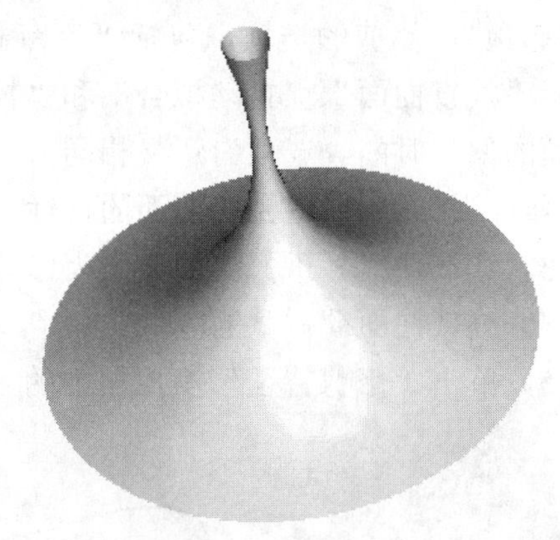

图 8-4　模型

8.2 曲面的合并

此功能是将两个曲面合并，产生一个曲面组（Quilt），其操作步骤如下：

（1）选取两个曲面，如图 8-5 所示。

（2）单击“编辑特征”工具栏的按钮（或单击主菜单中“编辑”→“合并”命令）。

“参照”：欲合并的曲面。

“选项”：选取欲合并曲面的类型。

“属性”：显示合并完成曲面的特性，包含曲面的名称及各项特征信息。

（3）单击“合并特征”操控板中的或单击鼠标中键，即产生新的曲面，如图 8-6 所示。

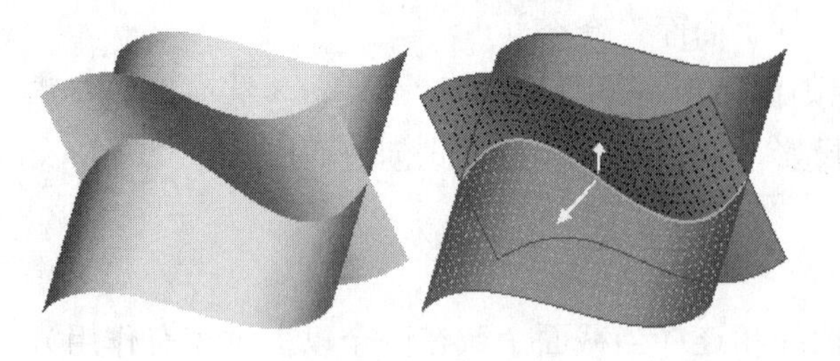

图 8-5 曲面合并

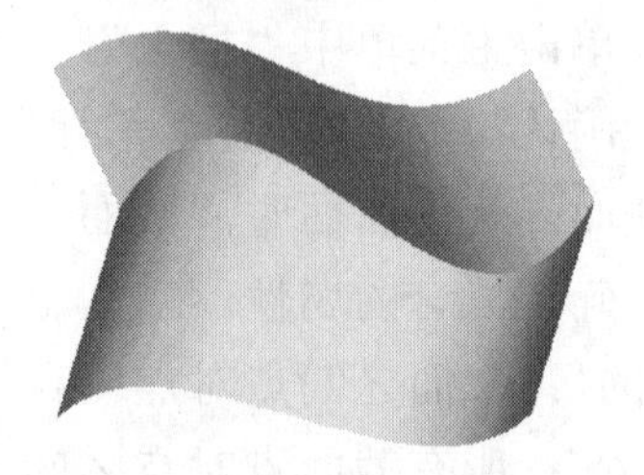

图 8-6 完成合并

8.3 曲面的修剪

修剪是将一个现有的曲面，利用一个修剪工具（可为曲线、平面或曲面）进行修剪。其操作步骤如下：

（1）选取欲被修剪的曲面，如图 8-7 所示。

（2）单击“编辑特征”工具栏的按钮或单击主菜单中“编辑”→“修剪”命令，如图 8-9 所示。

“参照”：设置曲面修剪的数据，包括欲修剪的曲面及所选的修剪工具。

“选项”：修剪的选项，包括“保留修剪曲面”及“薄修剪”。当选中“薄修剪”时，会显示“垂直曲面”、“自动拟合”和“控制拟合”选项，各选项的意义与利用“偏移”进行曲面的偏移时的“选项”意义相同。

“属性”：显示修剪完成曲面的特性，包含曲面的名称及各项特征信息。

（3）选取曲线、平面或曲面作为修剪工具。

（4）确认曲面欲留下的区域。

（5）单击“修剪特征”操控板中的或单击鼠标滚轮，即完成曲面的修剪，如图 8-8 所示。

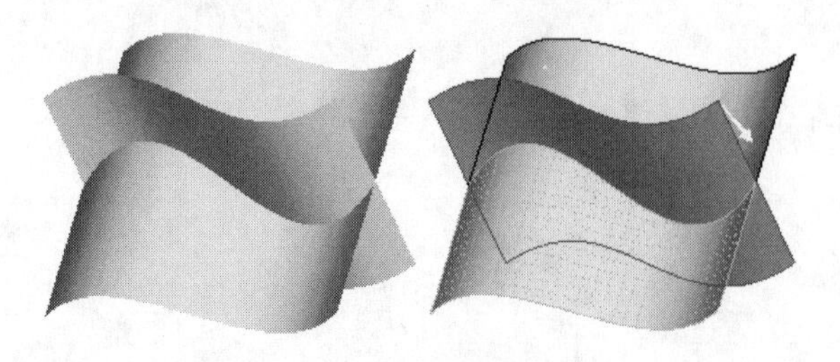

图 8-7 曲面修剪

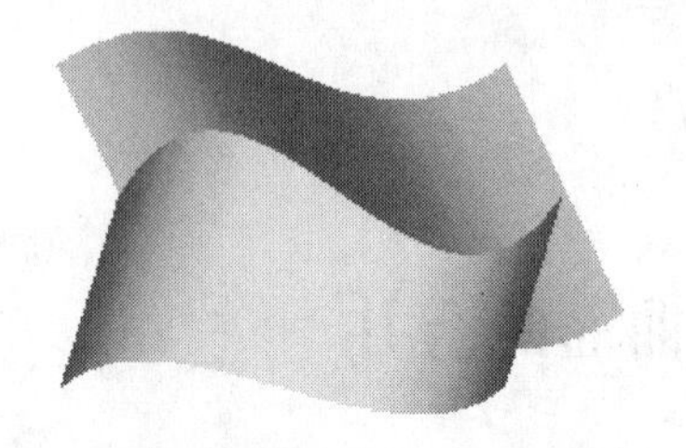

图 8-8 完成修剪

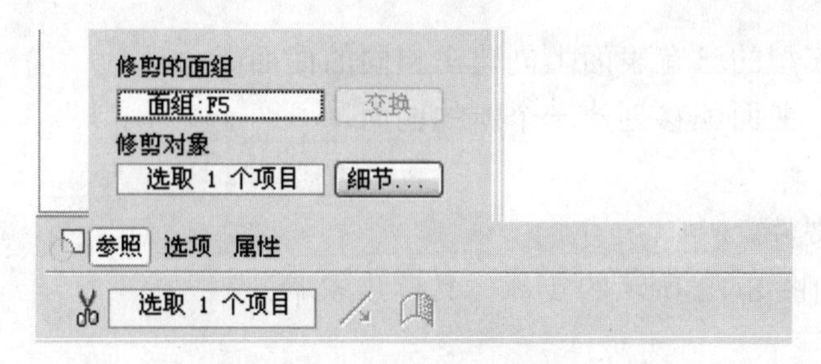

图 8-9　参照特征操控板

8.4　曲面的延伸

曲面延伸是指将曲面的边界线沿着指定的方式进行延伸。其操作步骤如下：选取要延伸的曲面的边，单击主菜单中“编辑”→“延伸”命令，出现如图 8-10 所示的曲面“延伸特征”操控板。

图 8-10　“延伸特征”操控板

“选项”：单击该按钮，使用该项的操控板可以对侧边的定义，也可以选取测量延伸距离的方法是沿着延伸曲面进行测量，还是沿着指定的基准面进行测量，也可指定三种延伸方式，如图 8-11 所示。

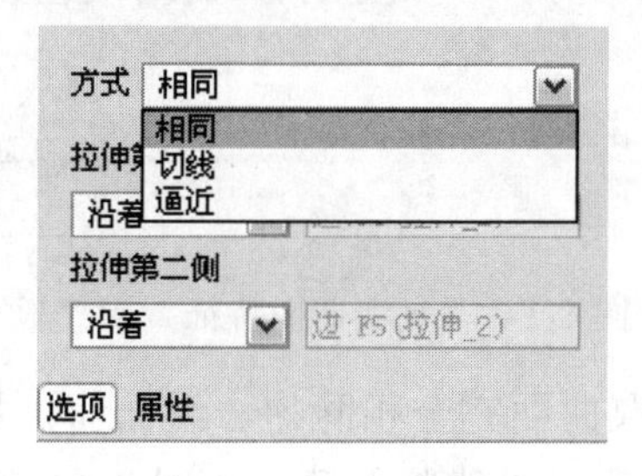

图 8-11　“选项特征”操控板

“相同”：创建的延伸特征与原始特征具有相同的类型。

“”：将曲面选定的边沿着指定的平面垂直方向延伸到该平面。

“相切”：创建的延伸曲面与原始曲面相切。

“逼近（近似的）”：在原始曲面与延伸边之间，以边界混合的方式创建延伸特征。

8.5　曲面的转换

8.5.1　复制曲面与偏置曲面

在模型上选取表面通过复制或偏置的方式也可以创建曲面特征。

复制曲面：在模型的已有表面上创建出相同的曲面。

偏移曲面：由一曲面偏移创建一个新的曲面。

范例操作：

（1）打开练习文件。

步骤 1：创建如图 8-12 所示的实体（具体步骤略）。

（2）复制曲面。

步骤 2：在模型上选取如图 8-13 箭头指示的面为要进行复制的面。

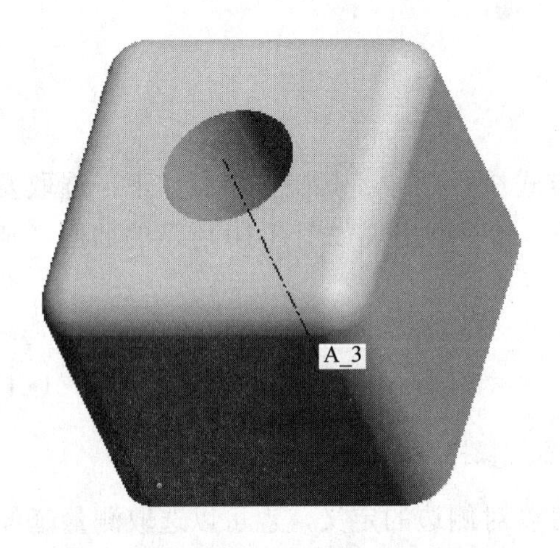

图 8-12 模型

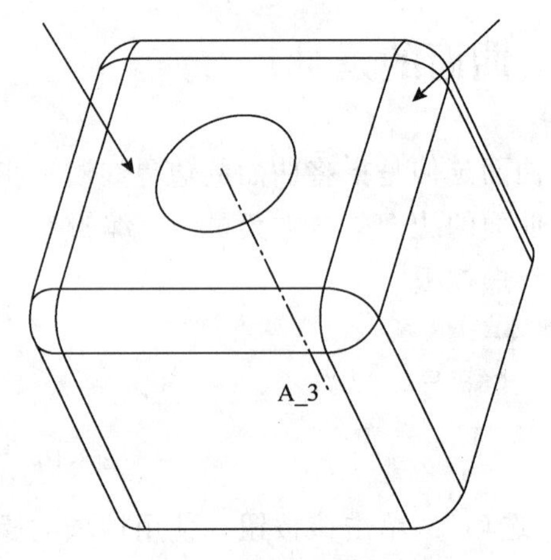

图 8-13 完成选取

步骤 3：单击主菜单中“编辑”→“复制”命令，打开“复制曲面特征”操控板，如图 8-14 所示。

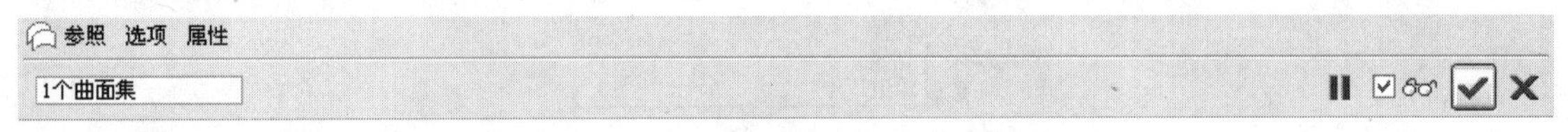

图 8-14 “复制曲面特征”操控板

步骤 4：系统创建出与选取曲面完全相同的一组曲面，如图 8-15 所示。

在“选项特征”操控板中有三个复制选项，如图 8-16 所示。

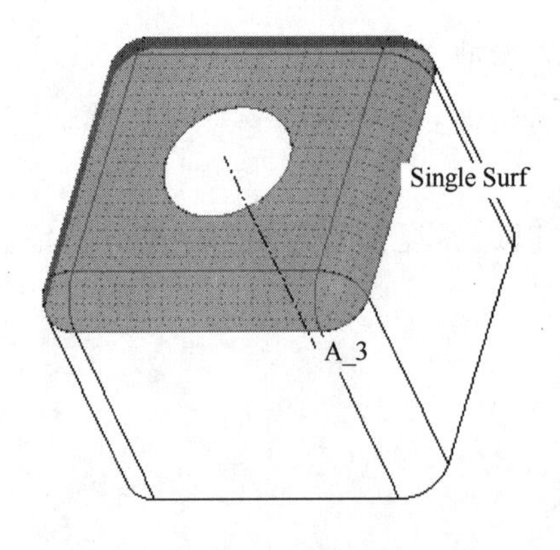

图 8-15 选取面组

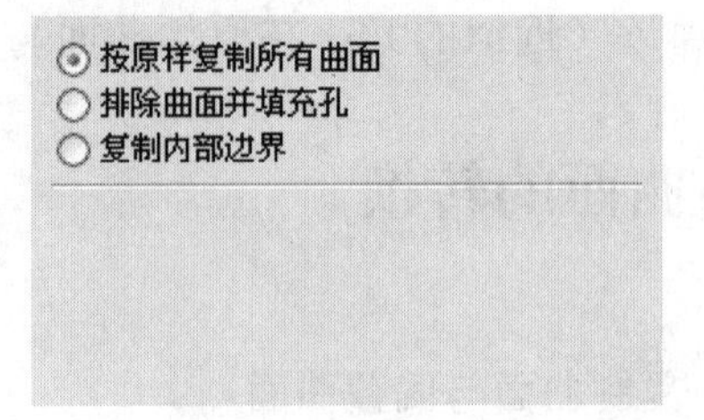

图 8-16 “选项特征”操控板

1）“按原样复制所有曲面”：按原样复制曲面，为系统默认选项。

2）“排除曲面并填充孔”：若选取的复制曲面中有孔，则可以使用其选项把孔填充成面，选取此项，激活以下两项：

“排除曲面”：指定在当前复制特征中不复制的面。

“填充孔/曲面”：选取要填充孔的曲面或孔的边界曲线。

3）“复制内部边界”：仅复制位于指定的边界（边界必须是在复制曲面上的封闭轮廓曲线）范围内的曲面。

步骤 5：在“选项”的操控板中选取“排除曲面并填充孔”选项。

步骤 6：单击“填充孔/曲面”对应的文本框，在模型上选取孔的边。

步骤 7：单击工具栏中的✔按钮完成曲面的复制，如图 8-17 所示。

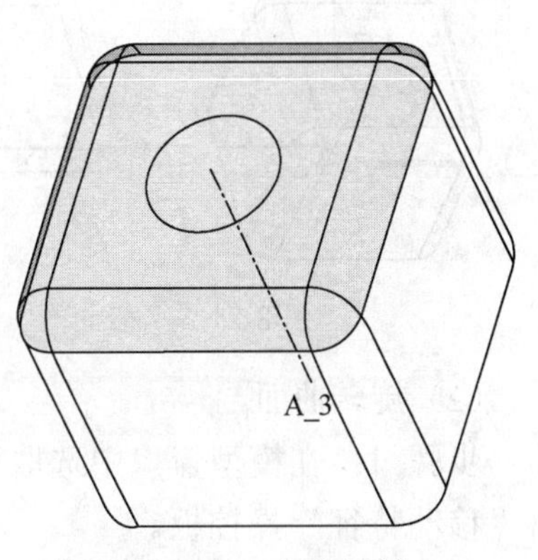

图 8-17 完成复制

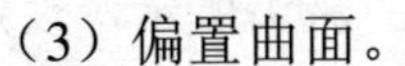

（3）偏置曲面。

步骤 1：在模型上选取复制的曲面。

步骤 2：单击主菜单中“编辑”→“偏移”命令，弹出“偏置特征”操控板，如图 8-18 所示。

图 8-18 “偏移特征”操控板

步骤 3：在操控板中指定偏置值为 20，单击按钮可切换偏置方向，单击✔按钮完成曲面的偏置，如图 8-19 所示。

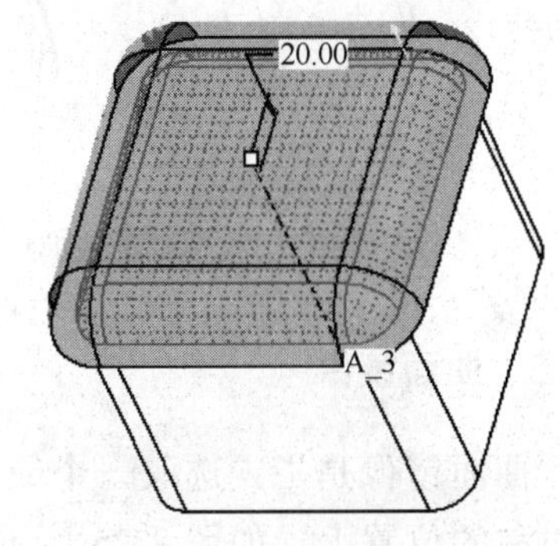

图 8-19 完成偏移

8.5.2 曲面移动

曲面移动是指对曲面进行“平移”或“旋转”，或对曲面进行既平移又旋转复制。

范例操作：

（1）平移曲面。

步骤 1：选取模型窗口中的曲面，单击“编辑特征”工具栏中按钮，或单击主菜单中“编辑”→“移动”命令，弹出“移动特征”操控板，如图 8-20 所示。

图 8-20 “移动特征”操控板

步骤 2：单击↔按钮，则移动方式为“复换”。

步骤 3：选取基准平面 DTM3 为参照方向，平移方向如图 8-21 中的箭头所示，设定平移尺寸为 500。

步骤 4：单击✓按钮，完成曲面的平移，如图 8-22 所示。

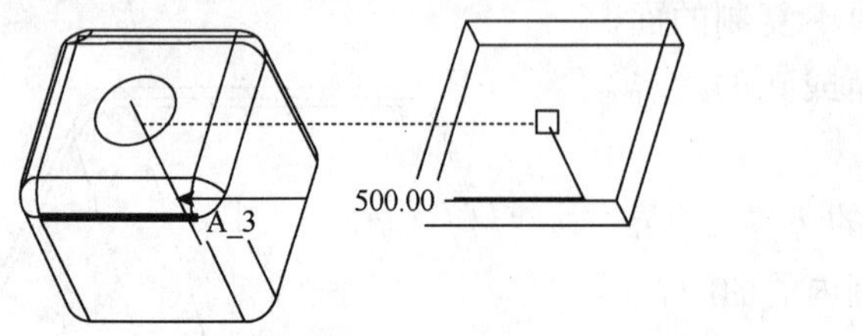

图 8-21　平移曲面

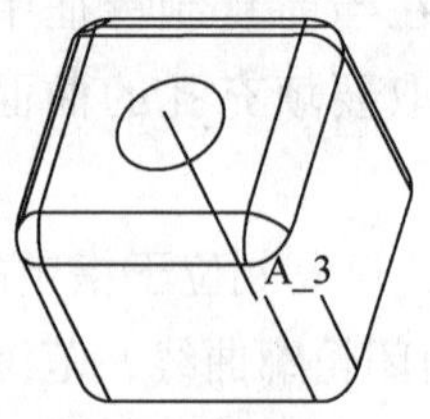

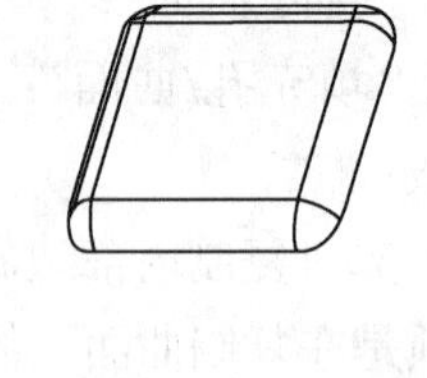

图 8-22　完成平移

（2）旋转曲面。

步骤 1：在模型窗口中选取平移复制的曲面，单击“编辑特征”工具栏中按钮，弹出“移动特征”操控板。

步骤 2：单击按钮，则移动方式“旋转”。

步骤 3：选取轴线 A3 为旋转的参照方向，旋转方向如图 8-23 中的箭头所示，设定旋转角度为 120°。

步骤 4：单击“草绘”工具栏中的✓按钮，完成曲面的旋转，如图 8-24 所示。

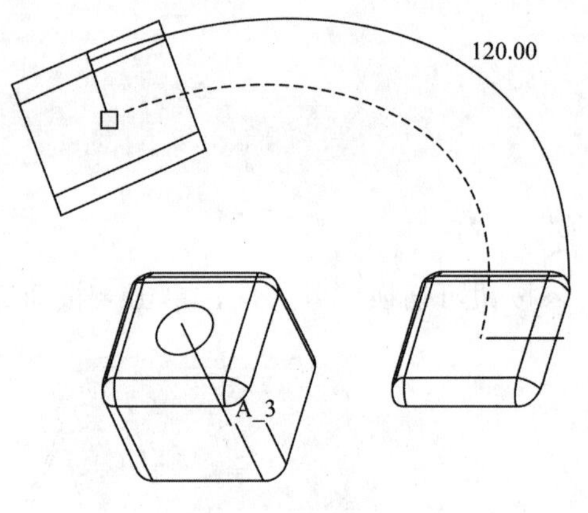

图 8-23　旋转曲面

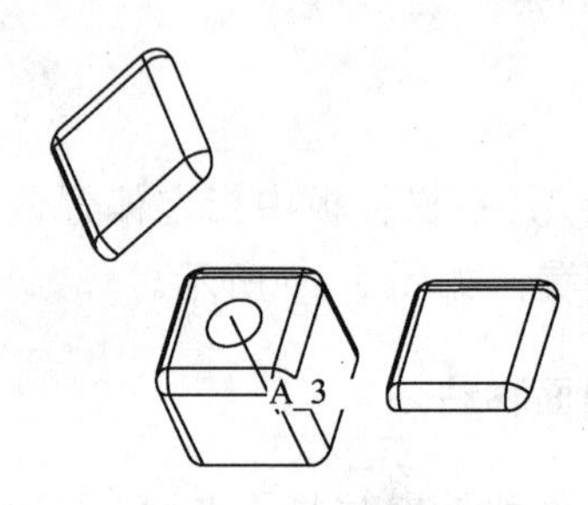

图 8-24　完成旋转

8.5.3　曲面镜像

曲面镜像是指定选取一个或多个曲面关于指定的平面镜像，使选取的曲面被移动复制到对称的位置上，如图 8-25 所示。

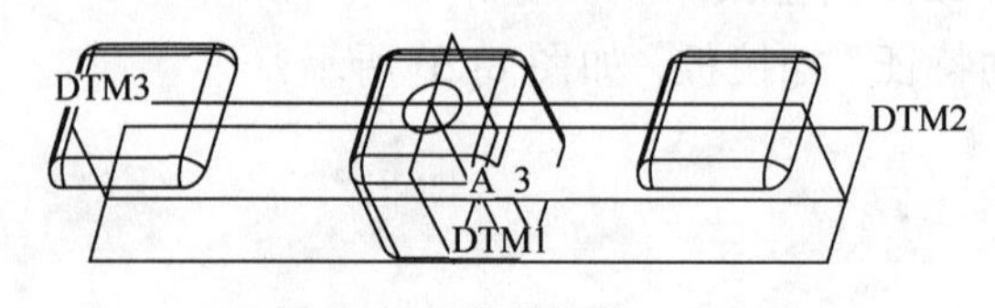

图 8-25　曲面镜像

8.5.4 综合举例：鼠标

步骤1：单击“文件”工具栏中新建文件按钮，系统弹出“新建”对话框。

步骤2：在“新建”对话框中选取“零件”，在“名称”文本框中输入“shubiao”，单击“使用缺省模板”去掉默认模板，单击“确定”按钮，系统进入零件设计模块。

步骤3：单击“基准”工具栏中的按钮，系统弹出“草绘”对话框，选取DTM2为草绘平面，选取基准平面DTM1为参照平面，选取方向向“右”，单击“草绘”按钮，系统进入草绘环境，绘制如图8-26所示的截面。

步骤4：单击“草绘”工具栏中的按钮，完成曲线的绘制，如图8-27所示。

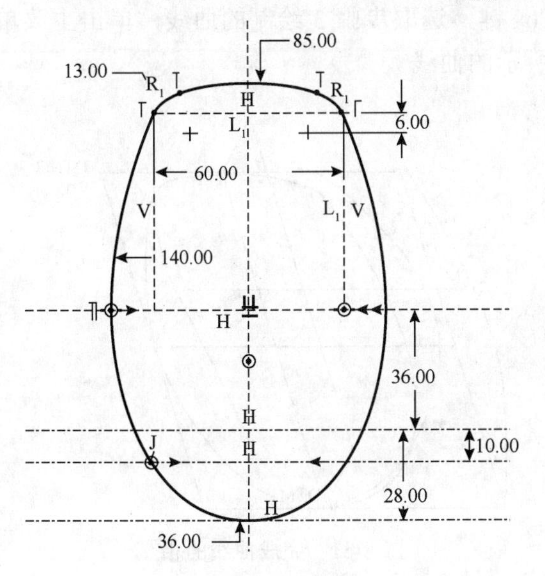

图8-26　草绘截面

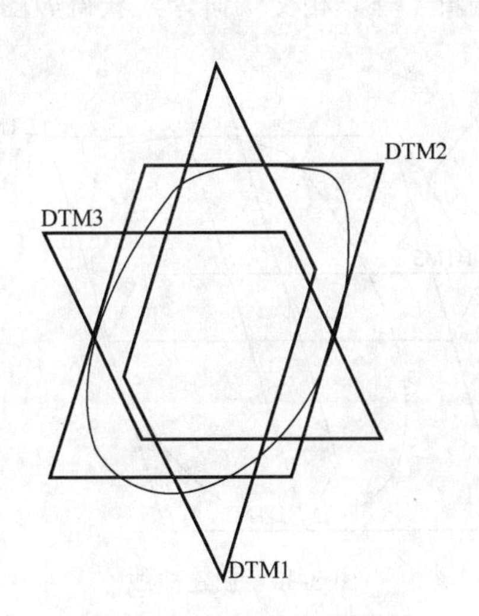

图8-27　完成曲线的创建

步骤5：单击“基准”工具栏中的按钮，系统弹出“草绘”对话框。

步骤6：单击“基准”工具栏中的按钮，系统弹出“基准面”对话框，选取基准平面DTM1，参照方式选取“偏移”，输入平移值为60，单击“确定”按钮，单击“草绘”按钮，系统进入草绘环境。

步骤7：单击主菜单中“草绘”→“参照”命令，系统弹出“草绘”对话框，选取如图8-28所示的参照，绘制如图8-29所示的曲线。

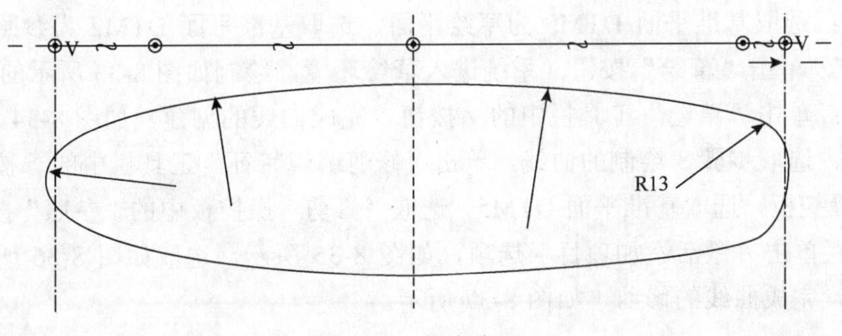

图8-28　指定参照

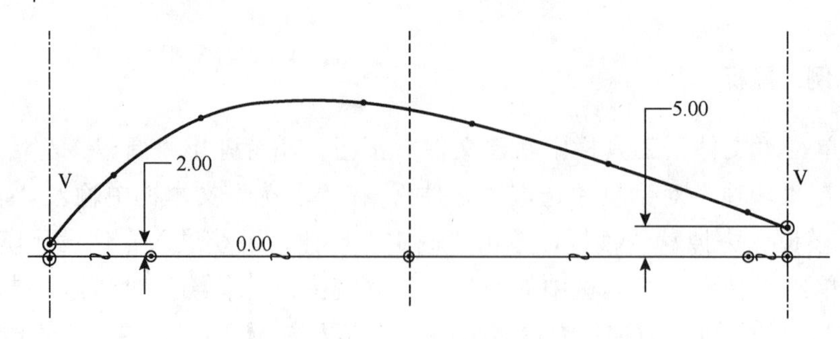

图 8-29　草绘截面

步骤 8：单击“草绘”工具栏中的✔按钮，完成曲线的绘制，如图 8-30 所示。

步骤 9：选取步骤 7 绘制的曲线，按住 Ctrl 键，选取步骤 3 绘制的曲线，单击主菜单中“编辑”→“相交”命令，获得如图 8-31 所示的曲线。

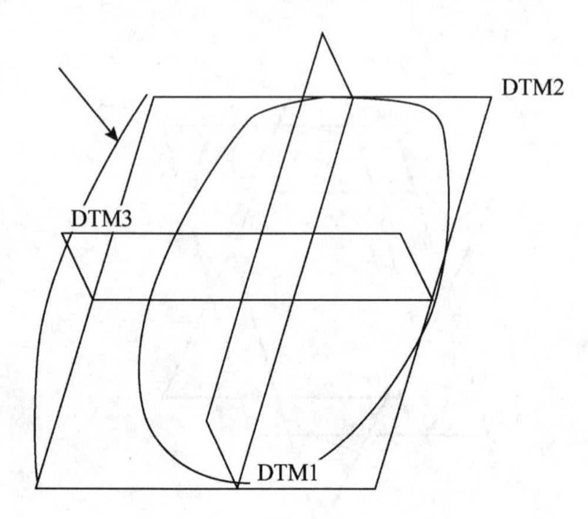

图 8-30　创建曲线

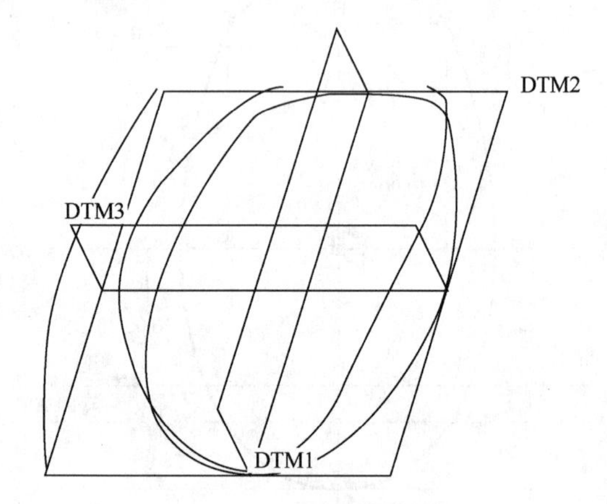

图 8-31　完成曲线的相交

步骤 10：单击“基准”工具栏中的按钮，系统弹出“基准点”对话框，选取步骤 9 绘制曲线的两端点，单击“确定”按钮，完成基准点 PNT0 与基准点 PNT1 的创建，如图 8-32 所示。

步骤 11：单击“基准”工具栏中的按钮，系统弹出“基准面”对话框，选取基准点 PNT0，按住 Ctrl 键，选取基准点 PNT1，再按住 Ctrl 键，选取基准平面 DTM2，单击“确定”按钮，完成基准平面 DTM5 的创建。

步骤 12：单击“基准”工具栏中的按钮，系统弹出“草绘”对话框。

步骤 13：选取基准平面 DTM5 为草绘平面，选取基准平面 DTM2 为参照平面，选取方向向“顶”，单击“草绘”按钮，系统进入草绘环境，绘制如图 8-33 所示的曲线。

步骤 14：单击“草绘”工具栏中的✔按钮，完成曲线的创建，如图 8-34 所示。

步骤 15：选取步骤 3 绘制的曲线，单击“修剪编辑特征”工具栏中的按钮，系统弹出“修剪”操控板，选取基准平面 DTM5，选取“修剪”操控板中的“参照”按钮，在“修剪的曲线”栏单击“激活添加项目”选项，如图 8-35 所示，选取如图 8-36 所示的曲线，单击✔按钮，完成曲线的修剪，如图 8-37 所示。

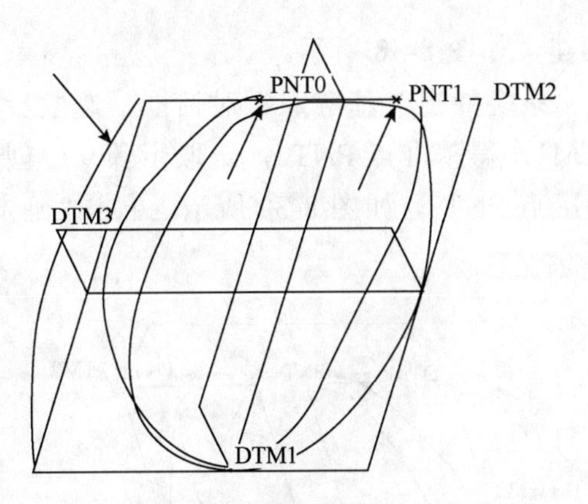

图 8-32 创建点

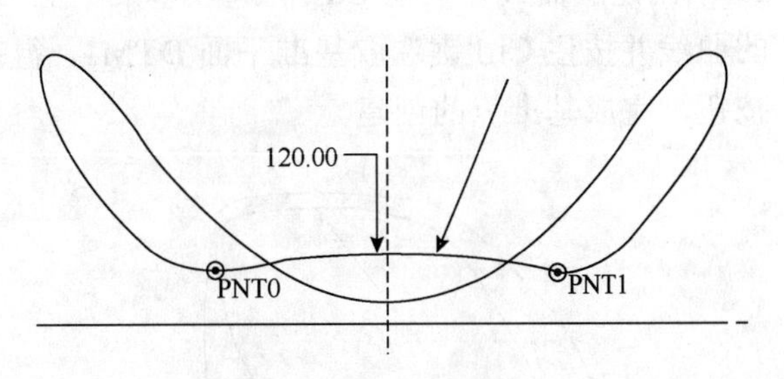

图 8-33 草绘截面

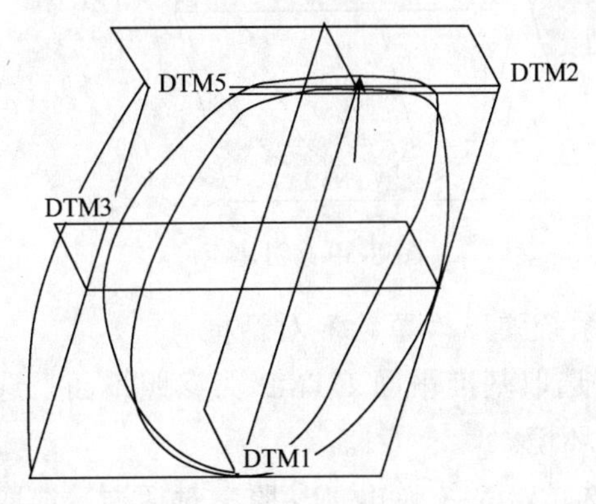

图 8-34 创建面

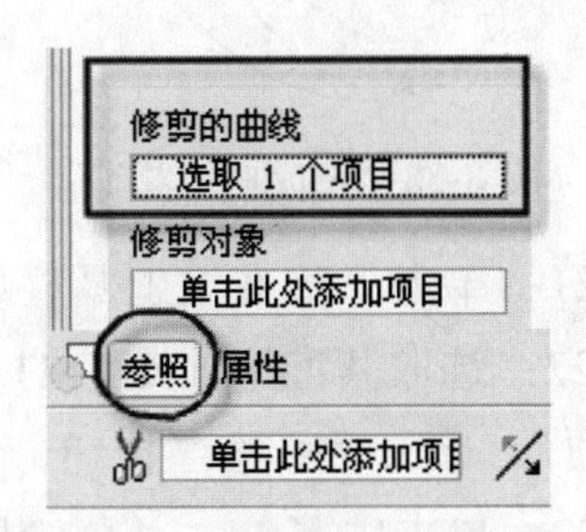

图 8-35 “修剪”操控板

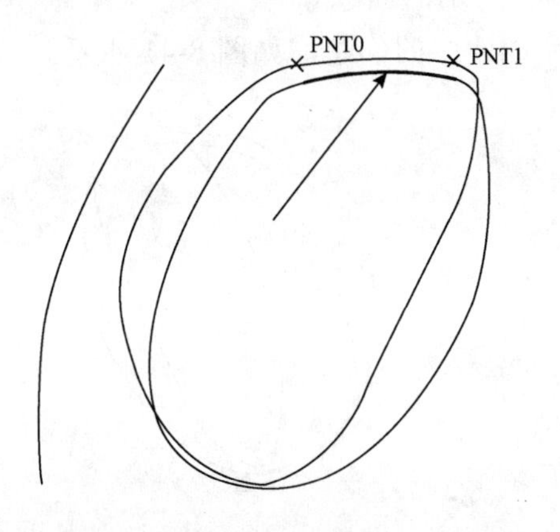

图 8-36 完成选取

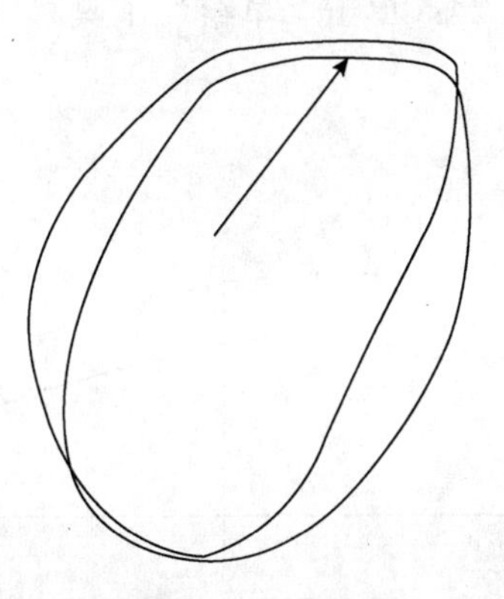

图 8-37 完成修剪

步骤 16：单击“基准”工具栏中的按钮，系统弹出“草绘”对话框。

步骤 17：选取基准平面 DTM2 为草绘平面，选取基准平面 DTM1 为参照平面，选取方向向“右”，单击“草绘”按钮，系统进入草绘环境。

步骤 18：单击“草绘”工具栏中的按钮，选取步骤 15 修剪的曲线，单击“草绘”工具栏中的按钮，完成曲线的绘制。

步骤 19：选取步骤 13 绘制的曲线，按住 Ctrl 键，选取步骤 18 绘制的曲线，单击主菜单中的“编辑”→“相交”命令，完成曲线的创建，如图 8-38 所示。

步骤 20：单击“基准”工具栏中的按钮，系统弹出“基准点”对话框，选取步骤 19 中创建的曲线，按住 Ctrl 键选取基准平面 DTM1，得基准点 PNT2，选取步骤 9 中创建的曲线并按住 Ctrl 键选取基准平面 DTM1，得基准点 PNT3，如图 8-39 所示，单击“确定”按钮，完成基准点的创建。

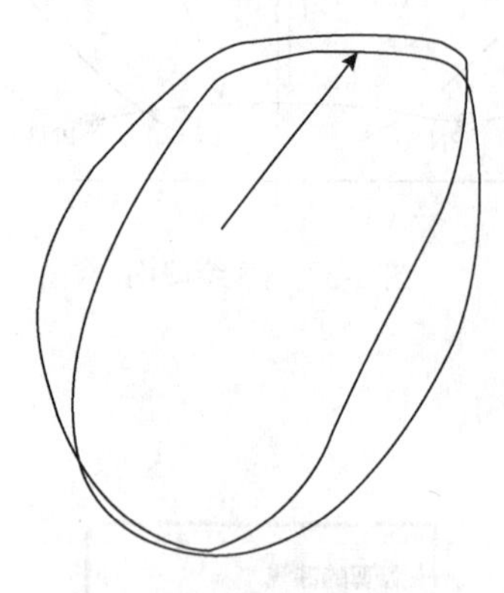
图 8-38　完成曲线相交

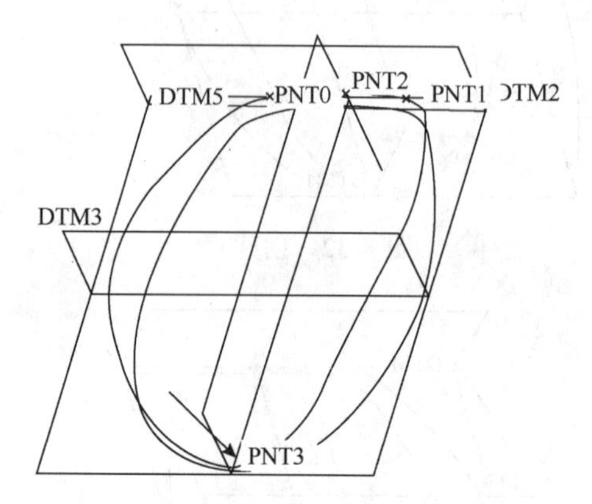

图 8-39　创建点

步骤 21：单击“基准”工具栏中的按钮，系统弹出“草绘”对话框。

步骤 22：选取基准平面 DTM1 为草绘平面，选取基准平面 DTM2 为参照平面，选取方向向“顶”，单击“草绘”按钮，系统进入草绘环境。

步骤 23：单击主菜单中“草绘”→“参照”选项，系统弹出“参照”对话框，选取基准点 PNT2 和基准点 PNT3 作为参照，绘制如图 8-40 所示的曲线。

步骤 24：单击“草绘”工具栏中的按钮，完成曲线的创建，如图 8-41 所示。

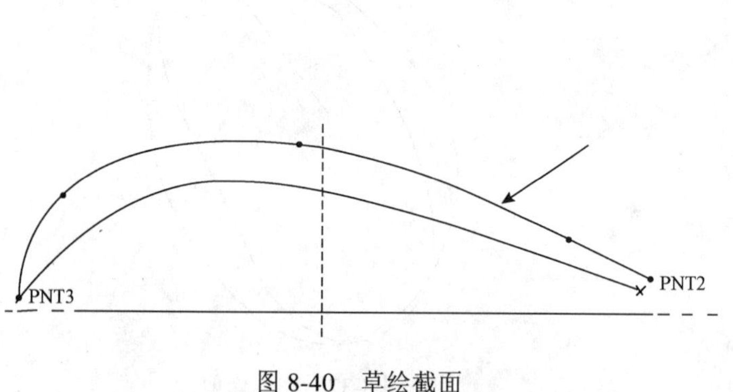

图 8-40　草绘截面

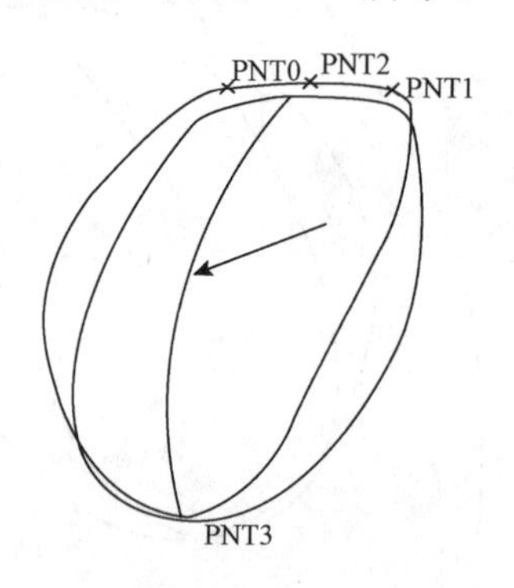

图 8-41　创建曲线

步骤 25：单击基准工具栏中的按钮，系统弹出“基准面”对话框。

步骤 26：选取基准平面 DTM3，选取参照方式“偏移”，输入平移值为 30，单击“确定”按钮，完成基准平面 DTM6 的创建。

步骤 27：单击“基准”工具栏中的按钮，系统弹出“基准面”对话框。

步骤 28：选取基准平面 DTM3，选取参照方式“偏移”，输入平移值为 30，单击“确定”按钮，完成基准平面 DTM6 的创建，输入平移值为-40，完成基准平面 DTM7 的创建，如图 8-42 所示。

步骤 29：单击“基准”工具栏中的按钮，弹出“基准点”对话框。

步骤 30：选取曲线 1，按住 Ctrl 键选取基准面 DTM6，得基准点 PNT4，同理再创建以下基准点，单击“确定”按钮，完成基准点的创建，如图 8-43 所示。

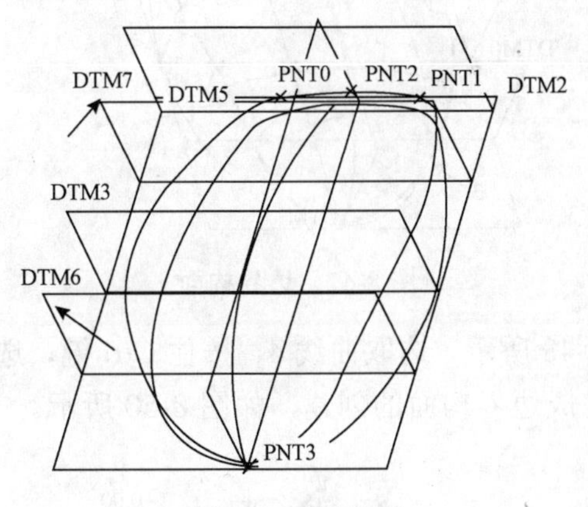

图 8-42 创建面

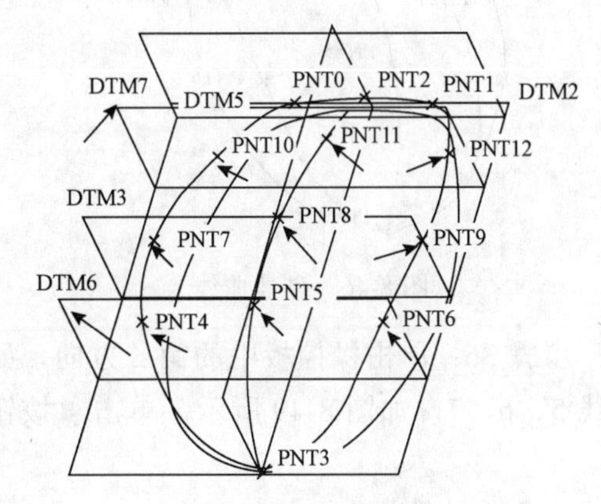

图 8-43 创建点

步骤 31：单击“草绘”工具栏中的按钮，单击“经过点”→“完成”选项，选取基准点 PNT4、PNT5、PNT6，单击“完成”→“确定”选项，完成曲线的创建，如图 8-44 所示。

步骤 32：单击草绘工具栏中的按钮，单击“经过点”→“完成”选项，选取基准点 PNT7、PNT8、PNT9，单击“完成”→“确定”选项，完成曲线的创建，如图 8-45 所示。

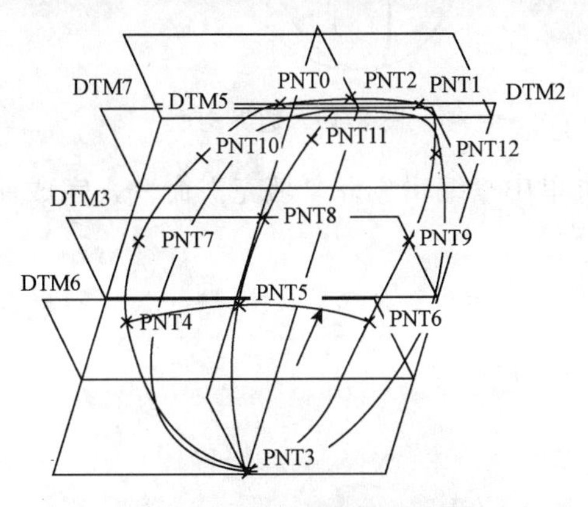

图 8-44 创建曲线

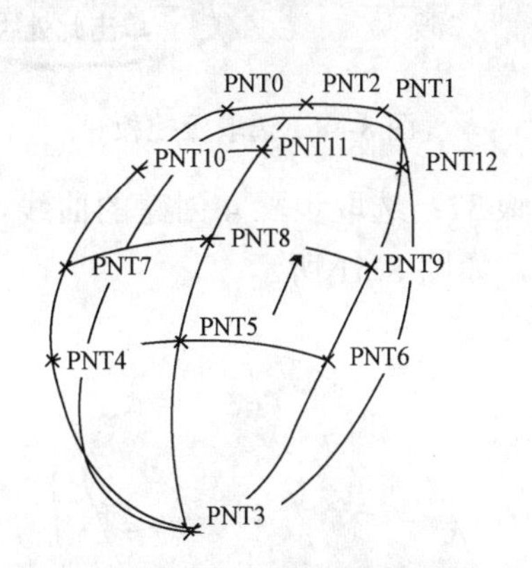

图 8-45 创建曲线

步骤 33：单击“草绘”工具栏中的按钮，选取“经过点”→“完成”选项，选取基准点 PNT10、PNT11、PNT12，单击“完成”→“确定”选项，完成曲线的创建，如图 8-46 所示。

步骤 34：选取步骤 9 创建的曲线，单击“编辑特征”工具栏中的按钮，选取基准平面 DTM1，单击操控板中的按钮，出现两个箭头后单击按钮，完成曲线的修剪。

步骤 35：单击“基础特征”工具栏中的按钮，选取曲线 1，按住 Ctrl 键，再选取曲线 2、3，如图 8-47 所示。

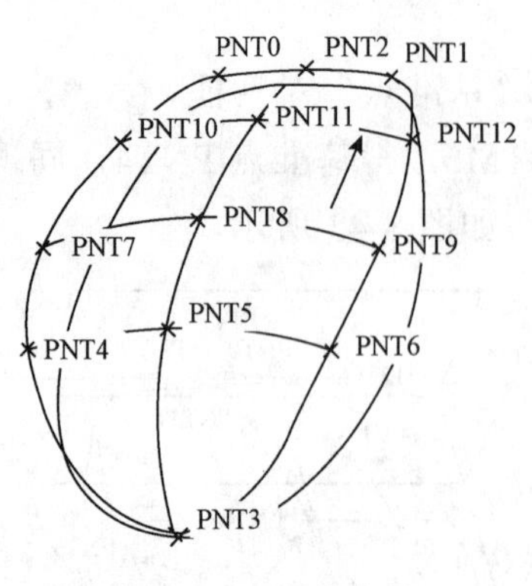

图 8-46　创建曲线

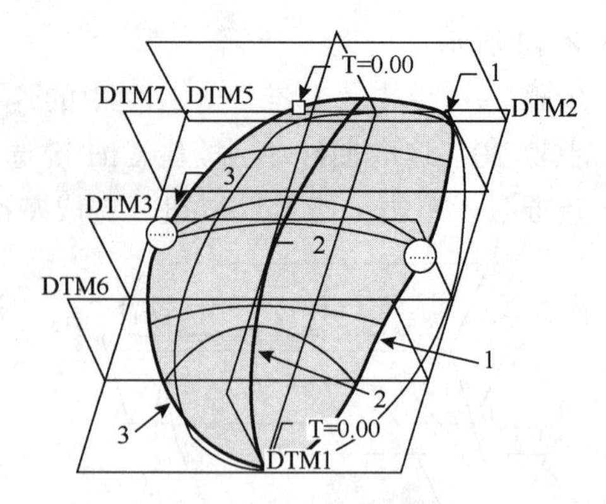

图 8-47　边界构面

步骤 36：单击操控板中的第二方向，如图 8-48 所示，选取曲线 4，按住 Ctrl 键，选取曲线 5、6、7，如图 8-49 所示，单击☑按钮，完成边界构面的创建，如图 8-50 所示。

图 8-48　选取操控板

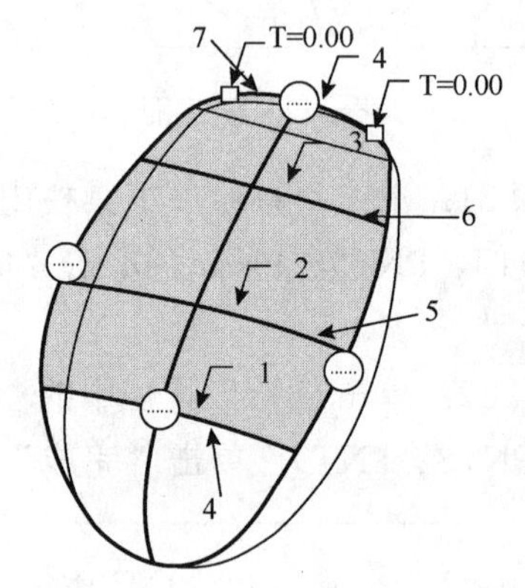

图 8-49　边界构面

步骤 37：选取步骤 4 创建的曲线，单击主菜单中“编辑”→“填充”命令，完成曲面的创建，如图 8-51 所示。

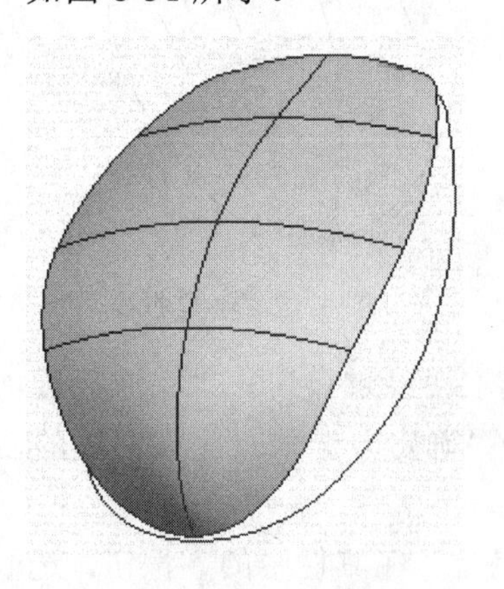

图 8-50　完成边界构面

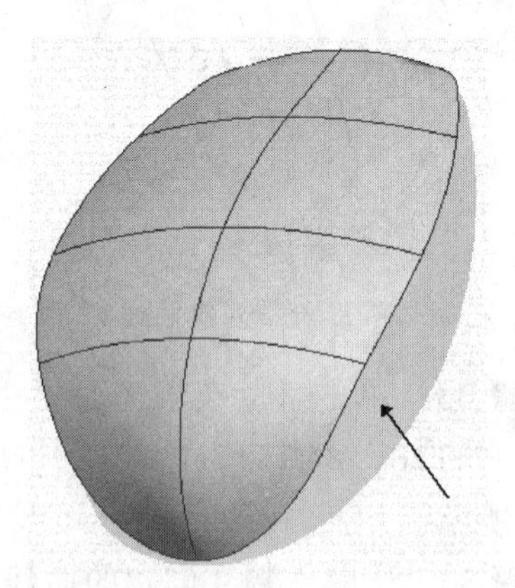

图 8-51　完成填充面

步骤 38：单击“基础特征”操控板中的按钮，系统弹出拉伸特征操控板。

步骤 39：单击“工程特征”操控板中的按钮，单击“放置”→“定义”按钮，系统弹出“草绘”对话框，选取基准平面DTM2为草绘平面，选取基准平面DTM1为参照平面，选取方向向“右”，单击“确定”按钮，系统进入草绘环境。

步骤40：单击“草绘”工具栏中的按钮，选取类型“环”，选取步骤37填充的曲面，输入偏距为-2，单击按钮，完成草绘截面的绘制，如图8-52所示。

步骤41：在“拉伸特征”操控板中输入拉伸深度为45，单击按钮，完成拉伸曲面特征的创建，如图8-53所示。

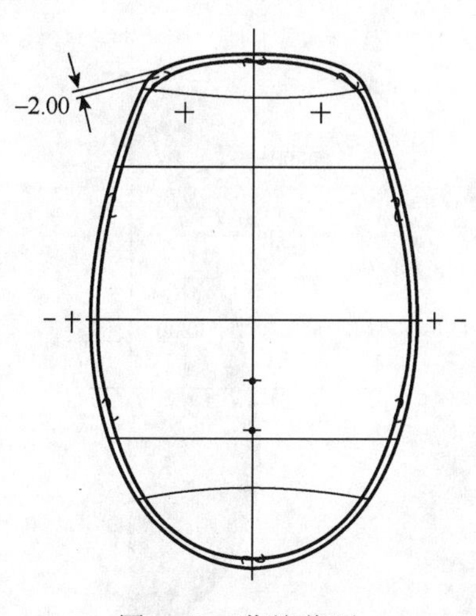

图8-52 草绘截面

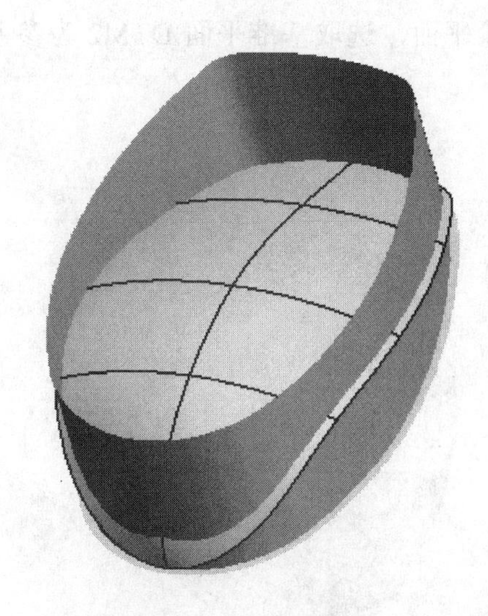

图8-53 完成面拉伸

步骤42：选取步骤41中拉伸的曲面，按住Ctrl键，再选取步骤35、36创建的曲面，单击“编辑特征”工具栏中的按钮，单击操控板中的按钮，单击按钮，完成曲面合并特征的创建，如图8-54所示。

步骤43：选取步骤42中创建的曲面，按住Ctrl键，再选取步骤37创建的曲面，单击“编辑特征”工具栏中心的按钮，单击按钮，完成曲面合并特征的创建，如图8-55所示。

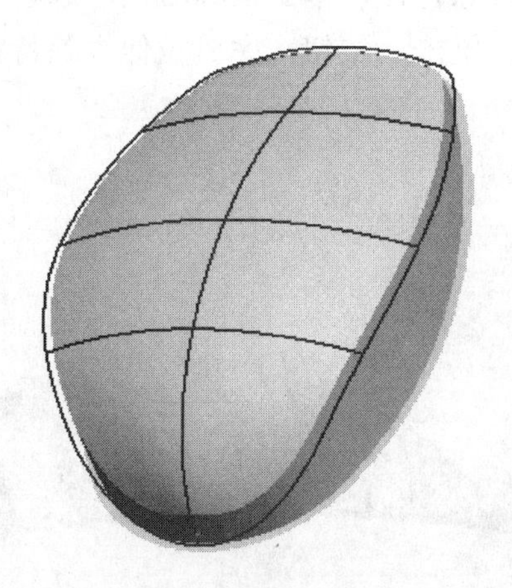

图8-54 完成曲面合并

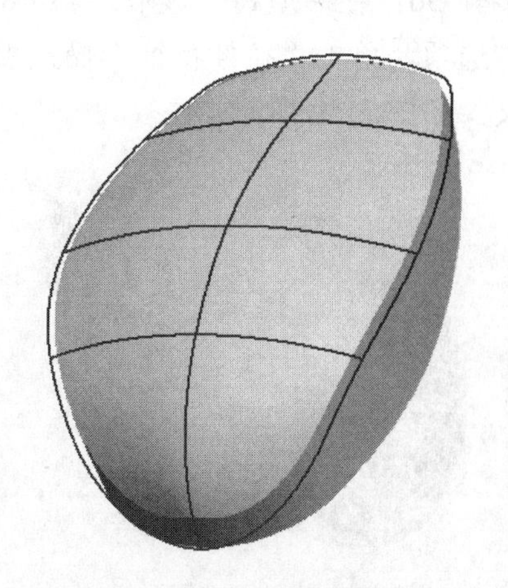

图8-55 完成曲面合并

步骤 44：单击“工程特征”工具栏中的按钮，在操控板中输入倒圆角半径为 2，单击按钮，如图 8-56 所示。

步骤 45：选取合并后的曲面，单击主菜单中“编辑”→“加厚”命令，在“加厚特征”操控板中输入加厚厚度为 2，单击按钮，完成曲面加厚特征的创建。

步骤 46：单击“基础特征”工具栏中心的按钮，系统弹出“拉伸特征”操控板。

步骤 47：在“拉伸特征”操控板中单击“放置”→“定义”按钮，选取基准平面 DTM1 为草绘平面，选取基准平面 DTM2 为参照，选取方向“左”，绘制如图 8-57 所示的截面。

图 8-56　完成倒圆角

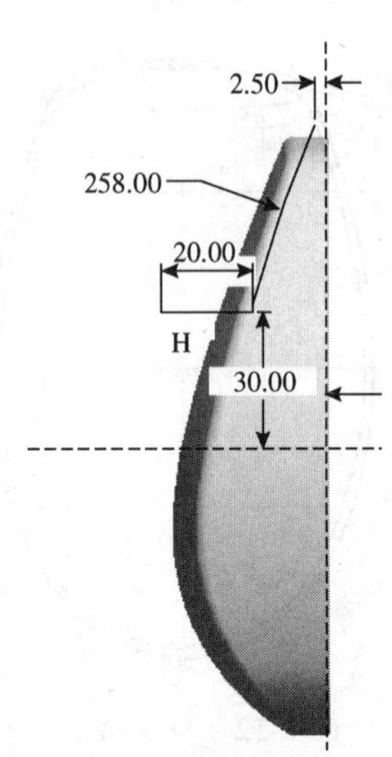

图 8-57　草绘截面

步骤 48：单击“拉伸特征”操控板中的按钮，单击按钮，输入拉伸深度为 100，单击按钮，完成拉伸去除特征的创建，如图 8-58 所示。

步骤 49：单击“文件”工具栏中的按钮，系统弹出“保存对象”对话框，单击“确定”按钮，完成鼠标外壳的保存。

步骤 50：在模型树下选取步骤 48 创建的拉伸去除特征，单击鼠标右键，选取“编辑定义”选项，单击“拉伸特征”操控板中的按钮，单击按钮，完成拉伸去除特征的编辑定义，如图 8-59 所示。

图 8-58　去除特征

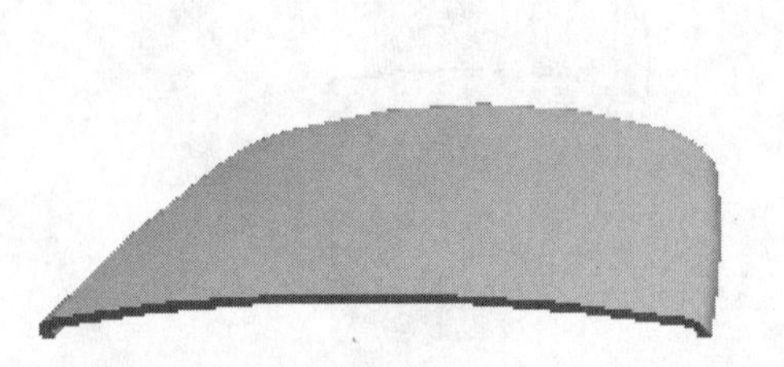

图 8-59　编辑定义特征

步骤 51：单击“基础特征”工具栏中的按钮，系统弹出“拉伸特征”操控板。

步骤 52：在“拉伸特征”操控板中单击“放置”→“定义”，系统弹出“草绘”对话框，选取基准平面 DTM2 为草绘平面，选取方向向“右”，单击“草绘”按钮，系统进入草绘环境，绘制如图 8-60 所示的截面。

步骤 53：单击“草绘”工具栏中的按钮，完成草绘截面的绘制。

步骤 54：单击“拉伸特征”操控板中的按钮，单击按钮，单击按钮，完成拉伸去除特征的创建，如图 8-61 所示。

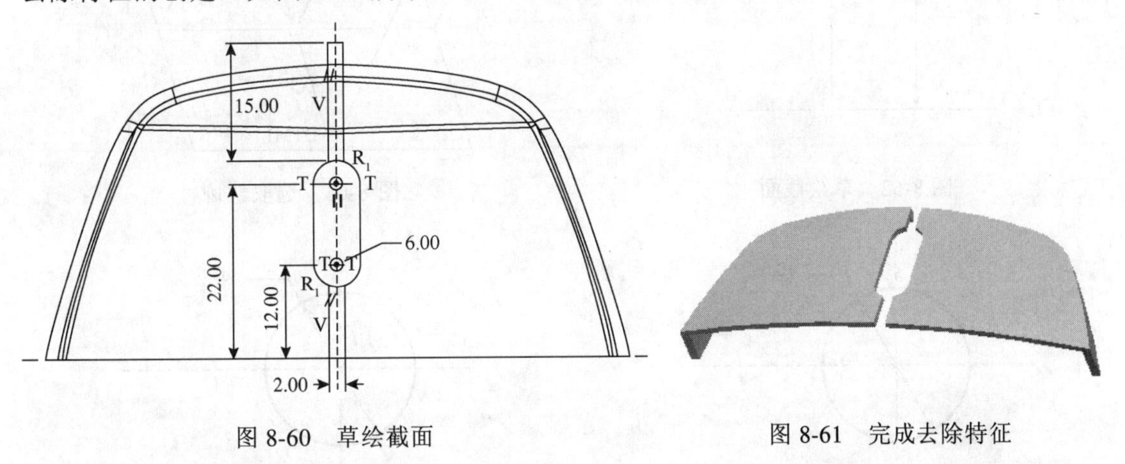

图 8-60　草绘截面　　　　图 8-61　完成去除特征

步骤 55：单击“文件”工具栏中的按钮，在“新建名称文本框”中输入“shubiaojian”，单击“确定”按钮，完成“鼠标键”的保存。

8.6　高级曲面的构建

8.6.1　可变剖面扫描曲面

所谓可变剖面扫描曲面，是指一个截面沿着轨迹线和轮廓线扫描，同时截面的形状随着轨迹线和轮廓线变化而形成的曲面。

范例操作：

（1）创建基准曲线。

步骤 1：单击“基准”工具栏中按钮，系统弹出“草绘”对话框，选取基准平面 DTM2 为草绘平面，其他各项接受系统默认的视图方向和参照方向，单击“草绘”按钮，系统进入草绘环境。

步骤 2：绘制如图 8-62 所示的草绘截面，单击按钮，完成基准曲线的创建。

步骤 3：单击主菜单中“插入”→“可变剖面扫描”命令，或单击“基础特征”工具栏中的按钮，弹出“可变剖面扫描特征”操控板，单击按钮以创建曲面特征。

步骤 4：选取内圆弧作为起始轨迹线，按住 Ctrl 选取另一条轨迹线，如图 8-63 所示。

步骤 5：单击按钮，进入草绘环境，绘制如图 8-64 所示的草绘截面。

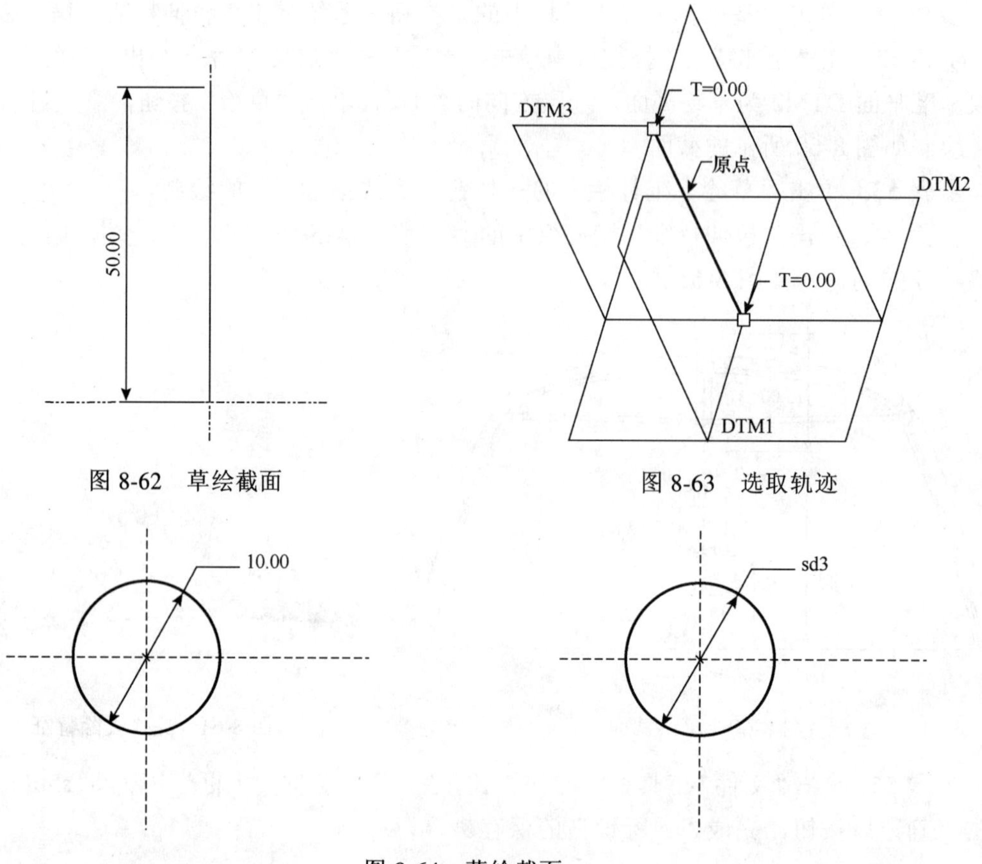

图 8-62 草绘截面

图 8-63 选取轨迹

图 8-64 草绘截面

步骤 6：单击主菜单中“工具”→“关系”命令，在“关系”对话框中输入关系式：sd3＝10＋1*sin(360*trajpar*25) 来控制角度值的变化，单击“确定”按钮，完成关系式的添加，单击✔按钮，完成截面的绘制。

步骤 7：单击✔按钮完成可变剖面扫描曲面的创建，如图 8-65 所示。

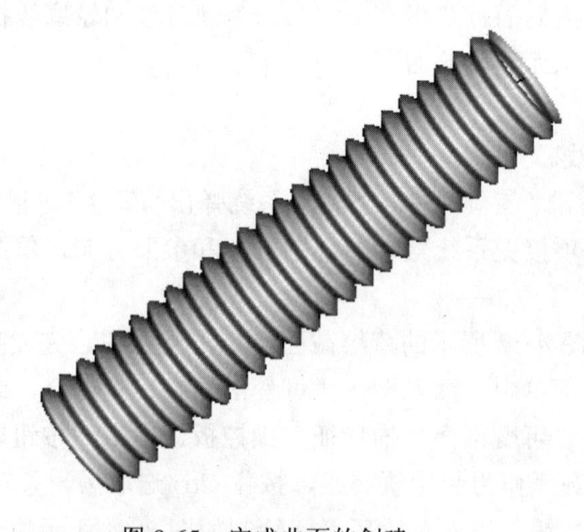

图 8-65 完成曲面的创建

8.6.2 扫描混合曲面

单击菜单中"插入"→"扫描混合"命令，可以创建扫描混合曲面。所谓扫描混合曲面，是指该曲面具有扫描和混合两种特性。

范例操作：

步骤 1：单击主菜单中"插入"→"模型基准"→"缺省坐标系"命令，创建一个缺省坐标系。

步骤 2：单击"基准"工具栏中的按钮，弹出"基准曲线"下拉菜单，选取"从方程"选项，单击"完成"选项，选取上步创建的坐标系，单击"笛卡尔"选项出现记事本，输入关系式，如图 8-66 所示，单击"文件"→"保存"选项，完成曲线的创建，如图 8-67 所示。

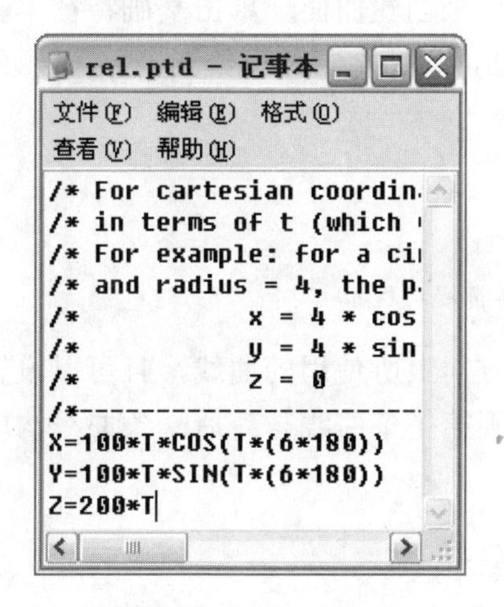

图 8-66 记事本对话框

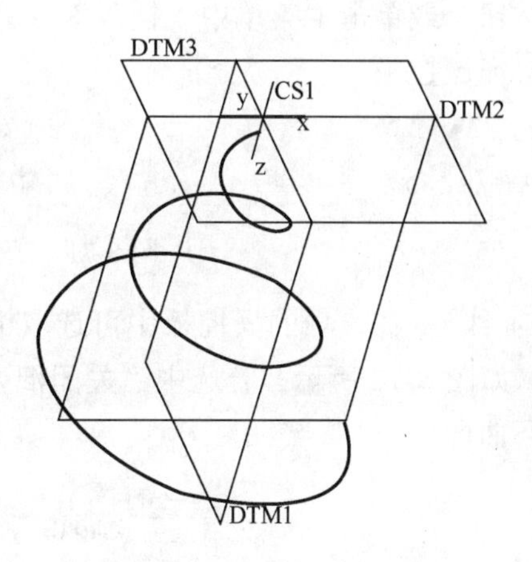

图 8-67 完成曲线的创建

步骤 3：单击主菜单中"插入"→"扫描混合"→"曲面"→"草绘截面"→"垂直于原始轨迹"→"完成"。

步骤 4：单击菜单中的"扫描轨迹"，默认"依次"选取方式，选取创建的基准曲线，单击"完成"按钮。曲线上出现起始端箭头，系统弹出如图 8-68 所示的"截面定向"选项。

步骤 5：单击"自动"→"完成"选项，在"属性"菜单中单击"开放终点"→"完成"选项，以创建端面开放的曲面，第 1 个截面绕 Z 轴的旋转角度为 0，单击按钮。

步骤 6：系统进入草绘模式，绘制一个点，单击按钮。

步骤 7：单击"截面定向"菜单中的"自动"→"完成"选项。

步骤 8：在信息区文本栏中指定第 2 个截面绕 Z 轴的旋转角度为 0，单击按钮，系统进入草绘环境。

步骤 9：绘制一个 $\phi 180$ 的圆，如图 8-69 所示。

步骤 10：单击"草绘"工具栏中的按钮，完成扫描混合曲面的创建，如图 8-70 所示。

图 8-68 “截面定向”下拉菜单

图 8-69 草绘截面

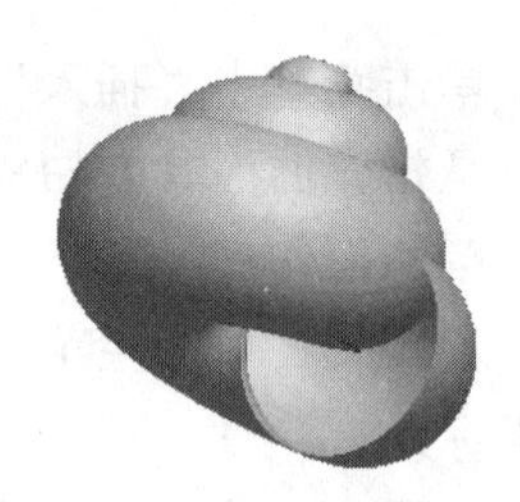

图 8-70 完成特征创建

8.6.3 边界混合曲面

边界混合曲面是指通过定义点、曲线及边为边界来创建曲面。单击基础特征工具栏中的按钮，或单击主菜单中“插入”→“边界混合曲面”命令，弹出如图 8-71 所示的边界混合特征操控板。

图 8-71 边界混合曲面特征操控板

“曲线”：在该项的操控板中可选取混合时第 1 方向上所使用的曲线，且可以设置选取顺序，如图 8-72 所示。若选中“关闭混合”选项，则第 1 条曲线与最后一条曲线构成一个封闭环曲面。

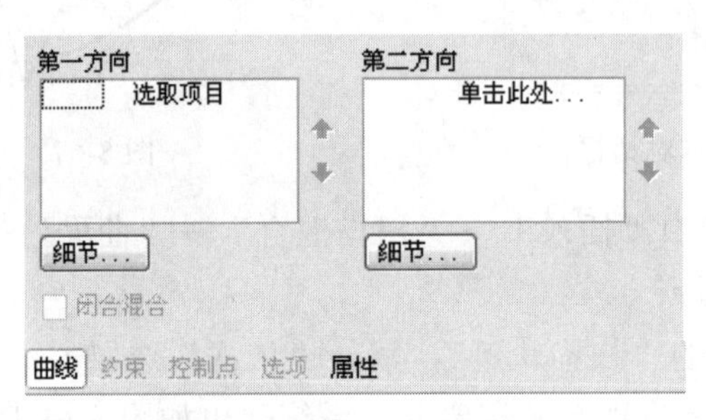

图 8-72 “曲线特征”操控板

注意 在每个方向上，都要按顺序选取构成曲面的参照元素，若以两个方向的曲线构建混合曲面，则外部边界要构成一个封闭环。

范例操作：

步骤 1：绘制如图 8-73 所示的基准曲线（具体步骤略）。

步骤 2：单击主菜单中“插入”→“边界混合曲面”命令，单击“边界混合曲面特征”操控板中的“曲线”按钮，按住 Ctrl 键，依次选取如图 8-74 所示的 1、2、3 条曲线，完成第一方向曲线的选取。

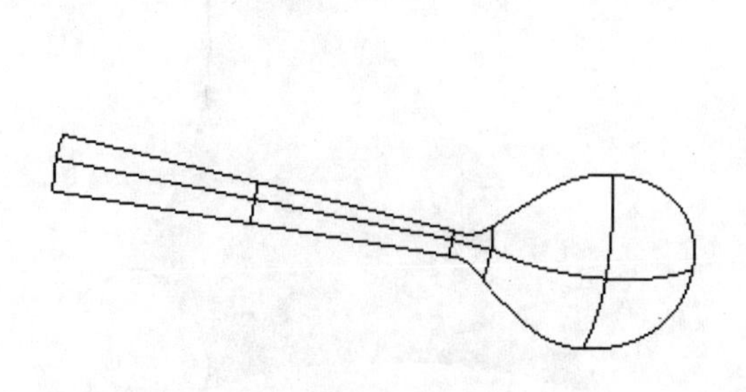

图 8-73　模型

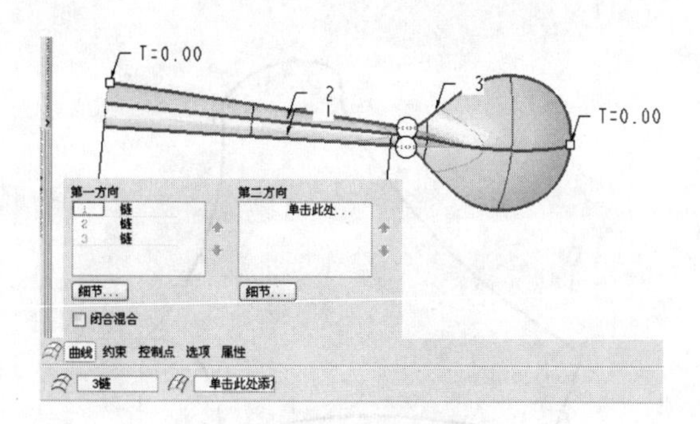

图 8-74　边界构面

步骤 3：单击“第二方向”的链收集器激活第二方向，按住 Ctrl 键，依次选取如图 8-75 示的 1、2、3、4、5 条曲线，完成第二方向曲线的选取，单击✔按钮，完成边界混合曲面的创建，如图 8-76 所示。

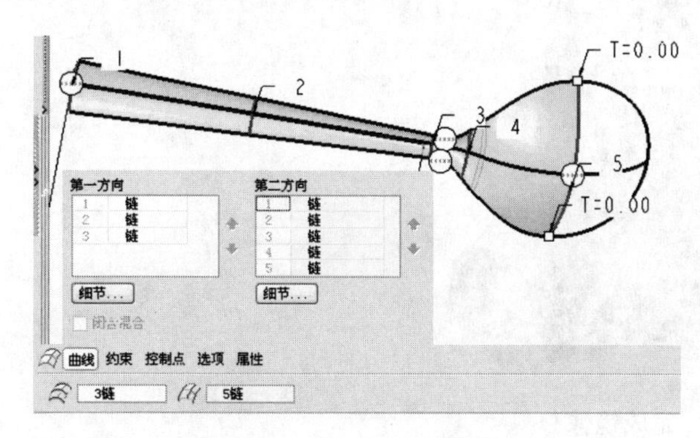

图 8-75　边界构面

图 8-76　完成曲面的构建

8.6.4　N 边构面

N 边构面是指使 5 条以上首尾相连的曲线或边构建一个曲面。下面以实例说明 N 边构面的方法。

范例操作：

步骤 1：绘制如图 8-77 所示的基准曲线（具体步骤略）。

步骤 2：单击主菜单中“插入”→“高级”→“圆锥曲面和 N 侧曲面片”→“N 侧曲面”→“完成”。

步骤 3：按住 Ctrl 键，在模型窗口中依次选取 6 条曲线。

步骤 4：单击“选取”对话框中的“确定”按钮，完成曲线的选取。

步骤 5：单击“完成”确定，再单击对话框中的“确定”按钮，完成 N 边曲面的构建，如图 8-94 所示。

步骤 6：单击主菜单中“编辑”→“特征操作”选项，弹出特征操作菜单。

步骤 7：单击主菜单中“复制”→“镜像”→“选取”→“从属”→“完成”，在模型树上选取如图 8-78 所示的曲面特征，单击“完成”按钮。

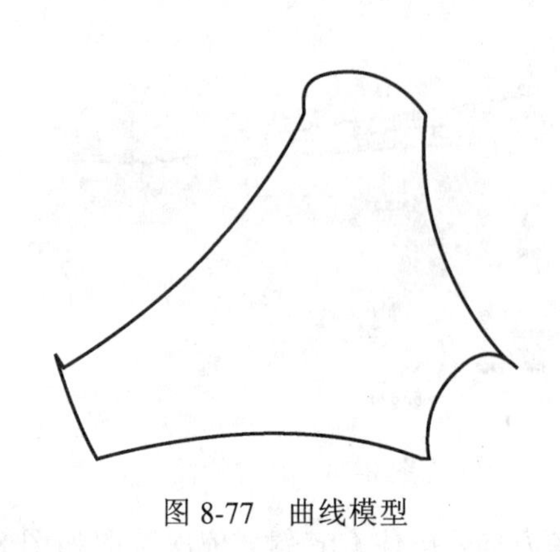

图 8-77　曲线模型

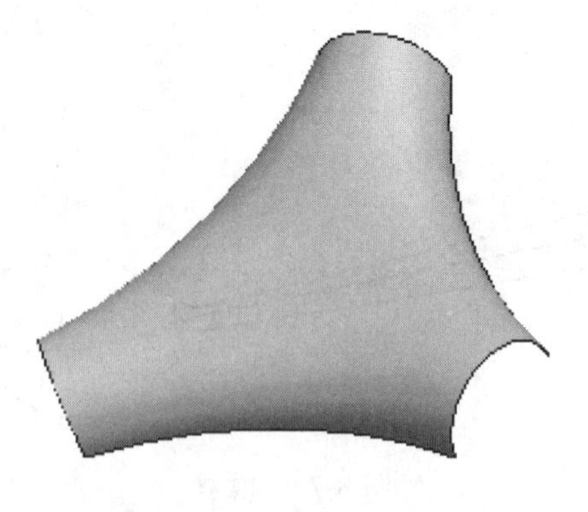

图 8-78　完成 N 边构面

步骤 8：选取基准平面 DTM2 为镜像平面，完成镜像特征的创建，如图 8-79 所示。

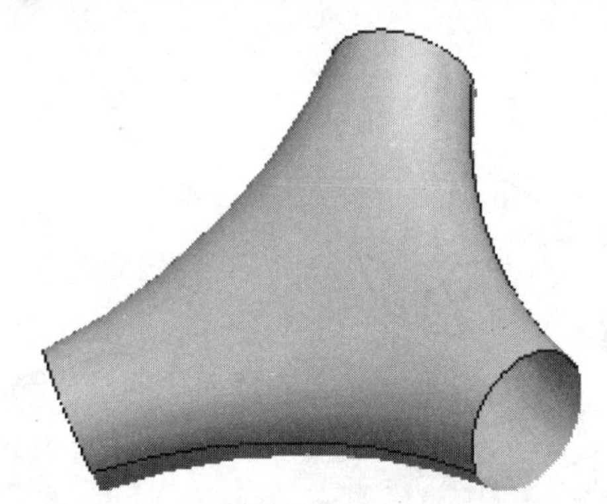

图 8-79　完成镜像

8.7　曲面转化实体特征

在一些较复杂的造型设计中，经常需要创建曲面特征，利用曲面生成实体特征或利用曲面对已有的实体模型去除特征等方法来满足设计的要求。

8.7.1　曲面伸出实体

在 Pro/ENGINEER Wildfire 3.0 中，一般有三种方式可将曲面生成实体。

（1）单击主菜单中“编辑”→“加厚”命令，可将选取的曲面伸出薄壁体。

（2）单击主菜单中“编辑”→“实体化”命令，可将选取的曲面伸出实体，只能用于封闭的曲面组。

（3）选取要转化的曲面特征，单击鼠标右键在快捷菜单中的“编辑定义”选项，在打开的特征操控板中，单击□按钮可将曲面转化为实体，若同时选取□和□按钮可将曲面转化为薄壁体（注：此方式仅能对用拉伸、旋转和可变剖面扫描创建的曲面特征有效）。

使用加厚特征伸出实体选取曲面特征，单击主菜单中“编辑”→“加厚”命令，出现如图 8-80 所示的加厚特征操控板。

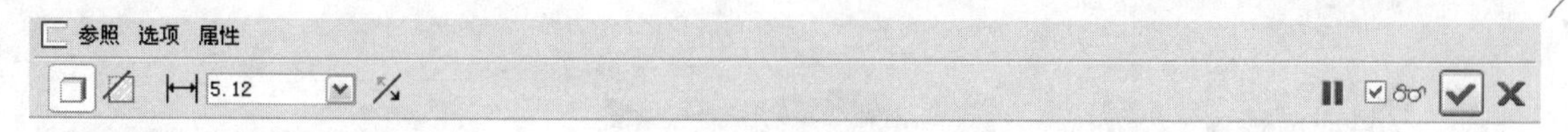

图 8-80　加厚特征操控板

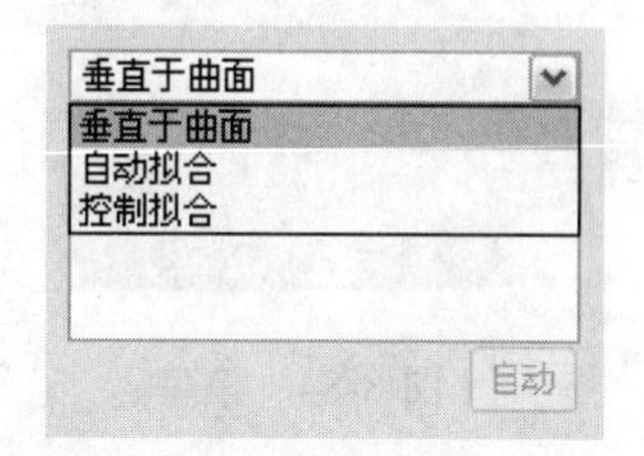

图 8-81 “参照特征”操控板

（1）：选取的曲面生成实体特征。

（2）：选取的曲面去除特征实体特征。

（3）：改变加厚特征的材料方向。

（4）“参照”：选取且显示加厚的面，每次只能选取一个加厚的曲面。

（5）“选项”：单击该按钮，出现如图 8-81 所示的操控板，使用该操控板中选项可以控制加厚特征的创建。

1）“垂直于曲面”：沿曲线的垂直方向增加厚度，其下方 Exclude（排除）栏可指定不加厚某些面。

2）“自动拟合”：系统自动定义坐标系，并自动完成加厚曲面的缩放与移动。

3）“控制拟合”：由指定坐标系缩放曲面，并沿指定的坐标轴移动。

范例操作：

步骤 1：创建如图 8-82 所示的曲面（具体步骤略）。

步骤 2：选取模型窗口中的曲面特征，单击主菜单中“编辑”→“加厚”命令，系统弹出“加厚特征”操控板。

步骤 3：在“加厚特征”操控板中输入加厚厚度为 2，单击按钮，完成加厚曲面特征的创建，如图 8-83 所示。

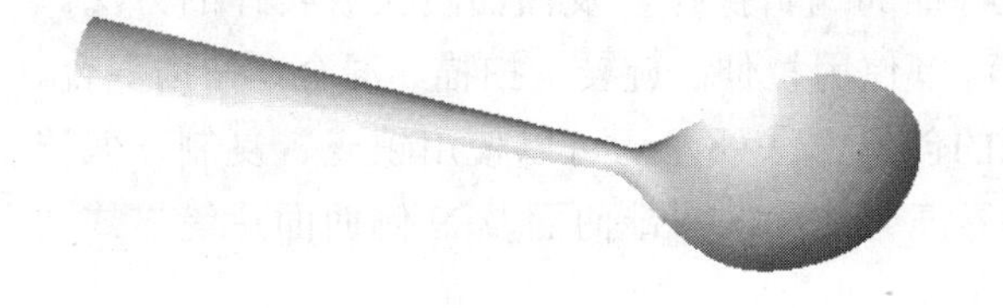

图 8-82　模型

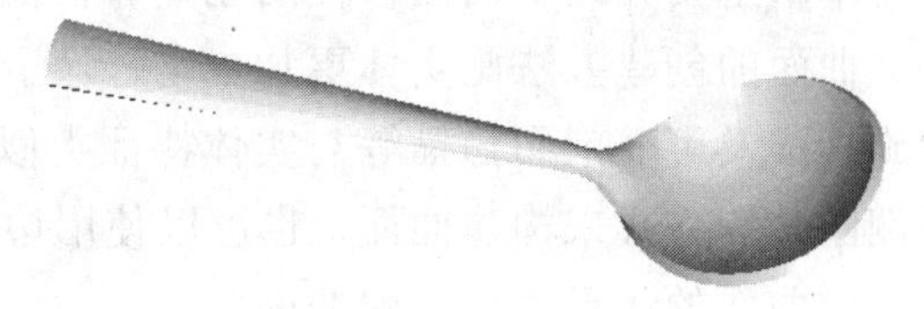

图 8-83　完成加厚

8.7.2　曲面去除实体

在 Pro/ENGINEER Wildfire 3.0 中，一般有两种方式可用曲面去除特征实体。

（1）单击主菜单中“编辑”→“加厚”命令，选中去除特征按钮，可用选取的曲面加厚对实体模型去除特征。

（2）单击主菜单中“编辑”→“实体化”命令，选中去除特征按钮，可用曲面去除特征实体模型的某一侧，但该曲面必须将被去除特征的实体分出区域。

范例操作：

使用实体化特征去除特征实体。

步骤 1：创建如图 8-84 所示的实体和曲面特征（具体步骤略）。

图 8-84　模型

图 8-85　去除特征

图 8-86　完成去除特征

步骤 2：在模型上选取曲面，单击主菜单中“编辑”→“实体化”命令，系统弹出“实体化特征”操控板，如图 8-87 所示。

图 8-87　“实体化特征”操控板

步骤 3：系统默认选取按钮，单击按钮，可切换去除特征侧的方向，如图 8-85 所示。

步骤 4：单击按钮完成实体化去除特征实体特征的创建，如图 8-86 所示。

8.8　小结

本章主要介绍了曲面特征的创建、曲面特征的编辑操作以及曲面转换成实体的方法。

曲面的创建方法比实体更加丰富，除了可以使用拉伸、旋转、扫描、混合、扫描混合、螺旋扫描及可变剖面扫描等与实体特征类似的创建方法外，还可以使用填充、复制、偏移及倒圆角等方式来构建曲面，也可以使用边界混合曲面、圆锥曲面及 N 侧曲面片等方式通过指定曲面的边界线来创建曲面。

在采用以上方法创建曲面后，还可以通过合并、修剪、延伸、变换、区域偏移和拔模偏移等编辑工具对曲面进行更为细致的加工和编辑。

最后，介绍了曲面转换成实体的三种方法。实践表明，进行具有复杂表面形状的实体零件的建模时，采用先创建曲面特征后转换成实体特征的方法是非常有效的。

思　考　题

（1）曲面造型与实体造型相比较有哪些不同，优势在哪里？

（2）了解 Pro/ENGINEER Wildfire 3.0 采用的建模内核技术，说明 Pro/ENGINEER Wildfire 3.0 中的曲面模型的数学基础。

（3）Pro/ENGINEER Wildfire 3.0 中有哪些文件的输入、输出接口？

练 习 题

使用曲面特征将如图 8-88 所示零件进行建模。

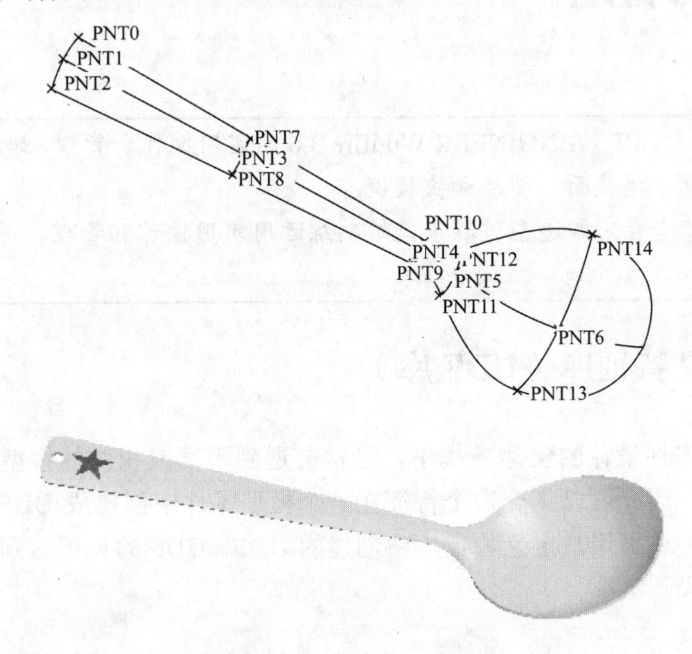

图 8-88 使用零件进行建模

第 9 章
实用操作与管理

教学提示：本章将介绍 Pro/ENGINEER Wildfire 3.0 的实用操作和管理，如用户定义特征库、数据共享、家族表、横截面、图层和快捷键。

教学要求：要求读者在三维造型过程中能够熟练运用实用操作和管理，并通过综合实例进行训练。

9.1　用户定义特征库（UDF 库）

用户在模型零件设计的实际操作中，经常会遇到不同或相同的模型零件中的某些特征形状大同小异，因此可以集合数个特征在一个模型零件中创建成 UDF，然后在不同或相同的模型零件中选用用户定义特征库中创建的 UDF。UDF 的使用达到模型设计标准化的目的，提高了设计效率。

1. UDF 的创建

UDF 的创建原则：集合数个特征使其成为一个组并设定名称，完整定义该组特征的放置参照、可变更的尺寸参数等，形成 UDF 保存在 UDF 库中。

（1）打开或创建一个模型零件。

（2）单击菜单中“工具”→“UDF”命令，如图 9-1 所示。

图 9-1　UDF 下拉菜单

“创建”：创建新的 UDF 到用户定义特征库。

“修改”：修改存在的 UDF。

“列表”：列出所有在工作目录中的 UDF。

“数据库管理”：执行 UDF 的数据管理，如“保存”、“擦除”、“清除”、“删除所有”等。

（3）单击菜单管理器中的“创建”选项，出现如图 9-2 所示的提示信息窗口。在文本框中输入名称。

UDF名[退出]:

图 9-2　信息窗口

“单一的”：系统会复制所需的信息到新创建的 UDF 中，被询问是否包括参照模型，输入“是”或“否”对创建 UDF 无关紧要。

“从属的”：新创建的 UDF 与当前的参照模型有依赖关系，会随参照模型变更而变更。

（4）单击“单一的”→“完成”，在信息栏中被询问是否包括参照模型，在文本框中输入“是”或“否”，出现如图 9-3 所示的菜单。

“增加”：增加选取被定义的特征。

“移除”：去除被选取的特征。

“显示”：显示被选取的特征。

“信息”：显示被选取特征的信息。

（5）选取被定义的特征，单击“完成/返回”选项。

（6）在文本栏中逐一输入高亮显示的参照的提示信息。单击“完成/返回”选项，出现如图 9-4 所示的对话框，若不额外设置可变尺寸等项目，单击“确定”按钮；要设置可变的尺寸，选取图 9-4 所示的对话框中“可变尺寸”选项，单击“定义”按钮，在模型上选取可变的尺寸，单击“完成/返回”选项，在文本栏中逐一输入提示信息，单击“确定”按钮。

图 9-3 “UDF 特征”下拉菜单

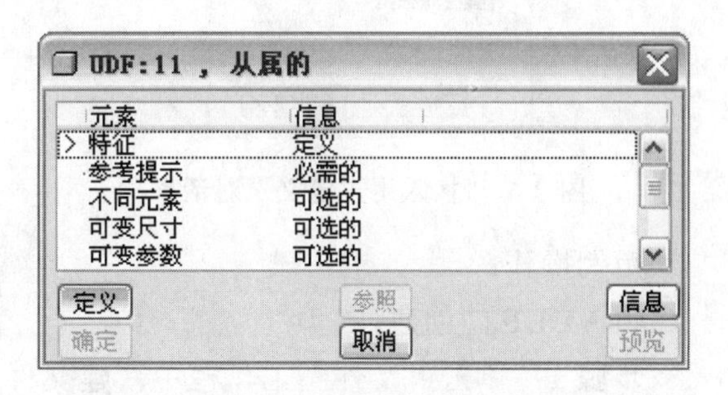

图 9-4 “从属的”对话框

2. UDF 的调入

（1）单击主菜单中“插入”→“用户定义特征”命令，出现如图 9-5 所示的对话框。

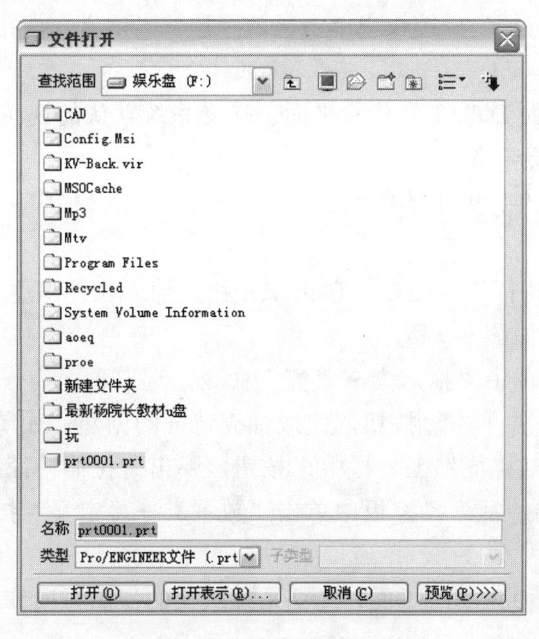

图 9-5 “文件打开”对话框

（2）选取要调入的 UDF，单击“打开”按钮。

（3）系统弹出如图 9-6 所示的对话框，单击“确定”按钮。

（4）系统弹出如图 9-7 所示的对话框，单击“选项”按钮，可设置相应选项。

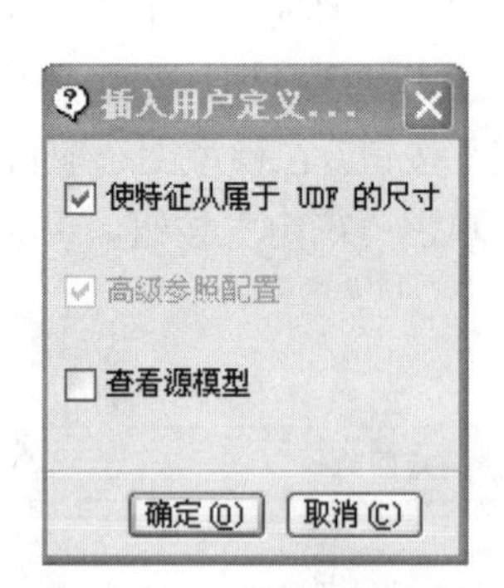

图 9-6 “插入用户定义”对话框

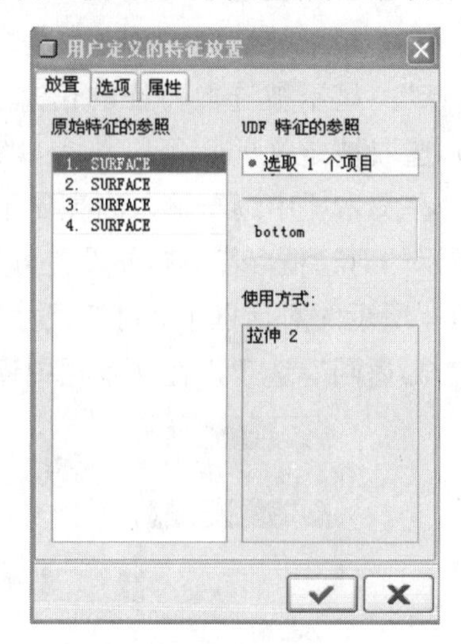

图 9-7 “用户定义的特征放置”对话框

范例操作：

（1）UDF 的创建。

步骤 1：单击“文件”工具栏中新建文件按钮，系统弹出“新建”对话框。

步骤 2：在“名称”文本框中输入“udf1”，单击“使用缺省模板”去掉默认模板，单击“确定”按钮，进入零件设计模块。

步骤 3：单击“基础特征”工具栏中的按钮，系统弹出“拉伸特征”操控板。

步骤 4：在“拉伸特征”操控板中单击“放置”→“定义”按钮，系统弹出“草绘”对话框。

步骤 5：选取基准面 DTM2 为草绘平面，接受系统默认的视图方向和参照方向，单击“草绘”按钮，进入草绘环境。

步骤 6：绘制如图 9-8 所示的截面，单击“草绘”工具栏中按钮，完成草绘截面的绘制。

步骤 7：在“拉伸特征”操控板中单击按钮，输入拉伸深度为 200，并单击按钮，完成拉伸特征的创建，如图 9-9 所示。

步骤 8：单击主菜单中“插入”→“壳”命令，选取顶面为去除面，在“壳”面板中输入抽壳的厚度为 10，并单击按钮，完成抽壳特征的创建，如图 9-10 所示。

步骤 9：单击“基础特征”工具栏中按钮，弹出“拉伸特征”操控板。

步骤 10：在“拉伸特征”操控板中单击“放置”→“定义”按钮，系统弹出“草绘”对话框。

步骤 11：选取内底面为草绘平面，接受系统默认的视图方向和参照方向，单击“草绘”按钮，进入草绘环境。

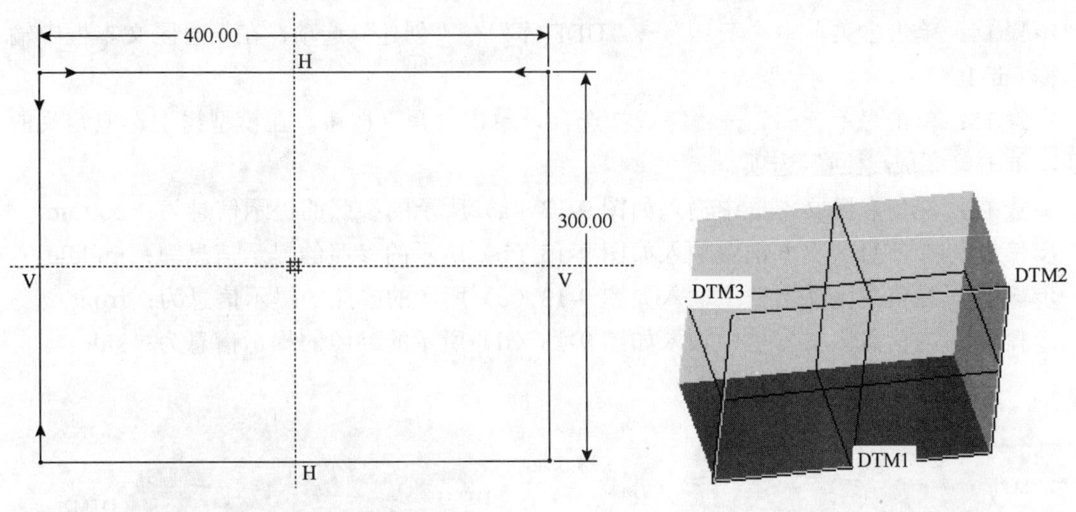

图 9-8 草绘截面　　　　图 9-9 完成特征创建

步骤 12：绘制如图 9-11 所示的截面，单击“草绘”工具栏中的✓按钮，完成草绘截面的绘制。

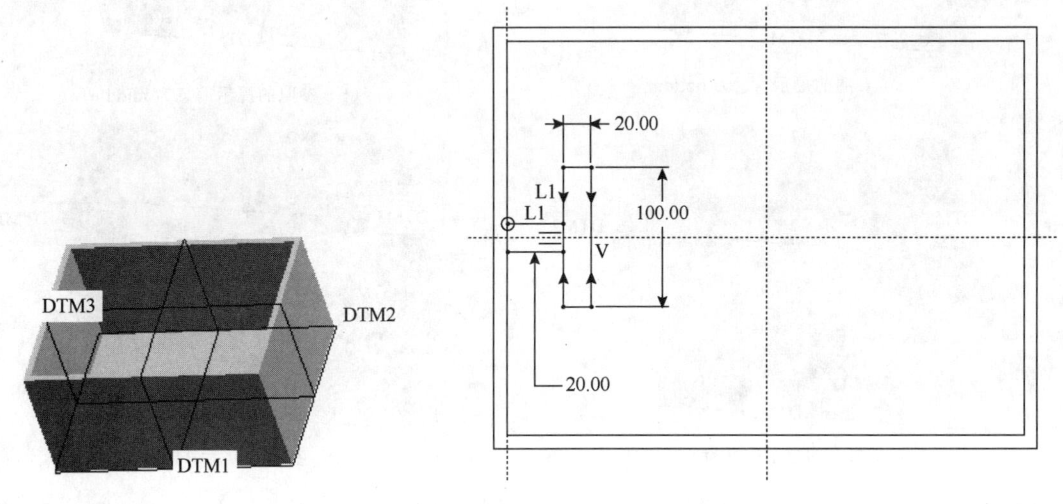

图 9-10 完成抽壳　　　　图 9-11 草绘截面

步骤 13：在“拉伸特征”操控板中单击⊥按钮，输入深度为 160，并单击✓按钮，完成拉伸特征的创建，如图 9-12 所示。

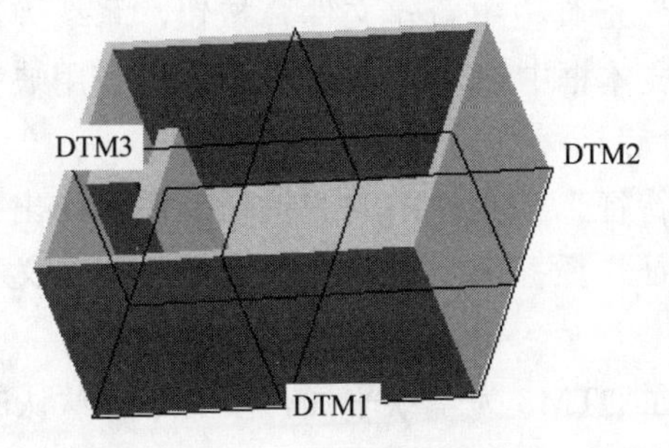

图 9-12 完成特征创建

步骤 14：单击主菜单中“工具”→“UDF 库”→“创建”选项，在信息区文本框中输入名称 udf-1。

步骤 15：单击“单一的”→“完成”选项，单击“是”按钮。在模型树上选取定义的特征，单击“完成/返回”选项。

步骤 16：在信息区文本框中输入如图 9-13（a）所示的参照的提示信息为：bottom。

步骤 17：在信息区文本框中输入如图 9-13（b）所示的参照的提示信息为：middle。

步骤 18：在信息区文本框中输入如图 9-13（c）所示的参照的提示信息为：front。

步骤 19：在信息区文本框中输入如图 9-13（d）所示的参照的提示信息为：side。

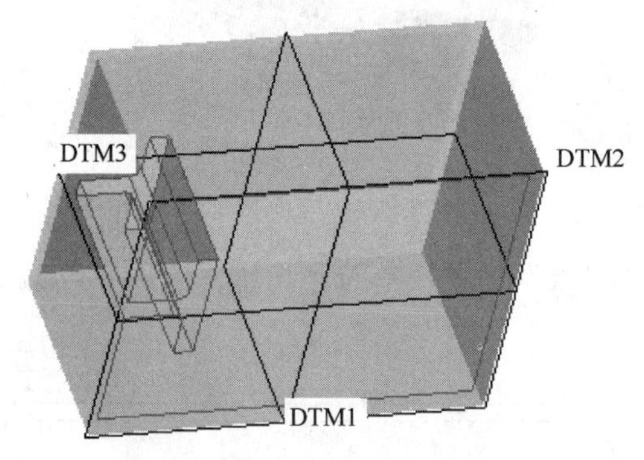

（a）参照的提示信息为 bottom

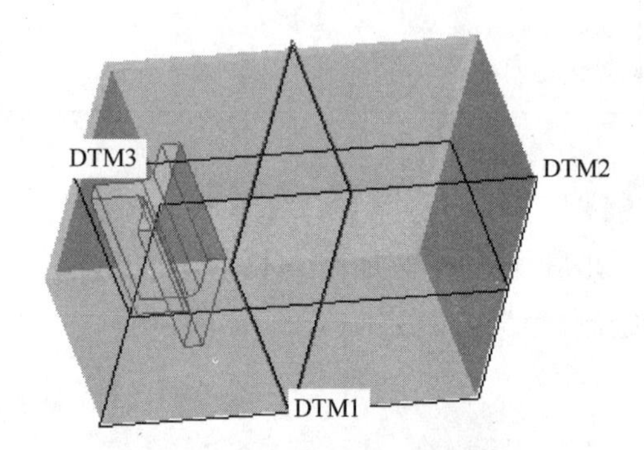

（b）参照的提示信息为 middle

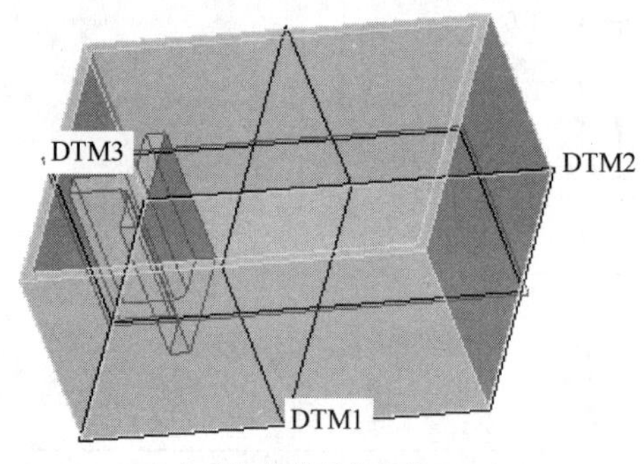

（c）参照的提示信息为 front

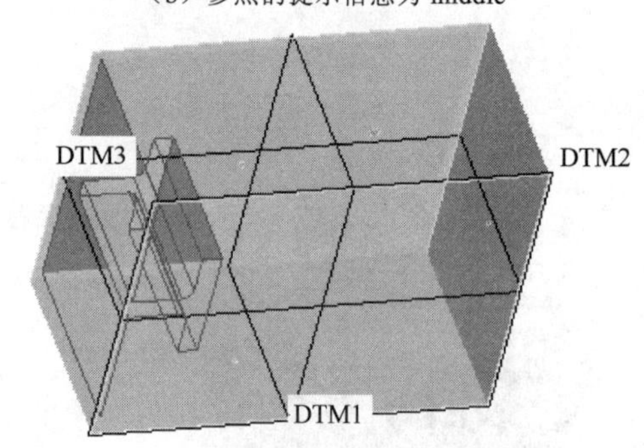

（d）参照的提示信息为 side

图 9-13　创建 UDF

步骤 20：单击“完成”选项，完成 UDF 的创建。

（2）UDF 的调入。

步骤 21：单击“文件”工具栏中新建文件按钮，系统弹出“新建”对话框。

步骤 20：在“名称”文本框中输入“udf2”，单击“使用缺省模板”去掉默认模板，单击“确定”按钮，进入零件设计模块。

步骤 21：单击“基础特征”工具栏中的按钮，系统弹出“拉伸特征”操控板。

步骤 22：在“拉伸特征”操控板中单击“放置”→“定义”按钮，系统弹出“草绘”对话框。

步骤 23：选取基准平面 DTM3 为草绘平面，接受系统默认的视图方向和参照方向，单击“草绘”按钮，进入草绘环境。

步骤 24：绘制如图 9-14 所示的截面，单击“草绘”工具栏中的✓按钮，完成草绘截面的绘制。

步骤 25：在“拉伸特征”操控板中单击⊟按钮，输入拉伸深度为 400，单击✓按钮，完成拉伸特征的创建，如图 9-15 所示。

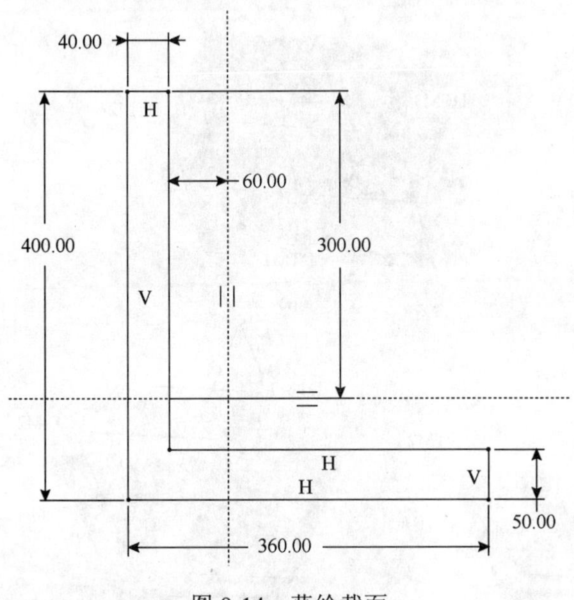

图 9-14 草绘截面

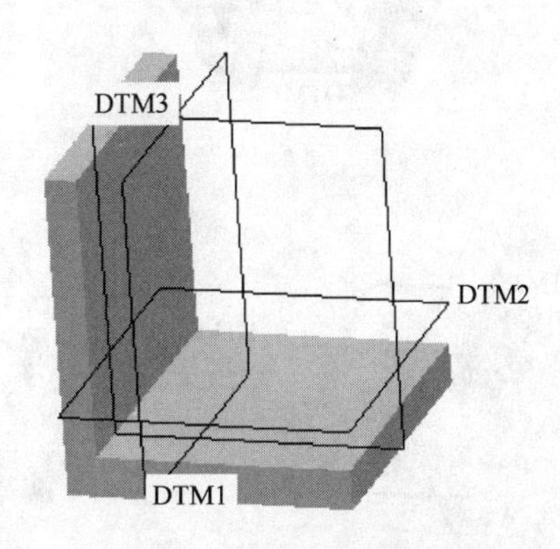

图 9-15 完成特征创建

步骤 26：单击主菜单中“插入”→“用户定义特征”命令，选取创建的 udf-1，单击“打开”按钮。

步骤 27：系统弹出如图 9-16 所示的对话框，单击“确定”按钮。

步骤 28：系统弹出如图 9-17 所示的对话框，依次选取（1）、（2）、（3）、（4）步，单击✓按钮，再单击“正向”→“完成”选项，完成 UDF 的调入，如图 9-18（e）所示。

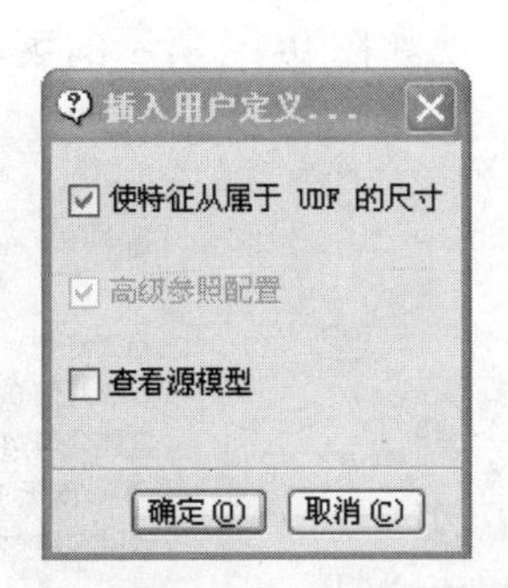

图 9-16 “插入用户定义”对话框

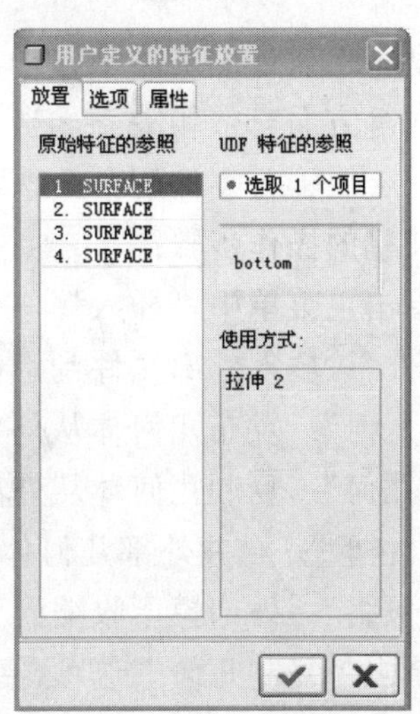

图 9-17 “用户定义的特征放置”对话框

1）选取相对于 UDF 库中的 bottom 面，如图 9-18（a）所示。

2）选取相对于 UDF 库中的 middle 面，如图 9-18（b）所示。

3）选取相对于 UDF 库中的 front 面，如图 9-18（c）所示。

4）选取相对于 UDF 库中的 side 面，如图 9-18（d）所示。

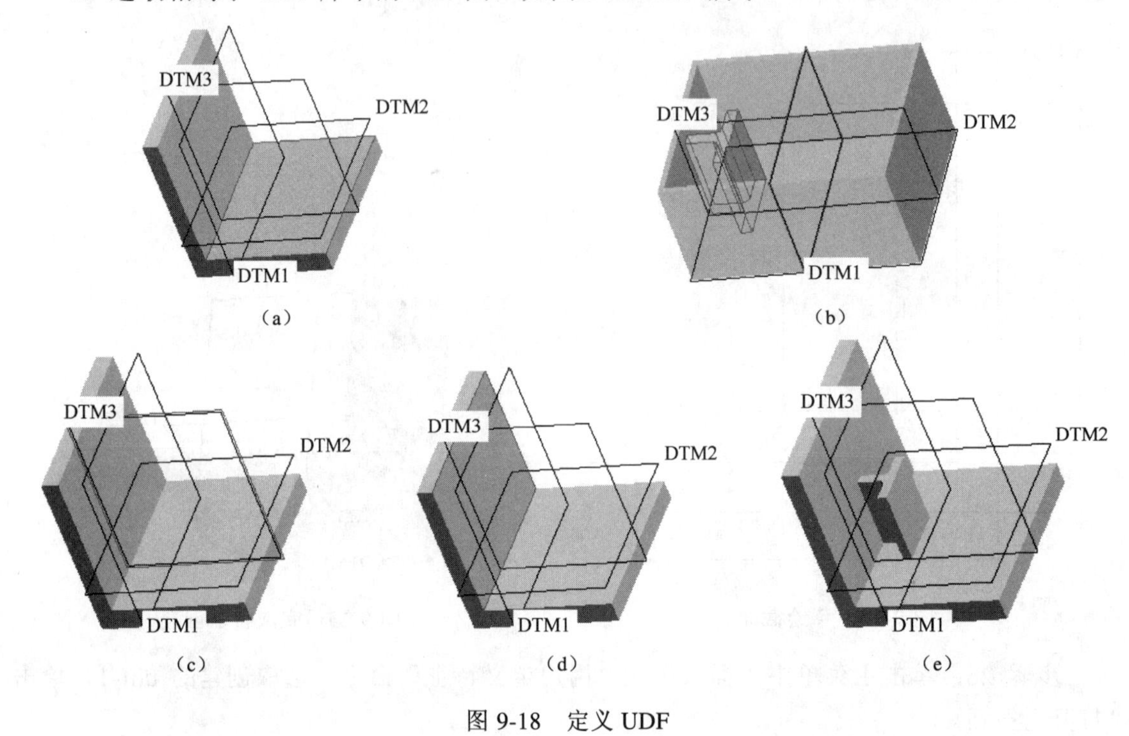

图 9-18　定义 UDF

9.2　共享数据

在模型零件设计的实际工作中，用户通过使用共享数据，可以实现零件之间在结构、特征、参数等方面有依赖关系，当主零件发生改变，其他有依赖关系的零件会跟着改变。共享数据适合用于各零件配合关系紧密的产品设计：箱体类产品，外壳类产品。

数据共享的操作步骤：

（1）单击主菜单中“插入”→“共享数据”命令，出现如图 9-19 所示的菜单。

“自文件”：插入外部文件到当前模型窗口中。

“发布几何”：发布几何体从外部模型零件中。

“复制几何”：复制几何体从外部模型零件中。

“合并/继承”：合并外部几何体到当前模型零件中。

“收缩包络”：外部模型收缩到当前窗口中。

（2）单击“复制几何”选项，弹出对话框如图 9-20 所示。

（3）单击“打开”选项，选取被复制的模型零件，再单击“打开”按钮，如图 9-21 所示。

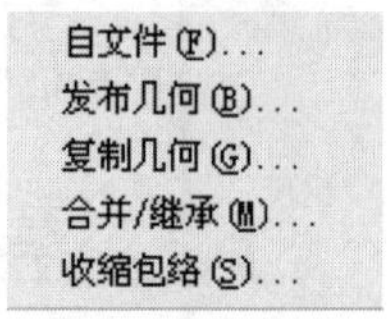

自文件(F)...
发布几何(B)...
复制几何(G)...
合并/继承(M)...
收缩包络(S)...

图 9-19 “共享数据”菜单

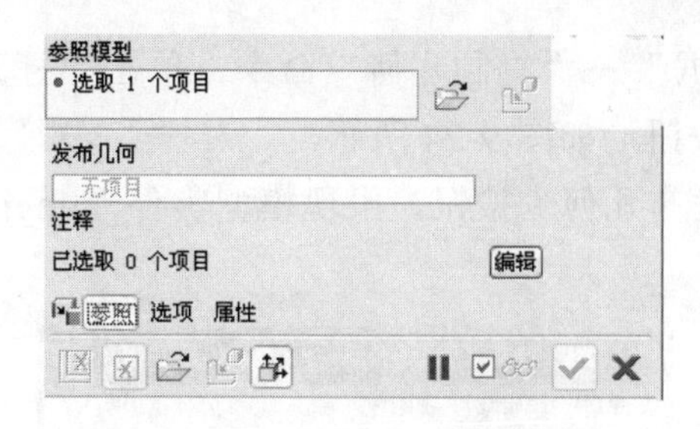

图 9-20 “参照”操控板

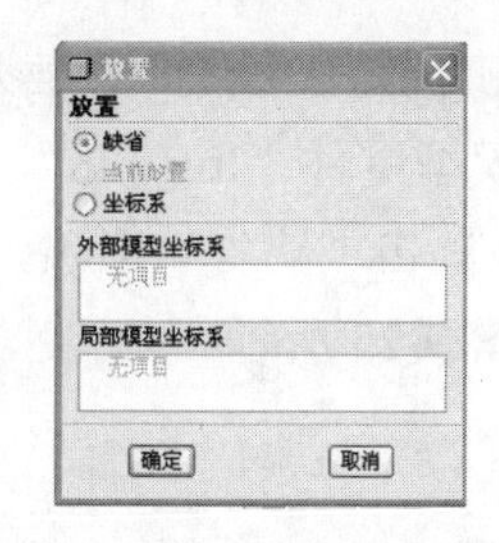

图 9-21 “放置”对话框

“缺省”：系统默认的位置。

“坐标系”：坐标系的位置。

（4）单击“缺省”选项，再单击“仅限发布几何”按钮，出现被复制的模型零件分离窗口。

（5）从模型零件中选取被复制的表面，单击✔按钮，完成模型零件的数据共享。

范例操作：

步骤 1：单击“文件”工具栏中新建文件□按钮，弹出“新建”对话框。

步骤 2：在“名称”文本框中输入“lingjian”，单击“使用缺省模板”去掉默认模板，单击“确定”按钮，进入零件设计模块。

步骤 3：单击“基础特征”工具栏中的□按钮，系统弹出“拉伸特征”操控板。

步骤 4：在“拉伸特征”操控板中单击“放置”→“定义”按钮，系统弹出“草绘”对话框。

步骤 5：选取基准面 DTM3 为草绘平面，接受系统默认的视图方向和参照方向，单击“草绘”按钮，进入草绘环境。

步骤 6：绘制如图 9-22 所示的截面，单击“草绘”工具栏中的✔按钮，完成草绘截面的绘制。

步骤 7：在“拉伸特征”操控板中单击□按钮，输入深度为 400，并单击✔按钮，完成拉伸特征的创建，如图 9-23 所示。

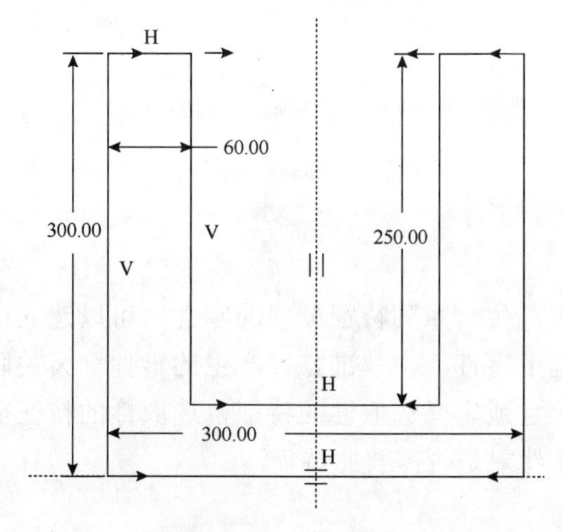

图 9-22 草绘截面

图 9-23 完成特征创建

步骤 8：单击主菜单中“插入”→“共享数据”→“复制几何”命令，单击“打开”选项，选取模型零件“lingjian”，单击“打开”按钮，如图 9-24 所示。

步骤 9：单击“缺省”选项，再单击“仅限发布几何”按钮，出现模型零件“lingjian”分窗口，如图 9-25 所示。

图 9-24 “放置”对话框

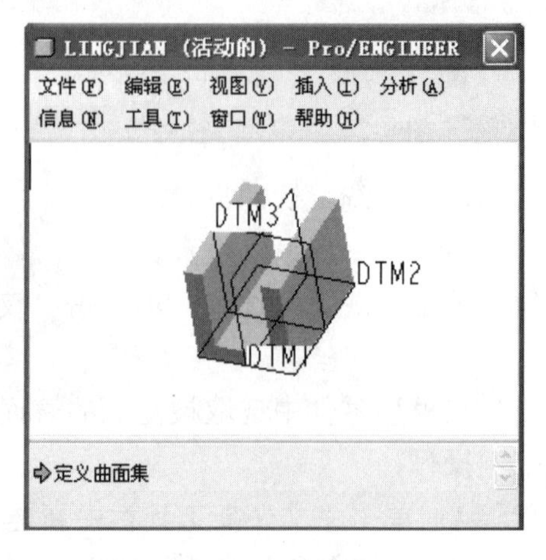

图 9-25 分窗口

步骤 10：在模型上选取如图 9-26 所示的表面，单击按钮，选取的面复制到当前模型窗口中，完成共享数据的操作，如图 9-27 所示。

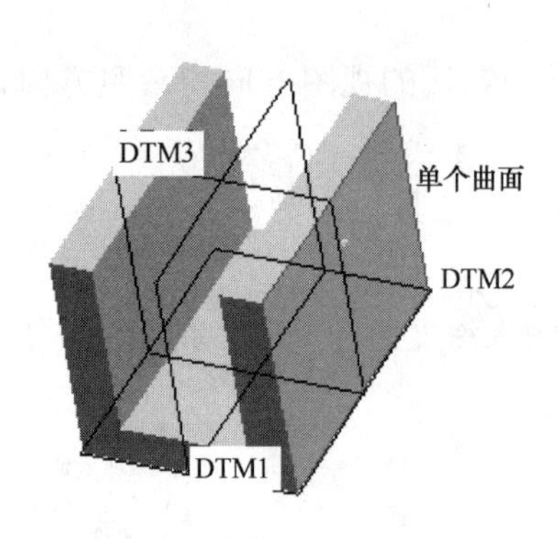

图 9-26 选取面

图 9-27 完成共享数据

9.3 家族表（族表）

用户使用族表可以在一个基准零件的文件中产生一系列特征类似的零件，可以建立标准化的零件库。在创建族表前必须要创建一个基准零件。由基准零件产生的零件称为关联零件。在操作族表时，用户一般定义可变化的尺寸或定义选取性的特征，选取性的特征在项目栏中以输入 Y（是）或 N（否）来表示子零件中是否需要此特征。

1. 家族表的创建

（1）打开或创建一个基准零件（称父模型）。

（2）单击主菜单中“工具”→“族表”命令，出现如图 9-28 所示的族表对话框。

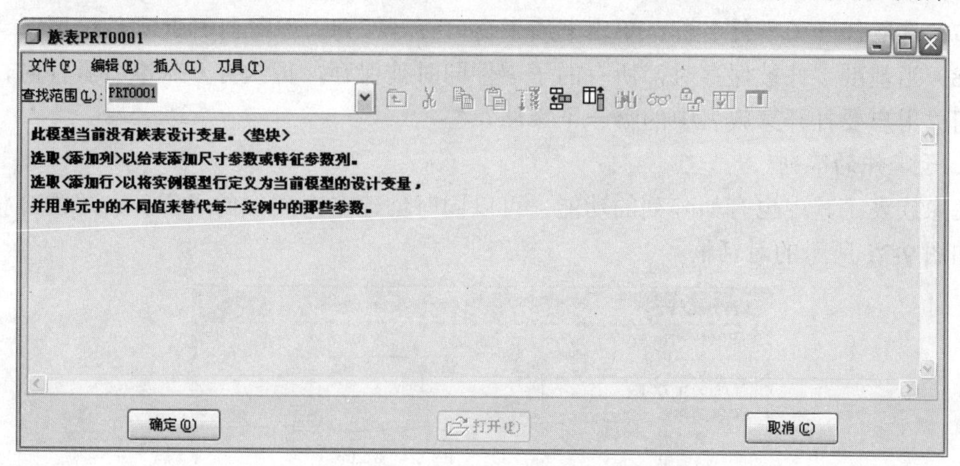

图 9-28　族表对话框

（3）每单击按钮一次，在家族表中创建一行（row），则创建一个新的子零件；每单击按钮一次，在家族表中创建一列，在家族表中添加要控制的项目，此时系统出现如图 9-29 所示的对话框。在该对话框中的增加 Item 栏中选取一个项目，如尺寸、特征等，然后在模型上选取相应的控制对象。选取完成后，被选的对象显示在项目栏中，然后单击“确定”按钮，在家族表中添加了该项目的栏目。

（4）在子零件对应的栏目中选取或输入相应的内容。完成子零件的创建后，单击按钮，出现如图 9-30 所示的对话框。单击“校验”按钮，验证创建的子零件，在“校验状态”栏中显示成功，则子零件能产生；若显示失败，则子零件不能产生。

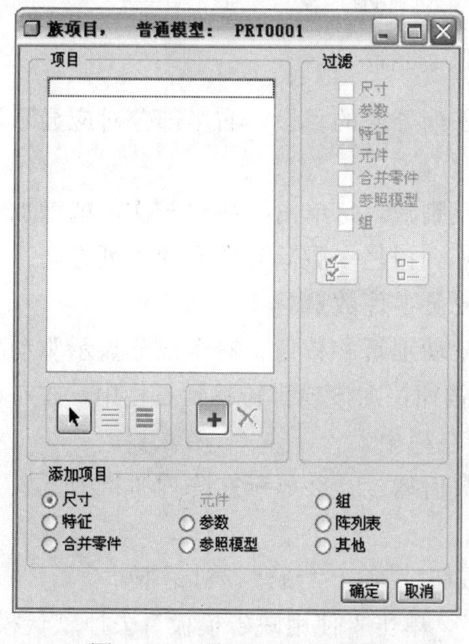

图 9-29 “族项目”对话框

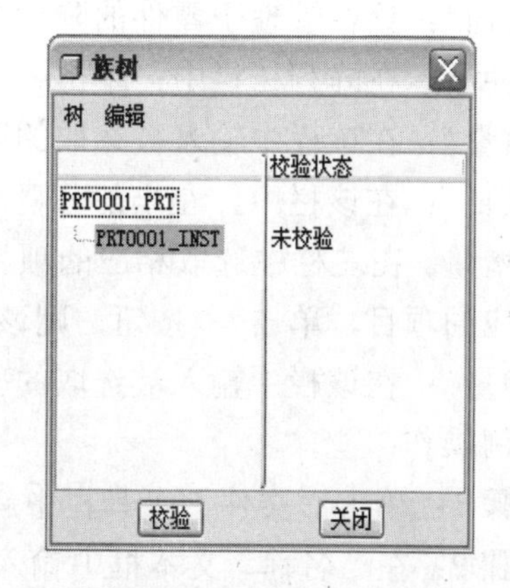

图 9-30 “族树”对话框

（5）在家族表窗口选取创建的子零件，单击按钮，出现预览子零件的模型窗口。

（6）单击家族表窗口“确定”按钮，则家族表保存在基准模型的文件中。

（7）选取任一子零件名称，单击家族表窗口打开按钮，系统打开此零件模型。

（8）当基准零件被保存时，所有的子零件同时被保存，再次打开基准备零件时，系统会询问“用户要打开家族表中的哪一个零件？”

2. 子零件的阵列

在家族表工具中也有如阵列的功能，可以同时创建多个类似的子零件．单击按钮，出现如图 9-31 所示的对话框。

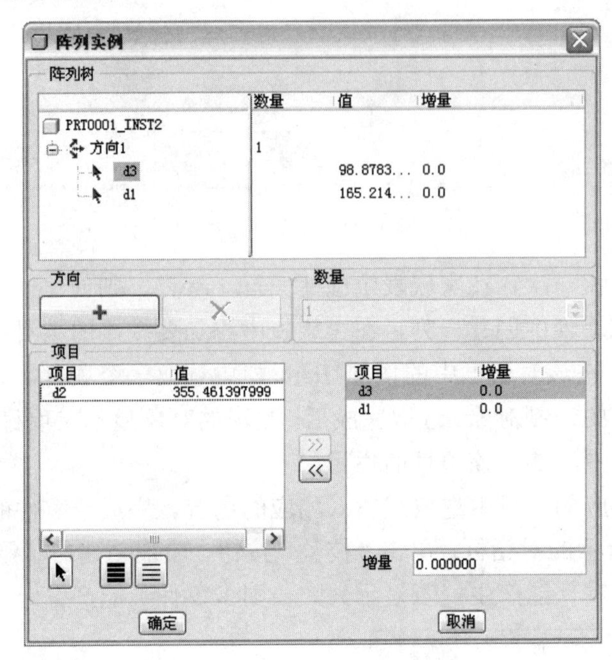

图 9-31 “阵列实例”对话框

“阵列树”：在该栏中，左半部分显示子零件阵列方向的目录，右半部分对应显示该方向的成员零件数量、驱动项目的数值、数值增量。

“方向”：该栏管理子零件的阵列方向的添加或删减。每单击按钮一次，就增加一个阵列方并显示在阵列树栏中；单击按钮，就从阵列树栏中删除被选取的阵列方向。

“数量”：在该栏中输入被选取的阵列方向的成员零件数量。

“项目”：在该栏中，左半部分显示子零件的驱动项目和数值。右半部分显示驱动项目及数值增量。在左栏中选取相应的项目，单击 ›› 按钮，则该项目转移到右栏中；在右栏中选取相应的项目，单击 ‹‹ 按钮，则该项目转移到左栏中。

“增量”：在该栏中输入被选取的驱动项目的数值增量，并显示在阵列树栏中。

范例操作：

步骤 1：单击“文件”工具栏中新建文件按钮，弹出“新建”对话框。

步骤 2：在“名称”文本框中输入“jiazubiao”，单击“使用缺省模板”去掉默认模板，单击“确定”按钮，进入零件设计模块。

步骤 3：单击“基础特征”工具栏中的按钮，弹出拉伸特征操控板。

步骤4：在“拉伸特征”操控板中单击“放置”→“定义”按钮，系统弹出“草绘”对话框。

步骤5：选取基准平面DTM2为草绘平面，接受系统默认的视图方向和参照方向，单击“草绘”按钮，进入草绘环境。

步骤6：绘制如图9-32所示的截面，单击“草绘”工具栏中的✓按钮，完成草绘截面的绘制。

步骤7：在“拉伸特征”操控板中单击⊟按钮，输入拉伸深度为3，单击✓按钮，完成拉伸特征的创建，如图9-33所示。

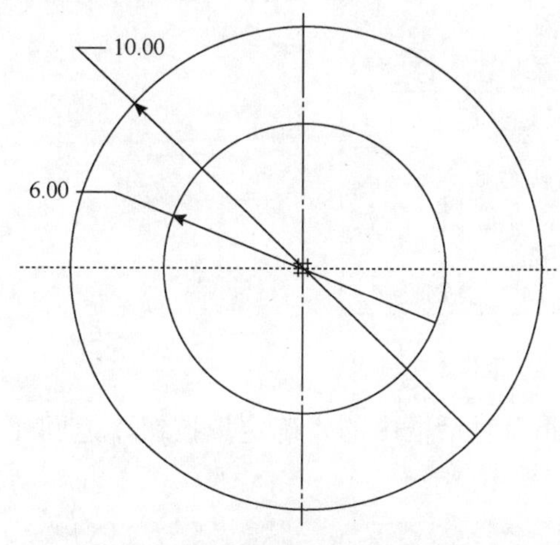

图9-32　草绘截面+

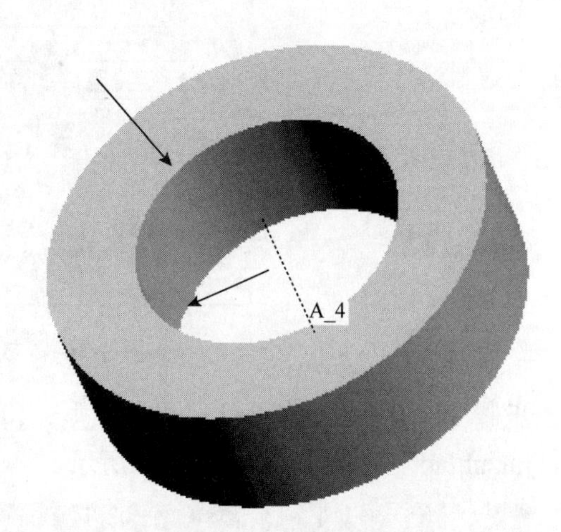

图9-33　完成特征创建

步骤8：单击主菜单中“插入”→“倒角”→“边倒角”命令，分别选取如图9-33所示的空心圆柱两个内圆边，在倒角特征操控板中，输入倒角距离为0.5，单击✓按钮，完成倒角的创建，如图9-34所示。

步骤9：单击主菜单中“工具”→“族表”命令，弹出“族表：jiazubiao”对话框。

步骤10：单击族表窗口中的按钮，以定义项目，系统打开“族项目，普通模型：jiazubiao”对话框，选取该对话框中的增加项目栏中的特征选项，系统提示选取项目。

步骤11：单击模型零件中的特征，选取被定义的3个尺寸，如图9-35所示。

图9-34　完成倒角

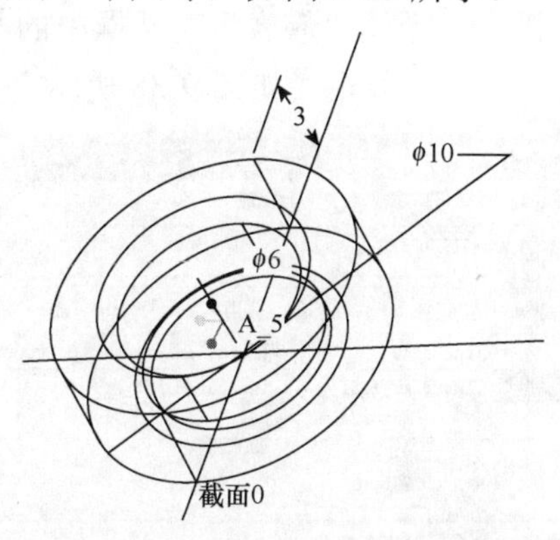

图9-35　选取尺寸

步骤 12：完成尺寸选取后，增加选取“项目”栏中的“特征”选项。单击模型零件中的倒直角，在“族项目，普通模型：jiazubiao”对话框中的项目栏中添加了定义的尺寸和倒直角选项，如图 9-36 所示。

图 9-36 “族项目”对话框

步骤 13：单击“族项目，普通模型：jiazubiao”对话框中的“确定”按钮，返回“族表，jiazubiao”对话框，如图 9-37 所示。

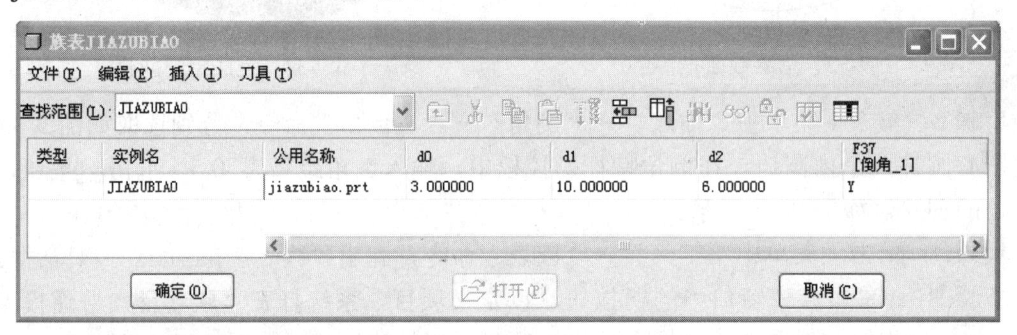

图 9-37 族表（一）

步骤 14：单击“族表”对话框中的按钮，系统自动创建一个新的子零件，并可对其包含的项目进行设定，如图 9-38 所示。

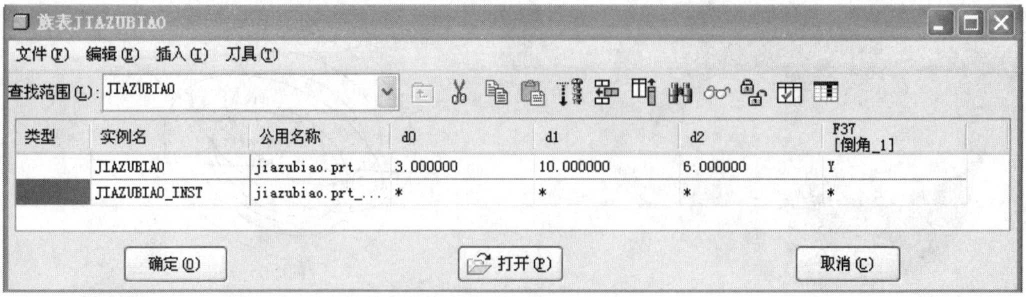

图 9-38 族表（二）

步骤 15：在“族表”对话框中设定新的子零件中包含的项目，如图 9-39 所示。

族表JIAZUBIAO

文件(F) 编辑(E) 插入(I) 刀具(T)

查找范围(L): JIAZUBIAO

类型	实例名	公用名称	d0	d1	d2	F37 [倒角_1]
	JIAZUBIAO	jiazubiao.prt	3.000000	10.000000	6.000000	Y
	JIAZUBIAO_INST	jiazubiao.prt_...	6	15	9	*
	JIAZUBIAO_INST1	jiazubiao.prt_...	9	20	12	*
	JIAZUBIAO_INST2	jiazubiao.prt_...	12	25	15	*

确定(O) 打开(P) 取消(C)

图 9-39 族表（三）

步骤 16：以同样的方法来创建并定义新的子零件。完成子零件的创建后，单击按钮，如图 9-40 所示，在族树对话框中单击“校验”按钮，验证创建的子零件。单击“关闭”按钮，关闭“族树”对话框。

步骤 17：在“族表”对话框中选取 JIAZUBIAO_INST 零件，单击该对话框中的“打开”按钮，系统新开一个模型窗口显示该成员零件，如图 9-41 所示。

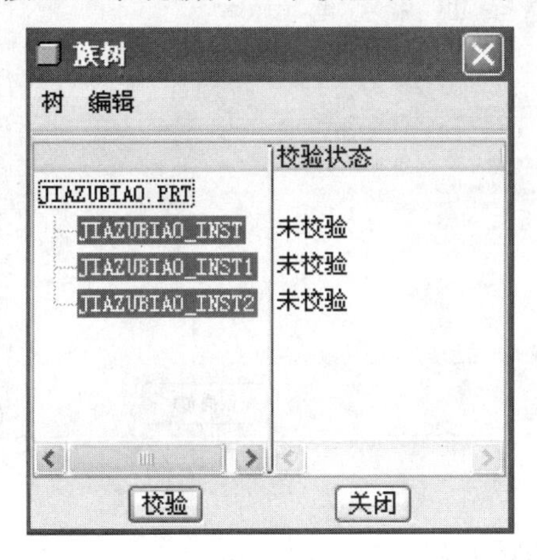

图 9-40 “族树”对话框

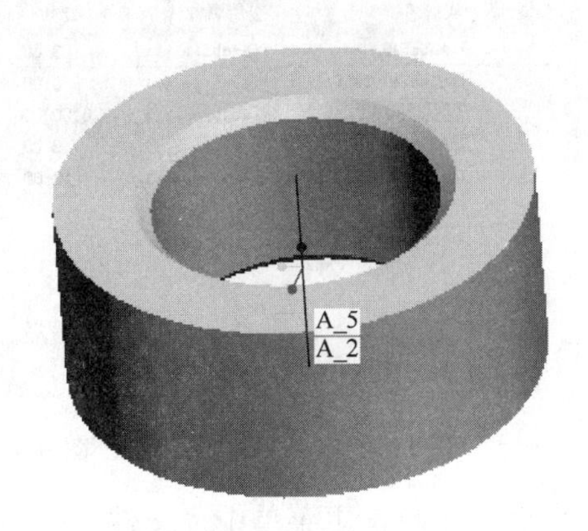

图 9-41 模型

步骤 18：在“族表”对话框中选取 JIAZUBIAO_INST 零件，单击按钮，打开阵列实例对话框，以阵列的方式来创建多个类似的子零件。

步骤 19：在“阵列树”对话框中的数量栏中输入该阵列方向的成员零件数量。

步骤 20：在项目的左栏中选取显示的子零件的驱动项目，单击 >> 按钮，选中的驱动项目转移到右栏中，一一选取驱动项目，在增量栏中输入相应的驱动项目的数值增量，结果如图 9-42 所示。

步骤 21：单击“阵列实例”对话框中的“确定”按钮，创建的成员零件显示在“族表”对话框中，如图 9-43 所示。

步骤 22：在“族表”对话框中单击“确定”按钮，完成族表的创建。

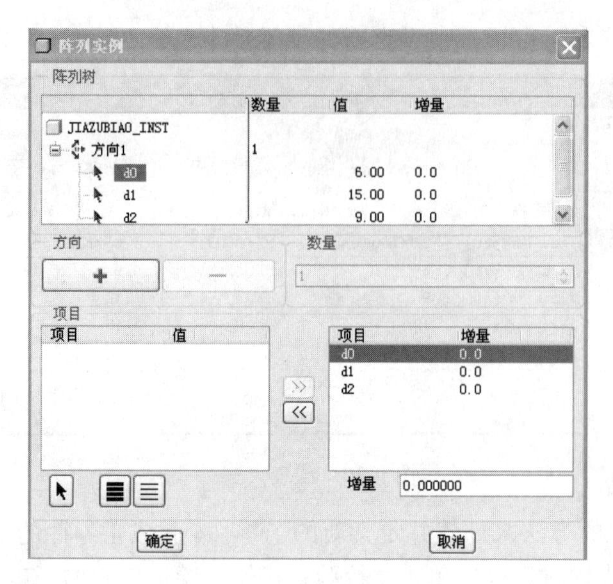

图 9-42 “阵列实例”对话框

族表JIAZUBIAO

文件(F) 编辑(E) 插入(I) 刀具(T)

查找范围(L): JIAZUBIAO

类型	实例名	公用名称	d0	d1	d2	F37 [倒角_1]
	JIAZUBIAO	jiazubiao.prt	3.00	10.00	6.00	Y
	JIAZUBIAO_INST	jiazubiao.prt_...	6.00	15.00	9.00	*
	JIAZUBIAO_INST0	jiazubiao.prt_...	6.000000	15.000000	9.000000	*
	JIAZUBIAO_INST1	jiazubiao.prt_...	9.00	20.00	12.00	*
	JIAZUBIAO_INST2	jiazubiao.prt_...	12.00	25.00	15.00	*

确定(O) 打开(P) 取消(C)

图 9-43 族表（四）

步骤 23：单击主菜单中“文件”→“保存”选项，保存模型零件 jiazubiao.prt，并关闭当前模型窗口。

步骤 24：单击主菜单中“文件”→“打开”选项，重新打开模型零件 jiazubiao.prt，系统打开如图 9-44 所示的“选取实例”对话框。

步骤 25：“按名称”是指以文件名来选取打开零件；“按参数”是指以尺寸参数来选取打开零件。

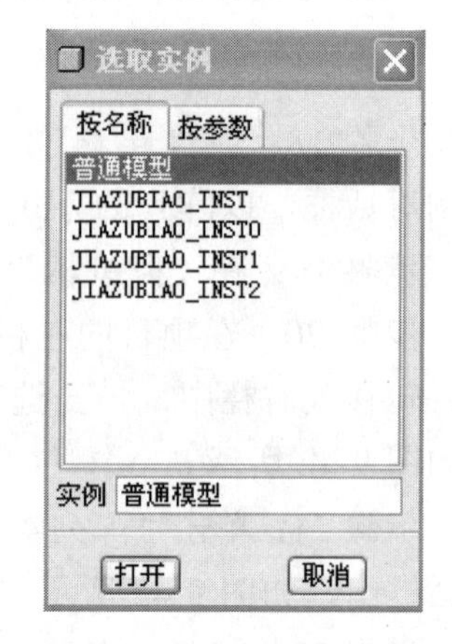

图 9-44 “选取实例”对话框

9.4 图层（Layer）

在模型设计中使用图层，可以对模型中的特征、装配中的零件作分层管理，有利于模型的设计和操作。

在新建零件文件时，可以不选中“使用缺省模板”选项。在工具栏单击图标，出现如图 9-45 所示的系统默认的图层树窗口；若新建零件文件时，选取的模块是“空的”，出现如图 9-46 所示的图层树的窗口。

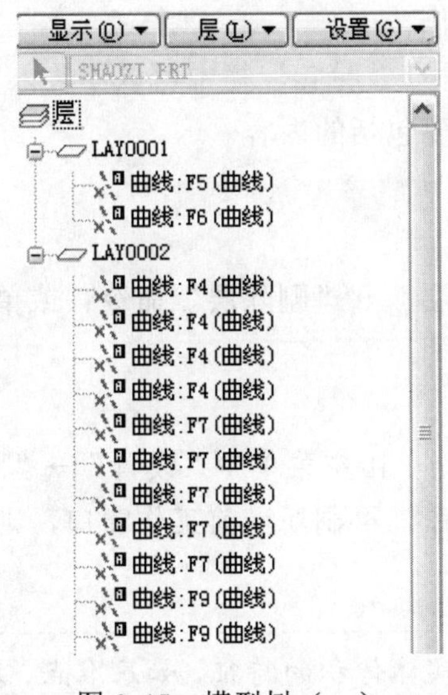

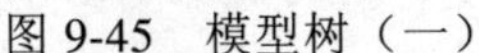
图 9-45　模型树（一）

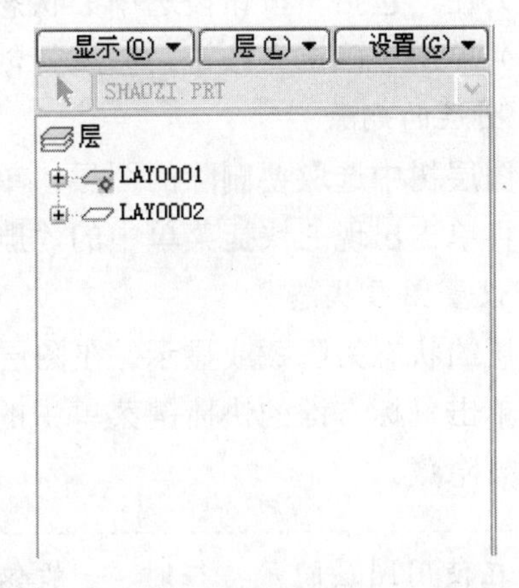

图 9-46　模型树（二）

“显示”：显示不同阶层的模型树、图层树等。

“层”：新建图层，设置图层的属性、隐藏/显示、删除图层、去除图层中的所有项目、剪切项目、复制项目等操作。

“设置”：设置图层树的显示项目。

1. 图层的创建

（1）单击图层树窗口“层”→“新建层”，或在图层树窗口中单击鼠标右键，在弹出快捷菜单中单击“新建层”选项，出现如图 9-47 所示的对话框。

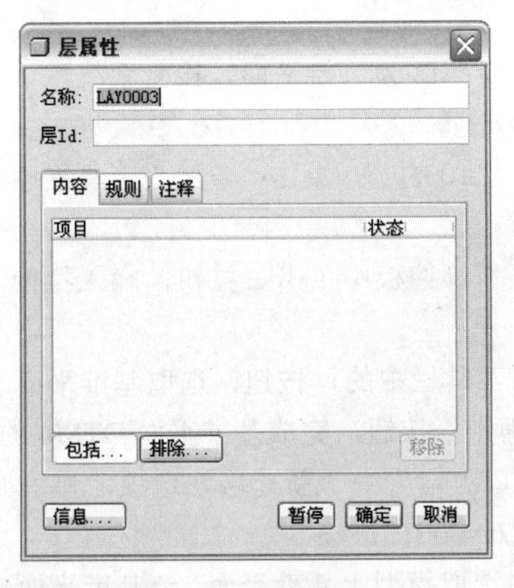

图 9-47　“层属性”对话框

"内容"：图层中的内容。

"规则"：设置查找或选取特征的规则。

"包括"：图层中包括的内容，选取特征或零件，该对象就被添加到图层中。

"排除"：图层中排除的内容。

"暂停"：中断图层中选中的项目，去执行其他操作。

（2）在名称栏中输入图层的名称或使用默认的名称，"层 Id"栏中可以不输入。

（3）在"包括"按钮被选中的状态，选取图层中要包括的内容。

（4）单击"确定"按钮，系统就创建了一个图层。

2. 图层的删除

在图层树中选取要删除的图层，单击主菜单中"层"→"删除层"命令；或单击鼠标右键，再单击出现的快捷菜单中的"删除层"命令。

3. 设置图层状态

图层的状态为隐藏或显示。在图层树中选取图层，单击主菜单中"设置"→"隐藏层"命令或单击鼠标右键的快捷键菜单中的"隐藏层"命令，再刷新当前工作窗口，则图层中的对象被隐藏。

注意 在使用图层隐藏特征时，一般仅隐藏不会影响实体体积的特征，如基准点、基准轴、基准平面、2D 项目等。

范例操作：

步骤 1：单击"文件"工具栏中新建文件按钮，弹出"新建"对话框。

步骤 2：在"名称"文本框中输入"tuceng"，单击"使用缺省模板"去掉默认模板，单击"确定"按钮，进入零件设计模块。

步骤 3：单击"基础特征"工具栏中按钮，系统弹出拉伸特征操控板。

步骤 4：在"拉伸特征"操控板中单击"放置"→"定义"按钮，系统弹出"草绘"对话框。

步骤 5：选取基准平面 DTM2 为草绘平面，接受系统默认的视图方向和参照方向，单击"草绘"按扭，进入草绘环境。

步骤 6：绘制一个直径为 10 的圆，单击"草绘"工具栏中按钮，完成草绘截面的绘制。

步骤 7：在"拉伸特征"操控板中单击按钮，输入拉伸深度为 100，单击按钮，完成拉伸特征的创建。

步骤 8：单击"基准"工具栏中的按钮，选取基准平面 DTM2，在"偏距"栏中输入平移距离为 20，单击"确定"按钮，完成基准平面 DTM4 的创建，如图 9-48 所示。

步骤 9：单击图层树窗口"层"→"新建层"选项，弹出如图 9-49 所示的"层属性"对话框，输入图层的名称"lay0001"。

步骤 10：在模型窗口中选取模型上基准平面，该基准平面自动加到"层属性"对话框，如图 9-50 所示，单击“确定”按钮。

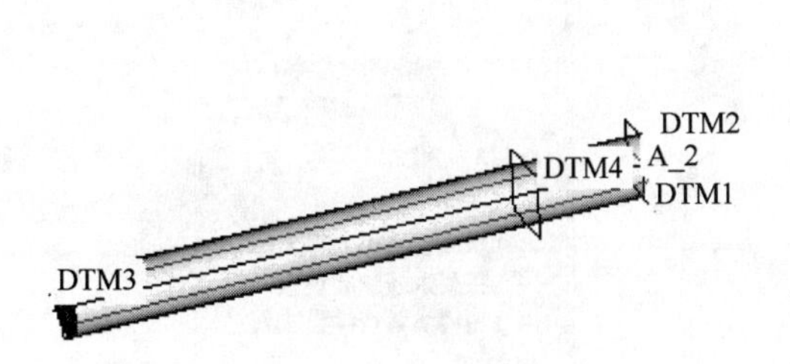

图 9-48 模型

图 9-49 “层属性”对话框

步骤 11：在图层树中选取“lay0001”图层，如图 9-50 所示。单击鼠标“右键”→“隐藏”选项，单击“编辑”工具栏中的按钮，模型上的基准平面被隐藏，如图 9-51 所示。

图 9-50 图层

图 9-51 “层属性”对话框

9.5 快捷键（映射键）

映射键的使用可以提高用户的工作效率，尤其用在 Pro/ENGINEER Wildfire 3.0 之前的 Pro/ENGINEER 2000i、2001 版本效果更加突出。在执行一个命令时，将需要多次单击菜单的操作定义映射键后，只要使用一个映射键操作就可替代。

1. 快捷键的定义步骤

（1）单击主菜单中“工具”→“映射键”命令，出现如图 9-52 所示的对话框。

（2）单击“新建”按钮，出现如图 9-53 所示的创建快捷键对话框。

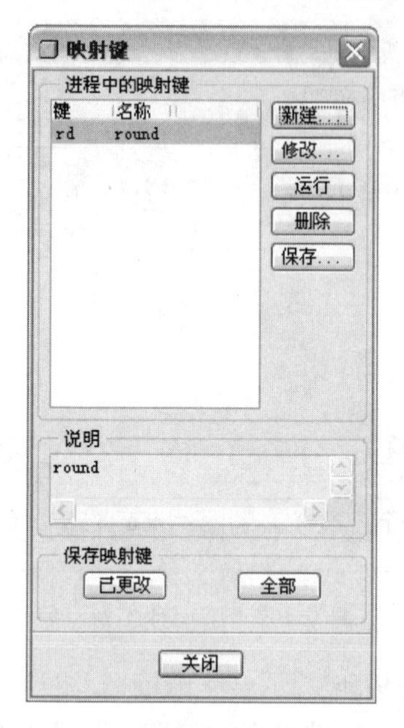

图 9-52 “映射键”对话框

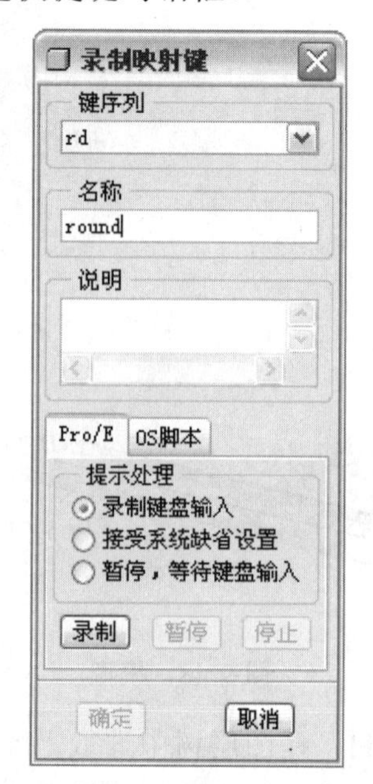

图 9-53 “录制映射键”对话框

（3）在“键序列（键值顺序）”栏中输入“Rd”。

（4）在“名称”栏中输入“round”（可以为空）。

（5）在“说明（描述）”栏中输入对此快捷键的说明（可以为空）。

（6）单击“录制”按钮，则 Pro/ENGINEER 系统开始记录用户的操作过程。

（7）单击主菜单中“插入”→“倒圆角”命令（在工作窗口有已有实体特征）。

（8）单击“停止”按钮，再单击“确定”按钮。

（9）单击“保存”按钮，将创建好的快捷键保存到工作目录下的 Config. pro 文件中。

注意 每个快捷键的“键值顺序”栏中的输入时由用户自定义的，不同的用户有不同的定义，所以定义的值要利于用户自己的记忆及键盘的输入。一般快捷键的键值定义为左手控制范围内的字母组合。用户实际使用时，左手输入命令，右手操作鼠标，可以提高操作速度。

2. 快捷键放置工作界面上

（1）在工具栏中单击鼠标右键，选取“工具栏”选项，出现如图 9-54 所示的定义界面对话框。

（2）单击“命令”按钮，选取“映射键”命令。

（3）在“映射键”栏中选取“round”快捷键，将它拖入“编辑”工具栏上，如图 9-55 所示。

（4）同样在“映射键”栏中选取“round”快捷键，将它拖入下拉菜单中，如图 9-56 所示。

图 9-54 “定制”对话框

图 9-55 “编辑”工具栏

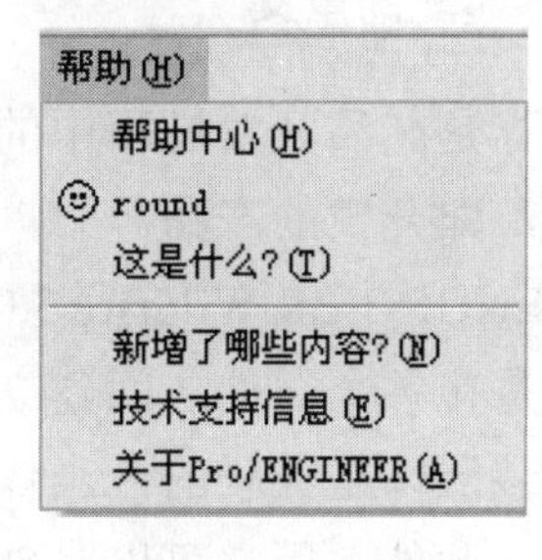

图 9-56 下拉菜单

9.6 小结

本章主要介绍了用户定义库数据共享特征、家族表、图层、映射键。读者应熟练掌握这些操作方法，以便灵活地设计产品。

思 考 题

（1）特征之间库数据共享是怎样形成的，对零件建模及其设计更改有何影响？
（2）隐含命令和隐藏命令有何区别？
（3）图层创建的步骤是什么？

第 10 章
零件装配和分析

教学提示：在 Pro/ENGINEER Wildfire 3.0 中完成产品的零件设计，可以将设计的零件装配成一个装配体。在生产出零件之前，可在 Pro/ENGINEER Wildfire 3.0 中对装配模型的质量属性及零件间的间隙、干涉进行分析，辅助产品设计的检验，从而提高产品设计的效率。

教学要求：本章要求读者掌握 Pro/ENGINEER Wildfire 3.0 的装配模块的基本使用方法，掌握基本装配步骤及装配约束的添加，从而顺利地进行装配件的设计。

10.1　零件装配的意义和装配顺序

10.1.1　零件装配的意义

零件设计是产品开发过程中的一个基本操作过程，最终用户需要把若干个零件装配成一个装配体，即开发的产品。

在 Pro/ENGINEER Wildfire 3.0 中，零件装配是通过定义零件模型之间的装配约束来实现的，也就是在各个零件之间建立一定的链接关系，从而确定各零件在空间的具体位置关系。零件和装配体是关联的，当修改零件或装配体上对应的零件时，在他们之间相互发生相应的变化。此外，用户可以对创建的装配体生成爆炸视图，从而可以直观地观察到各零件之间的设计关系，并且可以对装配体生成工程图。

在 Pro/ENGINEER Wildfire 3.0 装配中，使用模型分析工具，可以对装配模型进行零件间的间隙与干涉分析，辅助对产品设计的检验；还可以对机构进行运动仿真，进行运动轨迹、位移、运动干涉情况的分析，以便研究机构模型。

10.1.2　零件装配顺序

在 Pro/ENGINEER Wildfire 3.0 装配中，零件装配的顺序为：自顶向下装配（由上至下）、自底向上装配（由下至上）、混合装配。

（1）自顶向下装配：由装配件的顶级向下产生子装配和元件，在装配层次上创建和编辑元件，从装配件的顶级开始自顶向下进行设计。

（2）自底向上装配：先创建单个零件的几何模型即元件，再组装成子装配件，最后装配成装配体，自底向上逐级进行设计。

（3）混合装配：用户根据需要混合使用“自顶向下装配”和“自底向上装配”方法。例如，一开始使用自底向上模式，随着设计过程的进展，可以转到自顶向下模式。

10.2 零件装配的工具和装配约束类型

10.2.1 装配的工具

在 Pro/ENGINEER Wildfire 3.0 中，模型零件的装配主要通过“元件放置”对话框来实现的。因此，“元件放置”对话框就是 Pro/ENGINEER Wildfire 3.0 的装配工具。在装配模块的工作窗口中，单击主菜单中“插入”→“元件”→“装配”命令或单击工程特征工具栏中的按钮，在“打开”对话框中选取要装配的零件，单击“打开”按钮即可打开文件。

再次单击主菜单中“插入”→“元件”→“装配”命令或单击工程特征工具栏中的按钮，在“打开”对话框中选取要装配的第二个零件，单击“打开”按钮，在打开文件的同时会弹出操控板，如图 10-1 所示。

图 10-1 “装配”操控板

：该下拉框的列表中包括供用户选取的偏移类型，用于为“匹配”或“对齐”约束指定偏移类型。

：使元件参照和组件参照彼此重合。

：使元件参照位于同一平面上且平行于组件参照。

：设定组件参照与元件参照的线性偏距。

：装配件显示在分窗口中。

：装配件显示在装配主窗口中。

“放置”：该操控板（如图 10-2 所示）可以指定装配件与被装配件间的约束条件，并显示目前装配的状况。

用户可选取自动模式或用户定义模式，如图 10-2 所示为用户定义模式。

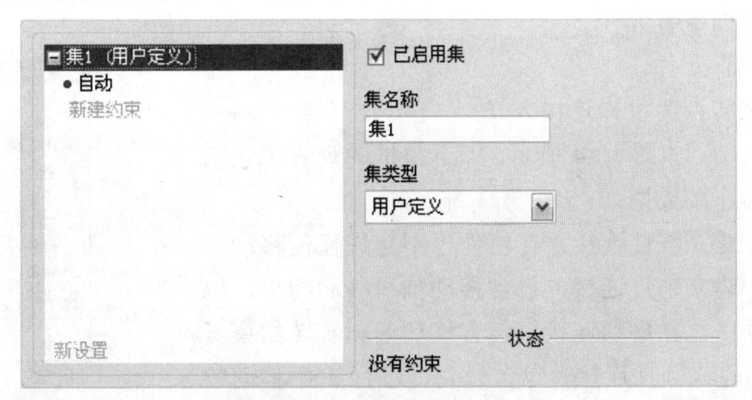

图 10-2 “放置”操控板

（1）集名称：可由用户输入自定义名称或使用默认名称。

（2）集类型：可单击图标，在下拉菜单中选取装配类型。

"移动"：使用该操控板（如图 10-3 所示）可移动正在装配的元件，使元件的取放更加方便。当"移动"操控板处于活动状态时，将暂停所有其他元件的放置操作。要移动参与组装的元件，必须封装或用预定义约束集配置该元件。在"移动"操控板中，可使用下列选项：

（1）运动类型：选取运动类型。默认值是"平移"。

1）定向模式：重定向视图。

2）平移：在平面范围内移动元件。

3）旋转：旋转元件。

4）调整：调整元件的位置。

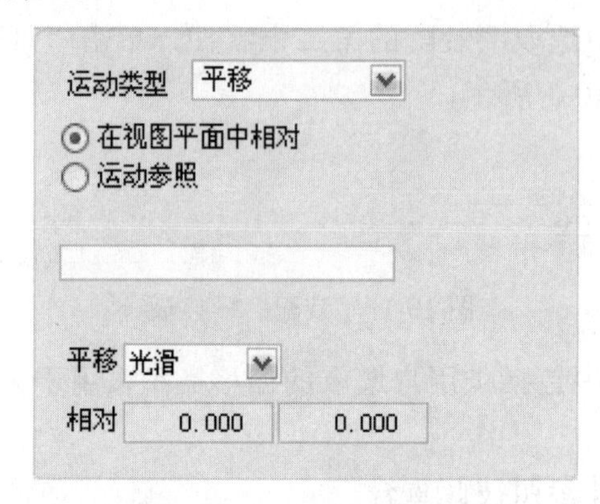

图 10-3 "移动"操控板

（2）在视图平面中相对：相对于视图平面移动元件，这是系统默认的移动方式。

（3）运动参照：选取移动元件的移动参照。

（4）平移/旋转/调整参照：选取相应的运动类型出现对应的选项。

（5）相对：显示元件相对于移动操作前的当前位置。

"挠性"：此面板仅对于具有预定义挠性的元件是可用的。

"属性"：显示元件名称和元件信息。

：使用界面放置元件。

：手动放置元件。

：将约束转换为机构连接方式。

用户定义：如图 10-4 所示，该下拉框的列表中包括可供用户选取的连接类型：

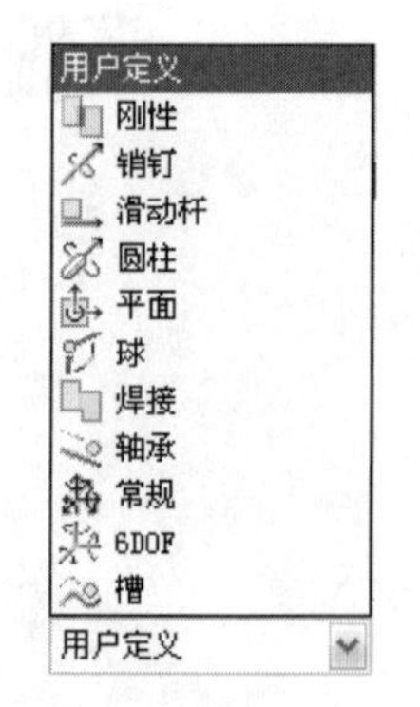

图 10-4 "用户定义"下拉框

（1）刚性：建立刚性连接，在组件中不允许任何移动。

（2）销钉：建立销钉连接，包含移动轴和移动约束。

（3）滑动杆：建立滑动连接，包含移动轴和旋转约束。

（4）圆柱：建立圆柱连接，包含只允许进行 360°移动的旋转轴。

（5）平面：建立平面连接，包含一个平面约束，允许沿着参照平面旋转和平移。

（6）球：建立球连接，包含允许进行360°移动的点对齐约束。

（7）焊接：建立焊接连接，包含一个坐标系和一个偏距值，以将元件“焊接”在相对于组件的一个固定位置上。

（8）轴承：建立轴承连接，包含一个点对齐约束，允许沿轨迹旋转。

（9）常规：创建有两个约束的用户定义的约束集。

（10）6D0F：建立 6D0F 连接，包含一个坐标系和一个偏距值，允许在各个方向上移动。

（11）槽：建立槽连接，包含一个点对齐约束，允许沿一条非直线轨迹旋转。

10.2.2 装配约束类型

零件的装配过程，实际上就是一个约束限位的过程，根据不同的零件模型及设计需要，选取合适的装配约束类型，从而完成零件模型的定位。一般要完成一个零件的完全定位，可能需要同时满足几种约束条件。Pro/ENGINEER Wildfire 3.0 提供了十几种约束类型，供用户选用。

要选取装配约束类型，只需在元件“放置”操控板的约束类型栏中，单击按钮，在弹出的下拉列表中选取相应的约束选项即可，如图 10-5 所示。

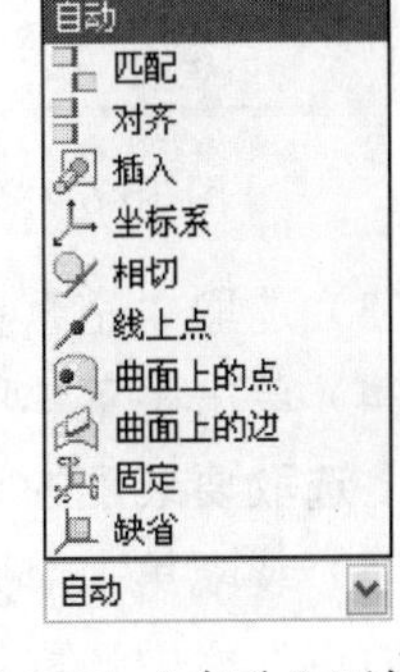

图 10-5 “自动”下拉框

自动：该下拉框的列表中包括可供用户选取的约束类型，当选取一个用户定义集时，约束类型的默认值为“自动”，用户可以手动更改该值。

（1）“自动”：默认的约束条件，系统会依照所选取的参照特征，自动选取适合的约束条件。

（2）“匹配”：一般为两个平面或基准平面重合，法线方向相反。

（3）“对齐”：一般为两个平面或基准平面重合，法线方向相同。

（4）“插入”：两零件指定的回转面的轴线重合。

（5）“坐标系”：使零件间的坐标系重合。

（6）“相切”：使两零件的指定的曲面相切。

（7）“线上点”：使零件上指定的一点在另一零件指定的一直边上。

（8）“曲面上的点”：在曲面上定位点。

（9）“曲面上的边”：在曲面上定位边。

（10）“固定”：将被移动或封装的元件固定到当前位置。

（11）“缺省”：用默认的组件坐标系对齐元件坐标系。

10.2.3 零件的装配

用户完成各模型零件的创建后，根据设计要求可以把它们进行装配，成为一个部件（子装配）或产品。

零件装配的操作步骤：

（1）单击主菜单中“文件”→“新建”命令，出现如图 10-6 所示的对话框。

（2）在“类型”栏中选取“组件”模块，单击“使用缺省模板”去掉默认模板，在“名称”栏中输入名称，单击“确认”按钮，出现如图 10-7 所示的对话框。

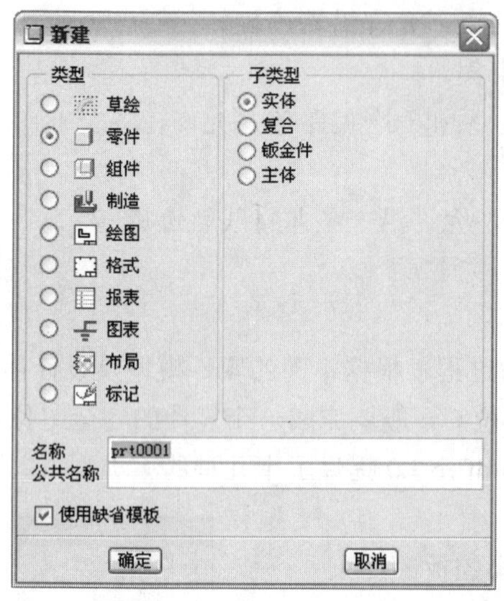

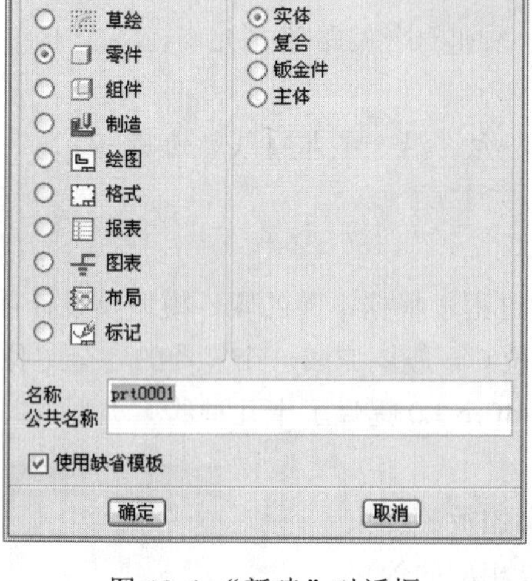

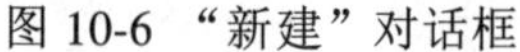

图 10-6 “新建”对话框

图 10-7 “新文件选项”对话框

（3）选取“空”模板，单击“确认”按钮，进入“组件”模块的工作界面。

（4）单击主菜单中“插入”→“元件”→“装配”命令或单击工程特征工具栏中的按钮，选取要装配的元件，单击“打开”按钮。

（5）装配第二个元件时，需重复步骤（4），在打开第二个元件后，在“放置”面板中的“约束”栏中选取约束类型，然后相应选取两个零件的装配参照，使其符合约束条件，单击按钮，完成本次零件的装配或连接。

（6）重复步骤（4）、（5），可以装配下一个元件。

范例操作：

步骤 1：单击主菜单中“文件”→“新建”命令，选取“组件”模块，单击“使用缺省模板”去掉默认模板，输入名称“zhangpei1”，单击“确认”按钮，选取“空”模板，单击“确认”按钮。

步骤 2：单击“工程特征”工具栏中的按钮，选取本书配套光盘“源文件\10.2.3”目录下的文件 ban1.prt，单击“打开”按钮，如图 10-8 所示。

步骤 3：单击“工程特征”工具栏中的按钮，选取本书配套光盘“源文件\10.2.3”目录下的文件 ban2.prt，单击“打开”按钮，如图 10-9 所示。

步骤 4：在操控板中的“放置”面板中“约束类型”栏选取插入约束类型，选取如图 10-8、图 10-9 所示箭头指示的装配参照。

步骤 5：在“放置”面板中单击“新建约束”选项，在“约束类型”栏选取匹配约束类型，选取图 10-10 所示箭头指示的装配参照，此时可通过反向按钮调整方向。

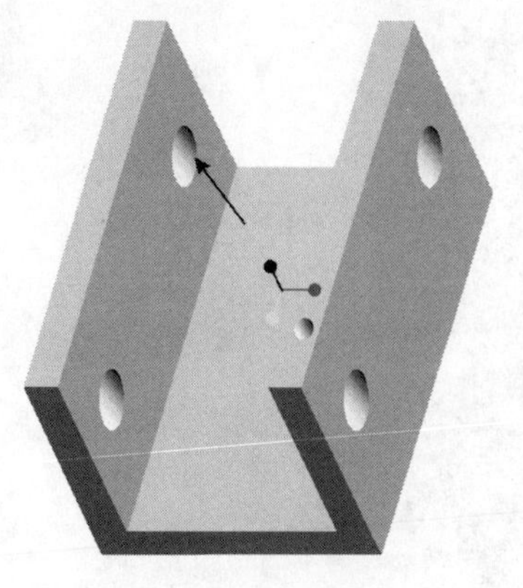

图 10-8　模型

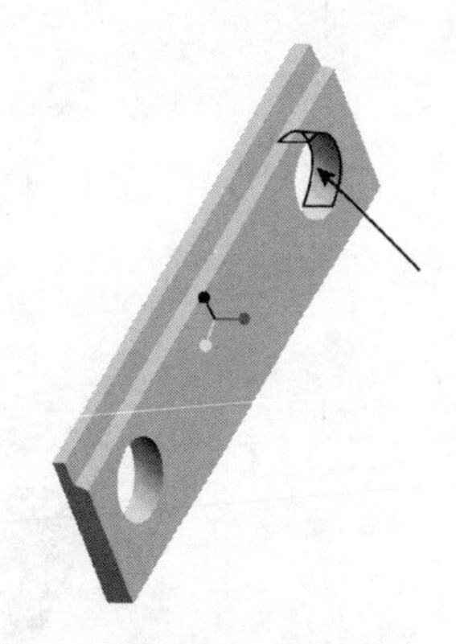

图 10-9　模型

步骤 6：在状态栏显示“完全约束”时，单击✓按钮，完成该元件的装配，结果如图 10-11 所示。

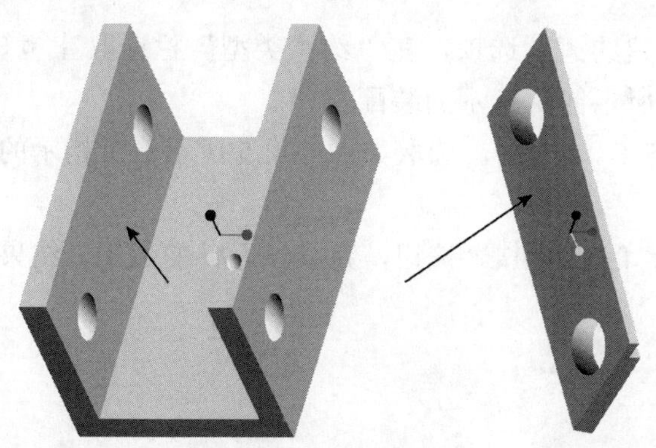

图 10-10　选取面

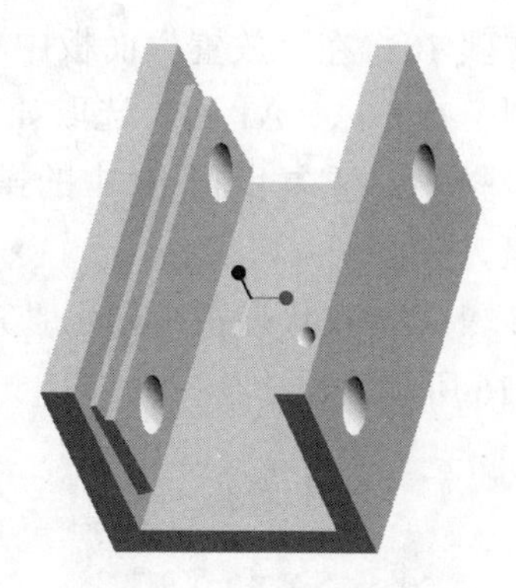

图 10-11　完成装配

步骤 7：同上方法，安装右侧板，如图 10-12 所示。

步骤 8：单击工程特征工具栏中的按钮，选取本书配套光盘“源文件\10.2.3”目录下的文件 dingban.prt，单击“打开”按钮，如图 10-13 所示。

图 10-12　完成装配

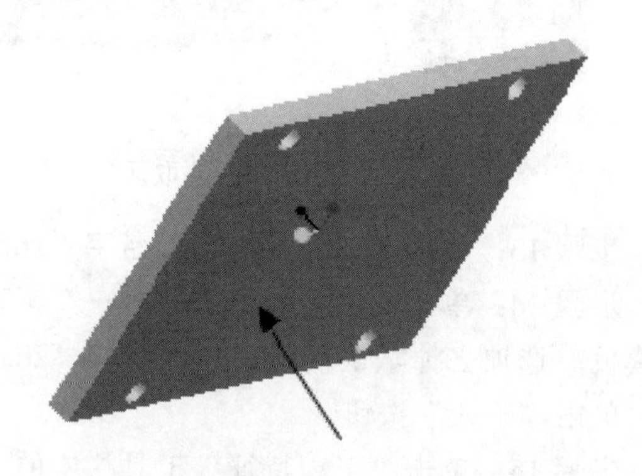

图 10-13　选取面

步骤 9：在操控板中单击按钮，装配件显示在分窗口中。在“放置”面板中的“约束类型”栏选取 匹配 约束类型，选取图 10-13、图 10-14 所示箭头指示的装配参照。

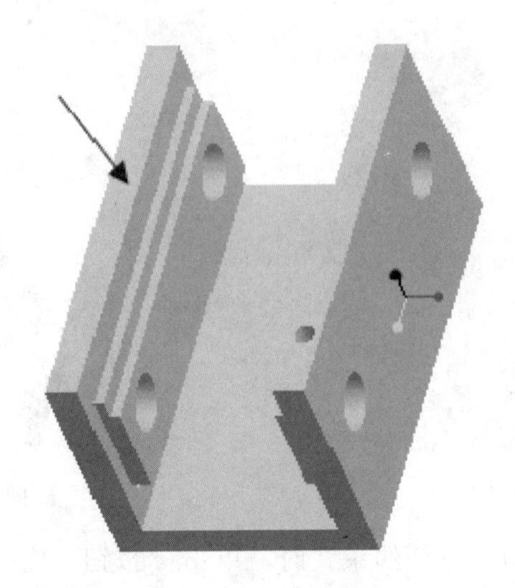

图 10-14　选取面

步骤 10：在“放置”面板中单击“新建约束”选项，在“约束类型”栏选取 对齐 约束类型，对齐 A、A1 面，选取如图 10-15 所示箭头指示的装配参照。

步骤 11：重复步骤 10 中的操作，对齐 B、B1 面，选取如图 10-15 所示箭头指示的装配参照。

步骤 12：在状态栏中显示“完全约束”时，单击按钮，完成该元件的装配，结果如图 10-16 所示。

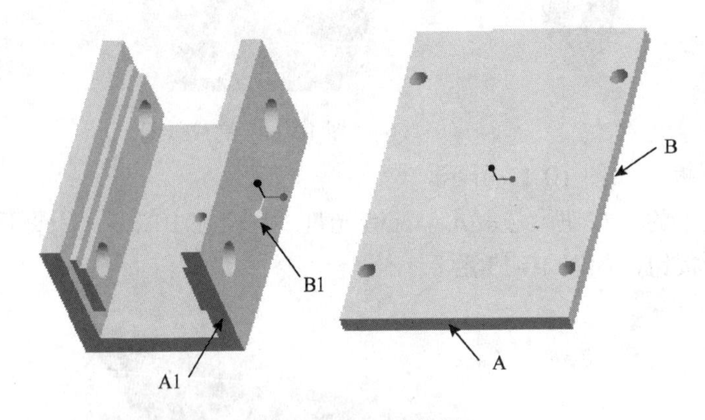

图 10-15　选取面

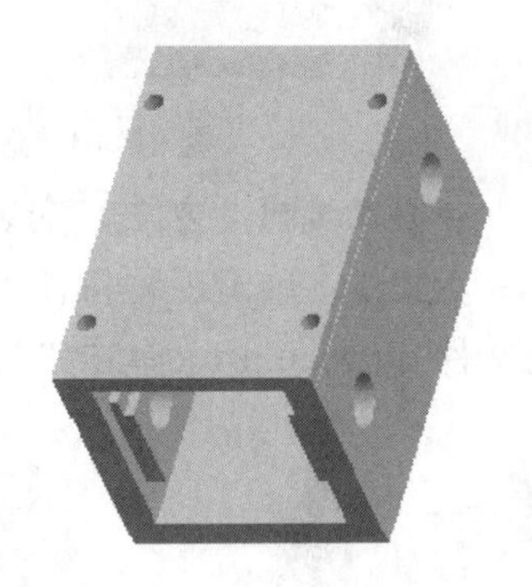

图 10-16　完成装配

步骤 13：单击文件保存，输入名字“zhuangpei1”，单击“确认”按钮。

步骤 14：单击主菜单中“文件”→“新建”选项，选取“组件”模块，单击“使用缺省模板”选项去掉默认模板，输入名称“zhangpei2”，单击“确认”按钮，选取“空”模板，单击“确认”按钮。

步骤 15：单击“工程特征”工具栏中的按钮，选取本书配套光盘“源文件\10.2.3”目录下的文件 luogan.prt，单击“打开”按钮，如图 10-17 所示。

步骤 16：单击“工程特征”工具栏中的按钮，选取本书配套光盘“源文件\10.2.3”目录下的文件 luomu.prt，单击“打开”按钮，如图 10-18 所示。

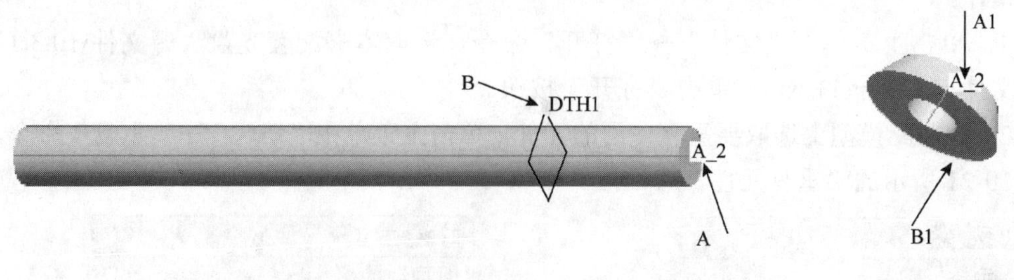

图 10-17　模型　　　　图 10-18　模型

步骤 17：在操控板中的“放置”面板中的“约束类型”栏选取对齐约束类型，选取如图 10-17、图 10-18 所示箭头指示的装配参照，对齐 A、A1。

步骤 18：在“放置”面板中单击“新建约束”选项，在“约束类型”栏选取对匹配约束类型，选取如图 10-17、图 10-18 所示箭头指示的装配参照，使 B、B1 面匹配。

步骤 19：在状态栏中显示“完全约束”时，单击✔按钮，完成该元件的装配，结果如图 10-19 所示。

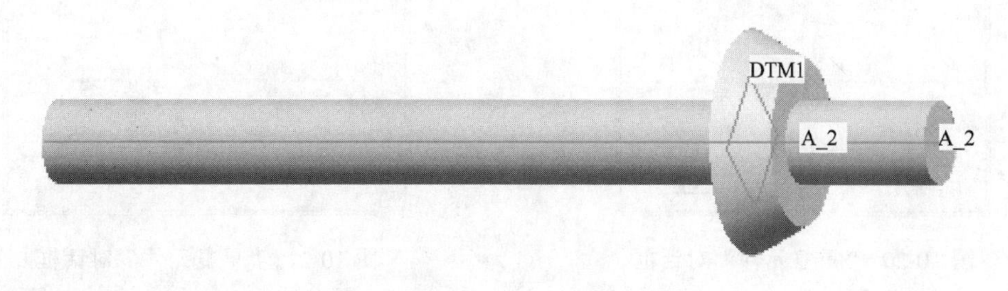

图 10-19　完成装配

步骤 20：单击“文件”工具栏中的按钮，弹出“保存对象”对话框，单击“确定”按钮，完成该文件的保存。

步骤 21：同上方法，安装 zhuangpei1.asm 与 zhuangpei2.asm 文件，如图 10-22 所示。

10.3　装配元件的重复使用及阵列

10.3.1　装配元件的重复使用

用户在装配模型零件时，经常会遇到在装配模型中需要装配相同的元件，即重复使用元件。重复使用元件的操作可在装配模型上完成，具体步骤如下：

（1）在装配模型上选取要重复使用的元件，单击主菜单中“编辑”→“重复”命令，出现如图 10-20 所示的“重复元件”对话框。

（2）在“可变组件参照”栏中选取所有的约束关系，单击“添加”按钮，根据提示信息一一选取新的装配模型参照。

（3）完成装配模型参照的选取，单击“确认”按钮，则完成元件的重复使用。

范例操作：

步骤 1：单击主菜单中“文件”→“打开”命令，选取本书配套光盘“源文件\10.3.1”目录下的文件 zhuangpei3.asm，单击“打开”按钮。

步骤 2：在装配模型上选取要重复使用的元件，单击主菜单中“编辑”→“重复”命令，打开如图 10-21 所示的“重复元件”对话框。

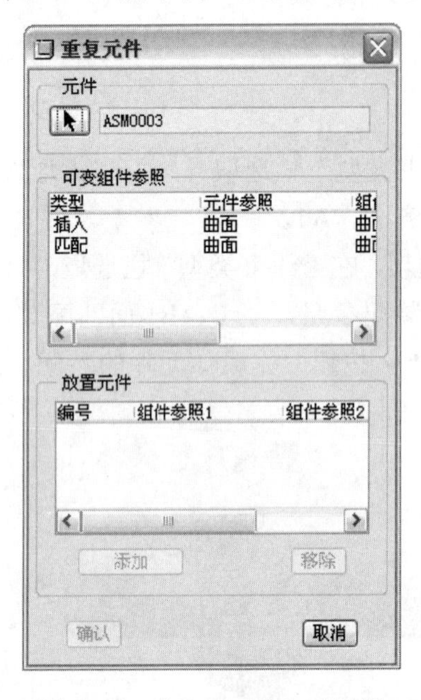

图 10-20 “重复元件”对话框

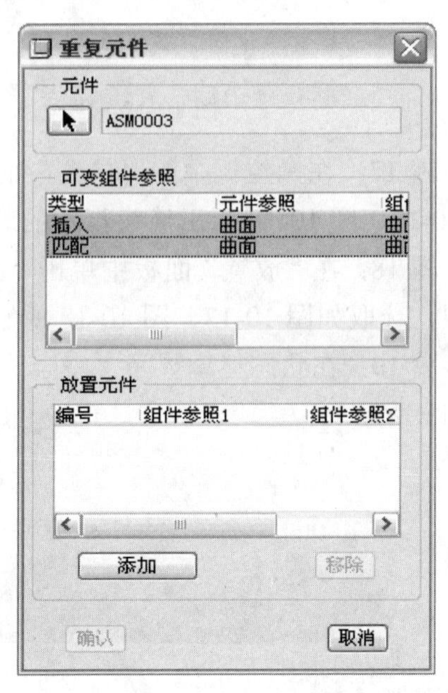

图 10-21 “重复元件”对话框

步骤 3：在“可变组件参照”栏中选取所有的约束关系，单击“添加”按钮，根据提示信息一一选取图 10-22 所示箭头指示的装配模型参照。

步骤 4：完成装配模型参照的选取，单击“确认”按钮，完成元件 zhuagpei2.Asm 的重复使用，如图 10-23 所示。

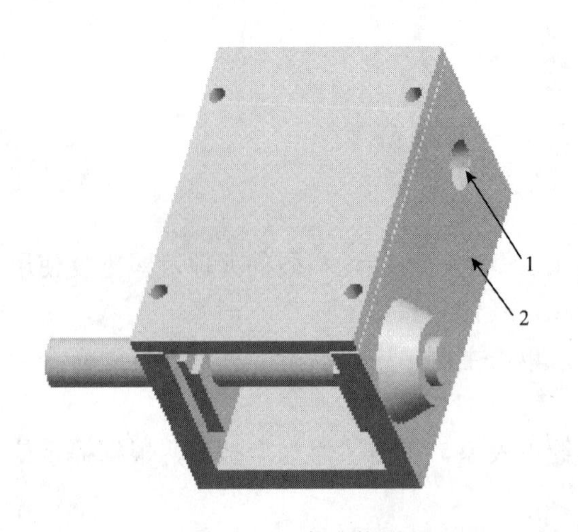

图 10-22 完成装配

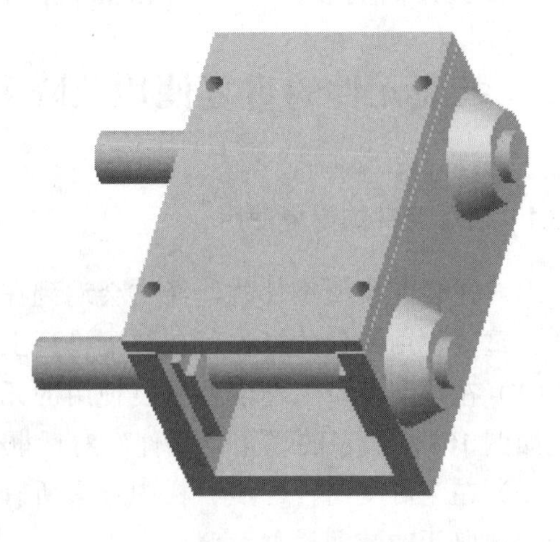

图 10-23 完成装配

10.3.2 装配元件的阵列

在 Pro/ENGINEER Wildfire 3.0 装配模块中，元件的装配可以参照模型零件上的特征阵列方式，即装配元件的参照阵列，当模型零件上的特征阵列参数发生改变，元件的阵列也会跟着改变。装配元件参照阵列的使用，不仅提高了装配的效率，也便于装配元件的管理。

装配元件参照阵列的条件：

（1）在装配模型零件上要有阵列方式产生的阵列特征。

（2）参照阵列的元件与装配模型零件上阵列的特征有“捆绑”的约束关系。

以上两个条件缺一不可，因此，为了使用装配元件参照阵列，在模型零件上有多个类似的特征分布时，尽可能采用阵列方式来产生，并且在使用“放置”对话框选取装配约束参照时，要使参照阵列的元件与装配模型零件上阵列的特征有“捆绑”的约束关系。

范例操作：

步骤 1：单击主菜单中“文件”→“新建”命令，选取“组件”模块，单击“使用缺省模板”选项去掉默认模板，输入名称 zhuangpei4.asm，单击“确认”按钮，选取“空”模板，单击“确认”按钮。

步骤 2：单击“工程特征”工具栏中的按钮，选取本书配套光盘“源文件\10.3.2”目录下的文件 zhuangpei2.asm，单击“打开”按钮，如图 10-24 所示。

步骤 3：单击“工程特征”工具栏中的按钮，选取本书配套光盘“源文件\10.3.2”目录下的文件 luoding.prt，单击“打开”按钮，如图 10-25 所示。

步骤 4：在操控板中单击按钮，装配件显示在分窗口中，在“放置”面板中的“约束类型”栏中选取 插入 约束类型，选取图 10-24 和图 10-25 所示箭头指示的装配参照。

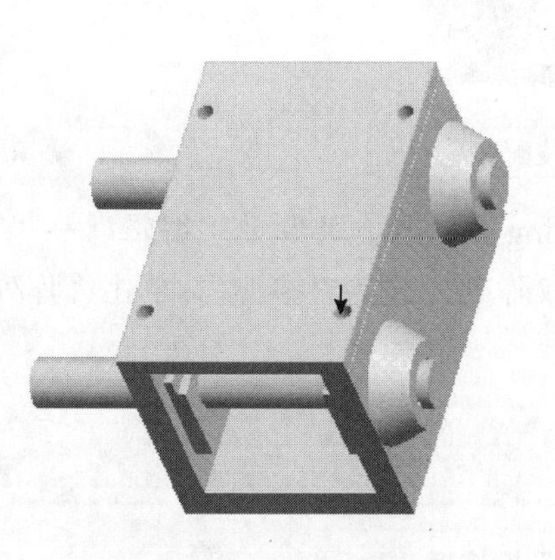

图 10-24 装配模型

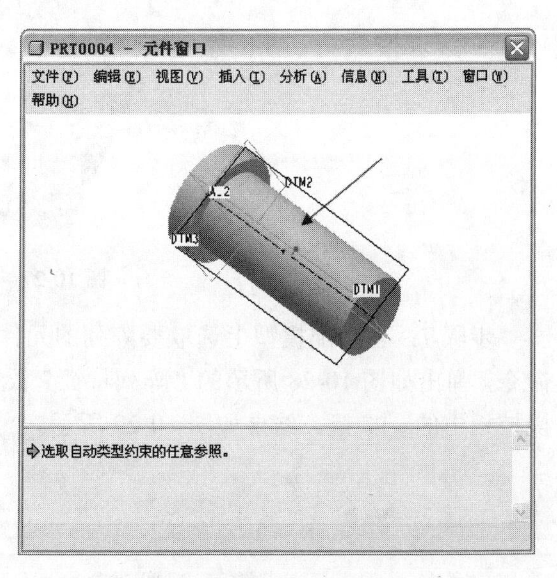

图 10-25 分窗口

步骤 5：在“放置”对话框中的“约束类型”栏中选取 匹配 约束类型，选取如图 10-26 所示中箭头指示的装配参照。

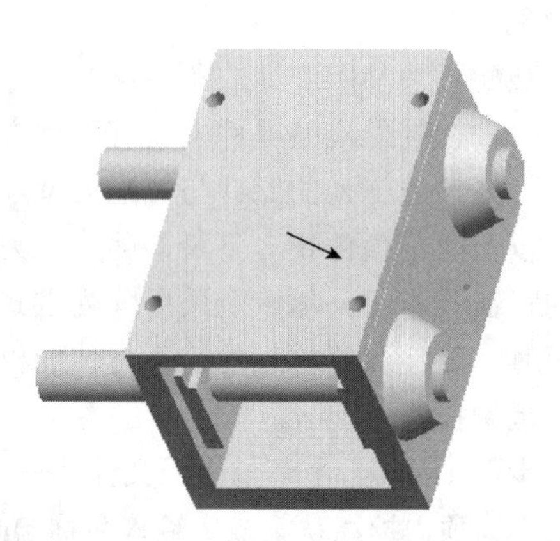

图 10-26 选取装配参照

步骤 6：在状态栏中显示“完全约束”的装配约束状态，单击“确认”按钮，完成该元件的装配，结果如图 10-27 所示。

图 10-27 完成装配

步骤 7：在装配模型上选取要阵列的元件 luoding，单击主菜单中“编辑”→“阵列”命令，弹出如图 10-28 所示的“阵列特征”板，选取阵列方式为“参照”，单击“阵列特征”操控板中的☑按钮，结果如图 10-29 所示。

图 10-28 “阵列特征”操控板

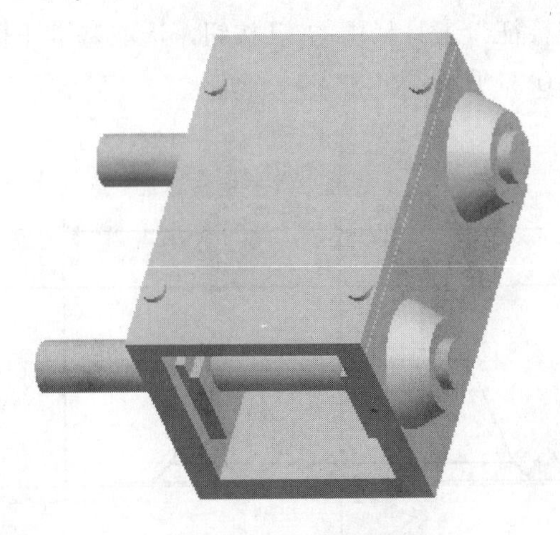

图 10-29　完成参照装配

10.4　装配元件的切除

在 Pro/ENGINEER Wildfire 3.0 装配模块中，使用“去除”功能选项，可以建立装配元件之间在去除部位有“关联性”，并可在装配模块中以去除的方式进行模具设计。

范例操作：

（1）装配参照零件。

步骤 1：单击主菜单中“文件”→“新建”命令，选取“组件”模块，单击“使用缺省模板”选项去掉默认模板，输入名称 mold.asm，单击“确认”按钮，选取“空”模板，单击“确认”按钮。

步骤 2：单击工程特征工具栏中的按钮，选取本书配套光盘“源文件\10.4.1”目录下的文件 lianpen.prt，单击“打开”按钮，如图 10-30 所示。

图 10-30　模型

（2）设置收缩率。

步骤 3：在模型树窗口中选取参照零件 lianpen.prt，单击鼠标右键菜单中的“打开”选项，打开该零件。

步骤 4：单击主菜单中“编辑”→“设置”→“收缩”命令，选取菜单中“按尺寸”→“所有尺寸”选项，在信息区提示中输入值为 0.005，按回车确认。单击“完成”选项，完成收缩率的设置。

（3）创建毛胚零件。

步骤 5：单击“工程特征”工具栏中的按钮，选取“元件创建”对话框中的“零件”→“实体”选项，输入文件名为 Work-p，单击“确认”按钮。

步骤 6：在“创建选项”对话框中的“创建方法”栏中选取“创建特征”选项，单击“确认”按钮。

步骤 7：单击“基础特征”工具栏中的按钮，选取基准平面 DTM3 为草绘平面，草绘一个矩形截面，如图 10-31 所示。

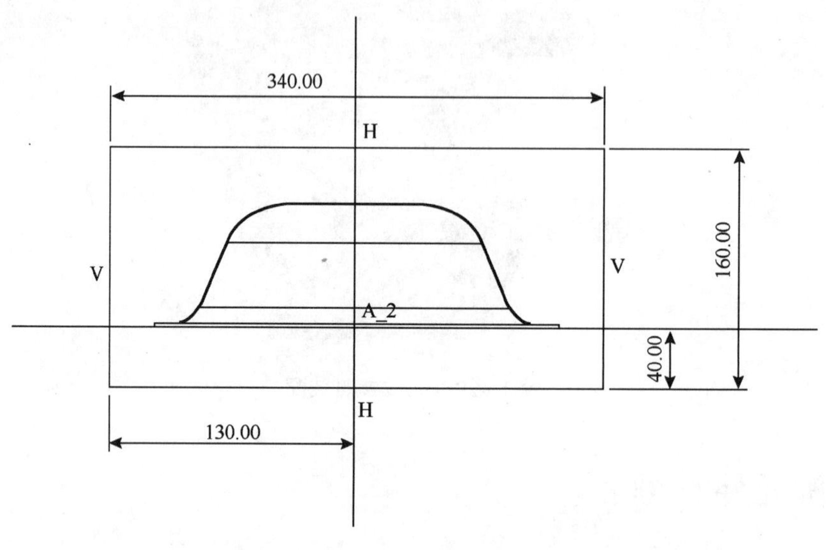

图 10-31　草绘截面

步骤 8：在“拉伸特征”操控板中单击按钮，输入拉伸厚度为 360，单击按钮，完成拉伸特征的创建。

（4）元件的去除。

步骤 9：激活总装配后，单击主菜单中“编辑”→“元件操作”命令，打开菜单管理器，选取菜单中“去除”选项，在信息区提示：“提示选取进行去除操作的零件”。

步骤 10：在模型上选取创建的毛胚零件 Work-p.prt，单击“确认”按钮，完成被去除零件的选取。

步骤 11：在信息区提示：“提示选取来去除的参照零件”。

步骤 12：在模型上选取参照零件 lianpen.prt，单击“确认”按钮。单击“完成”→“完成”选项，完成去除特征操作。

步骤 13：分出凸模、凹模。

步骤 14：在模型树窗口中选取去除后的毛胚零件 Work-p.prt，单击鼠标右键菜单中的“打开”，打开该零件。

步骤 15：单击主菜单中“编辑”→“复制”命令，将脸盆的内表面拷贝成一个曲面。

步骤 16：单击主菜单中“编辑”→“粘贴”命令，完成饭盒外形的拷贝，如图 10-32 所示。

步骤 17：单击主菜单中“编辑”→“填充”命令，在基准平面 DTM2 上草绘一个大于毛胚大小的矩形框，完成草绘截面的绘制。

步骤 18：选取图 10-32 中的拷贝面和 DTM2 上的平面，单击主菜单中“编辑”→“合并”命令，完成曲面的合并，如图 10-33 所示。

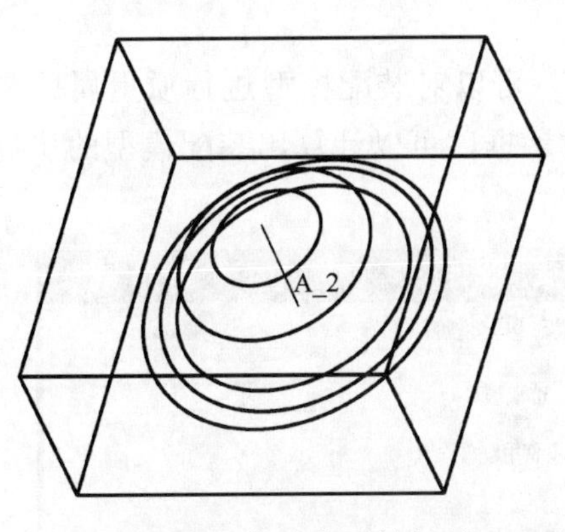

图 10-32　完成曲面的复制

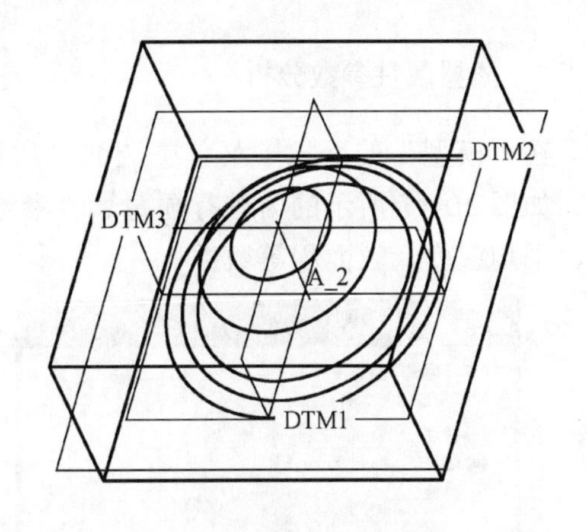

图 10-33　完成曲面的合并

步骤 19：选取合并后的曲面，单击主菜单中“编辑”→“实体化”命令，用选取的曲面去除实体。设定保留方式，单击☑按钮，产生凸模，如图 10-34 所示。将 Work-p.prt 另存为 tumo.prt。

步骤 20：在模型树窗口中选取曲面去除实体的特征操作，单击鼠标右键菜单中的“编辑定义”命令。设定保留方向，单击☑按钮，产生凹模，如图 10-35 所示。将 Work-p.prt 另存为 aomo.prt。

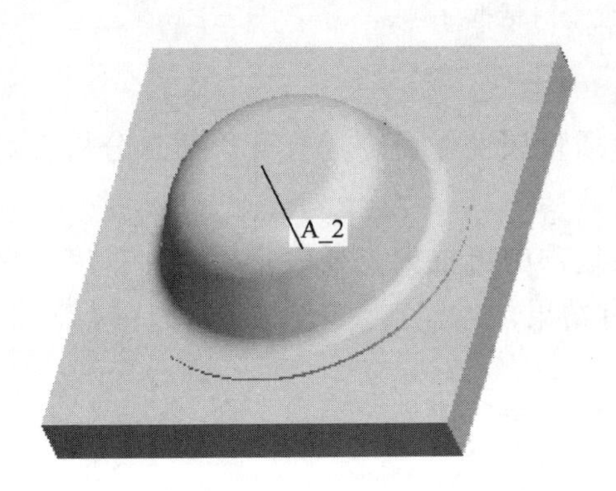

图 10-34　凸模

图 10-35　凹模

10.5　装配模型的分析和检查

在 Pro/ENGINEER Wildfire 3.0 装配中，使用“模型分析”工具，可以对装配模型的组件质量属性及零件间的间隙、干涉等作分析，辅助对产品设计的检验。单击主菜单中“分析”→“模型”命令，出现如图 10-36 所示下拉子菜单。选取该对话框中相应的选项对装配模型进行分析。

图 10-36　“模型”下拉子菜单

10.5.1 质量属性参数分析

在“模型”的下拉子菜单中选取“质量属性”，可以对装配模型进行质量属性参数分析。如图 10-37 所示的为进行质量属性参数分析对话框，可以计算出装配模型的质量、体积、平均密度、表面积等数据。

图 10-37 “质量属性”对话框

质量属性参数分析的操作步骤：

（1）单击主菜单中“分析”→“模型”→“质量属性”命令，打开“质量分析”对话框，如图 10-37 所示。

（2）在类型栏里根据需要选取方式，在定义选项中可根据需要设定密度、精度、坐标系等，单击按钮，在结果信息框中将显示所有结果。

（3）单击按钮，完成质量分析的操作。

10.5.2 装配模型间隙分析

在“模型分析”下拉子菜单中选取“配合间隙”或“全局间隙”选项，可对装配模型进行间隙分析。选取“配合间隙”选项，分析两个相互配合零件之间的间隙；若选取“全局间隙”选项，则对整个装配模型进行间隙分析。在使用“全局间隙”选项时，应设定一个参照间隙，系统将分析出所有不超出该设定值的间隙所在，图 10-38 所示为“全局间隙”对话框。

装配模型全局间隙分析的操作步骤：

（1）单击主菜单中“分析”→“模型”选项，弹出“全局间隙”对话框。

（2）在“全局间隙”对话框中的“类型”栏选取“快速”或“已存在”选项。

（3）根据需要在间隙栏输入间隙值，同时设定对话框中的其他选项，单击按钮，在结果信息框中将显示所有结果。

（4）单击✔按钮，结束操作。

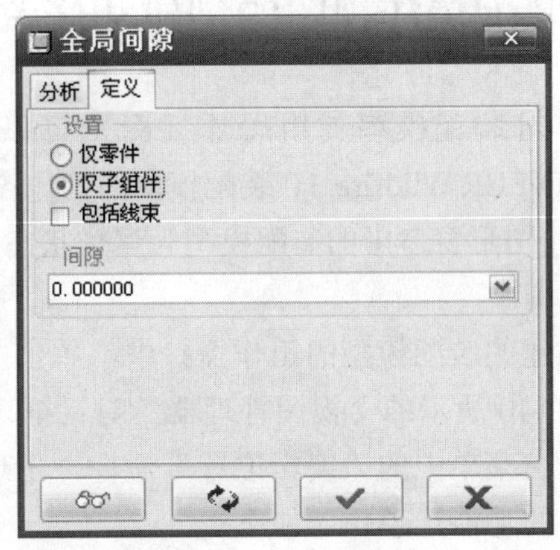

图 10-38 “全局间隙”对话框

10.5.3 装配模型干涉分析

单击主菜单中“分析”→“模型”，再选取“全局干涉”选项，可对装配模型进行干涉分析。图 10-39 所示为干涉分析对话框，可分析出装配模型中零件间干涉状况。

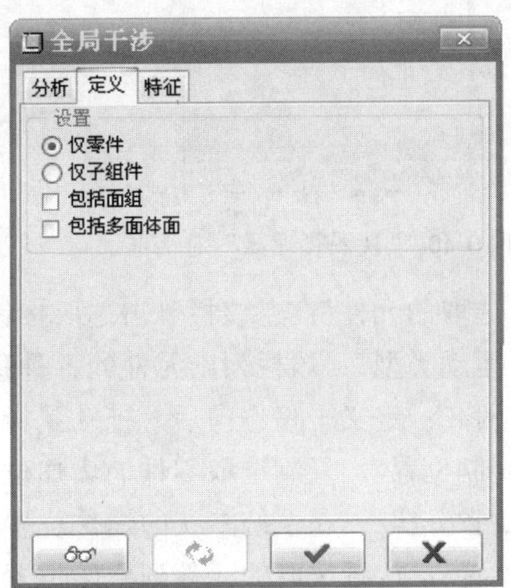

图 10-39 “全局干涉”对话框

装配模型全局干涉分析的操作步骤：

（1）单击主菜单中“分析”→“模型”命令，弹出“全局干涉”对话框。

（2）在“全局干涉”对话框中的“类型”栏选取适当选项。

（3）根据需要设定对话框中的其他选项，单击👓按钮进行计算，在结果信息框中将显示所有结果。

（4）单击✔按钮，关闭“全局干涉”对话框。

模型分析的其他选项的对话框及操作步骤与上述几种分析类似，在此就不一一介绍。

10.6　装配爆炸视图的创建和修改

用户对装配模型使用爆炸视图，可以直观地观察其零件的组成及结构关系。在Pro/ENGINEER Wildfire 3.0装配模块的工作窗口中，单击主菜单中"视图"→"分解"→"分解视图"，图形窗口中的装配模型为爆炸状态显示，调整各零件的位置，即可完成装配模型的爆炸视图。

在创建的装配模型的工作窗口中，单击主菜单中"视图"→"视图管理器"命令，出现如图10-40所示的"视图管理器"对话框。单击"新建"按钮，新建爆炸视图。

单击主菜单中的"编辑位置"命令，出现如图10-41所示的"分解位置"对话框。该对话框中的功能选项说明如下：

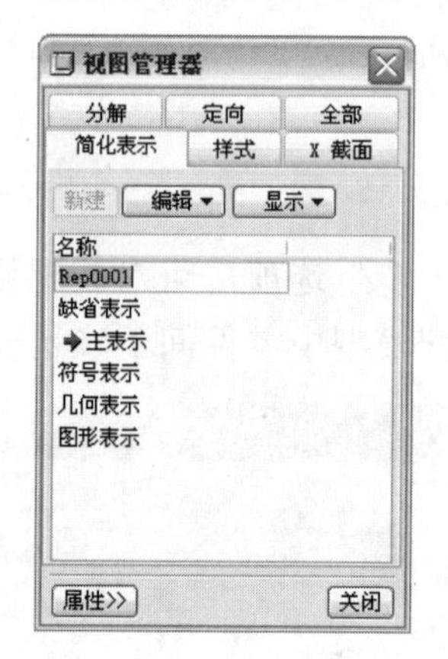

图10-40　"视图管理器"对话框

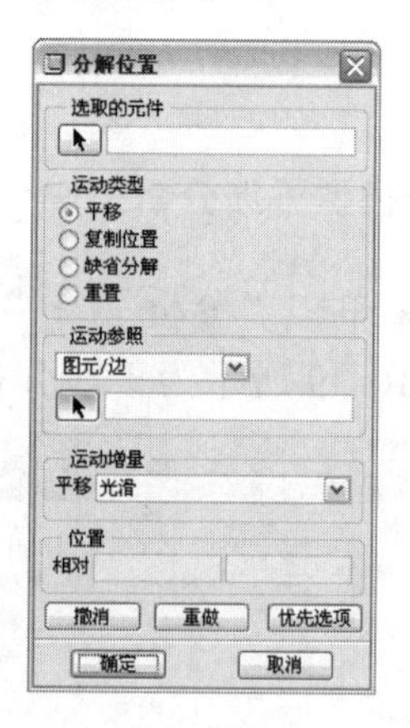

图10-41　"分解位置"对话框

（1）"选取的元件"：在该栏单击选取按钮，选取要修改位置的元件。

（2）"运动类型"：该栏列出元件的各种移动方式。

1）"平移"：定义平移方向后，拖动鼠标直接移动元件。

2）"复制位置"：复制选取零件的爆炸位置。

3）"缺省分解"：在系统默认的爆炸位置上，放置选取的元件。

4）"重置"：放置选取的元件到原始位置。

（3）"运动参照"：在该栏可选取元件移动的参照类型，如"视图平面"、"选取平面"、"图元/边"、"平面法向"、"2点"、"坐标系"。

（4）"优先选项"：设置移动元件的数量类型，如"移动一个"、"移动多个"、"随子项移动"。

单击菜单"分解位置"选项，在"模型树"中选取元件使其处于爆炸状态"分解"或"取消分解"，如图10-42所示。单击菜单中的"完成"选项，则完成在爆炸视图中元件的爆炸状态的设置。

爆炸视图的创建步骤：

（1）在创建的装配模型的工作窗口中，单击主菜单中"视图"→"视图管理器"选项或单击工具栏中的按钮，弹出“视图管理器”对话框。

（2）单击“分解”选项，再单击“新建”按钮，新建爆炸视图。

（3）单击“编辑”→“重定义”，系统出现“修改分解”菜单。

（4）单击主菜单中“视图”→“分解”→“编辑位置”，使用该对话框中的功能选项，调整元件的位置。单击“确认”按钮，完成爆炸视图的创建，如图 10-42 所示。

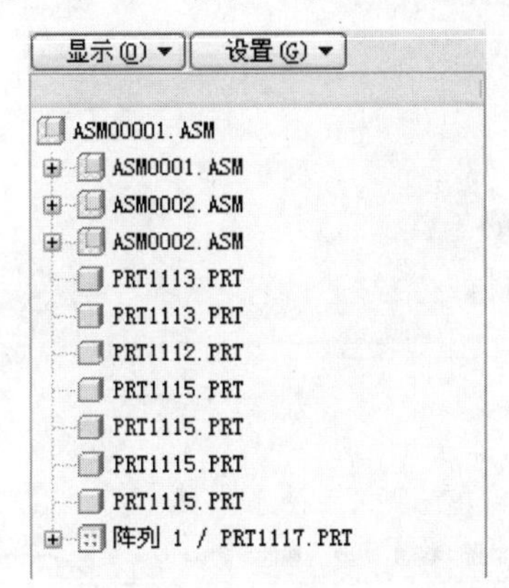

图 10-42　爆炸视图

10.7　综合实例一：千斤顶的装配

步骤 1：单击“文件”工具栏新建文件按钮，系统弹出“新建”对话框。

步骤 2：在“新建”对话框中选取“组件”，在“名称”文本框中输入“qianjindingzhu-angpei”，单击“使用缺省面板”去掉默认模板，单击“确定”按钮，系统进入装配模板。

步骤 3：单击“工程特征”工具栏的按钮，在保存目录中找到 dizuo.prt 并打开，如图 10-43 所示。

步骤 4：单击“工程特征”工具栏中的按钮，在保存目录中找到 luotao.prt 并打开，如图 10-44 所示，系统弹出“工程特征”操控板。

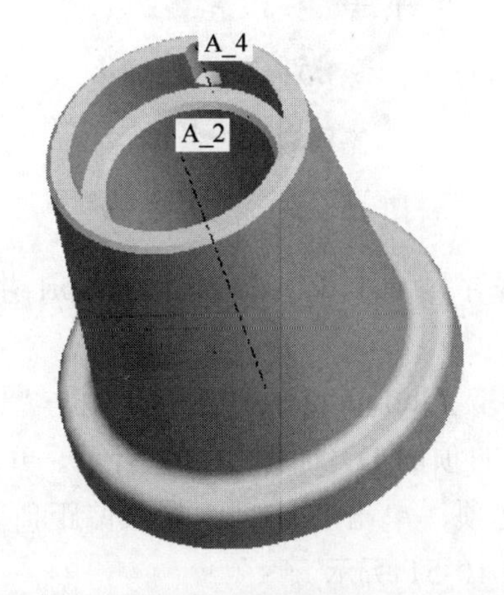

图 10-43　模型

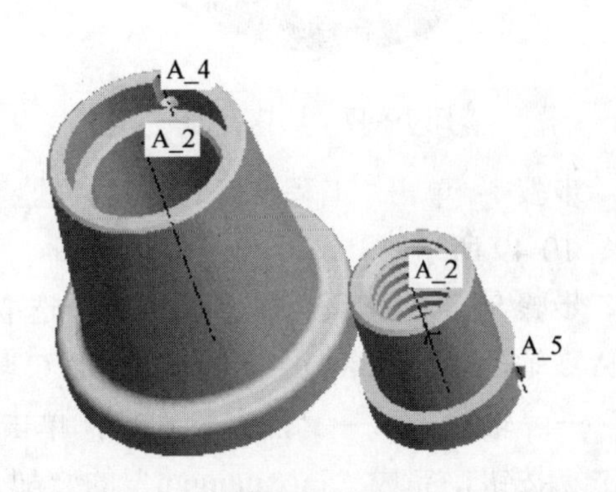

图 10-44　模型

步骤 5：选取“dizuo”的中心轴与“luotao”的中心轴，按住 Alt＋Ctrl＋鼠标右键移动“luotao”的位置，选取“luotao”的面 A 与“dizuo”的面 A，如图 10-45 所示。

步骤 6：在“工程特征”操控板中选取匹配，选取按钮，如图 10-46 所示。单击“放置”→“新建约束”选项，选取轴 A-4 和 A-5，如图 10-47 所示，单击按钮，完成两零件的装配，结果如图 10-48 所示。

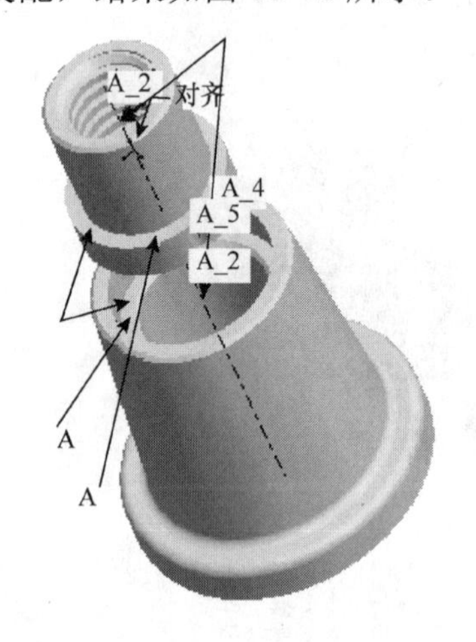

图 10-45　选取参照

图 10-46　装配操控板

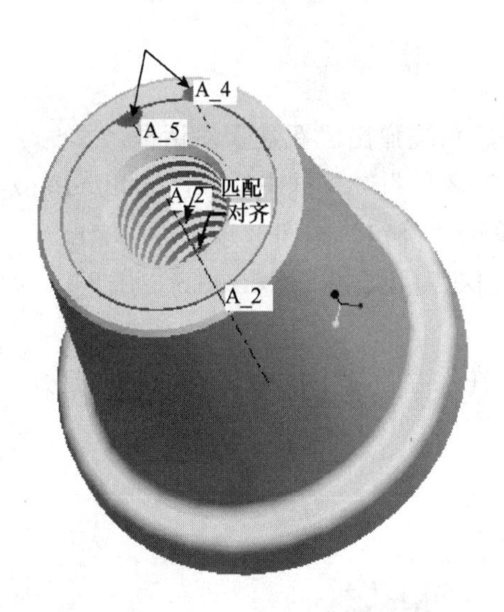

图 10-47　选取参照

图 10-48　完成装配

步骤 7：单击“工程特征”工具栏的按钮，在保存目录中找到 luoxuangan.prt 并打开，如图 10-49 所示。

步骤 8：在“工程特征”操控板中选取销钉，选取“luoxuangan”的 A-2 轴与“luotao”的 A-2 轴，选取“luoxuangan”的表面 C 与“luotao”的顶面 D，如图 10-50 所示。单击“放置”→“轴对齐”→“反向”选项，单击“偏移”选项，单击按钮，输入偏距值为 20，单击按钮，完成“luoxuangan”的装配，结果如图 10-51 所示。

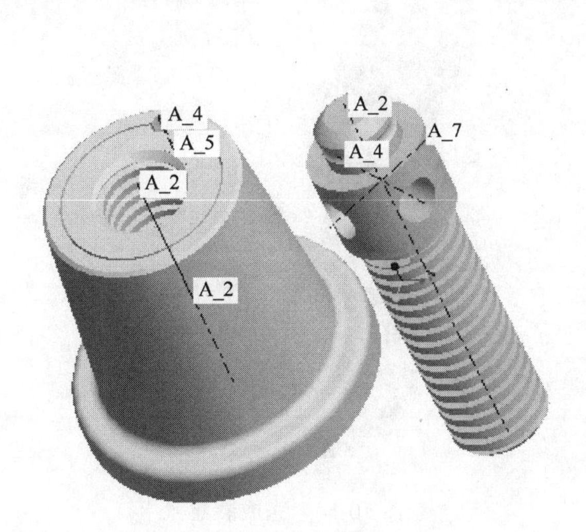

图 10-49 模型

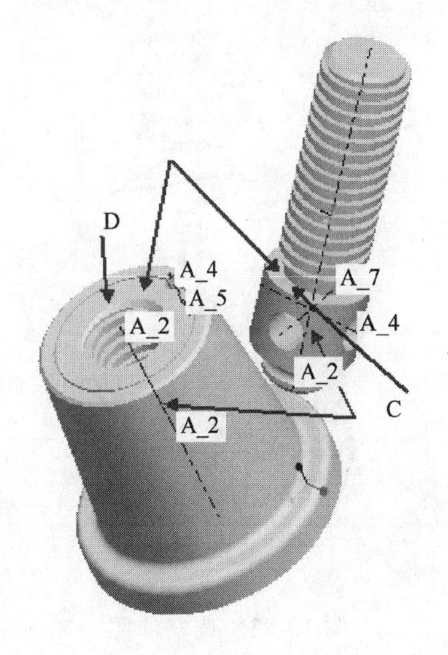

图 10-50 选取参照

步骤 9：单击“工程特征”工具栏的按钮，在保存目录中找到 dingdian.prt 并打开，如图 10-52 所示。

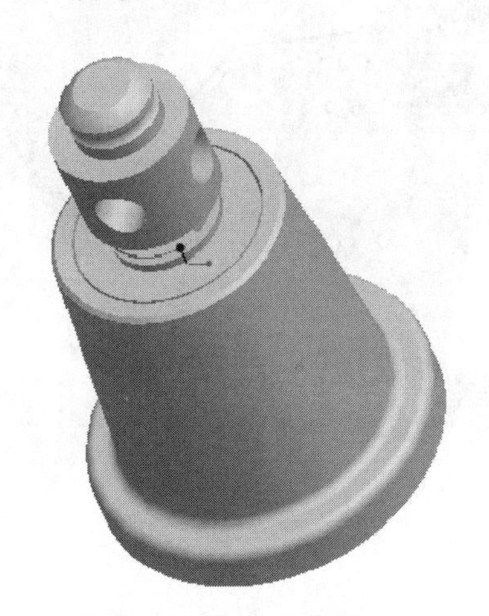

图 10-51 完成装配

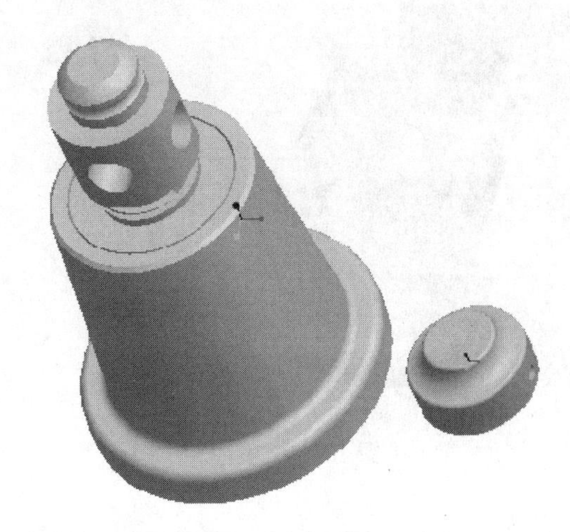

图 10-52 模型

步骤 10：在“工程特征”控制板中选取销钉，选取“dingdian”的 A-2 轴与 luogan 的 A-2 轴。选取“dingdian”的底面 E 和“luogan”的面 F，如图 10-53 所示，单击按钮，完成“dingdian”的装配，如图 10-54 所示。

步骤 11：单击“工程特征”工具栏的按钮，在保存目录中找到 jiaogang.prt 并打开，如图 10-55 所示。

步骤 12：选取“jiaogang”的 A-2 轴与“luoxuangan”的 A-4 轴，如图 10-56 所示，按住 Alt＋Ctrl＋鼠标右键，将其移到适当位置，单击按钮，完成“jiaogang”的装配，如图 10-57 所示。

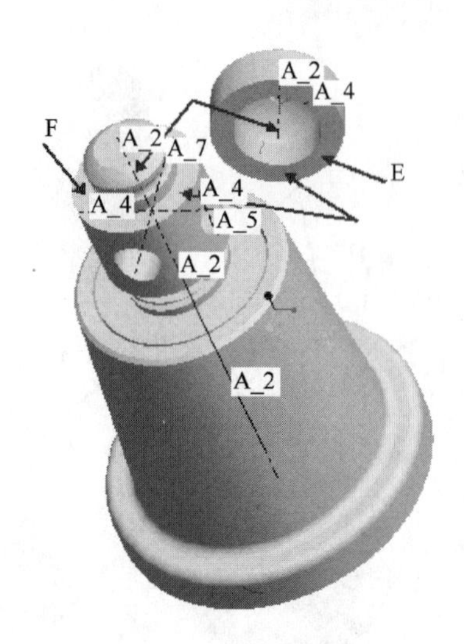

图 10-53　选取参照

图 10-54　完成装配

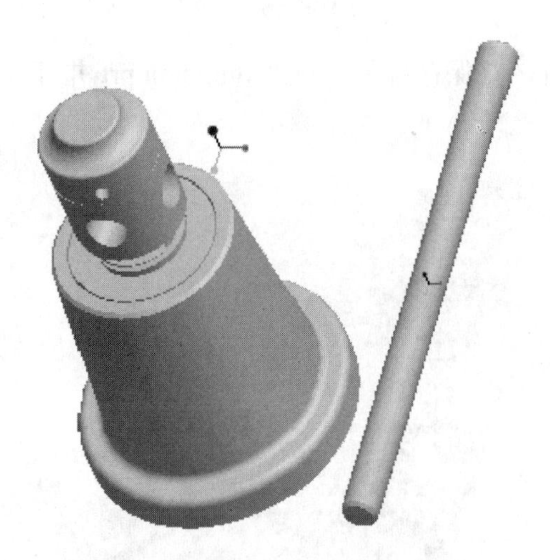

图 10-55　模型

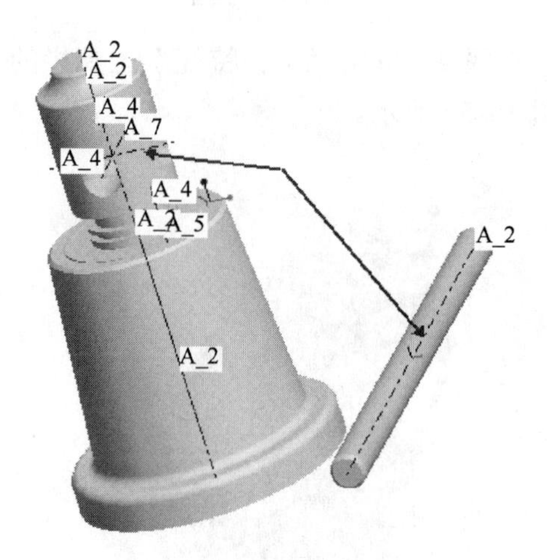

图 10-56　选取参照

图 10-57　完成装配

10.8 综合实例二：齿轮的啮合装配

步骤 1：单击工具栏中新建文件按钮，系统弹出“新建”对话框。

步骤 2：在“新建”对话框中选取“组件”，在“名称”文本框中输入“chilunzhuangpei”，单击“使用缺省模板”去掉默认模板，单击“确定”按钮，系统进入装配模块。

步骤 3：单击“工程特征”工具栏中的按钮，在保存目录中找到 diban.prt 并打开，如图 10-58 所示。

步骤 4：单击“工程特征”工具栏中的按钮，在保存目录中找到 chilun1.prt 并打开，如图 10-59 所示。

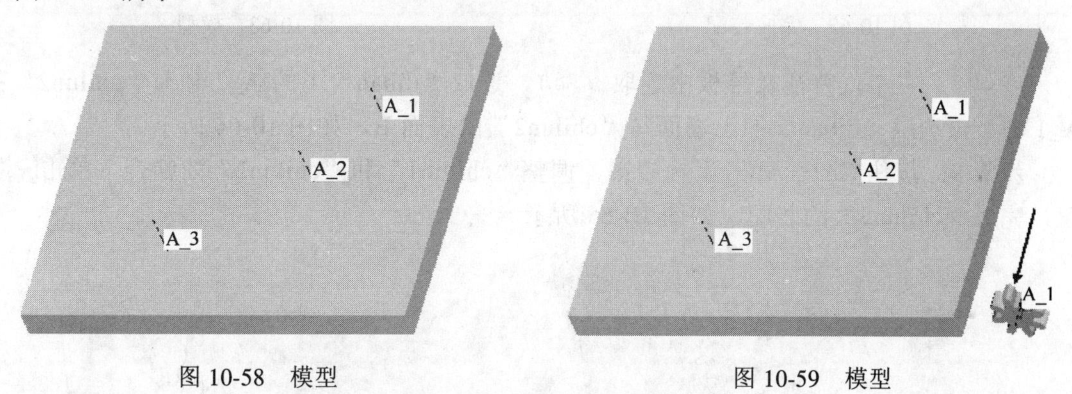

图 10-58 模型　　　　图 10-59 模型

步骤 5：在“工程特征”操控板中选取销钉，如图 10-60 所示。

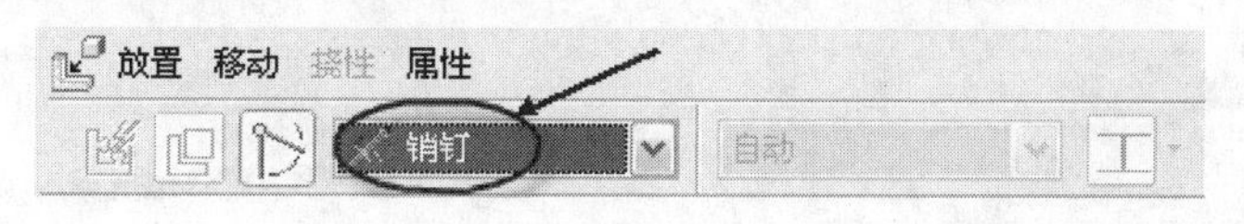

图 10-60 装配特征操控板

步骤 6：选取“diban”上的 A_1 轴与“chilun1”的 A_1 轴，选取“diban”的上表面与“chilun1”的表面 A，如图 10-61 所示。单击按钮，完成上述两零件的装配，如图 10-62 所示。

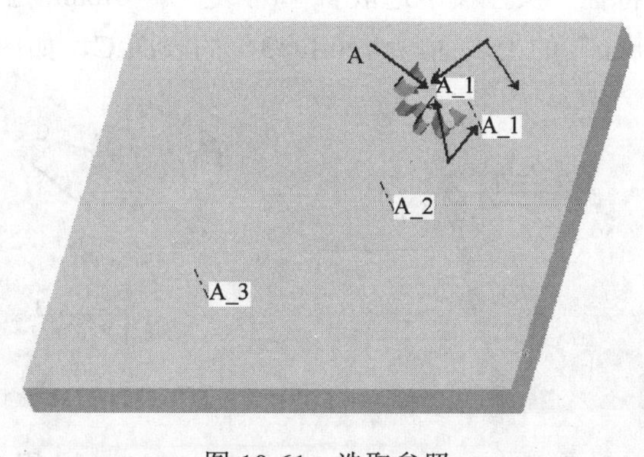

图 10-61 选取参照

步骤 7：单击“工程特征”工具栏中的按钮，在保存目录中找到 chilun2.prt 并打开，如图 10-63 所示。

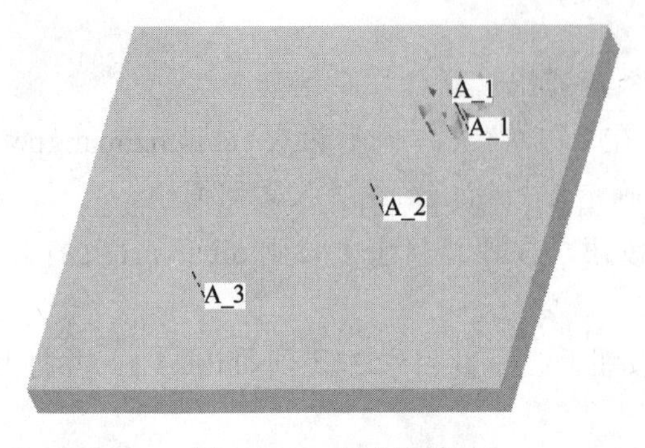

图 10-62　完成装配

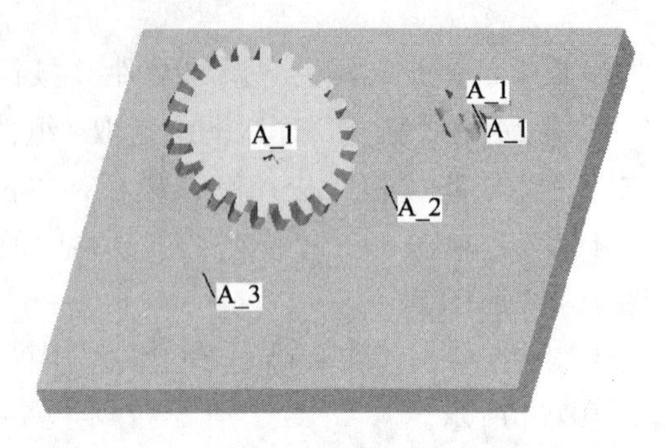

图 10-63　模型

步骤 8：在工程特征操控板中选取销钉，选取“diban”上的 A_2 轴与“chilun2”的 A_1 轴，再选取“diban”的上表面与“chilun2”的表面 B，如图 10-64 所示。

步骤 9：按住 Ctrl＋Alt＋鼠标中键，调整“chilun1”和“chilun2”的啮合，单击按钮，完成“chilun2”的装配，如图 10-65 所示。

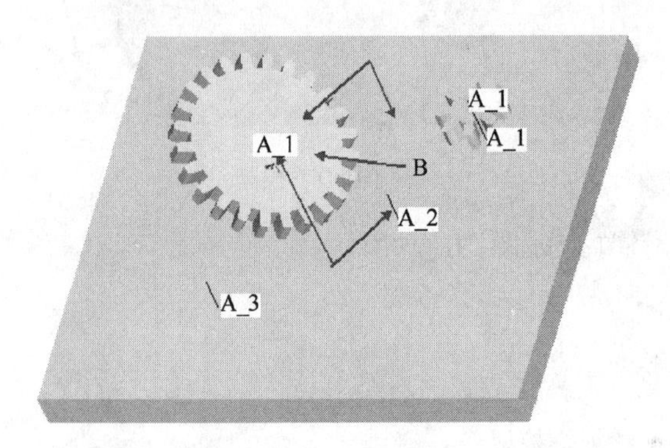

图 10-64　选取参照

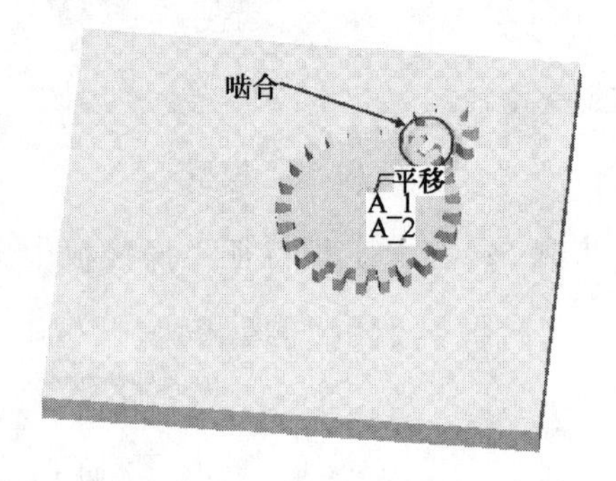

图 10-65　完成装配

步骤 10：单击“工程特征”工具栏中的按钮，在保存目录中找到 chilun3.prt 并打开，如图 10-66 所示。

步骤 11：在“工程特征”操控板中选取销钉，选取“diban”上的 A_3 轴与“chilun3”的 A_1 轴，再选取“diban”的上表面与“chilun3”的表面 C，如图 10-67 所示。

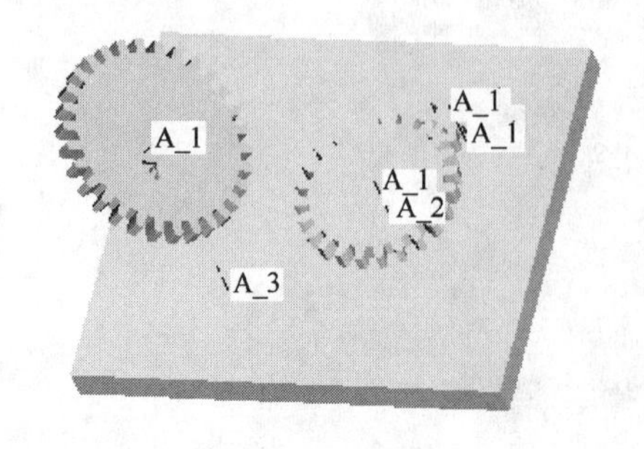

图 10-66　模型

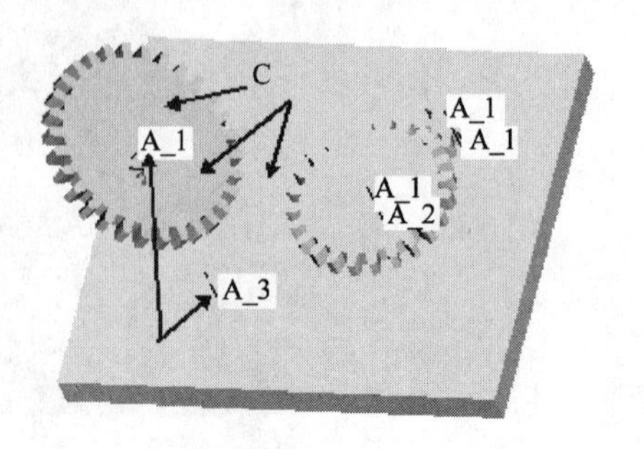

图 10-67　选取参照

步骤 12：按住 Ctrl＋Alt＋鼠标中键，调整“chilun2”和“chilun3”的啮合，单击✓按钮，完成“chilun3”的装配，如图 10-68 所示。

步骤 13：单击主菜单中“应用程序”→“机构”命令，系统弹出“机构”工具栏。

步骤 14：单击“机构”工具栏中的按钮，系统弹出“齿轮副定义”对话框，如图 10-69 所示。

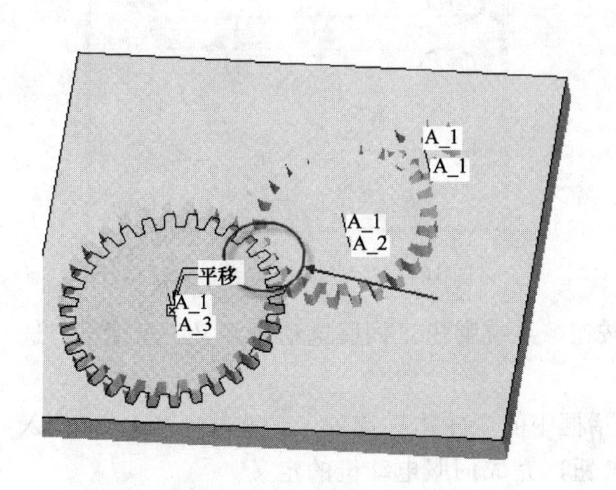

图 10-68　完成装配

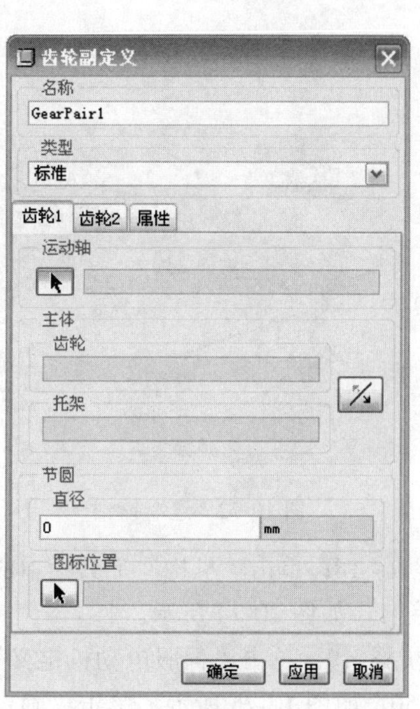

图 10-69 “齿轮副定义”对话框

步骤 15：选取销钉 1，选取“齿轮副定义”对话框中的“齿轮 2”按钮，如图 10-70 所示，单击“属性”按钮，选取“用户定义的”选项，在齿轮 1 和齿轮 2 下分别输入 8 和 24，如图 10-71 所示，单击“确定”按钮，完成齿轮副定义。

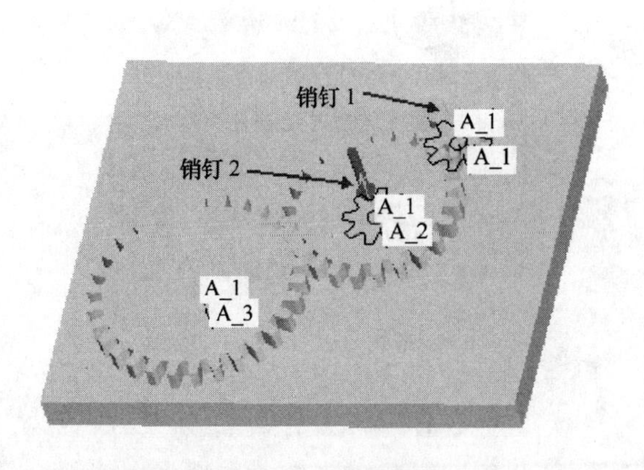

图 10-70　选取销轴

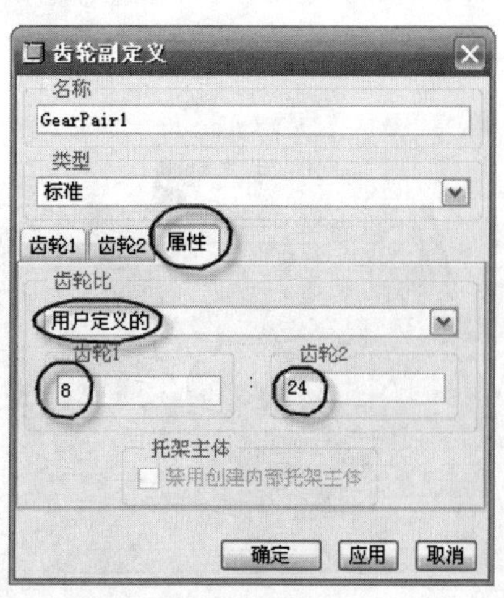

图 10-71 “齿轮副定义”对话框

步骤 16：单击“机构”工具栏中的按钮，系统弹出“齿轮副定义”对话框。

步骤 17：选取“销钉 2”，选取“齿轮副定义”对话框中的“齿轮 2”按钮，如图 10-72 所示，单击“属性”，选取“用户定义的”，在齿轮 1 和齿轮 2 下分别输入 24 和 30。如图 10-73 所示，单击“确定”按钮，完成齿轮副定义。

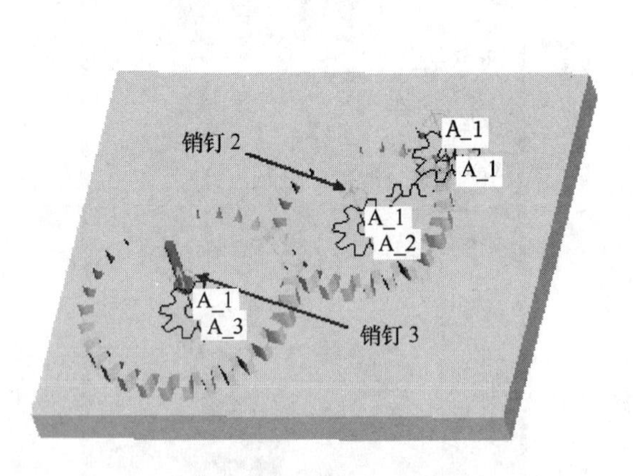

图 10-72　选取销轴

图 10-73　“齿轮副定义”对话框

步骤 18：单击“机构”工具栏中的按钮，系统弹出“伺服电动机定义”对话框，选取销钉 1，如图 10-74 所示。

步骤 19：单击“伺服电动机定义”对话框中的“轮廓”选项卡，选取“速度”，输入值为 50，如图 10-75 所示，单击“确定”按钮，完成伺服电动机的定义。

步骤 20：单击“机构”工具栏中的按钮，系统弹出“分析定义”对话框，设置参数，如图 10-76 所示，单击“运行”按钮，观察齿轮的运动。

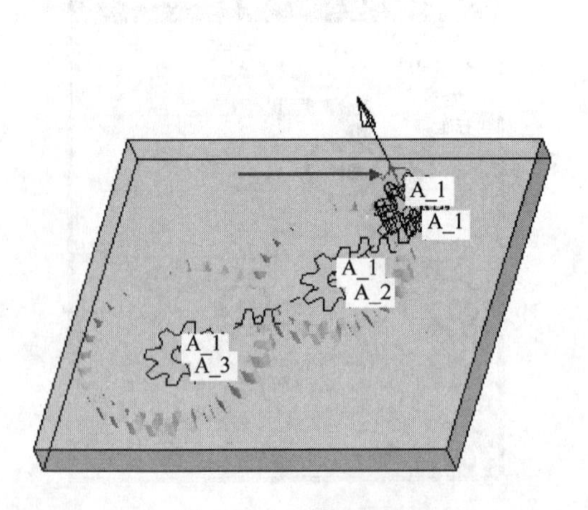

图 10-74　选取销轴

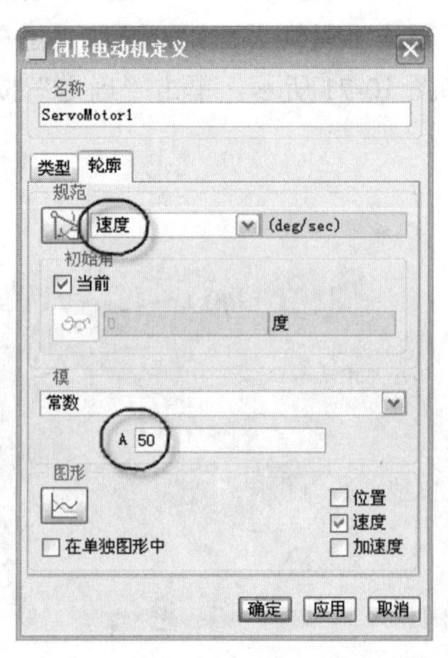

图 10-75　“伺服电动机定义”对话框

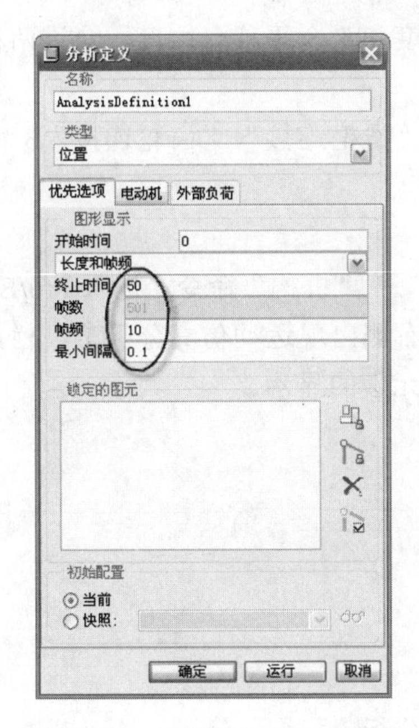

图 10-76 “分析定义”对话框

10.9 机构的连接和运动仿真

在 Pro/ENGINEER Wildfire 3.0 中作机构运动仿真分析的主要要素是连接/动力驱动和运动。在动力的驱动下，使连接的机构按运动的定义产生运动。

10.9.1 机构的连接方式

机构运动仿真的前提条件是机构必须是可运动的装配。在装配的过程中，各运动的零部件是通过连接关系装配在一起，而不是靠约束关系装配在一起。在“元件放置”对话框中单击“连接”按钮，进入连接窗口，如图 10-77 所示，在“类型”栏中可以指定机构中各构件之间合适的连接类型。

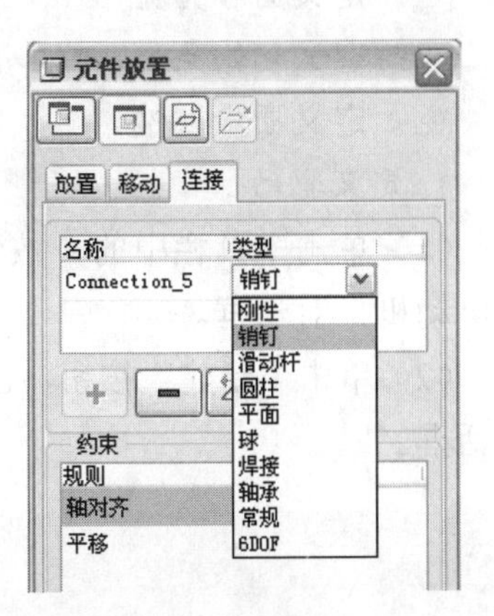

图 10-77 “元件放置”对话框

机构连接的类型：

“刚性”：自由度为零，使构件完全固定不动。

“销钉”：只有 1 个旋转自由度，可绕指定轴旋转。

“滑动杆”：只有 1 个平移自由度，可沿指定的边或轴移动。

“圆柱”：有 1 个旋转自由度和 1 个平移自由度，可沿指定的轴平移并绕轴旋转。

“平面”：有 1 个旋转自由度和 2 个平移自由度，可在平面内平移和绕该平面的法向旋转。

“球”：有 3 个旋转自由度，如球铰链，允许两构件在连接点任意旋转。

“焊接”：自由度为零，使两个构件固定在一起。

"轴承"：有 3 个旋转自由度和 1 个平移自由度，允许两构件沿指定轴平移并在连接点任意旋转。

此外，还有"凸轮连接"、"滑槽连接"、"齿轮连接" 3 种高级连接。

10.9.2 定义驱动与运动

单击主菜单中"应用程序"→"机构"命令，进入 Pro/ENGINEER Wildfire 3.0 的运动仿真模块界面。在模型窗口的右侧出现运动仿真分析工具栏，该工具栏的命令解释如下：

：定义运动仿真分析各元素的显示。

：定义凸轮连接。

：定义槽滑动连接。

：定义齿轮连接。

：定义运动连接。

：拖动装配元件。

：运行运动分析。

：重新播放已有的运动分析。

：产生运动分析的测量结果。

：定义重力加速度。

：定义动力驱动。

：定义弹簧副。

：定义阻尼。

：定义力和力矩。

：定义初始条件。

：定义质量属性。

1. 定义驱动

（1）单击工具栏中的按钮，定义运动仿真分析的驱动，打开如图 10-78 所示的"伺服电动机"对话框。

（2）单击"新建"按钮，创建运动的驱动，打开如图 10-79 所示的"伺服电动机定义"对话框。

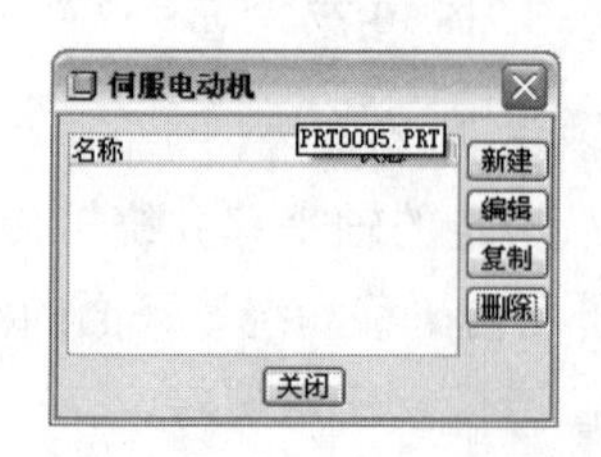

图 10-78 "伺服电动机"对话框

图 10-79 "伺服电动机定义"对话框

（3）在“名称”栏中输入名称 Servomotorl，单击“从动图元”栏中的按钮，选取 quzhou 上的“销钉”连接，如图 10-80 所示。

（4）单击“轮廓”选项卡，定义驱动的大小。在“规范”栏中的选取“速度”选项，在“模”栏中选取“常数”选项，输入 A 的值为 50，如图 10-81 所示。

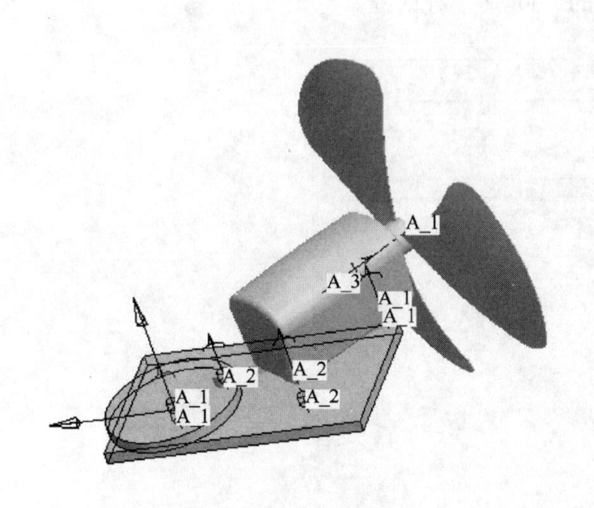

图 10-80　完成选取销钉

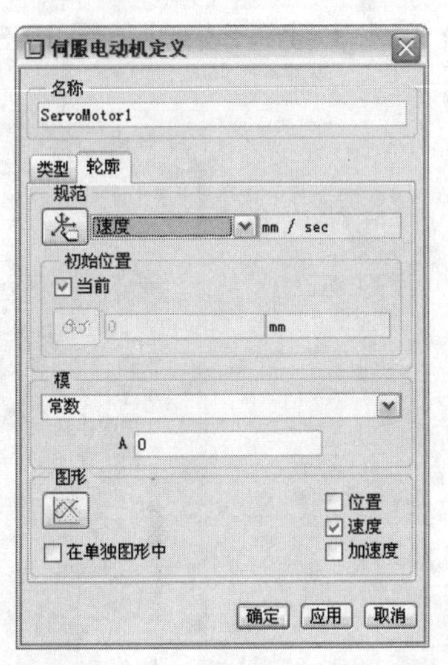

图 10-81　“伺服电动机定义”对话框

（5）单击“确认”按钮，完成驱动的定义。

2. 定义运动的分析

（1）单击●按钮，打开如图 10-82 所示的“分析”对话框。

（2）单击“新建”定义按钮，创建运动仿真分析，打开如图 10-83 所示的“分析定义”对话框。

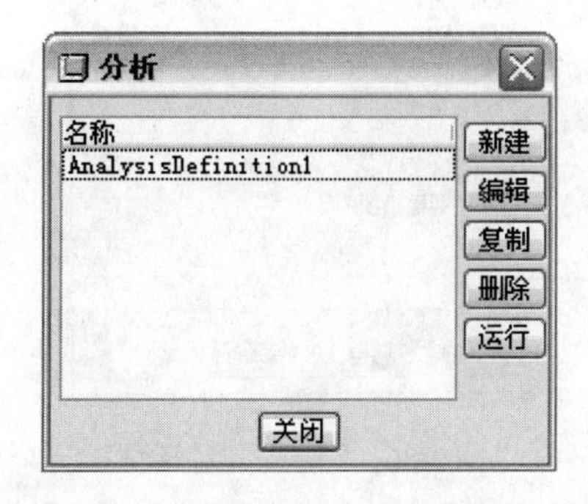

图 10-82　“分析”对话框

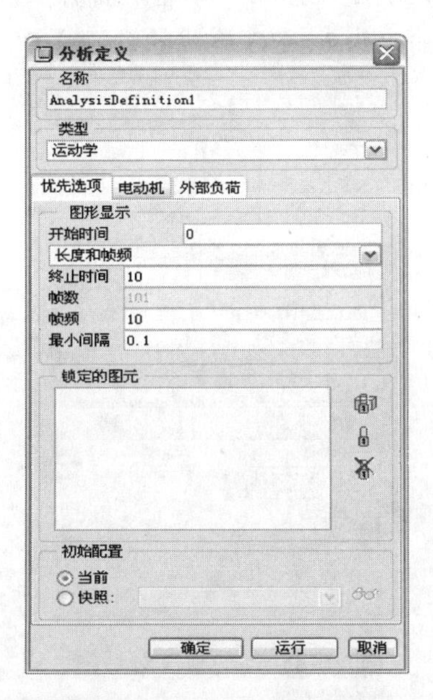

图 10-83　“分析定义”对话框

（3）运动仿真分析的类型是“长度和帧频”，起始时间为 0，结束时间为 10s，其他为系统默认设置。单击“运行”按钮，机构在驱动的作用下运动起来，在一个时间周期后停止运动。

3. 输出运动仿真分析

（1）单击▶按钮，打开如图 10-84 所示的“回放”对话框。

图 10-84 “回放”对话框

（2）在“模式”栏中选取“快速检查”选项，单击◀▶按钮，系统运行检查干涉后打开如图 10-85 所示的运动播放窗口，可以设置播放的速度，以及循环往复播放或单击播放。

（3）单击“捕获”按钮，打开如图 10-86 所示的“捕获”对话框，可以把运动仿真分析动画输出为 MPEG 格式的动画文件。

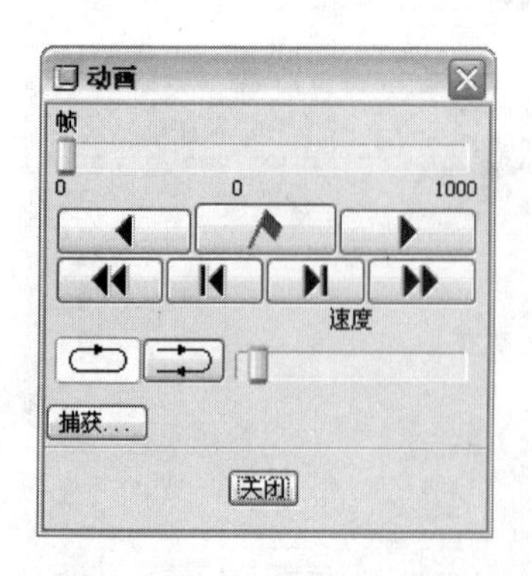

图 10-85 “动画”对话框

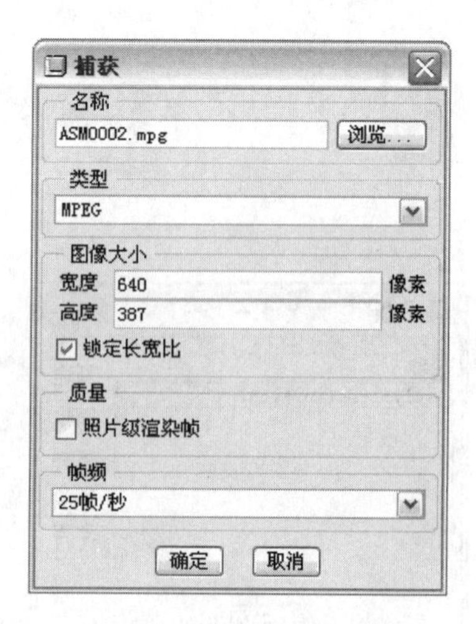

图 10-86 “捕获”对话框

10.10 综合实例三：台式风扇的装配

步骤 1：单击“文件”工具栏中新建文件按钮，系统弹出“新建”对话框。

步骤 2：在“新建”对话框中选取“组件”，在“名称”文本框中输入“fengshanzhuangpei”，单击“使用缺省模板”去掉默认模板，单击“确定”按钮，系统进入装配模块。

步骤 3：单击“工程特征”工具栏中的按钮，在保存目录中找到 jike.prt 并打开，如图 10-87 所示。

步骤 4：单击“工程特征”工具栏中的按钮，在保存目录中找到 hougai.prt 并打开，如图 10-88 所示。

图 10-87 模型

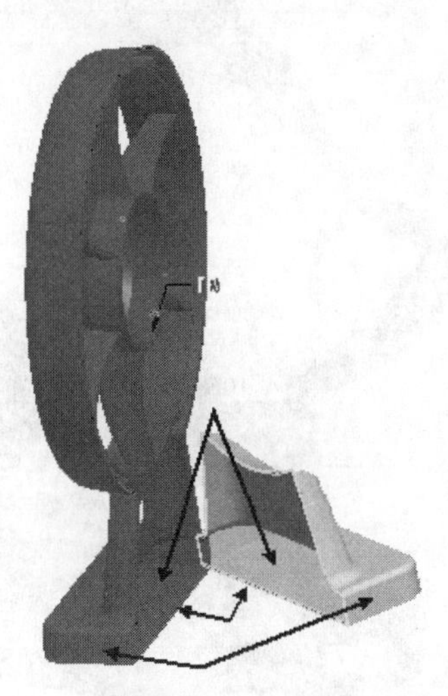

图 10-88 模型

步骤 5：选取如图 10-88 所示“jike”的侧面和“hougai”的侧面，选取参照方式：对齐；取“jike”的内底面与“hougai”的内底面，选取参照方式：对齐；选取“jike”的后面与“hougai”的前面，选取参照方式：匹配。单击按钮，再单击按钮，完成“hougai”与“jike”的装配，如图 10-89 所示。

步骤 6：单击“工程特征”工具栏中的按钮，在保存目录中找到 xuanniu.prt 并打开，如图 10-90 所示。

步骤 7：选取如图 10-90 所示 jike 的 A_7 轴和“xuanniu”的 A_1 轴，选取参照方式：对齐；选取“jike”的前面（面 A）与“xuanniu”的后面（B 面），选取参照方式：匹配。单击按钮，再单击按钮，完成“xuanniu”的装配，如图 10-91 所示。

步骤 8：单击“工程特征”工具栏中的按钮，在保存目录中找到 xuanniu.prt 并打开，如图 10-92 所示。

步骤 9：选取如图 10-92 所示 jike 的 A_6 轴和“xuanniu”的 A_1 轴，选取参照方式：对齐；选取“jike”的前面（面 A）与“xuanniu”的后面（B 面），选取参照方式：匹配。单击按钮，再单击按钮，完成“xuanniu”的装配，如图 10-93 所示。

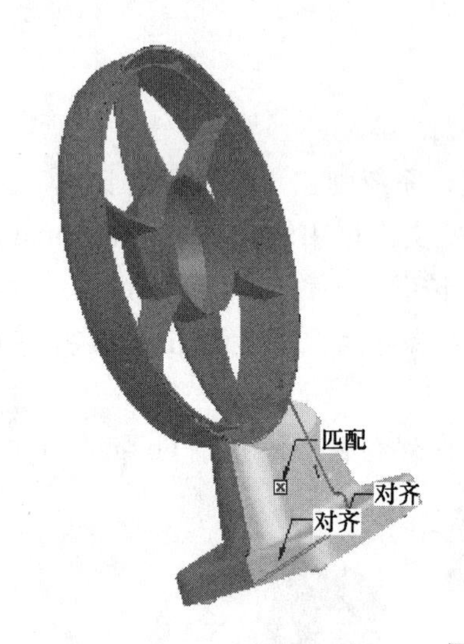

图 10-89 完成装配

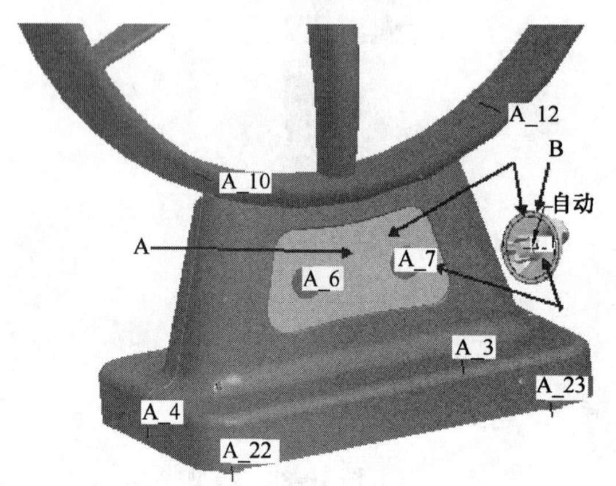

图 10-90 选取参照

图 10-91 完成装配

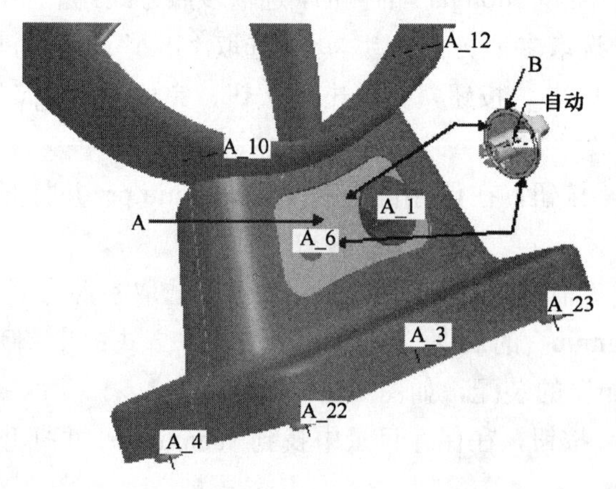

图 10-92 选取参照

图 10-93 完成装配

步骤 10：单击“工程特征”工具栏中的按钮，在保存目录中找到 fengxianglun.prt 并打开，如图 10-94 所示。

步骤 11：在“工程特征”操控板中选取 销钉，选取如图 10-94 所示“jike”的 A_1 轴和“fengxianglun”的 A_1 轴，选取参照方式： 对齐；选取“jike”的前面（面 D）与“fengxianglun”的后面（C 面），选取参照方式： 匹配。单击按钮，再单击按钮，完成“fengxianglun”的装配，如图 10-95 所示。

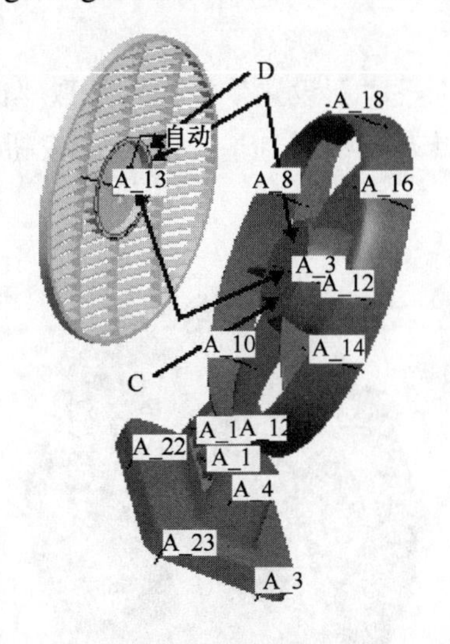

图 10-94 选取参照

图 10-95 完成装配

步骤 12：单击“工程特征”工具栏中的按钮，在保存目录中找到 shanye.prt 并打开，如图 10-96 所示。

步骤 13：在“工程特征”操控板中选取“销钉”，选取如图 10-96 所示“jike”的 A_1 轴和“shanye”的 A_1 轴，选取参照方式： 对齐；选取“jike”的后面（面 E）与“shanye”的后面（F 面），选取参照方式： 匹配。单击按钮，再单击按钮，完成“shanye”的装配，如图 10-97 所示。

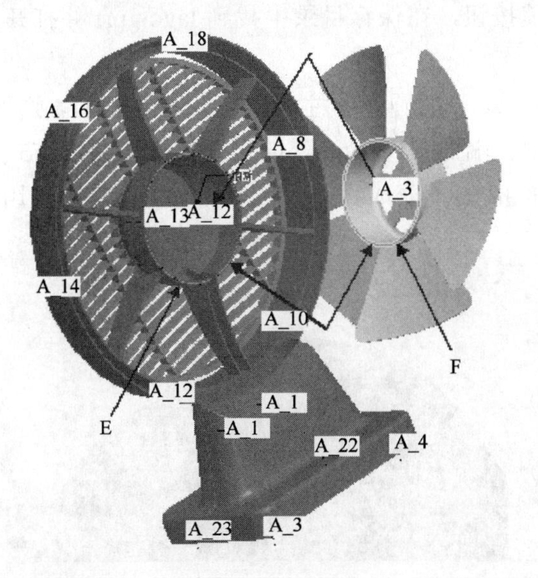

图 10-96 选取参照

图 10-97 完成装配

步骤 14：单击“工程特征”工具栏中的按钮，在保存目录中找到 shanyehougai.prt 并打开，如图 10-98 所示。

步骤 15：选取如图 10-98 所示“jike”的 A_1 轴和“shanyehougai”的 A_1 轴，选取参照方式：对齐；选取“jike”的后面（面 G）与“shanyehougai”的后面（H 面），选取参照方式：匹配，单击按钮。

步骤 16：在“工程特征”操控板中单击“放置”→“新设置”按钮，选取“jike”的 A_18 轴和“shanyehougai”的 A_37 轴，选取参照方式：对齐。单击按钮，完成“shanyehougai”的装配，如图 10-99 所示。

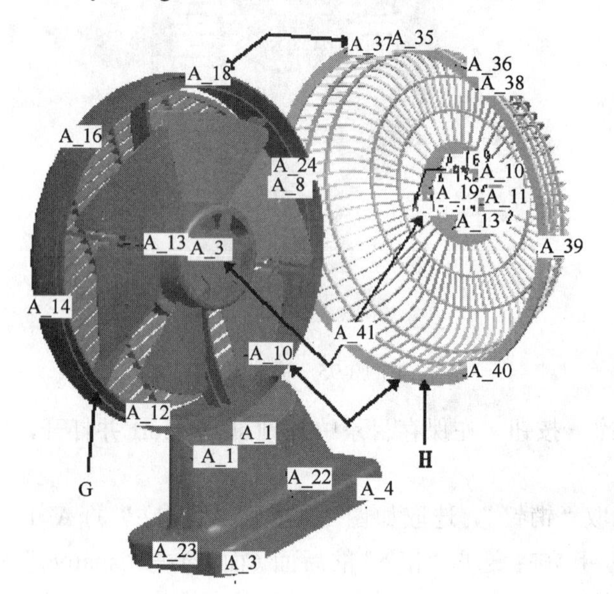

图 10-98　选取参照

图 10-99　完成装配

步骤 16：单击“工程特征”工具栏中的按钮，在保存目录中找到 lagou.prt 并打开，如图 10-100 所示。

步骤 17：选取如图 10-100 所示“shanyehougai”的圆孔的柱面和“lagou”柱面，选取参照方式：插入；选取“shanyehougai”的圆孔端面与“lagou”的端面，选取参照方式：对齐。单击按钮，输入偏距值 1.75，单击按钮，完成“lagou”的装配，如图 10-101 所示。

图 10-100　选取参照

图 10-101　完成装配

步骤 18：单击“工程特征”工具栏中的按钮，在保存目录中找到 xuangai.prt 并打开，如图 10-102 所示。

步骤 19：选取如图 10-102 所示“fengxianglun”的 A_1 轴和“xuangai”的 A_1 轴，选取参照方式：对齐；选取“fengxianglun”的前面（面 I）与“xuangai”的后端（J 面），选取参照方式：匹配。单击按钮，再单击按钮，完成“xuangai”的装配，如图 10-103 所示。

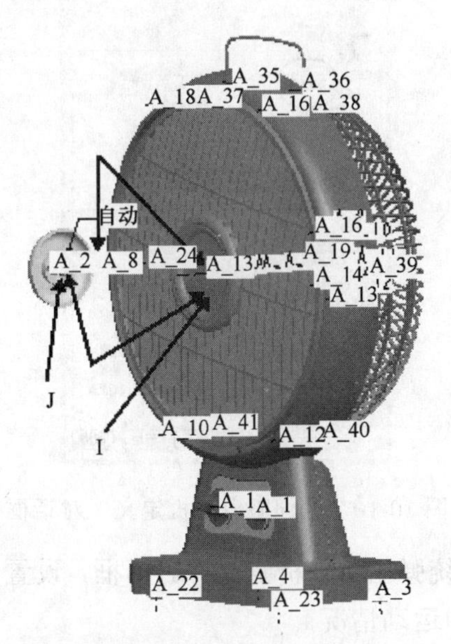

图 10-102 选取参照

图 10-103 完成装配

步骤 20：单击主菜单中“应用程序”→“机构”命令，系统弹出“机构”工具栏。

步骤 21：单击“机构”工具栏中的按钮，系统弹出“伺服电动机定义”对话框，选取销钉装配轴 1，如图 10-104 所示。

步骤 22：单击“伺服电动机定义”对话框中的“轮廓”按钮，设置参数，如图 10-105 所示，单击“确定”按钮。

图 10-104 选取销轴

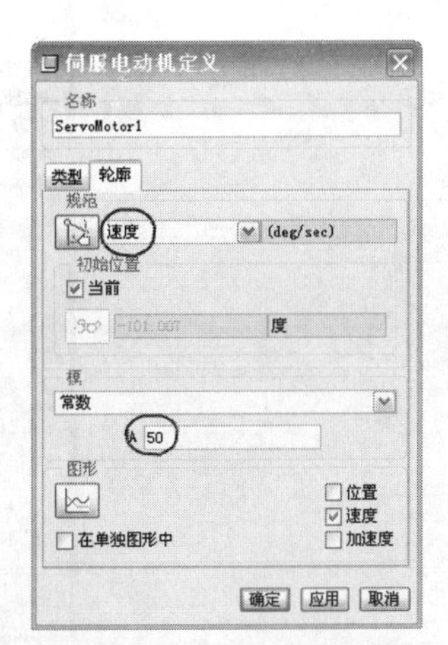

图 10-105 “伺服电动机定义”对话框

步骤 23：单击“机构”工具栏中的按钮，系统弹出“伺服电动机定义”对话框，选取销钉装配轴 2，如图 10-106 所示。

步骤 24：单击“伺服电动机定义”对话框中的“轮廓”按钮，设置参数，如图 10-107 所示，单击“确定”按钮。

图 10-106　选取销轴

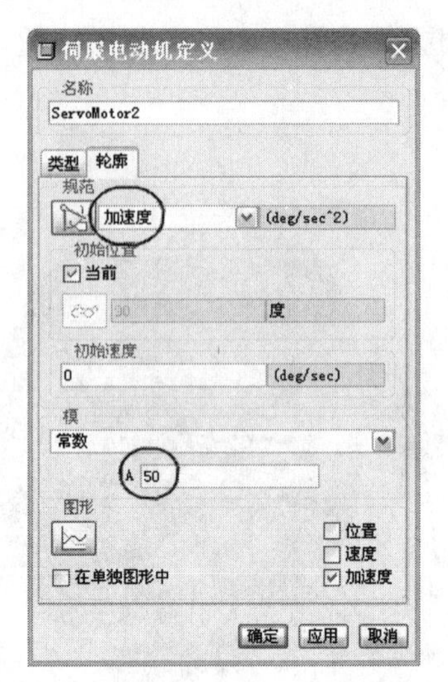

图 10-107　“伺服电动机定义”对话框

步骤 25：单击“机构”工具栏中的按钮，系统弹出“分析定义”对话框，设置参数，如图 10-108 所示，单击“运行”按钮，观察风扇的运动情况。

步骤 26：单击“文件”工具栏中的按钮，系统弹出“保存对象”对话框，单击“确定”按钮，完成该文件的保存。

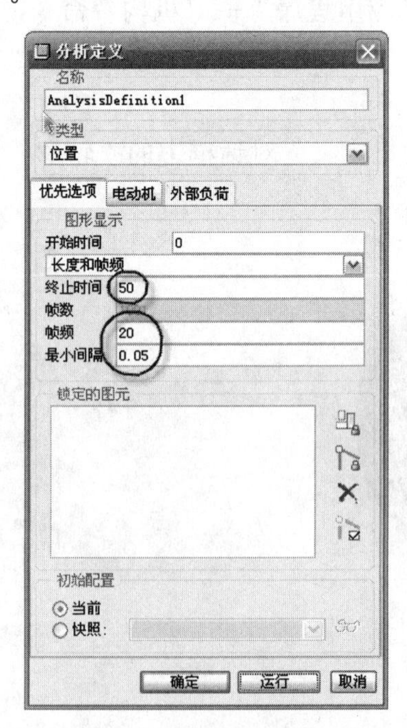

图 10-108　“分析定义”对话框

10.11 小结

装配就是将各个零部件按照一定的位置关系组合在一起，相应的在 Pro/ENGINEER Wildfire 3.0 中装配时，可以调入独立的零件，也可以调入子装配件。在创建大型的复杂装配件时，往往先将相关的零件装配成子装配件，再将子装配件与零件组合在一起生成最后的总装配件。

本章中介绍了装配设计的两种方法，即自下而上的设计方法和自顶向下的设计方法。因为本书是基础教程，重点介绍了自下而上的设计方法，包括装配约束、装配步骤、装配修改和分析及装配爆炸图的生成等基本内容，读者应熟练掌握。考虑到实际的设计中“自顶向下的设计方法”的有效性，还简要介绍了 Pro/ENGINEER Wildfire 3.0 提供的自顶向下设计的实用工具，读者应有所了解。由于篇幅限制，介绍得比较简要，要进一步学习可参考其他相关书籍。

思 考 题

（1）装配完成后，进行文件保存时“保存副本”与“备份”的区别是什么？分别适于在什么情况下使用？

（2）全约束、部分约束与约束冲突之间有何差异？哪些是允许的？哪些是不允许的？

（3）在完成装配件的组合后，如何检查装配件组合的有效性？

练 习 题

（1）创建如图 10-109 所示的装配体。

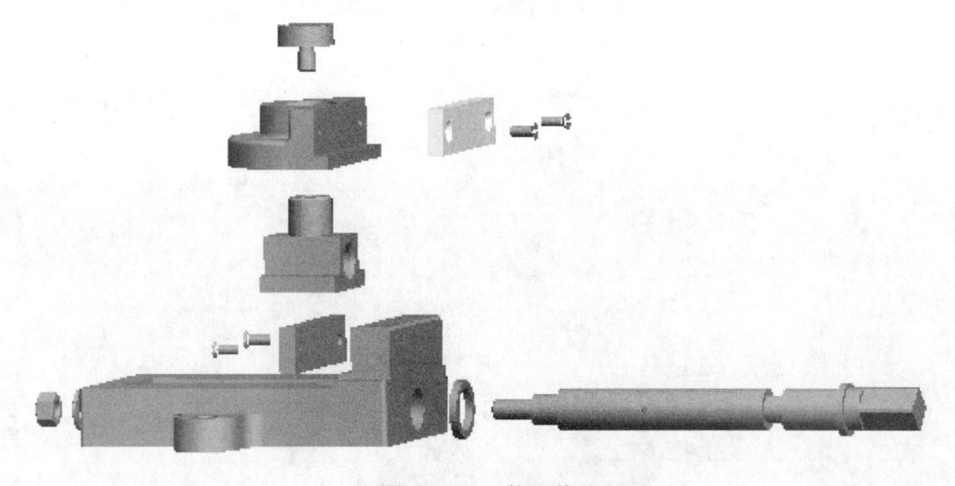

图 10-109 装配体

（2）创建如图 10-110 所示的装配体。

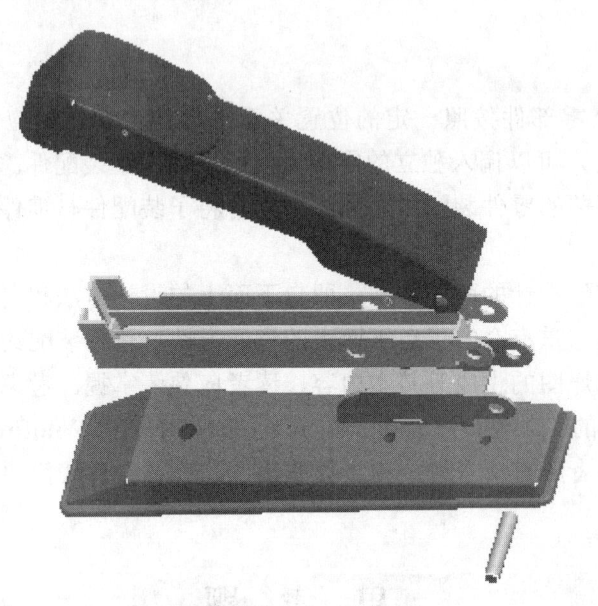

图 10-110 装配体

第 11 章
零件与装配体的工程图

教学提示：在 Pro/ENGINEER Wildfire 3.0 中创建零件或装配体的工程图时，可按用户的要求自动创建出视图、视图的标注等内容，可避免一些错误（如视图上多线条、少线条等）发生，从而提高了绘制工程图的效率。另外，也可以利用有关接口命令，将工程图文件输出到其他 CAD 系统或将文件从其他 CAD 系统输入到工程图模块中。

教学要求：本章要求读者了解 Pro/ENGINEER 软件生成二维工程图的方法，以及标题栏和尺寸的添加方法，重点让读者掌握最常用视图的创建和修改方法。

11.1 Pro/ENGINEER 工程图的图框制作及调用

在实际工作中，所有的工程图一般是通过使用模板（Use template）或格式创建（Empty with format）产生的，所有的工程图具有统一的格式。一个企业的图纸，要求有统一的格式，如图框、标题栏、标题栏的属性等。

11.1.1 创建格式图框

工程图都有图框，Pro/ENGINEER Wildfire 3.0 工程图的图框在“格式”文件或者“工程图模板”文件中创建，通过“格式”或者“模板”生成工程图，将图框带入工程图中。

创建格式图框的步骤如下：

（1）单击主菜单中“文件”→“新建”命令，出现如图 11-1 所示的对话框。

（2）选取格式模块，在名称栏中输入“名称”，单击“确定”按钮，出现如图 11-2 所示的对话框。

“截面空”：插入草图截面文件。

“空”：创建空的格式文件。

“方向”：该栏让用户确定图纸的放置方式：纵向放置、横向放置、自定义图纸的尺寸。

（3）选取“空”选项，再选取图纸的方向和幅面，单击“确定”按钮。

（4）格式文件的图框可以在文件中进行绘制，绘制方法与截面草图的绘制相似。也可以单击主菜单中“插入”→“数据共享”命令，再单击“插入”来自文件选项，选取可以导入的格式（如.dwg、.dxf、.igs 等）的图框文件，导入到格式中。

（5）创建标准的图框等图元，单击主菜单中“文件”→“保存”命令，保存创建的格式图框。

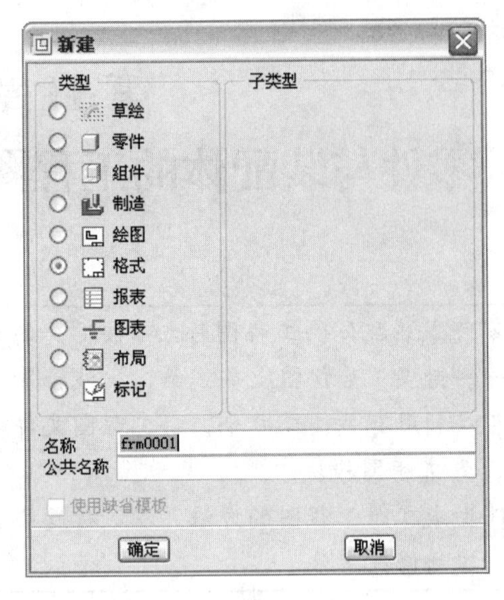

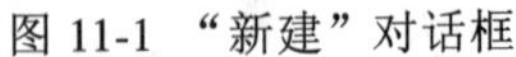
图 11-1 “新建”对话框

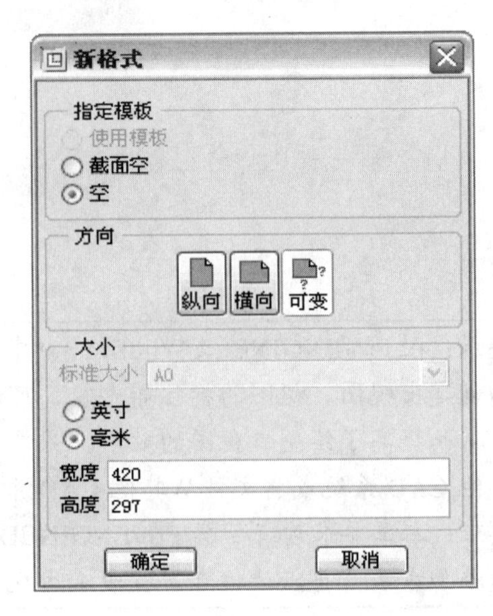

图 11-2 “新格式”对话框

11.1.2 格式图框的调用

（1）单击主菜单中“文件”→“新建”命令，出现如图 11-3 所示的对话框。

（2）选取工程图模块，单击“使用缺省模板”去掉默认模板，在“名称”栏中输入名称，单击“确定”按钮，出现如图 11-4 所示的对话框。

“缺省模型”：单击该栏中的“浏览”按钮，选取要创建工程图的模型文件，作为系统默认的模型。

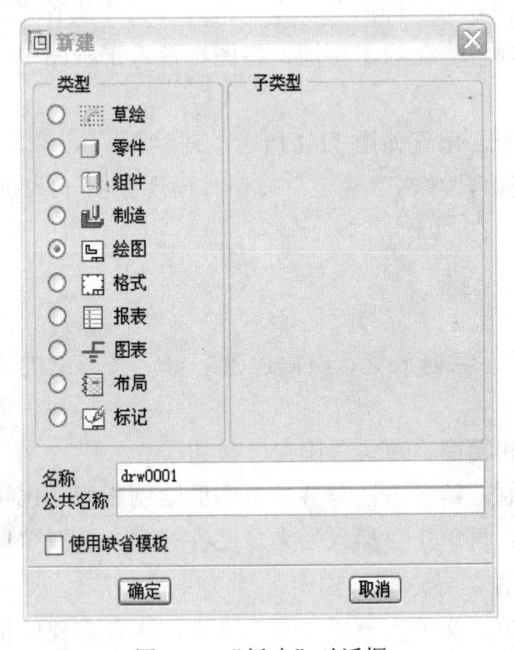

图 11-3 “新建”对话框

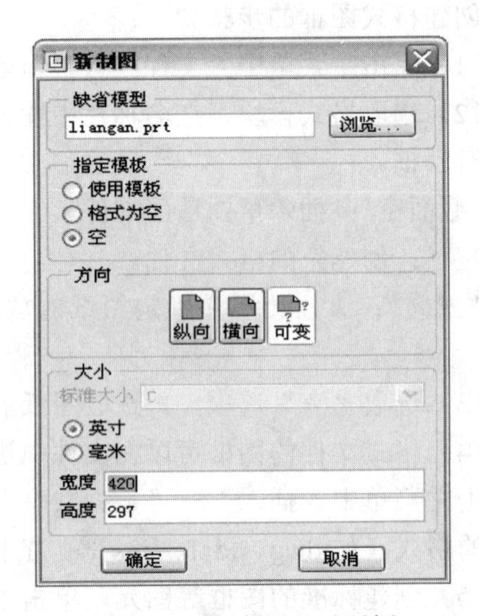

图 11-4 “新制图”对话框

“使用模板”：从工程图模板生成新的工程图，工程图将具有模板中的所有格式。

“格式为空”：从格式文件生成新的工程图，工程图将具有格式文件的所有格式和属性。

“空”：生成一个空的工程图，工程图中没有任何图元、格式。

（3）选取“格式为空”选项，单击“格式”栏中的浏览按钮，选取已创建的格式图框文件，单击“打开”按钮。

（4）单击“确定”按钮，完成格式图框的调用。

11.2 Pro/ENGINEER 工程图的参数配置

在 Pro/ENGINEER Wildfire 3.0 中，用户可以根据不同的文件指定不同的配置文件及工程图格式。配置文件指定了图纸中一些内容的通用特征，如尺寸和注释的文本高度、文本方向、几何公差标准、字体属性、制图标准等。配置文件默认的文件扩展名为*.dtl。

用户可以根据企业的情况配置一个合适企业使用的 dtl 文件，并在 config.pro 文件中指定配置文件的路径和名称。在选项栏中输入 drawing_setup_file，在值栏中输入 D:\proeWildfire\text*.dtl，*代表配置文件的文件名。如果没有指定配置文件，系统会利用默认的配置文件。

工程图配置文件的设置：

（1）单击主菜单中“文件属性”命令，出现如图 11-5 所示的菜单。

（2）单击主菜单中“绘图选项”命令，出现如图 11-6 所示的“选项”对话框。

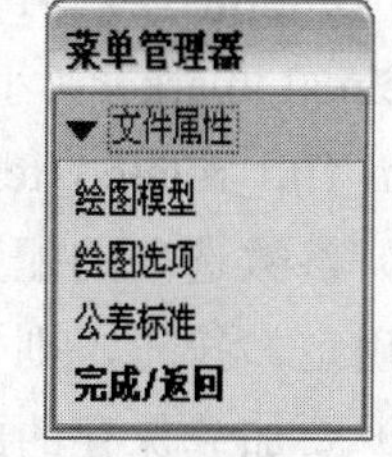

图 11-5 “文件属性”菜单

（3）编辑其中配置项的值，使之符合用户的要求。以下列出了一些基本的配置项：

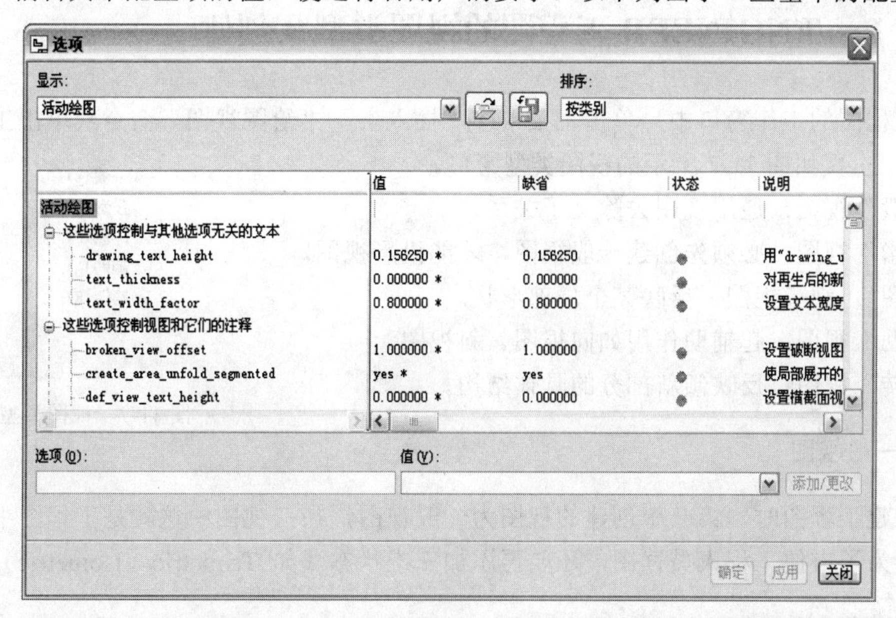

图 11-6 “选项”对话框

drawing_text_height（工程图文本默认高度） 3.5
Text_width_factor（文本宽度比例因子） 0.8
projection_type（投影角法） first_angle
view_scale_denominator（确定视图比例的分母） 10
view_scale_format（视图比例格式） ratio_colon
tol_display（尺寸公差显示） yes
default_font（默认文本字体） font
aux_font（辅助文本字体） 1 filled
lead_trail_zeros（控制前、后缀零的显示） both
angdim_text_orientation（角度标注文本的方位） horizontal
text_orientation（标注文本的定位） iso_parallel_diam_horiz
draw_arrow_length（标注箭头的长度） 3.5
draw_arrow_style（标注箭头的样式） filled
drawing_unit（工程图参数的单位） mm
gtol_datums（几何公差参照基准的显示样式） STD_ISO
decimal_marker（小数点的符号） comma_for_metric_dual
sym_flip_rotated_text（符号相反旋转文本） yes

（4）参数选项的配置完成后，单击选项对话框中的按钮，在名称栏中输入文件名，单击“确定”按钮，则保存了配置文件。

（5）要加载保存的配置文件，单击选项对话框中的按钮，从保存的配置文件中选取要加载的文件，单击“打开”按钮，再单击“应用”按钮。

11.3 Pro/ENGINEER 工程图的视图类型及创建

在工程图的工作窗口中，单击主菜单中“插入”→“绘图视图”命令或单击工具栏上按钮，出现如图 11-7 所示的视图类型菜单。

“一般”视图：通用视图去除父子关系。

“投影”视图：必须先创建一般视图，才能投影视图。

“详图”：细节视图，反映某个局部形状。

“辅助”视图：起辅助作用如向视图、斜视图。

“旋转”视图：反映倾斜部分的具体结构。

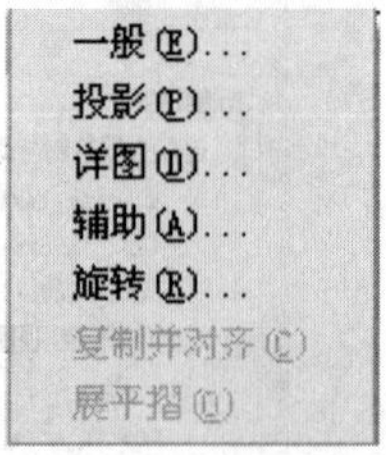

一般(E)...
投影(P)...
详图(D)...
辅助(A)...
旋转(R)...
复制并对齐(C)
展平褶(U)

图 11-7 视图类型菜单

11.3.1 一般视图

在创建工程图时，第一个创建的视图为一般视图，在三视图中这就是工程图中的主视图。有时为了方便工程人员读图，还要再添加三维状态（如 Trimetric、Isometric）的一般视图。

一般视图的创建步骤：

（1）单击主菜单中“插入”→“绘图视图”→“一般视图”命令。

（2）在图纸中单击一点作为视图的放置中心。

（3）模型在图纸中以默认的方式显示，在弹出系统显示的如图 11-8 所示的对话框中对模型重新定位。

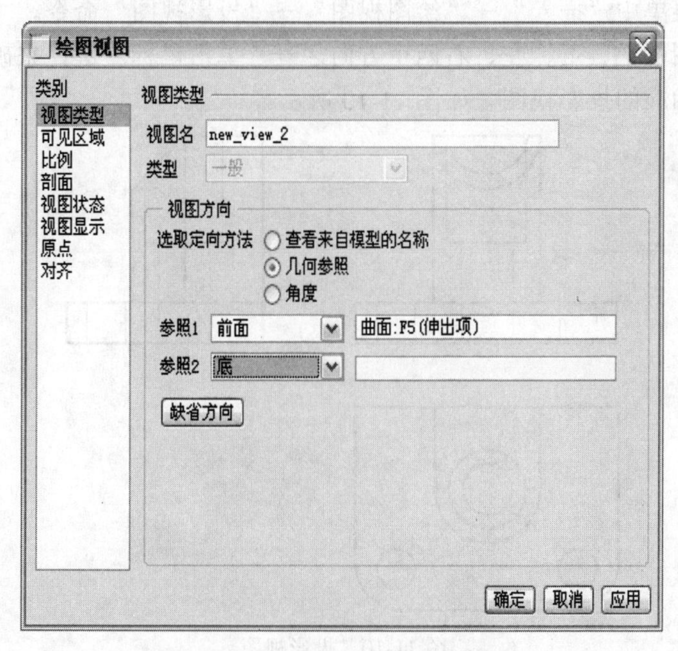

图 11-8 “绘图视图”对话框

（4）默认系统选取的几何参照选项，选取一个法线朝前的定位平面，再选取一个法线朝上的定位平面。

（5）单击“确定”按钮，完成一般视图的创建，如图 11-9 所示。

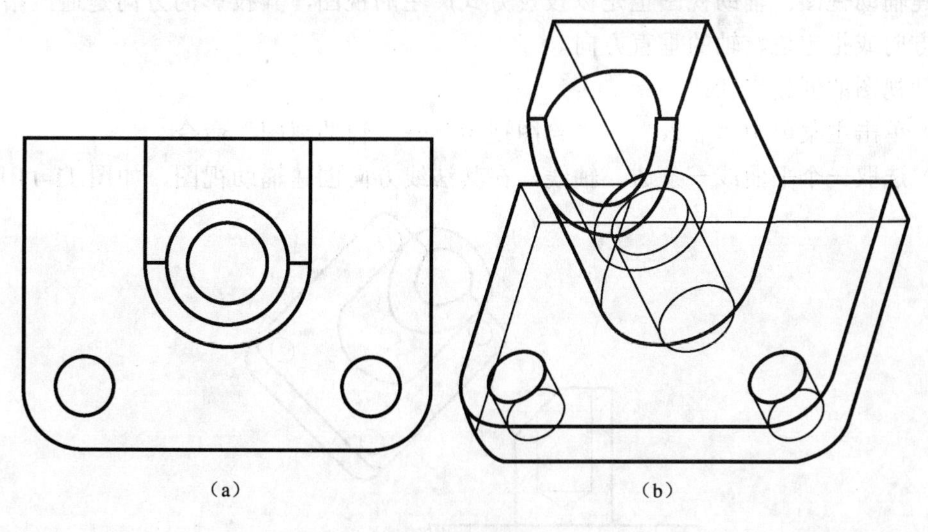

图 11-9 模型

11.3.2 投影视图

在完成一般视图之后，才可以创建以主视图为参照的其他投影视图。

投影视图的创建步骤：

（1）单击主菜单中“插入”→“绘图视图”→“投影视图”命令。

（2）在俯视图的上、下、左、右四个方向之一，单击鼠标左键，来确定投影视图的放置中心，并产生相应的投影视图，如图 11-10 所示。

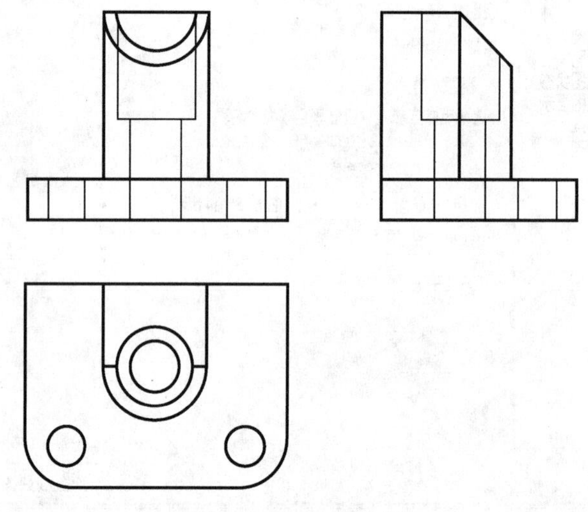

图 11-10 投影视图

11.3.3 辅助视图

用户对于形状或结构比较复杂的模型，仅用三视图或投影视图难以表达清楚，这时就需要创建辅助视图。辅助视图也是以投影方式产生的视图，其投影的方向是通过指定平面的法线方向或指定边、轴的垂直方向。

辅助视图的创建步骤：

（1）单击主菜单中“插入”→“绘图视图”→“辅助视图”命令。

（2）选取一个平面或一条边、轴线，在其法线方向创建辅助视图，如图 11-11 所示。

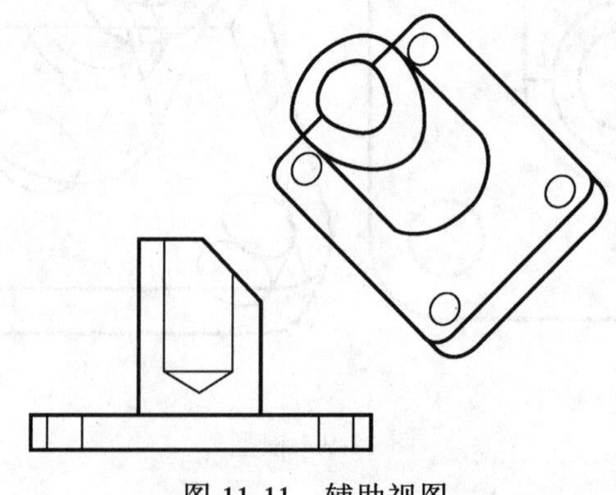

图 11-11 辅助视图

11.3.4 局部放大视图

在工程图中，对一些结构复杂且尺寸较小的部位，可以使用局部放大的方法，使该部位在图纸上清楚表达。

局部放大视图的创建步骤：

（1）单击主菜单中“插入”→“绘图视图”→“局部放大视图”命令。

（2）在创建的视图上选取一点为局部放大区域的中心点，绘制一条封闭的样条曲线作为放大区域的边界。

（3）在图纸上单击一点，来放置局部视图。

（4）选取局部视图单击右键→“属性”→“绘图视图”选项。

（5）在信息区的文本栏中输入局部放大视图的名称，单击 “确定” 按钮。

“圆”：选定的局部放大区域为圆形。

“椭圆”：选定的局部放大区域为椭圆形。

“水平/竖直椭圆”：选定的局部区域为（主轴在水平/竖直）椭圆形。

“样条”：选定的局部区域为样条曲线。

“ASME 94 circ”：选定的局部区域为符合 ASME 1994 标准的圆，如图 11-12 所示。

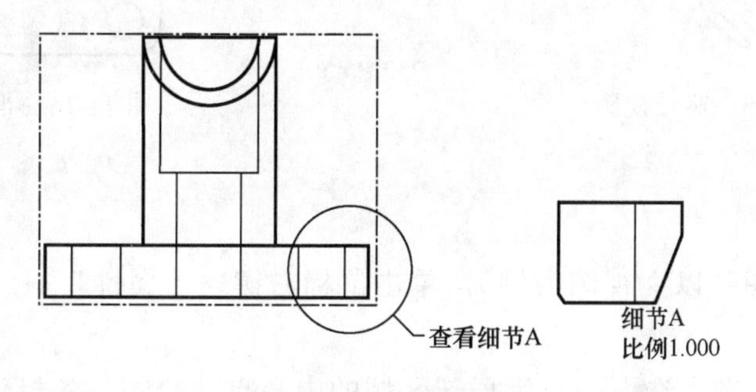

图 11-12 局部视图

11.3.5 旋转视图

旋转视图是围绕剖面线旋转 90°并沿其长度方向偏移的剖面视图。截面是一个区域横截面，仅显示被剖切平面剖切的材料。

旋转视图的创建步骤：

（1）单击主菜单中“插入”→“绘图视图”→“旋转视图”命令。

（2）选取一个旋转剖面垂直的参照父视图。

（3）在图纸上单击一点，来确定旋转视图的放置中心，出现绘制试图对话框，单击“绘图视图”→“创建”→“新建”。

（4）单击“创建”→“平面”→“单一”→“完成”。

（5）在信息区的文本栏中输入创建剖面的名称，单击“确定”按钮。

（6）选取或创建一个基准平面，该基准平面必须垂直于所选取的参照父视图。

（7）根据需要指定对称轴，或单击鼠标中键取消选取，如图 11-13 所示。

11.3.6 半视图

（1）选取某视图（以主视图为例），单击鼠标右键→“属性”→“可见区域”→“半视图”选项。

（2）选取一个参照平面来确定半视图侧和半视图位置，单击“确定”按钮确定半视图侧，如图 11-14 所示。

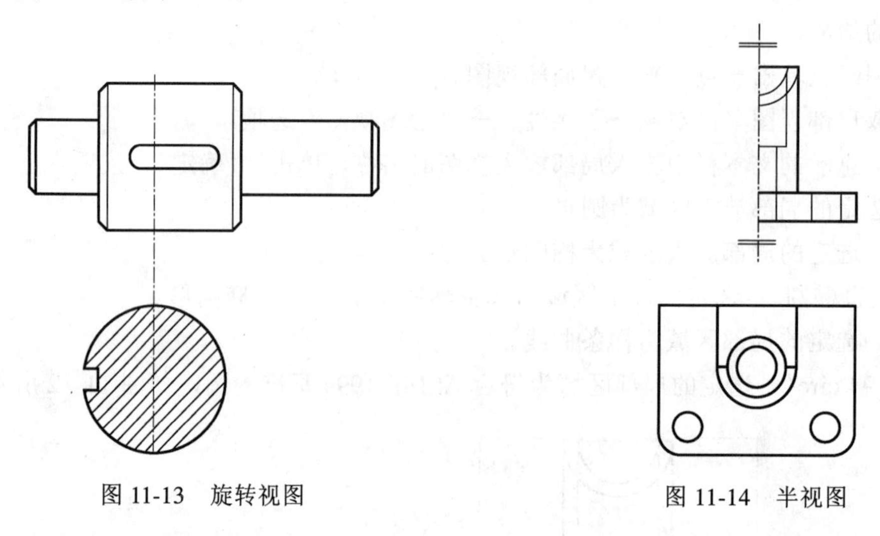

图 11-13 旋转视图　　图 11-14 半视图

11.3.7 局部视图

（1）选取某视图（以主视图为例），单击鼠标右键→“属性”→“可见区域”→“局部视图”。

（2）在创建的视图上选取一点为局部区域的中心点，绘制一条封闭的样条曲线作为局部区域的边界，单击鼠标中键，完成局部视图的创建，如图 11-15 所示。

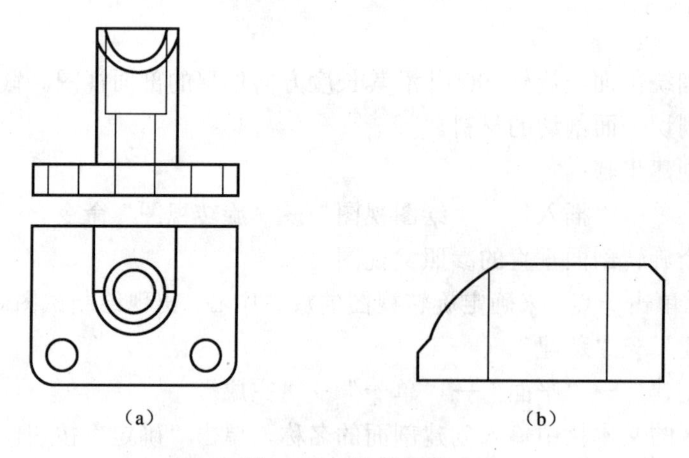

图 11-15 局部视图

11.3.8 破断视图

（1）选取某视图（以主视图为例），单击鼠标“右键”→“属性”→“可见区域”→“破断视图”。

（2）单击“＋”→第一破断线选取第一破断点→第二破断线选取第二破断点→选取破断线样式。

“草绘”：草绘一条曲线来作为破断线外形。

“S 型曲线”：S 型破断线。

“几何上的心电图形”：心跳的锯齿状破断线。

（3）选取“草绘”选项，在视图上草绘一条样条曲线，单击鼠标中键或单击选取对话框中的“确定”按钮，单击鼠标中键，完成破断视图的创建，如图 11-16 所示。

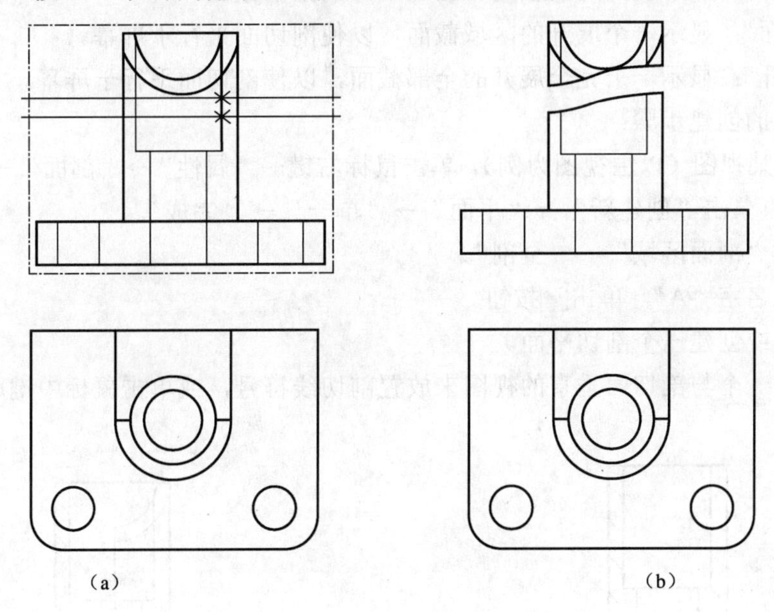

图 11-16 破断视图

11.3.9 表面视图

（1）单击主菜单中“插入”→“绘图视图”→“辅助视图”命令。

（2）选取父视图（以左视图为例）的一斜边，完成辅助视图的创建。

（3）双击辅助视图，单击“剖面”→“单个零件曲面”选项，选取要获得的表面，如图 11-17 所示。

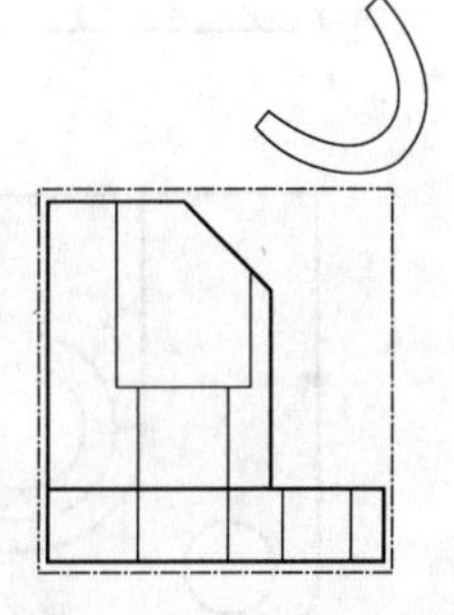

图 11-17 辅助视图

11.3.10 剖面视图

在工程图中，创建剖面视图是为了更清晰地表达零件或部件的内部结构，要创建剖面视图，必须选取菜单中“剖面”命令。

若在创建一般视图（General）时，选取了“剖面”选项，系统出现如图 11-18 所示的截面类型菜单。

“全剖”：创建全剖视图。

“半剖”：创建半剖视图。

“局部剖”：创建局部剖视图。

“复合剖”：创建全剖和局部剖视图。

“全部截面”：显示包括剖切面后面的边。

“区域截面”：仅显示剖切面上的几何，不包括剖切面后面的边。

“对齐截面”：显示绕指定的轴旋转展开的区域截面。

“全部对齐”：显示绕指定的轴旋转全部展开的全部截面。

“展开截面”：显示一个展开的区域截面，以使剖切面平行于屏幕。

“全部展开”：显示一个完全展开的全部截面，以使剖切面平行于屏幕。

全剖视图的创建步骤：

（1）选取某视图（以主视图为例），单击鼠标右键→“属性”→“剖面”→“2D 截面”，单击“＋”，再单击“创建新”→“平面”→“单一”→“完成”。

（2）单击“剖面区域”→“全剖”。

（3）输入名字“A”，单击✔按钮。

（4）选取或创建一个剖切平面。

（5）选取一个与剖切面垂直的视图来放置剖切线符号，或单击鼠标中键取消选取，如图 11-18 所示。

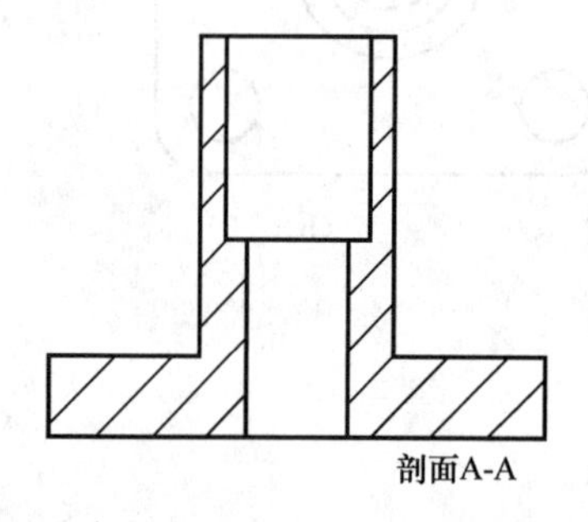

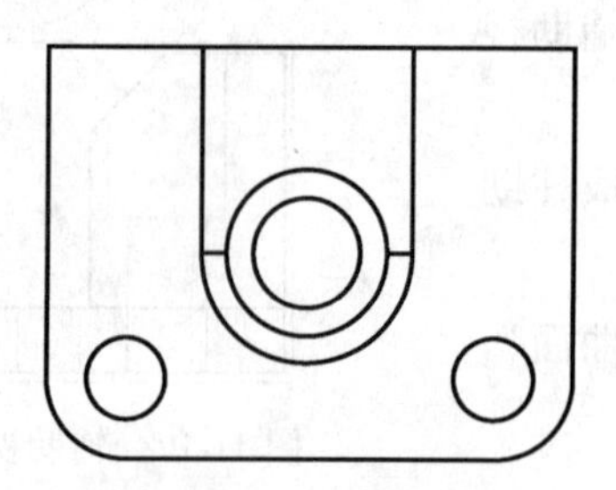

图 11-18　剖面视图

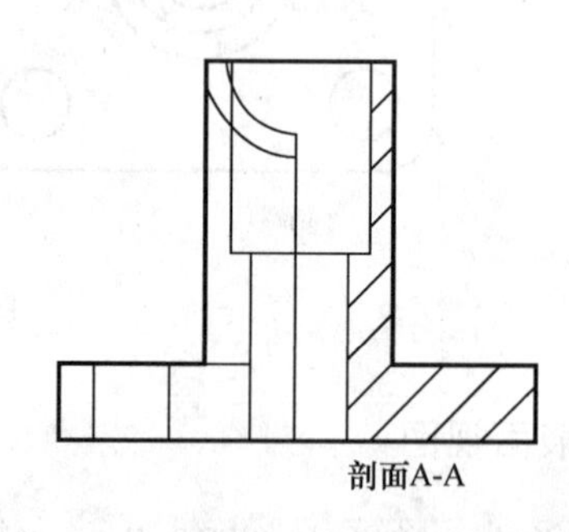

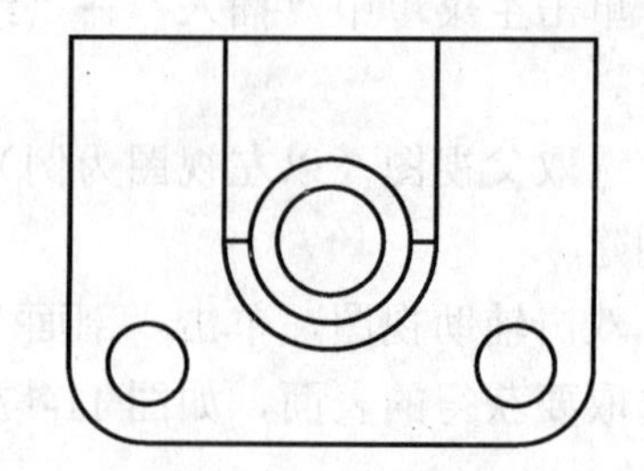

图 11-19　半剖视图

半剖视图的创建步骤：

（1）选取某视图（以主视图为例），单击鼠标“右键”→“属性”→“剖面”→“2D 截面”，单击“＋”，再单击“创建新”→“平面”→“单一”→“完成”。

（2）单击“剖面区域”→“半剖”。

（3）输入名字“A”，单击☑按钮。

（4）选取一个参照平面来确定半剖侧和半剖位置，单击“确定”按钮来完成半剖侧。

（5）选取或创建一个剖切平面。

（6）选取一个与剖切面垂直的视图来放置剖切线符号，或单击鼠标中键取消选取，如图 11-19 所示。

局部剖视图的创建步骤：

（1）选取某视图（以主视图为例），单击鼠标“右键”→“属性”→“剖面”→“2D－截面”选项，单击“＋”，再“创建新”→“平面”→“单一”→“完成”。

（2）单击“剖面区域项”→“局部”。

（3）输入名字“A”，单击☑按钮。

（4）选取一点为局部剖区域的中心点，绘制一条封闭的样条曲线作为局部剖区域的边界，单击“确定”选项，完成局部剖视图的创建，如图 11-20 所示。

全剖和局部剖视图的创建步骤：

（1）选取某视图（以主视图为例），单击鼠标“右键”→“属性”→“剖面”→“2D－截面”选项，单击“＋”，再“创建新”→“平面”→“单一”→“完成”。

（2）单击“剖面区域项”→“全剖”。

（3）输入名字“A”，单击☑按钮。

（4）再单击“＋”，单击“创建新”→“偏距”→“单一”→“完成”。

（5）输入名字“B”，单击☑按钮，出现如图 11-21 所示对话框。

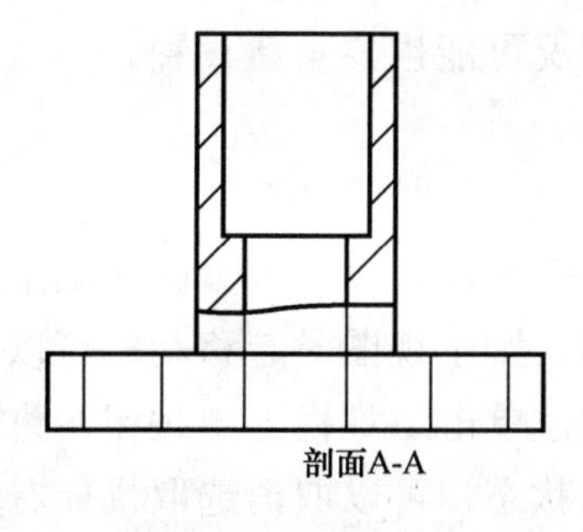

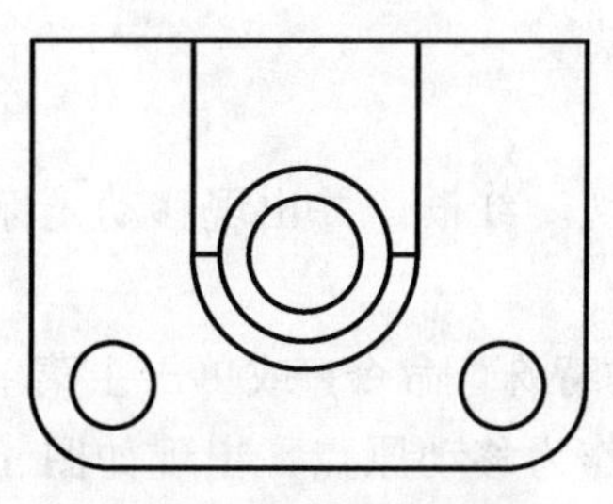

图 11-20 局部剖视图

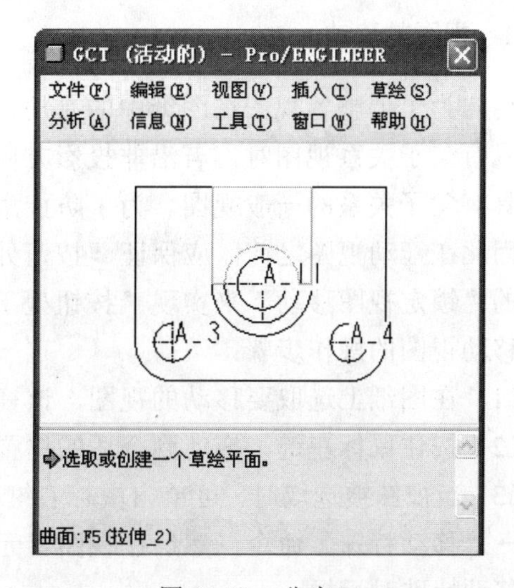

图 11-21 分窗口

（6）单击“草绘”→“直线”→“直线”，绘制如图 11-22 所示的截面，再单击“草绘”→“完成”选项。

（7）在创建的剖面视图上选取一点为局部剖区域的中心点，绘制一条封闭的样条曲线作为局部剖区域的边界，单击“确定”按钮，完成全剖和局部剖视图的创建，如图 11-23 所示。

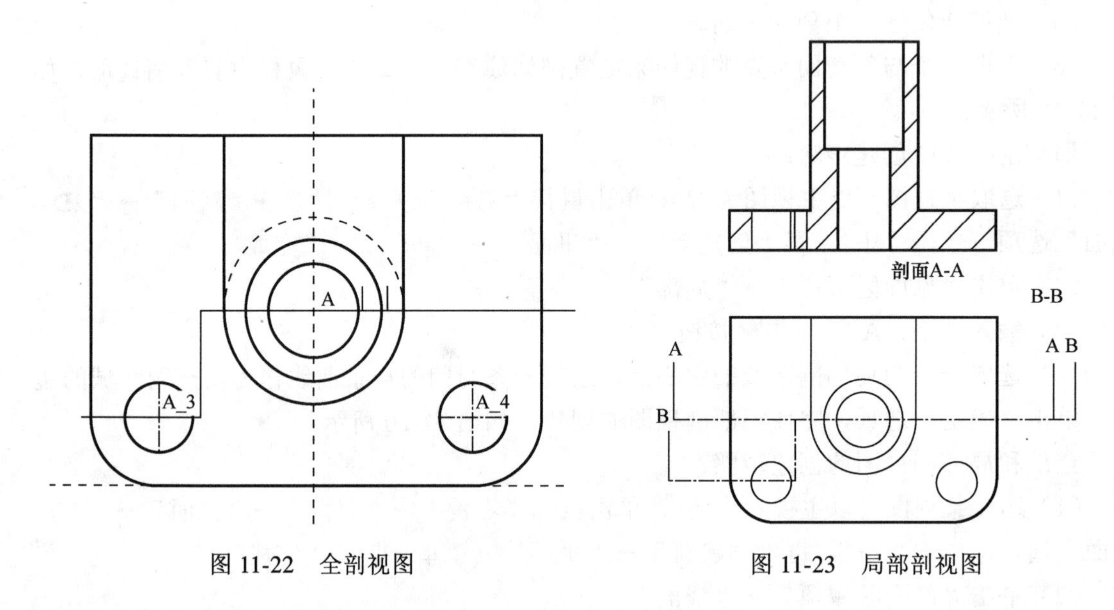

图 11-22　全剖视图　　　　图 11-23　局部剖视图

11.4　工程图的视图编辑

在创建工程图中，由系统直接完成的视图，其布局需要进一部调整。视图的一些属性，如视图的显示模式、剖面线的显示等，用户根据实际情况可能也要重新设置。

11.4.1　视图的移动

用户为了调整各视图在图纸中的布局，需要移动一些视图，以合理分配图纸空间。在移动具有父子关系视图时，若沿非投影方向移动父视图，则子视图一起移动；可以自由移动不具有父子关系的一般视图。为了防止意外移动视图，单击工具栏上按钮，将锁定视图。因此在拖动视图之前，应保证按钮处于未被选取状态，可以取消选取鼠标右键快捷菜单的“锁定视图移动”来实现按钮处于未被选取状态。

移动视图的操作步骤：

（1）在图纸上选取要移动的视图，该视图的周围出现一红框，并出现移动光标。

（2）按住鼠标左键，拖动到合适的位置释放即可。

（3）当视图被选取时，可单击鼠标右键菜单的“移动特殊”命令，或单击主菜单中“编辑”→“移动特殊”命令，然后在视图图元上单击一点作为移动原点，出现如图 11-24 所示的移动特殊对话框。

（4）在对话框中输入具体的 X 和 Y 坐标，以定位视图到该坐标点。

图 11-24 “移动特殊”对话框

11.4.2 视图的删除

用户若要删除图纸中的某个视图，只需选取该视图，单击工具栏中 × 按钮或单击鼠标右键菜单的“删除”选项，系统出现如图 11-25 所示的配置对话框。单击“是”按钮，则视图被删除。如果选取删除的视图为父视图，则其子视图也将一起被删除。

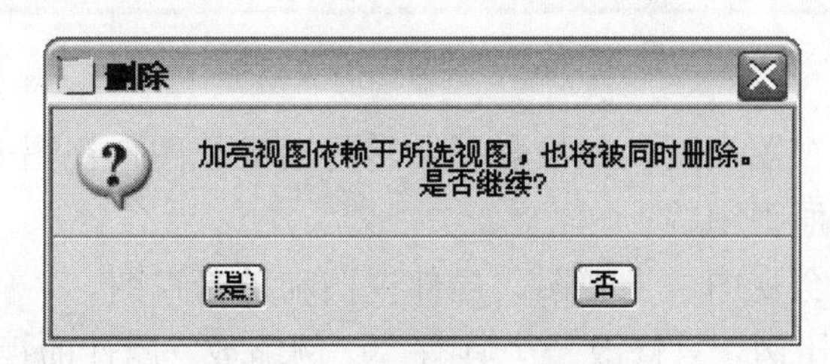

图 11-25 “删除”对话框

11.4.3 视图的拭除和恢复

“拭除”和“恢复”视图是改进大绘图中视图再生和缩短重画时间的手段。用户可以从工程图中拭除一个视图，而不影响其他视图。

拭除视图的操作步骤：

（1）单击主菜单中“视图”→“绘图显示”→“绘制视图可见性”命令。

（2）在弹出的菜单管理器中选取“拭除视图”选项。

（3）选取要隐藏的视图，单击选取对话框中的“确定”按钮或单击鼠标中键结束命令。

恢复视图的操作步骤：

（1）单击主菜单中“视图”→“绘图显示”→“绘制视图可见性”命令。

（2）在弹出的菜单管理器中选取“恢复视图”选项。

（3）选取要恢复显示的视图，单击菜单管理器中“完成选取”选项。

11.4.4 视图的修改

在工程图中，用户选取要修改的视图，双击鼠标左键或单击鼠标右键菜单中的“属性”选项，出现如图 11-26 所示的“绘图视图”对话框。

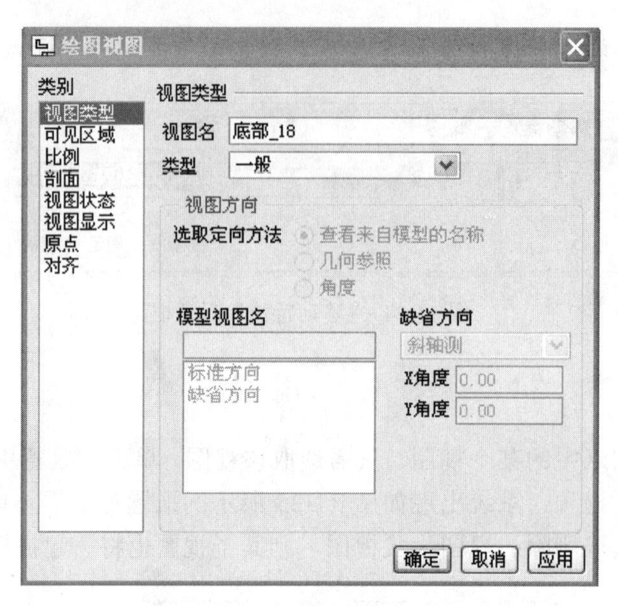

图 11-26 “绘图视图”对话框

“视图类型”：修改视图类型，如投影视图转为一般视图，视图非比例缩放转为比例缩放，非剖面视图转为剖面视图等。

“可见区域”：创建全视图、半视图、局部视图和破断视图。

“比例”：修改视图比例，只修改一个具有“比例缩放”属性的视图，若创建该视图时，选取了“无比例”选项，则不能修改其比例。

“剖面”：变换视图的剖面。

“视图状态”：视图的分解和简化设置。

“视图显示”：视图的显示设置。

“原点”：重新设置视图的原点。

“对齐”：对齐视图，使一个视图与另一个视图对齐。

11.5 工程图的尺寸及尺寸公差的创建和修改

在 Pro/ENGINEER Wildfire 3.0 中，用户对工程图作尺寸标注，可以采用自动标注和人工标注相结合的方法，再对标注的尺寸作调整，使尺寸标注符合标准要求。使用“显示/拭除”对话框，可以对模型零件进行尺寸的自动标注，单击工具栏中的按钮可以进行人工标注。

11.5.1 标注尺寸的显示和擦除

单击主菜单中“视图”→“显示/拭除”命令或单击工具栏中的按钮，出现如图 11-27 所示的“显示/拭除”对话框。使用该对话框可以显示或擦除视图中的尺寸、基准轴等项目。

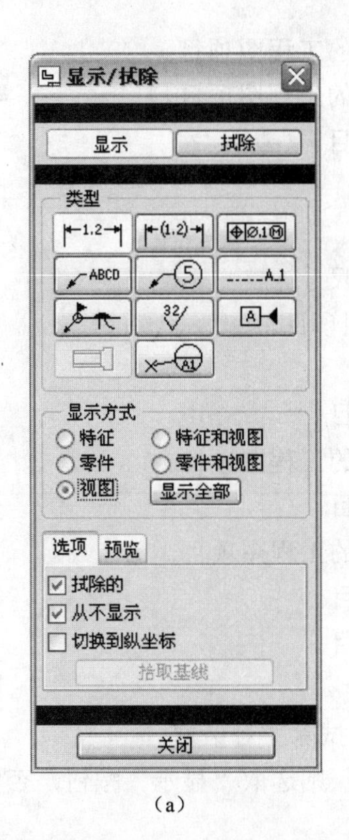

(a)

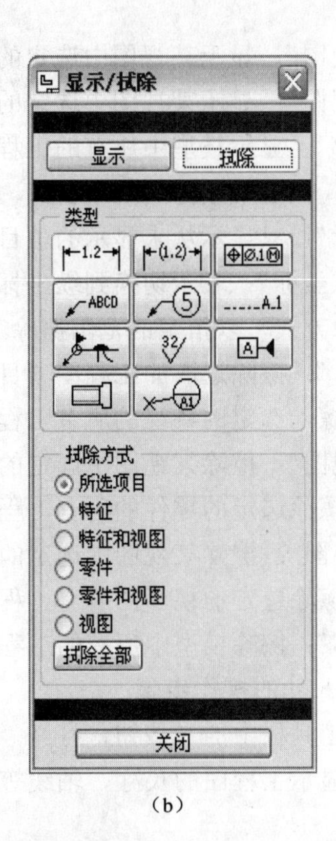

(b)

图 11-27 “显示/拭除”对话框

“显示”：单击该按钮，显示“显示”功能面板。

“擦除”：单击该按钮，显示“拭除”功能面板。

“类型”：在该栏设置要显示或擦除工程图中的项目类型。

：显示或擦除尺寸。

：显示或擦除参照尺寸。

：显示或擦除几何公差。

：显示或擦除注释。

：显示或擦除球形注释。

：显示或擦除基准轴。

：显示或擦除符号。

：显示或擦除表面粗糙度符号。

：显示或擦除参照基准符号。

：显示或擦除修饰符号。

：显示或擦除基准目标。

(1)“显示方式”以指定的范围显示工程图项目。

“特征”：显示选定的特征的工程图项目。

“零件”：显示选定的零件的工程图项目。

“视图”：显示选定的视图的工程图项目。

“特征和视图”：显示某视图中选定的特征的工程图项目。

“零件和视图”：显示某视图中选定的零件的工程图项目。

“显示全部”：显示模型中所有的工程图项目。

“拭除的”：只显示被擦除的项目。

“从不显示”：只显示从未显示的项目。

“切换到纵坐标”：表示切换到纵坐标标注尺寸。

（2）“拭除方式”以指定的范围擦除工程图项目。

“所选项目”：擦除选取的工程图项目。

“特征”：擦除选定的特征的所有工程图项目。

“特征和视图”：擦除某视图中选定的特征的工程图项目。

“零件”：擦除选定的零件的所有工程图项目。

“零件和视图”：擦除某视图中选定的零件的工程图项目。

“视图”：擦除选定的视图的所有工程图项目。

“拭除全部”：擦除模型中所有的工程图项目。

显示/擦除尺寸的操作步骤：

（1）单击工具栏中的按钮，打开“显示/拭除”对话框。

（2）若要显示工程图的尺寸、轴线等项目，则选取“显示”按钮，否则选取“拭除”按钮。

（3）在“类型”栏中选取要显示或擦除的尺寸等项目类型。

（4）在显示方式或擦除方式栏中选取的“显示/拭除”的适用范围。

（5）在图纸上选取适用的对象，系统自动显示或擦除尺寸等项目。

11.5.2 标注尺寸的创建

用户使用“显示/拭除”自动标注尺寸，仅自动标注模型中存在的尺寸，但有些尺寸不符合标注的标准要求，因此需要人工创建标注尺寸来替换这些尺寸。

单击工具栏中的按钮或单击主菜单中“插入”→“尺寸”→“新参照”选项，出现如图11-28所示的“依附类型”菜单。

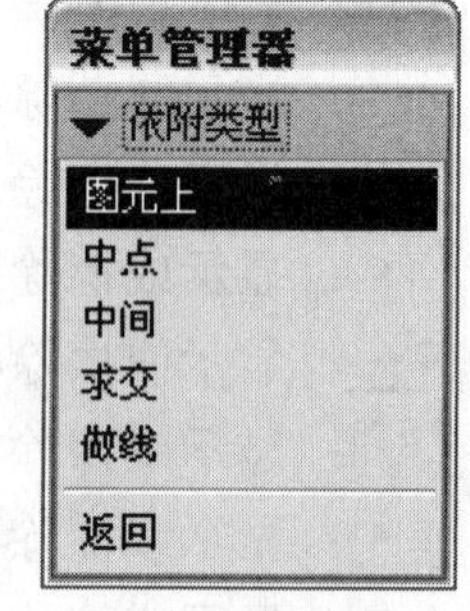

图11-28 “依附类型”菜单

“图元上”：直接选取几何图素创建尺寸。

“中点”：以线段的中点作为尺寸标注的起点或终点。

“中间”：以圆或圆弧的中心作为尺寸标注的起点或终点。

“求交”：选取两条线段，以其交点作为尺寸标注的起点或终点。

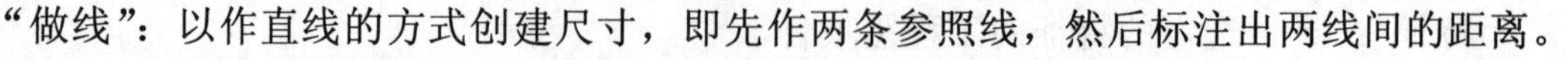

“做线”：以作直线的方式创建尺寸，即先作两条参照线，然后标注出两线间的距离。

“返回”：完成尺寸的创建，关闭当前菜单。

标注尺寸的创建步骤：

（1）单击工具栏中的按钮，系统显示“依附类型”菜单。

（2）根据需要选取定义尺寸的类型，一般使用系统默认的“图元上”选项。

（3）选取需要标注的图素创建标注尺寸，创建方法与草绘模型中标注尺寸的方法相同。

（4）若要删除创建的标注尺寸，选取尺寸，单击鼠标右键菜单中的“删除”选项。

11.5.3 尺寸公差的标注

在工程图中，模型零件视图中的部分尺寸有尺寸公差要求，因此用户需要标注这些尺寸的尺寸公差。要标注尺寸公差，先要使公差显示有效，应在“选项”窗口中设置尺寸公差显示的值为 Yes。

标注尺寸公差的步骤：

（1）在“选项”窗口中设置参数配置项尺寸公差显示的值为 Yes。“属性”按钮或单击鼠标右键菜单中的“属性”按钮，出现如图 11-29 所示的“尺寸属性”对话框。

“值和公差”：尺寸值和尺寸公差，该栏用以修改尺寸值、尺寸公差大小及公差的表示方式。

“公差模式”：公差表示方式，支持“象征”、“限制”、加-减（正负公差值）三种表示方式。

（2）单击“公差模式”的选项框，根据需要选取公差的表示方式。若选取“象征”按钮，则该尺寸没有尺寸公差的标注。

（3）在公差值文本框中输入要设定的公差值，单击“确定”按钮，则完成尺寸公差的标注。

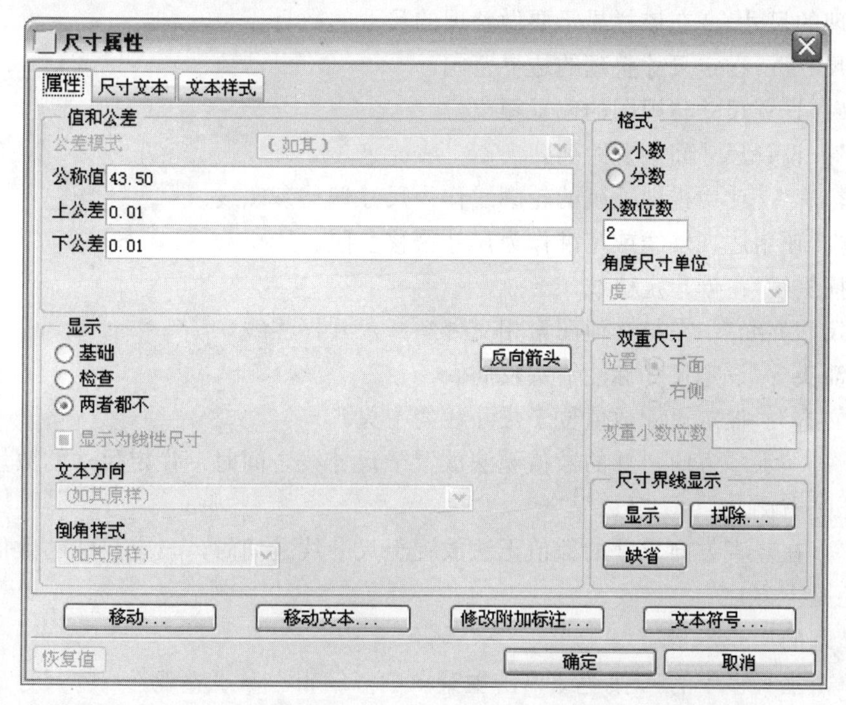

图 11-29 “尺寸属性”对话框

11.5.4 尺寸的整理

在工程图中自动标注的尺寸常常比较杂乱，因此需要做尺寸的整理，调整尺寸在图纸中的布局。单击工具栏中的按钮，出现如图 11-30 所示的对话框。

（a）

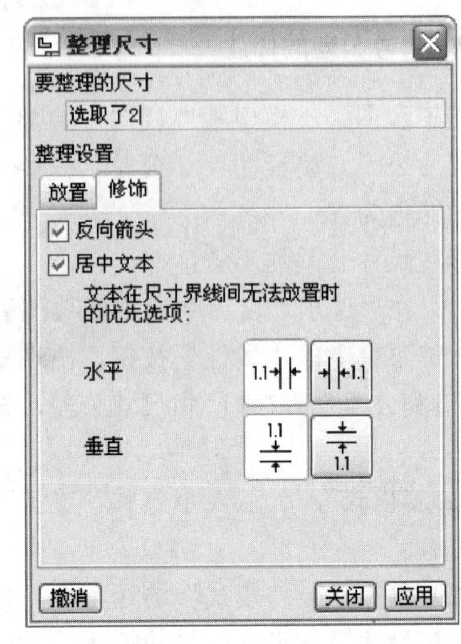

（b）

图 11-30 “整理尺寸”对话框

“要整理的尺寸”：在该栏显示要做整理的尺寸的数目。

“分隔尺寸”：设定尺寸整理的边界范围。

“偏移”：设置尺寸与视图的偏置距离。

“增量”：设置尺寸间偏置距离。

“视图轮廓”：使用视图外围的轮廓线作为尺寸偏移参照线。

“基线”：使用边、轴线或基准作为尺寸偏移参照。

“创建捕捉线”：创建定位线。

“破断尺寸界线”：在与其他图素相交处断开尺寸标注线。

“反向箭头”：设定尺寸标注箭头反向。

“居中文本”：设定尺寸数值位于尺寸线的中央。

“水平”：在水平方向尺寸的数值无法放置于尺寸线之间时，设定尺寸的数量置于尺寸线的左侧还是右侧。

“垂直”：在竖直方向尺寸的数值无法放置于尺寸线之间时，设定尺寸的数值置于尺寸线的上方还是下方。

尺寸整理的操作步骤：

（1）单击工具栏中的按钮或单击主菜单中“编辑”→“整理”→“尺寸”命令，打开“整理尺寸”对话框。

（2）按住 Ctrl 键，依次选取要整理的尺寸，若选取了一个视图，则该视图的所有尺寸被选取。

（3）设置“偏移”和“增量”的值，并选取偏移参照；可以根据需要选取“破断尺寸界线”选项。

（4）单击“修饰”按钮，在修饰面板中，可以设定尺寸的外观。

（5）单击“应用”按钮，完成尺寸的整理。

11.5.5 尺寸属性的编辑

选取一个或多个尺寸，单击主菜单中“编辑”→“属性”选项或鼠标右键菜单中的“属性”选项，出现如图 11-31 所示的“尺寸属性”对话框。

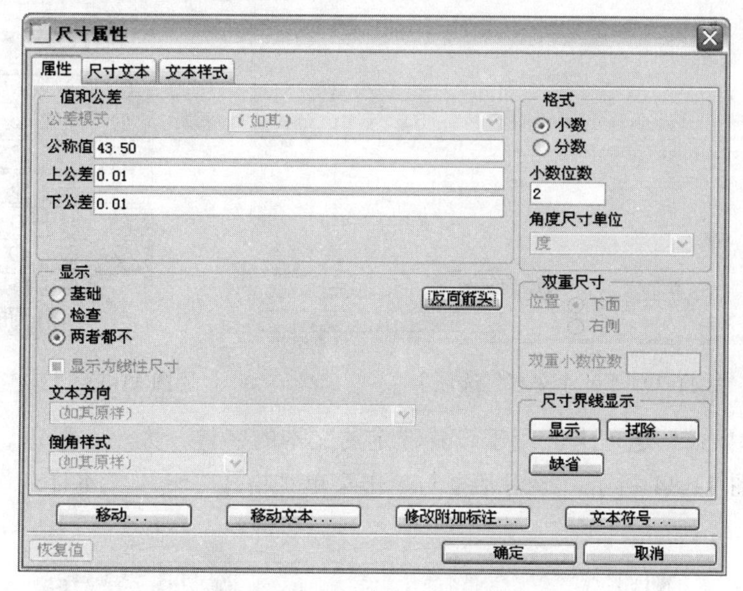

图 11-31 “尺寸属性”对话框

（1）“属性”选项卡。

“值和公差”：使用该栏可以修改尺寸的数值、公差大小和公差的表示方法。

“显示”：使用该栏可以设置尺寸的箭头反方向和数值的显示方式，有“基础”、“检查”和“两者都不”三种方式。

“格式”：使用该栏可以设置尺寸的数值以“小数”或“分数”的方式来显示，并设置小数位数或分母的数值。

“双重尺寸”：该栏用于当标注尺寸以双重尺寸显示时，设置主要尺寸的位置和小数位数。

“尺寸界线显示”：该栏可以控制是否显示尺寸界线。

（2）“尺寸文本”选项卡。“用于在尺寸文本的前后及下方添加要额外标注的文本和符号，如图 11-32 所示。

“前缀”：在尺寸文本前添加文本和符号。

“后缀”：在尺寸文本后添加文本和符号。

“移动”：移动标注尺寸。

“移动文本”：移动标注尺寸的文本。

“修改附加标准”：编辑标注尺寸的附属对象。

“文本符号”：单击文本符号按钮，出现如图 11-33 所示的对话框，可以选取要添加的特殊文本符号。

图 11-32 “尺寸文本”选项卡

图 11-33 “文本符号”对话框

（3）“文本样式”选项卡。用于设置选定的文本的字体、大小、颜色、对齐方式等方面的属性，如图 11-34 所示，该对话框与单击菜单“格式”→“文本样式”打开的对话框相同。

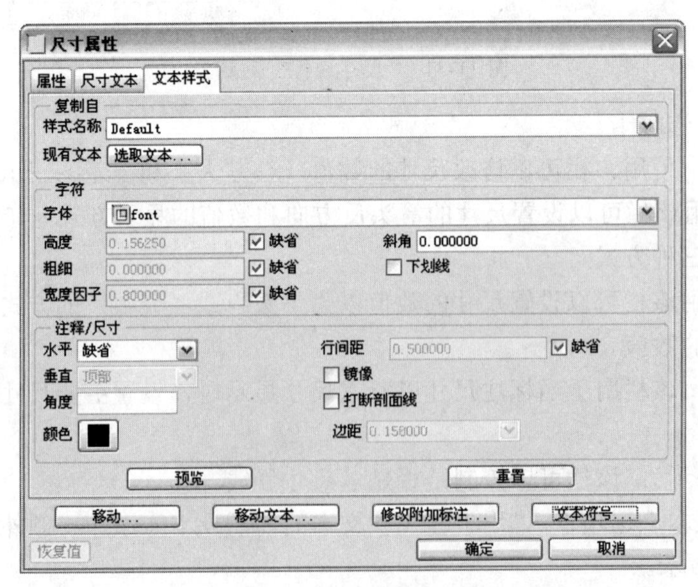

图 11-34 “文本样式”选项卡

"样式名称"：用于选取已设置好的文本属性。默认有 Default、2D-hyperlink 和 3D-hyperlink 三种文本样式。也可以单击"选取文本"按钮，在工程图中选取文本来获取其属性。

"字符"：可以设置文本的"字体"、"高度"、"粗细"、"宽度因子"、"斜角"和"下划线"。

"角度"：用于设置文本的旋转角度。

"行间距"：用于设置多行文本间的间距。

"颜色"：用于设置文本的显示颜色。

"镜像"：用于反转文字使其镜像显示，但对尺寸中的文本无效。

"打断剖面线"：当尺寸文本穿过剖面线时，可将文本处的剖面线擦掉。

11.5.6 标注尺寸在视图间切换显示

用户常常要在不同的视图中切换显示自动标注的尺寸，使得标注尺寸在视图中分布合理。

标注尺寸切换显示的操作步骤：

（1）在某个视图中选取一个或多个切换显示的标注尺寸。

（2）单击主菜单中"编辑"→"将移动项目到目标视图"命令或鼠标右键菜单中的"将移动项目到目标视图"按钮。

（3）选取标注尺寸要切换到的目标视图，则标注尺寸从一个视图切换显示到目标视图。

11.6 工程图的几何公差的创建与修改

在工程图中，用户可以指定零件的关键曲面（如平面度），曲面之间如何相互关联（如平行度），以及如何检测零件，确定该零件是否合格。

11.6.1 设置参照基准

用户在创建几何公差如平行度、垂直度等位置公差时，会涉及到两个相关连的形态，就需要选取一个参照基准。在创建参照基准时，在"选项"窗口设置 gtol_datums（几何公差参照基准的显示样式）的值为 STD_ISO。单击主菜单中"插入"→"模型基准"→"基准平面"或"基准轴"命令，出现如图 11-35 所示的对话框。

图 11-35 "基准"对话框

设置参照基准的操作步骤：

（1）单击主菜单中"插入"→"模型基准"→"基准平面"命令。

（2）在名称栏中输入基准的名称，在"类型"栏中选取 -A- 按钮。

（3）单击"定义"栏中"在曲面上"按钮，在模型的视图上选取平面作为参照基准平面，生成的参照基准显示的视图中，单击“新建”或“确定”按钮，则完成参照基准的创建。

（4）若要在视图上擦除显示参照基准，先选取要擦除显示的参照基准，单击鼠标右键菜中单击“擦除”选项；使用“显示/擦除”对话框，可以控制参照基准在视图中的显示或擦除。

11.6.2 几何公差的创建

单击主菜单中“插入”→“几何公差”命令或单击工具栏中按钮，出现如图 11-36 所示的“几何公差”对话框。

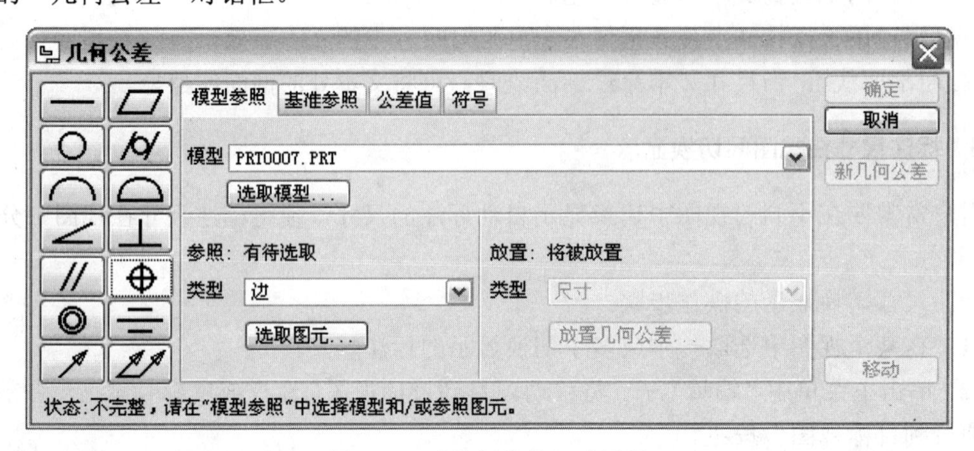

图 11-36 “几何公差”对话框

几何公差的创建步骤：

（1）单击工具栏中按钮，打开“几何公差”对话框。

（2）在对话框公差类型中选取要创建的公差符号，如图标。

（3）在“模型”栏中，指定要添加几何公差的模型。

（4）在“参照：有待选取”栏中，指定几何公差的图元类型为“表面”，单击“选取图元”按钮，在视图上选取要创建几何公差的表面。

（5）在“放置：将被放置”栏中，指定公差符号的类型为“垂直指引线”，在视图上选取指引线垂直的图元，单击鼠标中键。

（6）单击“基准参照”，出现如图 11-37 所示的对话框，可以指定参照基准、材料状态和复合公差，但要先前创建参照基准。

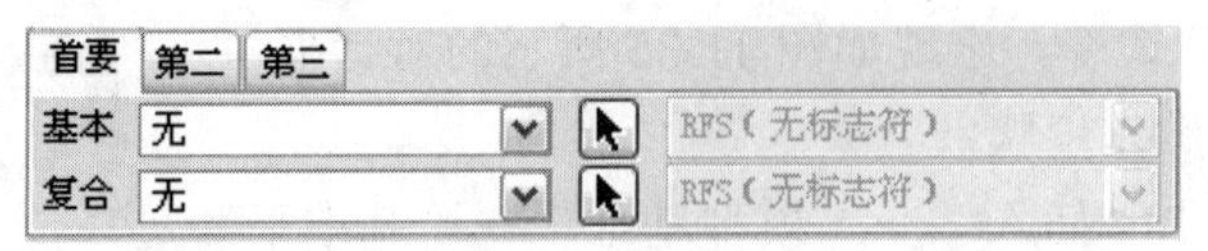

图 11-37 参照基准选项

（7）单击“公差值”，可以指定几何公差的公差值。

（8）单击“符号”，可以指定几何公差的附加符号。

（9）单击“新几何公差”按钮，完成平行度公差的创建，可继续创建其他几何公差。

几何公差的修改步骤：

（1）单击鼠标左键选取几何公差，按住鼠标左键移动光标可修改几何公差的放置位置。

（2）选取几何公差，单击鼠标右键菜单中“属性”选项，出现“几何公差”对话框，可修改几何公差。

（3）单击主菜单中“格式”→“文本样式”选项，再选取“几何公差”按钮，可修改几何公差的文本样式。

11.7 工程图的表面粗糙度和注释的创建和修改

11.7.1 表面粗糙度

在工程图中，模型零件中的某些接触面一般有表面的光洁度要求，因此需要标注其表面粗糙度。单击主菜单中“插入”→“表面光洁度”命令，出现如图 11-38 所示的菜单。

“名称”：单击该选项，可以选取已用过的粗糙度符号。

“选出实体”：单击该选项，选取视图上已有的粗糙度符号来使用。

“检索”：单击该选项，有 generic（通用）、machined（去除材料）、unmachined（不去除材料）的表面粗糙度符号所在目录。

表面粗糙度的创建步骤：

（1）在“选项”窗口中设置 sym_flip_rotated_text 的值为 Yes。

（2）单击主菜单中“插入”→“表面光洁度”选项。

（3）单击菜单中的“检索”选项，选取 machined 目录，单击“打开”按钮。

（4）选取一个符号（如 Standard）后，单击“打开”按钮，出现如图 11-39 所示的菜单。

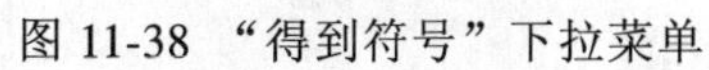
图 11-38 “得到符号”下拉菜单

图 11-39 “实例依附”下拉菜单

（5）选取一种放置方式（如去向），在视图上选取一条边或图元、标注的尺寸。

（6）在信息区的文本框中输入表面粗糙度的数值，单击鼠标中键。

“方向指引”：粗糙度符号放置在指引线上。

“图元”：选取一个依附图元或尺寸来放置粗糙度符号。

“法向”：粗糙度符号垂直于所选的图元方向放置。

“无方向指引”选取一点来放置粗糙度符号。

“偏距”：粗糙度符号相对所选图元偏置一定的距离来放置。

表面粗糙度的修改步骤：

（1）单击鼠标左键选取粗糙度符号，按住鼠标左键移动光标可修改粗糙度符号的位置。

（2）选取粗糙度符号，单击鼠标右键菜单中的“属性”按钮，出现如图 11-40 所示的“定制绘图符号”对话框。

（3）在“放置”栏中可修改粗糙度符号的放置方式，在“属性”栏中可修改粗糙度符号的“高度”、“颜色”。单击“可变文本”选项卡，可修改粗糙度的数值。

图 11-40 “定制绘图符号”对话框

11.7.2 注释的创建

在工程图中，如技术要求、标题栏等的内容需要以注释的方式来创建。注释由文本和符号组成，也有参数化信息包括在注释中。单击主菜单中“插入”→“注释”命令或单击工具栏中的按钮，出现如图 11-41 所示的 NOTE TYPES 菜单。

图 11-41 “注释类型”下拉菜单

“无方向指引”：在注释的位置上无指引线。

“带引线”：在注释上创建带箭头的指引线。

“ISO 导引”：在注释上创建 ISO 样式的指引线。

“在项目上”：将注释放置到边、曲线等图元上。

“偏距”：注释放置在所选的尺寸、公差等项目偏置的位置。

“输入”：直接从键盘输入文本注释。

“文件”：从“*. Rxt”读取文件的内容。

“水平”：注释水平放置。

“竖置”：注释竖置放置。

"倾斜"：注释旋转一个角度放置。

"标准"：指引线以标准的方式显示。

"法向引线"：指引线与参照对象垂直。

"切向引线"：指引线与参照对象相切。

"左"：注释左对齐；居中注释居中放置；右注释右对齐。

"样式库"：可创建或修改文本样式。

"当前样式"：设置当前创建注释的文本样式。

"制作注释"：单击该选项，就进入创建注释的操作。

注释的创建步骤：

（1）单击主菜单中"插入"→"注释"命令或单击工具栏中的按钮。

（2）使用默认的选项设置或根据需要在"注释类型"菜单中"选取"选项后，单击"制作注释"选项。

（3）在图纸中单击鼠标左键确定注释的放置位置，并在信息区的文本框中输入注释的文本或符号。输入一行后单击鼠标中键，可以再输入下一行，若不输入下一行，再次单击鼠标中键。

（4）注释被放置，返回到"注释类型"菜单，可以设置和放置其他注释。通过在"&"符号后输入参数的符号名称，可向工程图的注释中增加模型、驱动尺寸和定义的参数（如&Scale 为在注释中增加绘图比例）。

注释的编辑步骤：

（1）单击鼠标左键选取注释，按住鼠标左键移动光标可修改注释的放置位置。

（2）选取注释，单击鼠标右键菜单中的"属性"选项，出现如图 11-42 所示的"注释属性"对话框。

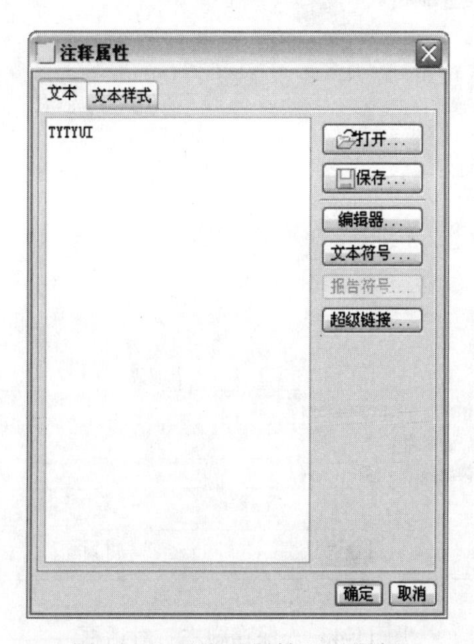

图 11-42 "注释属性"对话框

（3）在“文本”选项面板，单击“编辑器”按钮，可以修改注释的文本内容；单击“文本符号”按钮，可以修改注释的文本符号。

（4）单击“文本样式”选项卡，可以修改注释的文本样式，如文本的高度、颜色等属性。

11.8 Pro/ENGINEER 工程图的输出方法

11.8.1 DXF/DWG 文件格式输出

在工程图的输出方法中，用户可以采用 DXF/DWG 文件格式输出，该文件格式的文件可以在 AutoCAD、Unigraphics 等 CAD/CAM/CAE 软件系统中打开或导入，因此 DXF/DWG 文件格式的文件可以在这些软件系统中进行编辑。

用户在工程图中，以 DXF/DWG 文件格式输出，一般采用公制单位（mm）、比例（1:1）的设置。因此先在“选项”窗口中设置 drawing_units （工程图单位）的值为 mm，且设置 SCALE 项的值为 1。

DXF/DWG 文件格式输出的步骤：

（1）单击主菜单中“文件”→“保存副本”选项，出现如图 11-43 所示的对话框。

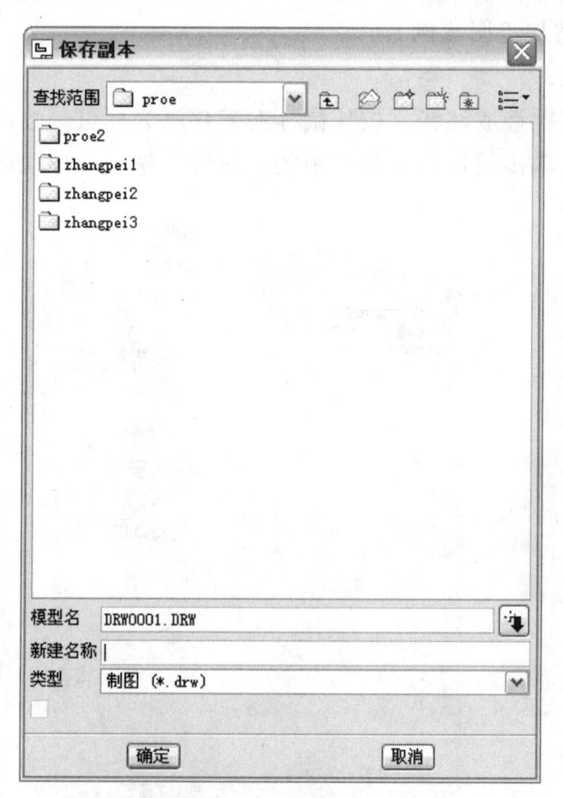

图 11-43 “保存副本”对话框

（2）在对话框中的“类型”栏中选取*.dxf 或*.dwg，单击“确定”按钮，出现如图 11-44 所示的设置输出环境参数的对话框。

（3）单击“杂项”选项卡，出现如图 11-45 所示的对话框。

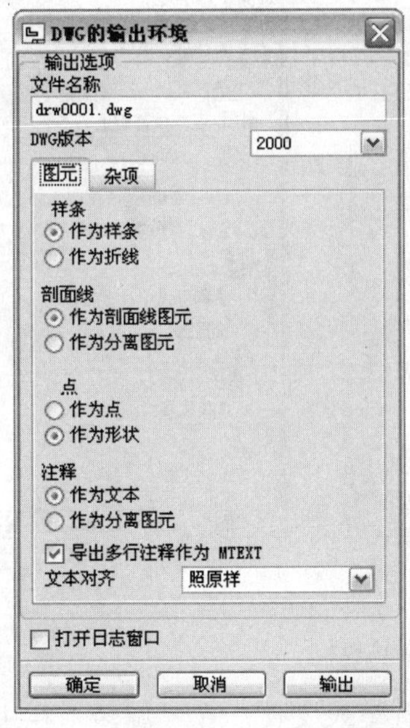

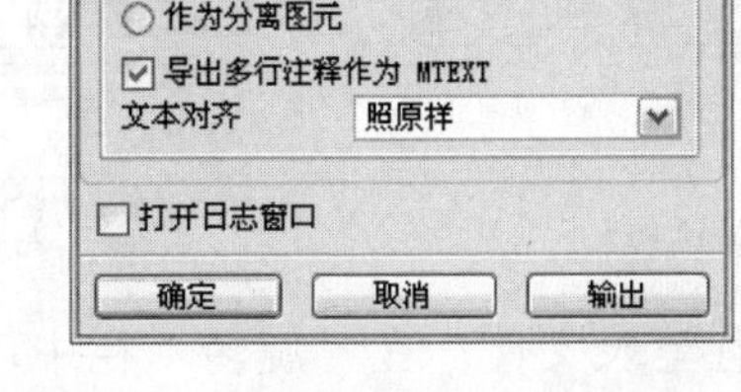

图 11-44 “DWG 的输出环境”对话框

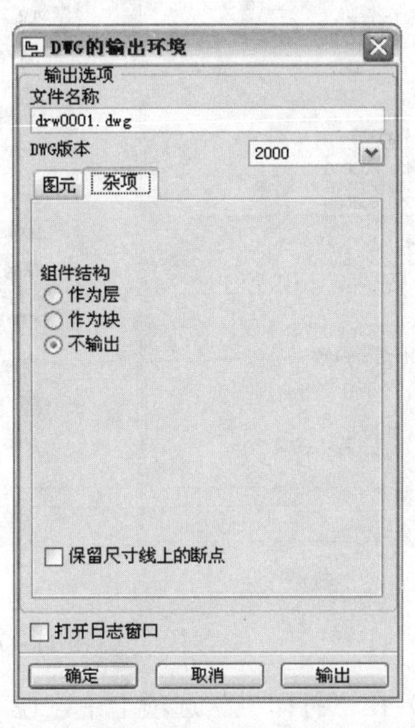

图 11-45 “DWG 的输出环境”对话框

（4）在图 11-45 中设置“作为层”，系统将图详细分类，并且已默认图层名称输出成 DXF/DWG 文件（先在 Config.pro 中设置 INTF_OUT_LAYER 选项为 Part_layer）。

（5）完成设置后单击“确定”按钮，即完成了 DXF 或 DWG 文件的输出。

11.8.2 图纸的打印

在 Pro/ENGINEER Wildfire 3.0 工程图中，用户可以直接利用菜单中的打印选项设置来输出图纸，该选项功能的设置为交互式出图设置，提供了出图的灵活性。

打印图纸的操作步骤：

（1）单击主菜单中“文件”→“打印”命令或单击工具栏中的按钮，出现如图 11-46 所示的“打印”对话框。

在“目的”栏中显示默认的打印机名称。单击按钮，可以指定现有的打印机或添加新的打印机类型。

（2）选取好打印机后，可以单击“配置”按钮，出现如图 11-47 所示的“打印机配置”对话框。

（3）在“页”选项卡中，在“尺寸”栏中可以设置纸张“大小”、“高度”、“宽度”；在“偏移”栏中可以设置打印机水平、竖直偏距；在“标签”栏中可设置是否打印标签及标签的高度；在“单位”中可以设置单位（英寸或毫米）。

图 11-46 “打印”对话框

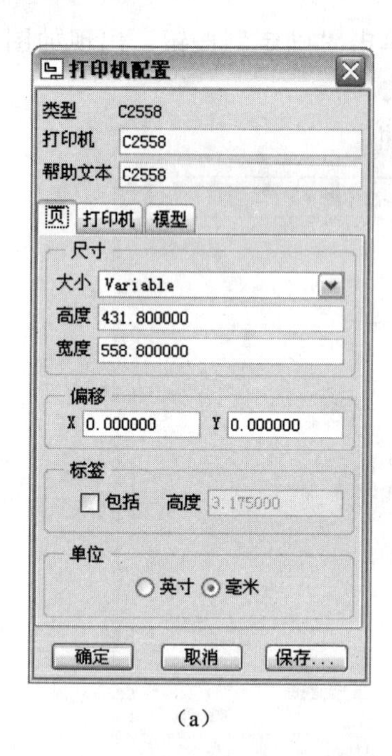

(a)

(b)

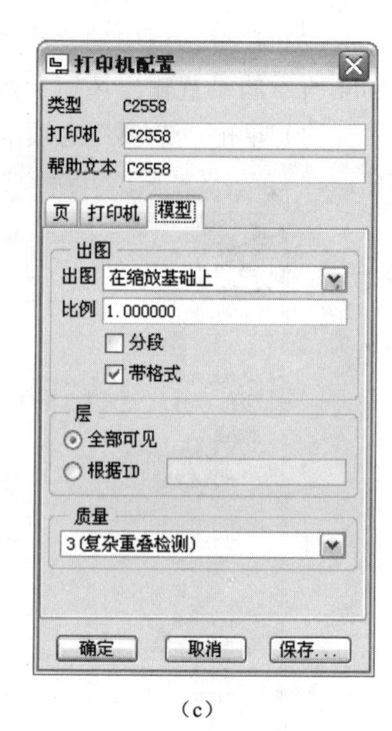

(c)

图 11-47 “打印机配置”对话框

（4）在“打印机”选项卡中，在“笔”栏中可设置笔表文件；在“旋转”栏中可设置横向或纵向打印。

（5）在“模型”选项卡中，在“出图”栏中可以设置打印类型、出图“比例”、“分段”、“带格式”；在“层”栏中可设置按图层来确定打印的对象；在“质量”栏中可设置打印的品质。

“全部出图”：整个对象出图。

“经修剪的”：定义要出图区域的框，创建经过修剪的出图。

在“缩放基础”上：由纸张大小和图形窗口中的缩放设置，创建按比例、修剪过的出图。

“区域出图”：将修剪框内的区域平移到纸张的左下角，并比例缩放修剪后的区域来出图。

“纸张轮廓”：在指定纸张大小的工程图上创建特定大小的出图。

（6）配置好打印机后，选取打印到打印机中。

（7）设置打印的分数。单击“确定”按钮，完成设置并执行打印。

11.9 制作零件的工程图实例

下面介绍如图 11-48 所示的零件的工程图的建立过程。

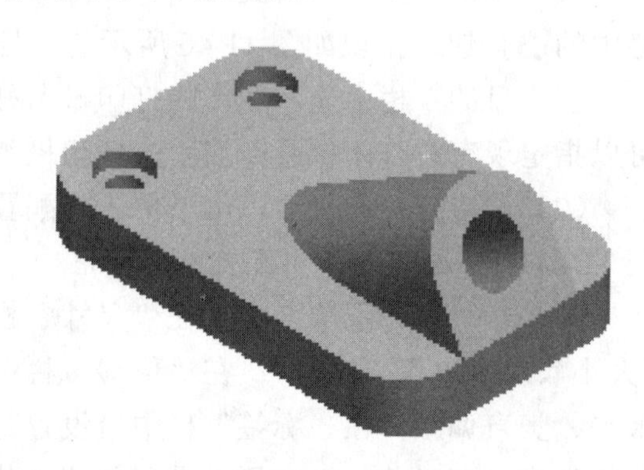

图 11-48 模型

1. 进入绘图界面

步骤 1：单击主菜单中“文件”→“新建”命令，弹出“新建”对话框。在“新建”对话框中的“类型”区域内选取“绘图”按钮，在“名称”编辑框中输入文件名称“Gct”，单击“确定”按钮，弹出“新制图”对话框。

步骤 2：在“缺省模型”栏中选取“Gct.prt”模型文件。

步骤 3：在“新制图”对话框的“指定模板”区域中选取“空”按钮。在“方向”区域内选取“横向”按钮，设置图纸为水平放置。单击“大小”区域内的“标准大小”下拉列表框，在弹出的下拉列表中选取图纸的大小为“A4”。单击“确定”按钮，系统进入工程图用户界面。

2. 增加俯视图

步骤 4：单击主菜单中“插入”→“绘图视图”→“一般...”命令，在绘图区单击一点确定俯视图的中心点，一般视图以默认方向出现，弹出“绘图视图”对话框。

步骤 5：在“类别”选项组中，选取“视图类型”选项，打开“视图类型”操控板，在“几何参照”列表中选取基准平面 DTM3 为基准视图方向直接定义俯视图方向，如图 11-49 所示。

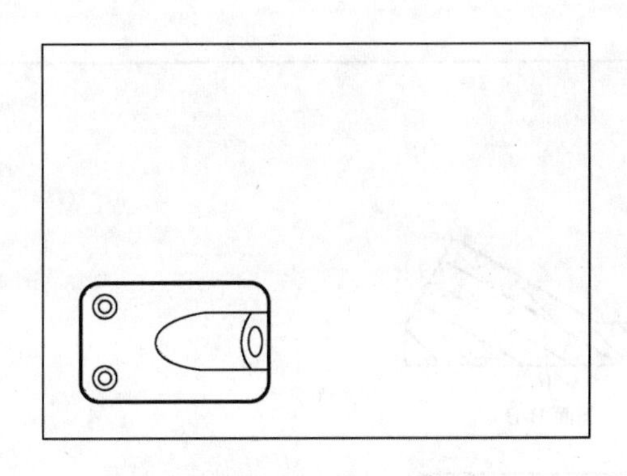

图 11-49 俯视图

3. 增加主视图

步骤 6：单击主菜单中“插入”→“绘图视图”→“投影...”命令，移动光标到俯视图正上方适当位置，单击鼠标左键，确定主视图的中心。

步骤 7：在主视图上单击鼠标右键，在弹出的快捷菜单中选取“属性”命令，弹出“绘图视图”对话框。

步骤 8：在“类别”选项组中，选取“剖面”按钮，打开“剖面选项”操控板。在操控板中选取“2D 截面”按钮，单击 按钮，在弹出的“截面创建”菜单中选取“偏距”→“双侧”→“单一”→“完成”。

步骤 9：系统提示：“输入截面名 [退出]:”，输入截面名“B”，单击 按钮，出现如图 11-50 所示的对话框。

步骤 10：单击“草绘”→“直线”→“直线”，绘制如图 11-51 所示的截面，再单击“草绘”→“完成”。

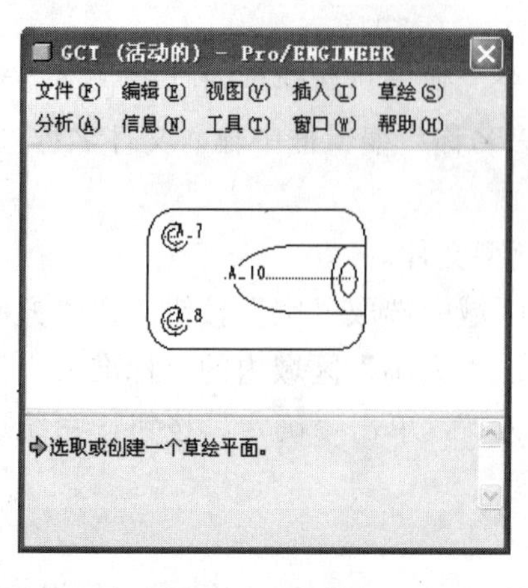

图 11-50 分窗口

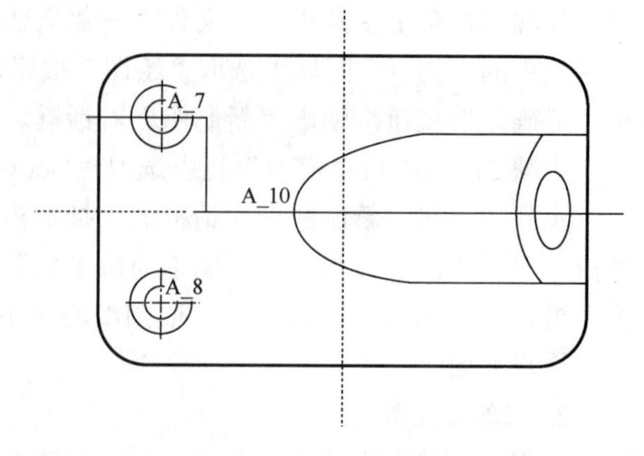

图 11-51 绘制截面

步骤 11：在“类别”选项组中，选取“视图显示”按钮，打开“显示线型”操控板，单击其中的“无隐藏线”按钮。

步骤 12：在“绘图视图”对话框中单击“确定”按钮，生成的主视图如图 11-52 所示。

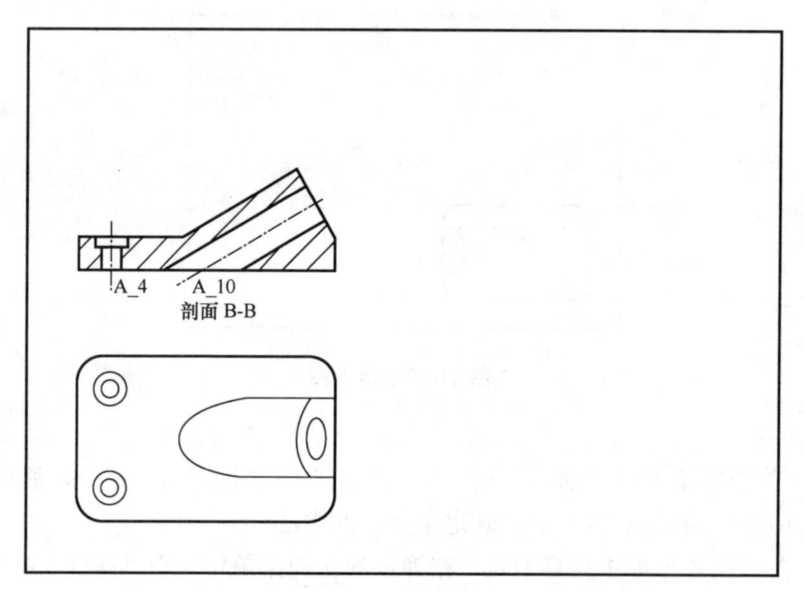

图 11-52 全剖视图

4. 增加表面视图

步骤 13：单击主菜单中“插入”→“绘图视图”→“一般...”命令，在绘图区单击一点确定一般视图的中心点，弹出“绘图视图”对话框。

步骤 14：在“类别”选项组中，选取“剖面”按钮，打开“剖面选项”操控板，在操控板中选取“单个零件曲面”按钮，选取斜柱圆环曲面，单击“确定”按钮，生成的表面视图，如图 11-53 所示。

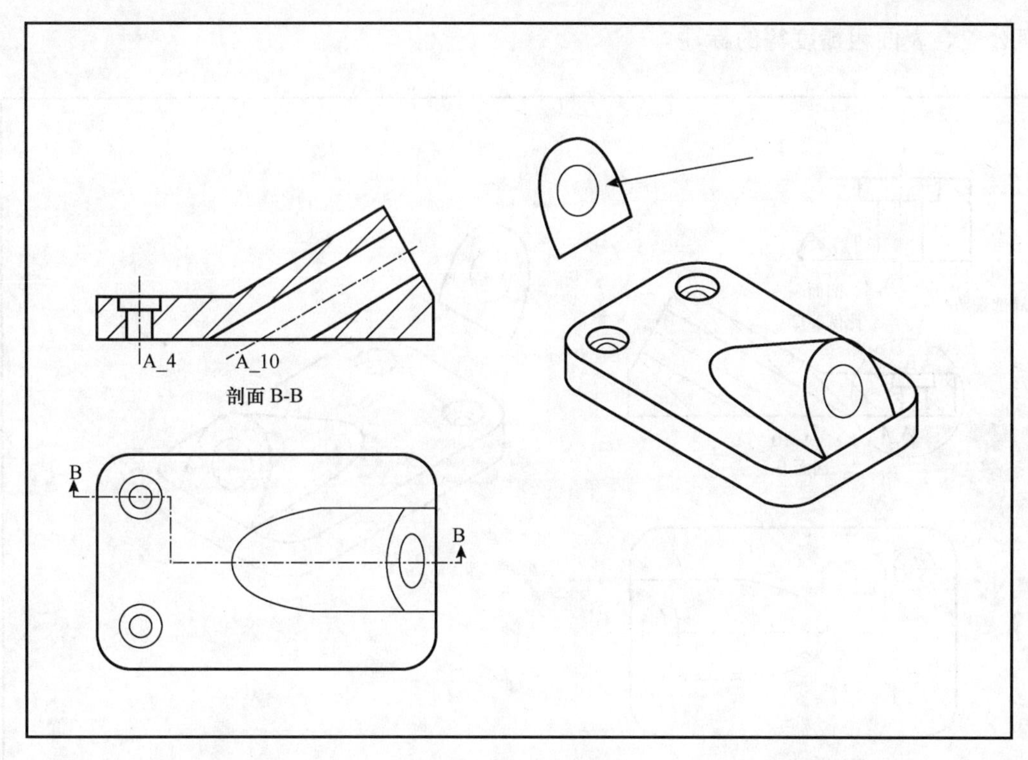

图 11-53　表面视图

5. 增加局部放大视图

步骤 15：单击主菜单中“插入”→“绘图视图”→“详细...”命令。

步骤 16：系统提示“在一现有视图上选取要查看细节的中心点”，在主视图的一条线上选取一点，这时在拾取的点附近出现一个红色的交叉线。

步骤 17：在系统提示“草绘样条，不相交其他样条，来定义一轮廓线”后，使用光标草绘一条围绕该区域的样条。完成后单击鼠标中键，样条显示为一个圆和一个局部视图名称的注释。

步骤 18：单击鼠标左键，确定局部放大视图的中心放置视图，最后得到如图 11-54 所示的局部放大视图。

8. 增加尺寸标注和表面粗糙度标注

步骤 19：单击主菜单中“插入”→“尺寸”→“新参照...”命令，完成尺寸的标注。

步骤 20：单击主菜单中“插入”→“表面光洁度...”命令，完成表面粗糙度的标注。

步骤 21：单击主菜单中“表”→“插入”→“表”命令，完成标题栏的创建，如图 11-55 所示。

11.10　小结

本章主要介绍了有关工程图建立的知识，通过这一章的学习，读者可以掌握建立标准的工程图，建立各个模型零件视图，对于建立的视图能够按要求进行编辑以及尺寸、注释、几何公差、表面粗糙度等的标注。

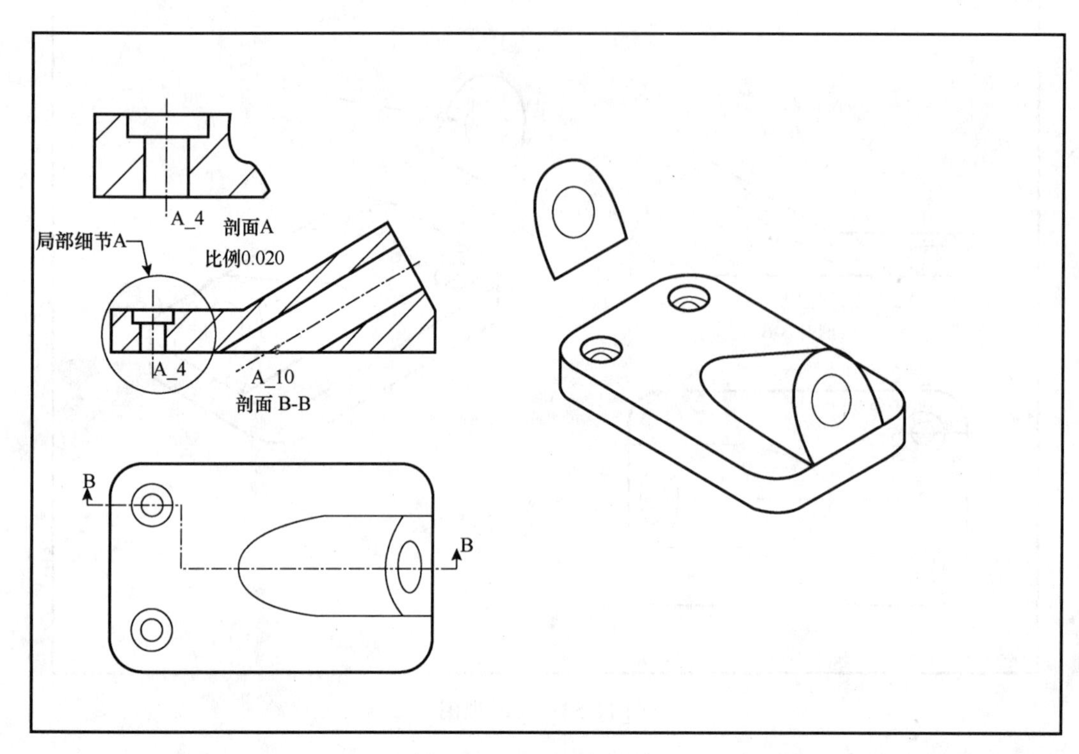

图 11-54 局部放大视图

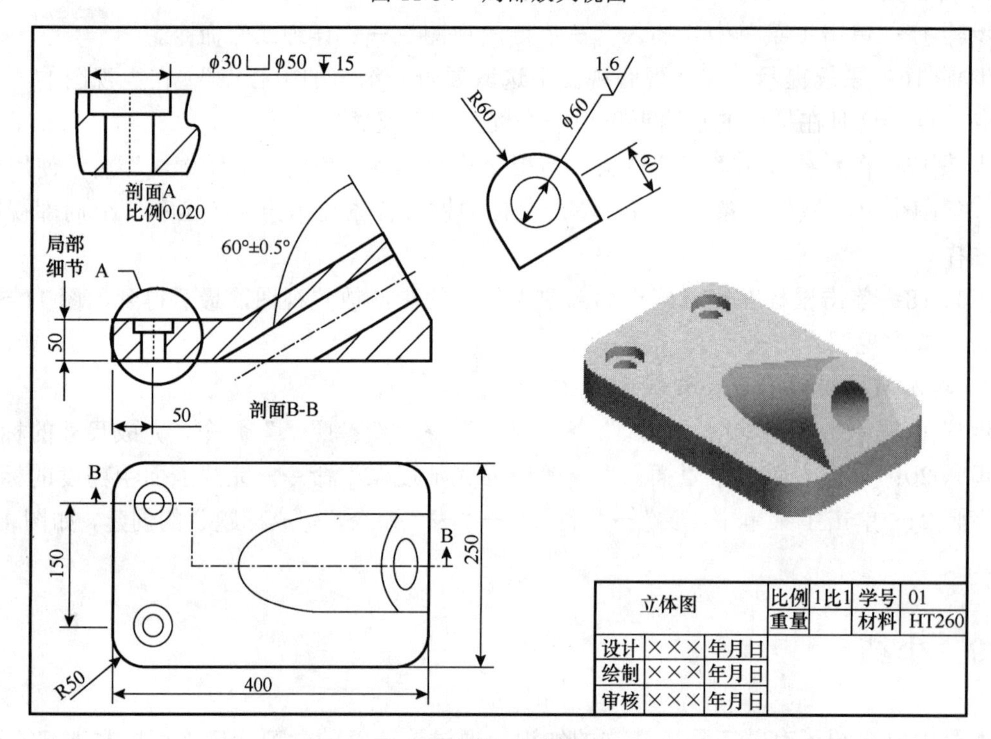

立体图	比例	1比1	学号	01
	重量		材料	HT260
设计 ××× 年月日				
绘制 ××× 年月日				
审核 ××× 年月日				

图 11-55 表

思 考 题

（1）简述实体三视图建立的基本过程。

（2）视图的编辑有哪几种基本方式？比较各自功能的差异。

（3）在工程图模式中尺寸标注需要注意哪些问题？

练 习 题

（1）根据如图 11-56 所示的支座零件的三维模型，生成工程图。

（2）根据如图 11-56 所示的零件的三维模型，生成工程图。

（3）创建如图 11-56 所示零件的三维模型，并生成工程图。

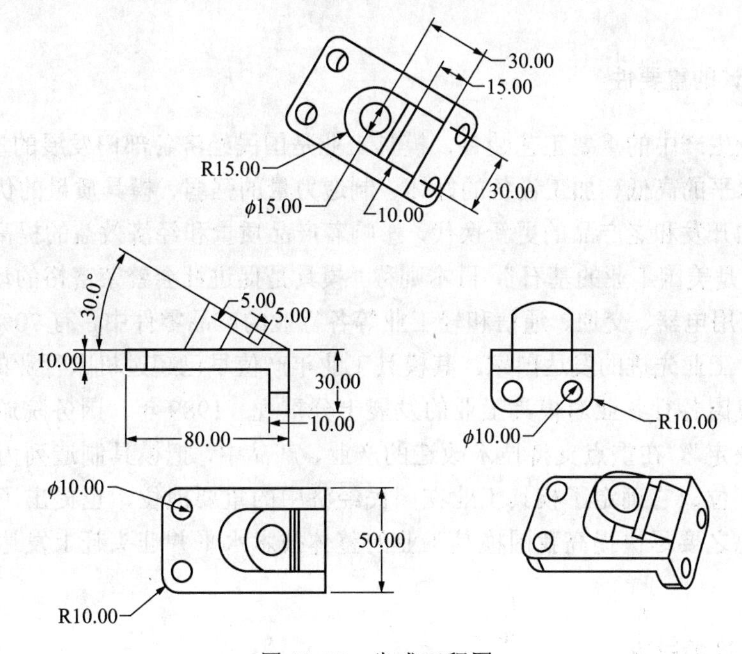

图 11-56 生成工程图

第12章
模 具 设 计

教学提示：本章通过脸盆、凳子、吹风机等模具的学习，使大家能认识到模具设计的流程。
教学要求：本章要求读者了解 Pro/E 软件对模具设计的灵活性，熟练掌握简单零件的模具设计。

12.1 模具设计的流程

12.1.1 模具设计的重要性

模具是工业生产中的重要工艺装备，模具工业是国民经济各部门发展的重要基础之一。

模具设计水平的高低、加工设备的好坏、制造力量的强弱、模具质量的优劣，直接影响着许多新产品的开发和老产品的更新换代，影响着产品质量和经济效益的提高。美国工业界认为“模具工业是美国工业的基石”，日本则称“模具是促进社会繁荣富裕的动力”。事实上，在仪器仪表、家用电器、交通、通信和轻工业等各行业的产品零件中，有70%以上是采用模具加工而成的。工业先进的发达国家，其模具工业年产值早已超过机床行业的产值。

近年来，我国各行各业对模具工业的发展十分重视。1989年，国务院颁布了“当前产业政策要点的决定”，在重点支持技术改造的产业、产品中，把模具制造列为机械工业技术改造序列的第一位，它确定了模具工业在国民经济中的重要地位，也提出了振兴模具工业的主要任务，总之要尽快提高我国模具工业的整体技术水平并迎头赶上发达国家的模具技术水平。

12.1.2 模具设计的过程

（1）怎么做产品的模具设计。单击“制造”→“模具设计”命令，输入名称，单击“确定”按钮。

（2）调进模具设计产品参照件。单击“模具模型”→“装配”→“参照模型”命令，然后选取要调进的模型，“打开”后再输入一个参照模型的名字。若一模多腔，则再调进参照零件，用装配元件的约束来定义各个元件的相对位置。

（3）创建模具设计的毛坯。单击“模具模型”→“创建”→“工件”，输入毛坯的名称，然后再根据模板要求长出一个长方形的毛坯包覆整个参照模型。

（4）设置产品的收缩率。单击“收缩”→“按尺寸”→“按比例”→“收缩信息”选项，设置产品收缩率。

（5）创建产品的分型面。“分型面”分型面实际上就是创建零件厚度的面，内部必须连续不能有破孔，边界必须位于毛坯表面上。

“创建”：输入分型面的名字。

“修改”：选取创建的面，可以再单击“增加”→“合并”→“裁剪”→“延伸”选项。

常见的创建方法是单击“增加”→“拉伸”→“平整”→“边界”→“着色”→“复制”。

“合并”：分型面的边界必须在毛坯的表面上，有时要用“增加”一部分，然后合并成一个分型面。

“裁剪”：当拷贝分型面有多余部分，就要把多余部分修剪掉。

“延伸：至曲面”：当拷贝的分型面边界没有达到毛坯表面时，就可以延伸到达毛坯的表面。

“编辑定义”：选取创建分型面的操作去重新定义。

“删除”：删除分型面或创建分型面的操作。

“重命名”：分型面重命名。

“遮蔽”：隐藏分型面。

“取消遮蔽”：显示分型面。

“着色”：渲染显示分型面。

（6）模型分割。单击“模具体积块”→“分割”→“两个体积块”或“一个体积块”或“所有工件”，进行第一次分模型体积；然后选取分模面，再分别输入分成的模型体积名称。如需多次分模，可循环选取“模具体积块”进行分模。

（7）把模型体积转化成型腔。单击“模具元件”→“抽取”命令，全部选中分出的模型体积。

（8）模拟浇注件。单击“铸模”→“创建”命令，输入模拟浇注件的名称，若成功产生了，则分型成功，也可对模拟浇注件进行分析和检查。

（9）开模。单击“模具进料孔”→“定义间距”→“定义移动”，选取要移动的对象确认后，选取一个移动的方向，输入移动的距离。

（10）分析。

“拔模检测”：选取要检查的面来分析拔模角度。

“厚度检查”：作切片厚度检查。

“投影面积”：求参照模型各个方向的投影面积。

“自相交检查”：检查分模面内部是否有自相交。

“外形轮廓检查”：检查分模面内部是否有破孔。

12.2 综合实例一：蘑菇模具设计

1. 产品造型（具体造型步骤略）

步骤1：单击文件工具栏中按钮。

步骤 2：在配书光盘中打开文件 mogu.prt，如图 12-1 所示。

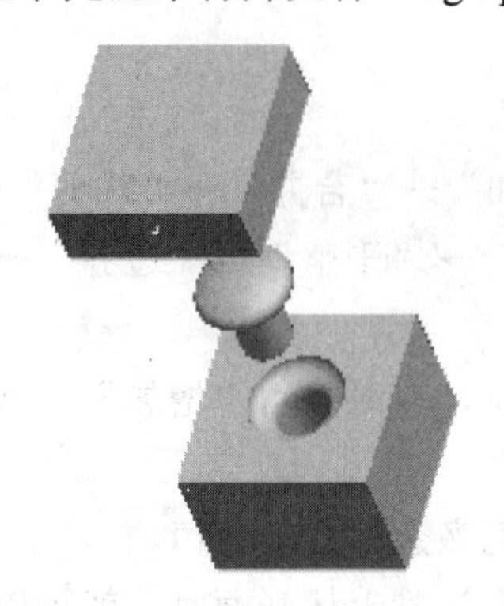

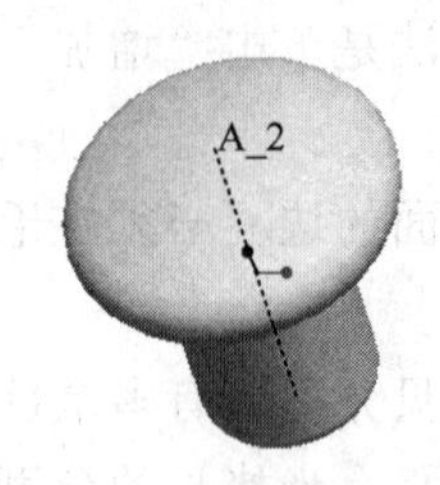

图 12-1 模型

2. 进入模具设计

步骤 3：单击主菜单中“文件”→“新建”→“制造”→“模具型腔”，在“名称”中输入 mogu，单击“使用缺省模板”去掉默认模板，再单击“确定”→“空”→“确定”。

步骤 4：单击主菜单中“编辑”→“设置”→“单位”命令，设置如图 12-2 所示，单击“设置”按钮，设置成如图 12-3 所示，单击“确定”按钮，完成单位的设置。

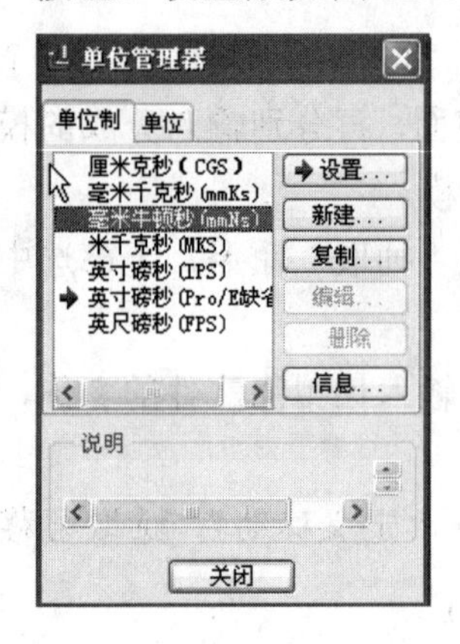

图 12-2 “单位管理器”对话框

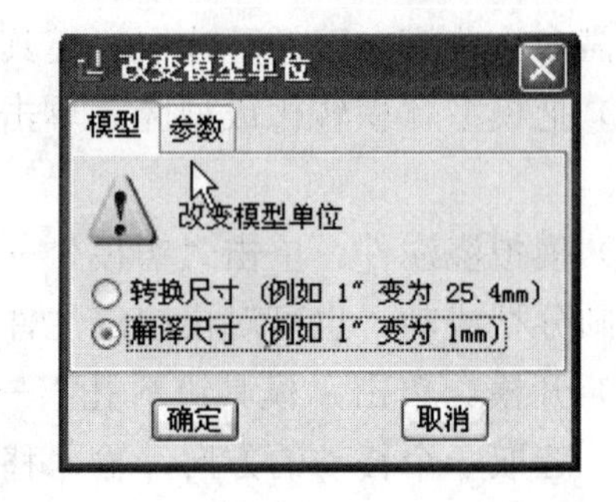

图 12-3 “改变模型单位”对话框

步骤 5：单击主菜单中“编辑”→“设置”→“精度”命令，单击✖按钮，在“输入值”文本框中输入 0.01，单击✔按钮，再单击“是”→“退出”→▼→“完成”，完成绝对精度的设置。

注意 添加精度选项的方法：单击“工具”→“选项”命令，在弹出的对话框中不选中“仅显示文件载入的选项”，选中“enable_absolute_accuracy”，改值为“yes”，再单击“添加/更改”→“确定”。

---

3. 创建毛坯

步骤 6：单击“模具模型”→“装配”→“参照模型”，选取零件 MG.prt，单击“打开”

→“确定”，完成参照零件 MG_REF 的创建。

步骤 7：单击“模具模型”→“创建”→“工件”→“手动”，在“名称”中输入 MG_WK，单击“确定”→“创建特征”→“确定”→“加材料”→“拉伸”→“实体”→“完成”选项。

步骤 8：选取基准平面 DTM3 为草绘平面，接受系统默认的视图方向和参照平面，单击“草绘”按钮，系统进入草绘环境。

步骤 9：绘制一个边长为 60 的正方形，如图 12-4 所示。

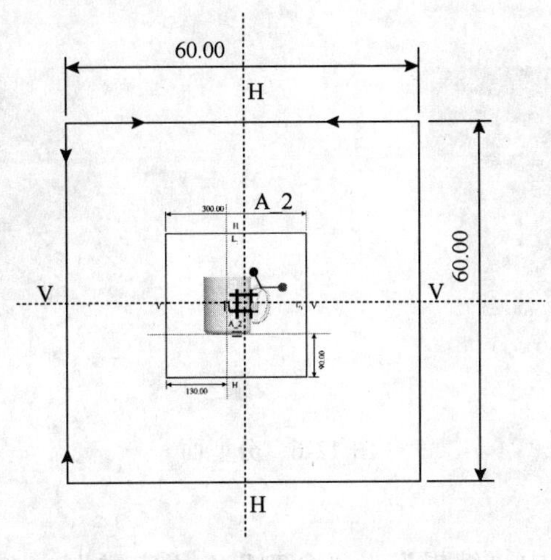

图 12-4　草绘截面

步骤 10：单击“草绘”工具栏中的✓按钮，完成草绘截面的绘制。

步骤 11：在“拉伸特征”操控板中单击□按钮，输入拉伸深度为 60，并单击✓按钮，完成毛坯的创建，如图 12-5 所示。

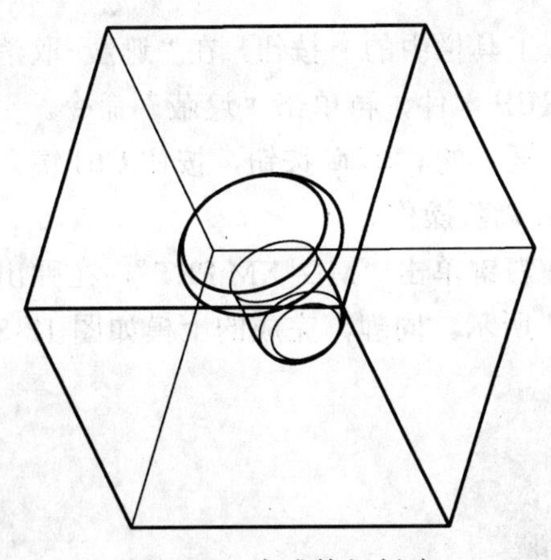

图 12-5　完成特征创建

4. 设置收缩率

步骤 12：单击“收缩”→“按尺寸”→“所有尺寸”，输入值为 0.005，单击✓按钮，完成收缩率的设置。

5. 创建分型面

步骤 13：单击主菜单中“插入”→“模具几何”→“分型曲面”。

步骤 14：单击主菜单中“编辑”→“阴影曲面”命令，选取工件顶面且方向向“下”，单击“正向”→“确定”，完成分型面的创建。

步骤 15：单击主菜单中“视图”→“可见性”→“着色”→“完成/返回”。

步骤 16：单击 MFG 体积块工具栏中的✔按钮，完成分型曲面 PART_SURF_1 的创建，如图 12-6 所示。

（a）　　（b）

图 12-6　分型面

6. 创建模具体积块

步骤 17：单击主菜单中“编辑”→“分割”→“完成”→“两个体积块”→“所有工件”→“完成”→选取上步骤的分型面 PART_SURF_1→“确定”→“确定”→输入 MG_SM→“确定”→输入 MG_XM→“确定”，完成体积块的分割。

步骤 18：单击主菜单中“模具元件”→“抽取”→≣→“确定”，完成模具元件的创建。

步骤 19：单击模型遮蔽工具栏中的按钮，在“遮蔽-取消遮蔽”对话框中，按住 Ctrl 键，选中 MG_WK 和 MG_REF 零件，再单击“遮蔽”命令。

步骤 20：单击“过滤”框下的“分型面”按钮，按住 Ctrl 键，选取 PART_SURF_1，再单击“遮蔽”→“关闭”，完成遮蔽操作。

步骤 21：打开导航栏，右键单击“MG_XM.PRT”，在弹出的快捷菜单中单击“打开”按钮，完成的下模如图 12-7 所示。同理，完成的上模如图 12-8 所示。

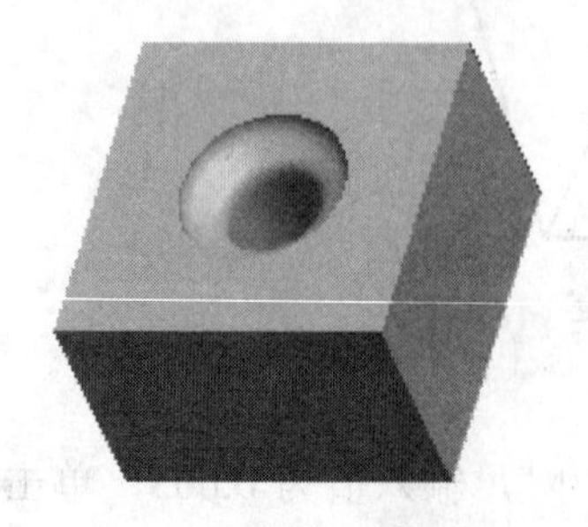

图 12-7　下模

图 12-8　上模

7. 浇注产品

步骤 22：单击主菜单中“铸模”→“创建”命令，在信息提示行中输入名称：MG_ZM，单击☑按钮，再单击“完成/返回”命令，完成蘑菇的铸模，如图 12-9 所示。

8. 开模

步骤 23：单击主菜单中“模具进料孔”→“定义间距”→“定义移动”命令，选取上模 MG_SM，单击“确定”按钮，再选取上模 MG_SM 任何一条竖直方向的边，作为分解方向，输入沿指定的方向移动 50，再单击☑按钮，完成上模 MG_SM 的分解定义。

步骤 24：系统返回“模具孔”菜单，单击“定义间距”→“定义移动”命令，选取下模 MG_XM，单击“确定”按钮，再选取下模 MG_XM 任何一条竖直方向的边，作为分解方向，输入沿指定的方向移动-50，再单击☑按钮，完成下模 MG_XM 的分解定义。

步骤 25：单击“模具孔”菜单下的“完成/返回”命令，即可合模，再单击“模具进料孔”命令，又可以开模，如此返复此动作，即完成模具的模拟开/合模动作，结果如图 12-10 所示。

步骤 26：单击“文件”工具栏中的按钮，系统弹出“保存对象”对话框，单击“确定”按钮，完成该文件的保存。

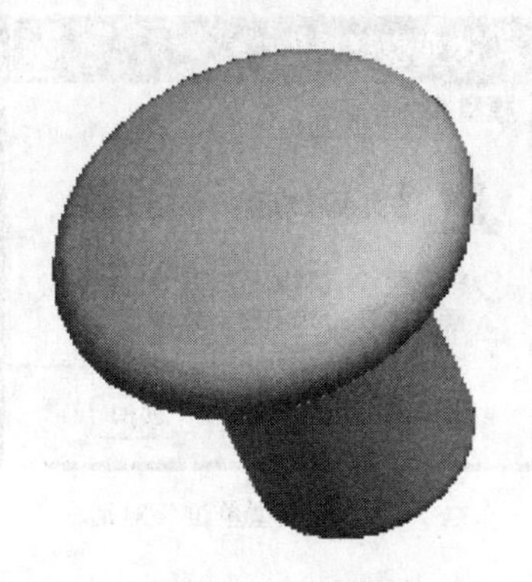

图 12-9　铸模

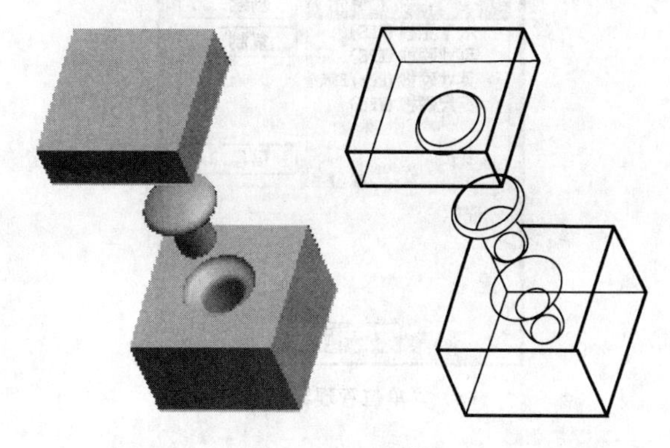

图 12-10　开模

12.3　综合实例二：茶杯模具设计

1. 产品造型（具体造型步骤略）

步骤 1：单击“文件”工具栏中的按钮。

步骤 2：在配书光盘中打开文件 beizi.prt，如图 12-12 所示。

2. 进入模具设计

步骤 3：单击主菜单中“文件”→“新建”→“制造”→“模具型腔”，在“名称”中输入 beizi，单击“使用缺省模板”去掉默认模板，再单击“确定”→“空”→“确定”。

步骤 4：单击主菜单中“编辑”→“设置”→“单位”，设置如图 12-13（a）所示，单击“设置”命令，设置成如图 12-13（b）所示，单击“确定”命令，完成单位的设置。

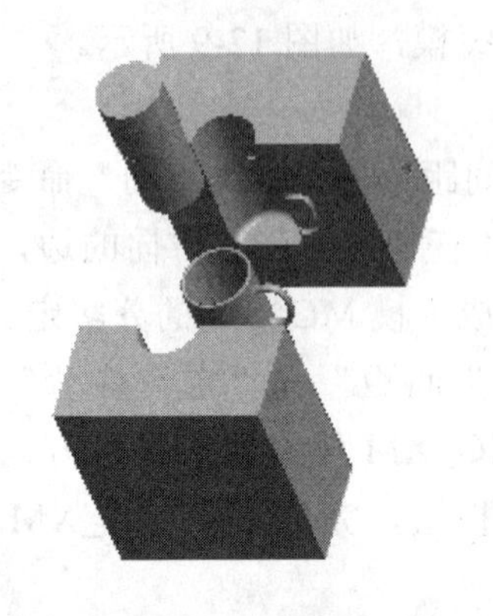

图 12-11　茶杯模具

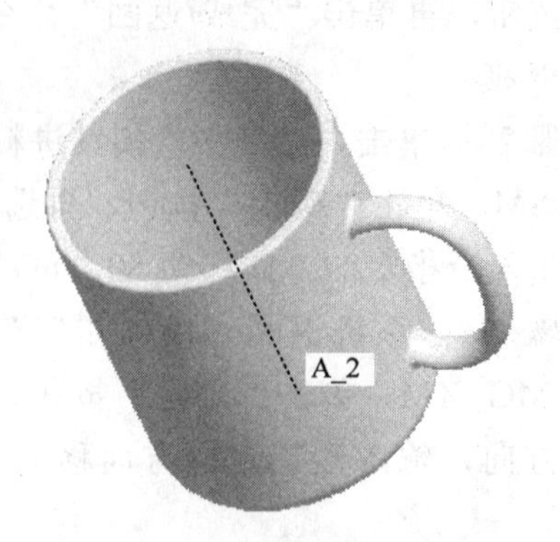

图 12-12　模型

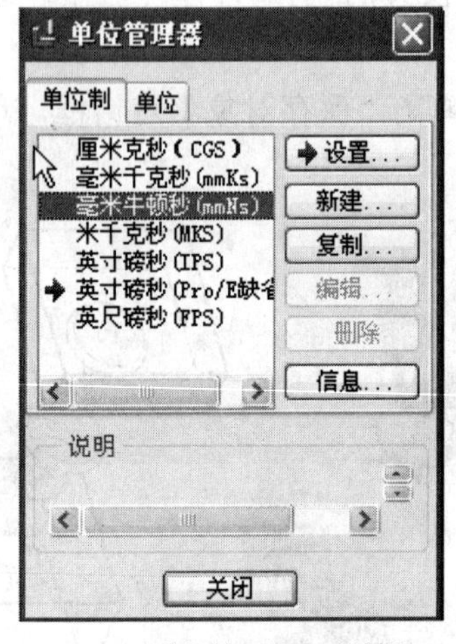

（a）“单位管理器”对话框

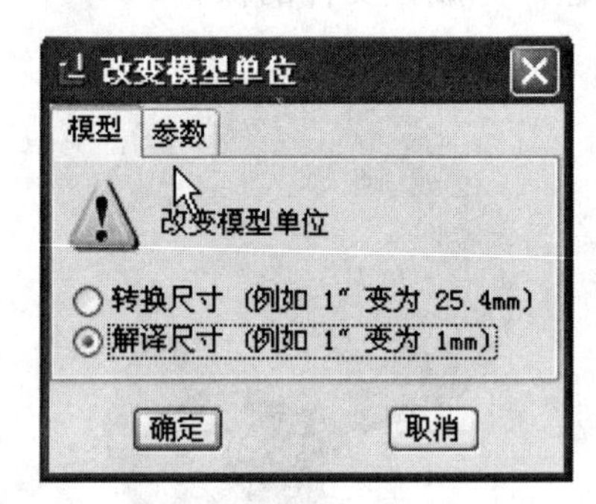

（b）“改变模型单位”对话框

图 12-13　对话框

步骤 5：按实例一中的操作方法将精度设置为 0.01。

3. 创建毛坯

步骤 6：单击“模具模型”→“装配”→“参照模型”，选取零件 beizi.prt，单击“打开”→“确定”→“确定”，完成参照零件 BEIZI_REF 的创建。

步骤 7：单击“模具模型”→“创建”→“工件”→“手动”，在“名称”中输入 beizi-wk，单击“确定”→“创建特征”→“确定”→“加材料”→“拉伸”→“实体”→“完成”。

步骤 8：选取基准平面 DTM3 为草绘平面，接受系统默认的视图方向和参照平面，单击“草绘”按钮，系统进入草绘环境。

步骤 9：绘制一个边长为 300 的正方形，如图 12-14 所示。

步骤 10：单击“草绘”工具栏中的✔按钮，完成草绘截面的绘制。

步骤 11：在“拉伸特征”操控板中单击按钮，输入拉伸深度为 300，并单击按钮，完成毛坯的创建，如图 12-15 所示。

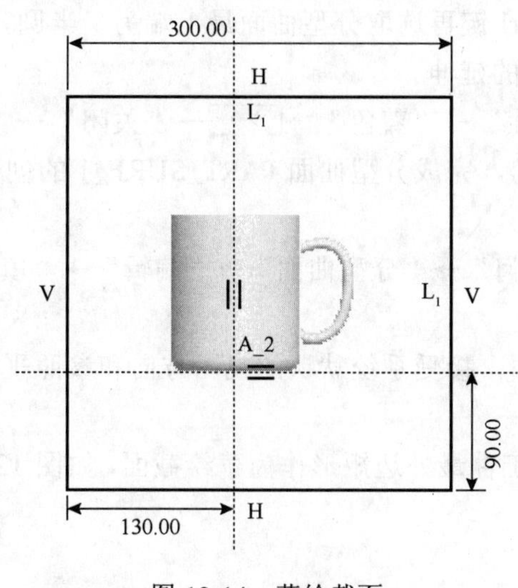

图 12-14　草绘截面

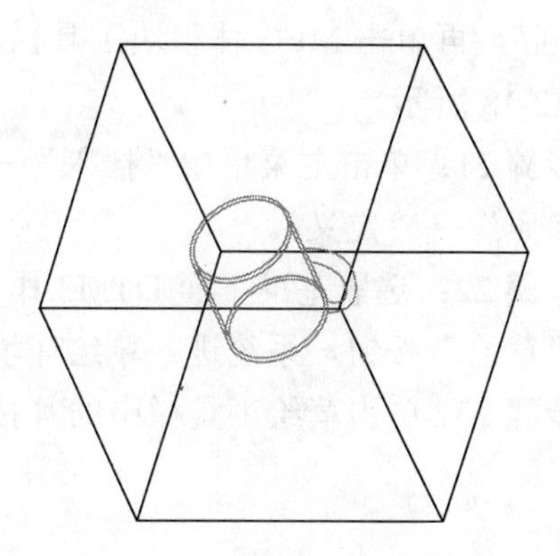

图 12-15　完成特征创建

4. 设置收缩率

步骤 12：单击“收缩”→“按尺寸”→“所有尺寸”，输入值 0.005，单击按钮，完成收缩率的设置。

5. 创建分型面

步骤 13：单击主菜单中“插入”→“模具几何”→“分型曲面”。

步骤 14：系统进入创建分型曲面界面，选取杯子的内底面，再按住 Shift 键，选取杯子唇口圆环面，放开 Shift 键后，杯子内部所有曲面都被选中，如图 12-16 所示。

步骤 15：单击主菜单中“编辑”→“复制”命令。

步骤 16：单击主菜单中“编辑”→“粘贴”命令，系统弹出粘贴特征操控板，单击按钮，完成曲面的复制。

步骤 17：单击主菜单中“视图”→“可见性”→“着色”→“完成/返回”，完成种子面的创建，如图 12-17 所示。

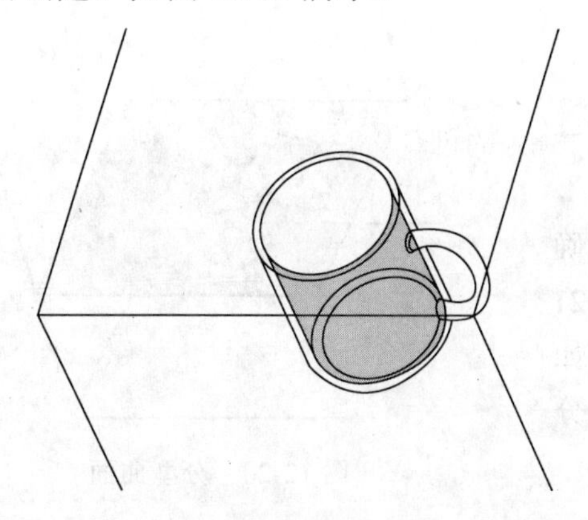

图 12-16　复制曲面

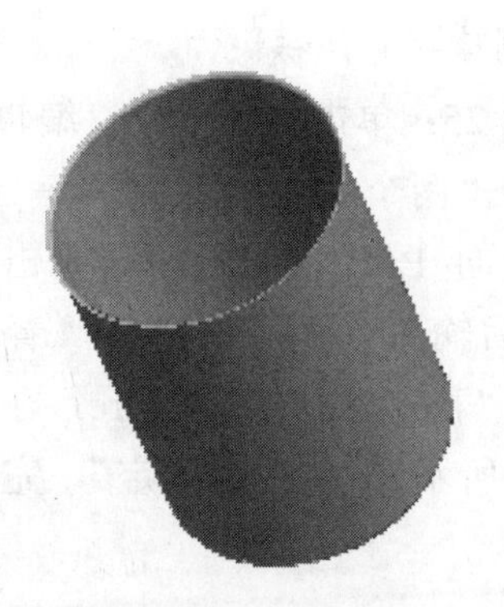

图 12-17　分型曲面

步骤 18：选取以上复制的分型曲面的最上端半个圆，单击主菜单中“编辑”→“延伸”命令，系统弹出延伸特征操控板，单击按钮，选取工件顶面作为曲面延伸所至的面。

步骤 19：单击“参照”→“细节”，按住 Ctrl 键再选取分型曲面最上端另一半圆，单击“确定”按钮，再单击按钮，完成分型曲面的延伸。

步骤 20：单击主菜单中“视图”→“可见性”→“着色”→ >> →“关闭”→“完成/返回”，再单击 MFG 体积块工具栏中的按钮，完成分型曲面 PART_SURF_1 的创建，如图 12-18 所示。

步骤 21：单击主菜单中“插入”→“模具几何”→“分型曲面”→“编辑”→“填充”→“参照”→“定义”。

步骤 22：选取基准平面 DTM3 作为草绘平面，接受系统默认的视图方向和参照平面，单击“草绘”按钮，系统进入草绘环境。

步骤 23：单击草绘工具栏中的按钮，选取工件最外边矩形作为草绘截面，如图 12-19 所示。

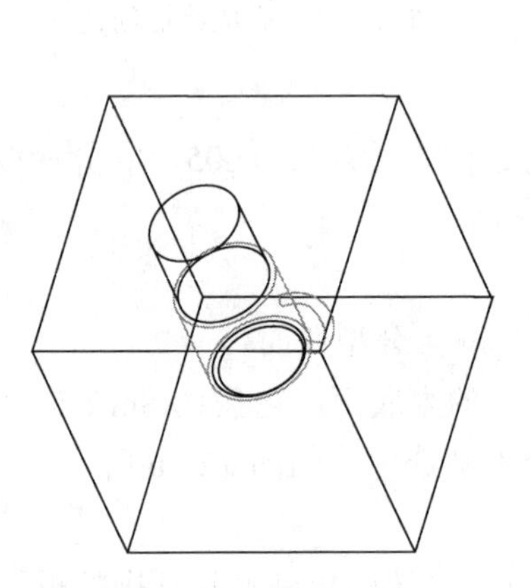

图 12-18 延伸曲面

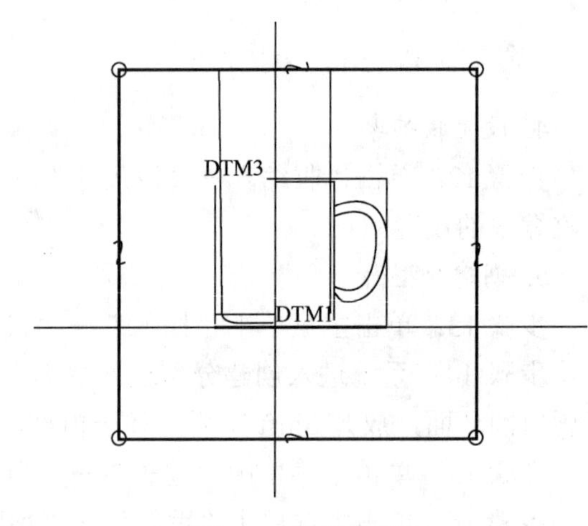

图 12-19 草绘截面

步骤 24：单击草绘工具栏中的按钮，单击按钮，再单击 MFG 体积块工具栏中的按钮，完成分型曲面 PART_SURF_2 的创建，如图 12-20 所示。

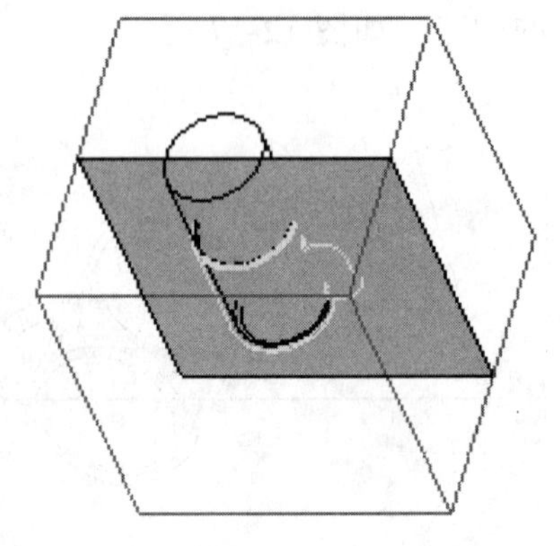

图 12-20 分型曲面

6. 创建模具体积块

步骤 25：单击主菜单中“编辑”→“分割”→“完成”→“两个体积块”→“所有工件”→“完成”，选取分型面 PART_SURF_1，单击“确定”→“确定”，然后输入 body，再单击“着色”（如图 12-21 所示）→“确定”，再输入 core，再单击“着色”（如图 12-22 所示），单击“确定”，完成体积块 1 的分割。

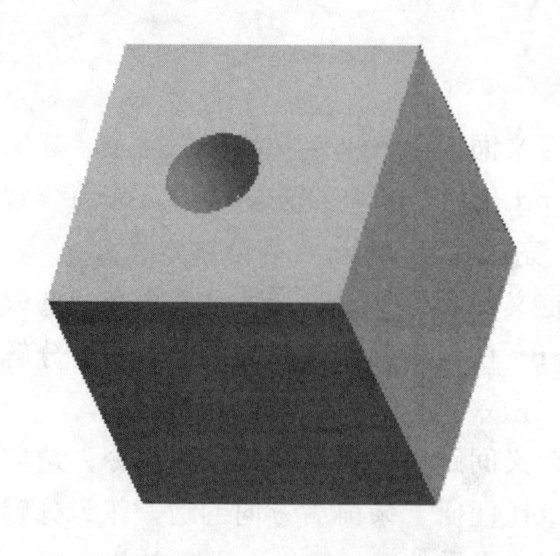

图 12-21　凹模

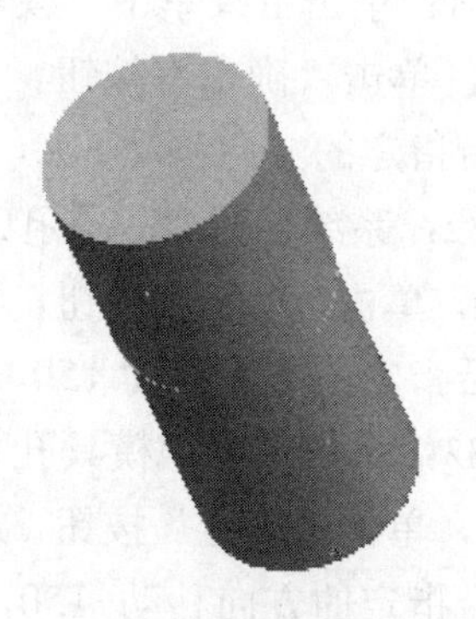

图 12-22　型心

步骤 26：单击主菜单中“编辑”→“分割”→“完成”→“两个体积块”→“模具体积块”→“完成”，选取面组 F7（BODY），单击→[>>]→“关闭”，选取分型面 PART_SURF_2，单击“确定”→“确定”，然后输入 back，再单击“着色”（如图 12-23 所示），单击“确定”，输入 front，再单击“着色”（如图 12-24 所示），单击“确定”，完成体积块 2 的分割。

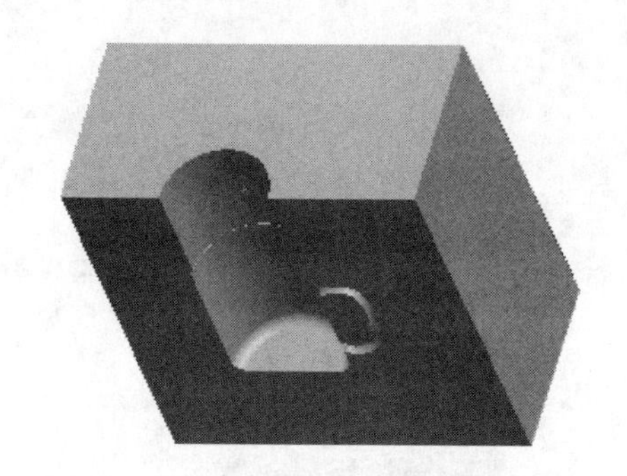

图 12-23　模型

图 12-24　模型

步骤 27：单击主菜单中“模具元件”→“抽取”→[按钮]→“确定”，完成模具元件的创建。

步骤 28：单击模型遮蔽工具栏中的[按钮]按钮，在“遮蔽-取消遮蔽”对话框中，按住 Ctrl 键，选中 BEIZI_WK 和 BEIZI_REF 零件，再单击“遮蔽”命令。

步骤 29：单击“过滤”框下的[分型面]按钮，按住 Ctrl 键，选取分型曲面 PART_SURF_1 和 PART_SURF_2，再单击“遮蔽”→“关闭”，完成遮蔽操作。

7. 浇注产品

步骤 30：单击主菜单中“铸模”→“创建”命令，在信息提示行中输入名称：beizi_zm，单击[✓]按钮，再单击“完成/返回”命令，完成杯子的铸模，如图 12-25

图 12-25　铸件

所示。

8. 开模

步骤 31：单击主菜单中“模具进料孔”→“定义间距”→“定义移动”命令，选取零件 core.prt，单击“确定”按钮，再选取零件 core.prt 任何一条竖直方向的边，作为分解方向，输入沿指定的方向移动 300，再单击☑按钮，完成零件 core.prt 的分解定义。

步骤 32：系统返回“模具孔”菜单，单击“定义间距”→“定义移动”命令，选取零件 front.prt，单击“确定”按钮，再选取零件 front.prt 任何一条前后方向的边，作为分解方向，输入沿指定的方向移动 150，再单击☑按钮，完成零件 front.prt 的分解定义。

步骤 33：系统返回“模具孔”菜单，单击“定义间距”→“定义移动”命令，选取零件 back.prt，单击“确定”按钮，再选取零件 back.prt 任何一条前后方向的边，作为分解方向，输入沿指定的方向移动-150，再单击☑按钮，完成零件 back.prt 的分解定义。

9. 合模

步骤 34：单击“模具孔”菜单下的“完成/返回”命令，即可合模，再单击“模具进料孔”命令，又可以开模，如此返复此动作，即完成模具的模拟开/合模动作，结果如图 12-26 所示。

步骤 35：单击文件工具栏中的按钮，系统弹出“保存对象”对话框，单击“确定”按钮，完成该文件的保存。

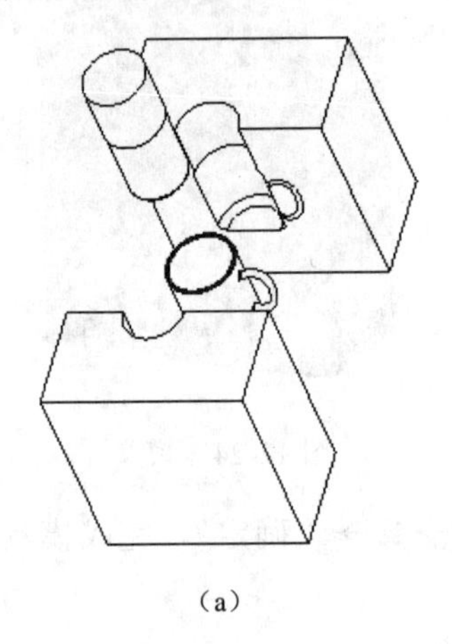

（a）

（b）

图 12-26　开模

12.4　综合实例三：梳子模具设计

1. 产品造型（具体造型步骤略）

步骤 1：单击“文件”工具栏中的按钮。

步骤 2：在配书光盘中打开文件 shuzi.prt，如图 12-28 所示。

2. 进入模具设计

步骤 3：单击主菜单中“文件”→“新建”→“制造”→“模具型腔”，在“名称”中输入 shuzi，单击“使用缺省模板”（去掉默认模板）→“确定”→“空”→“确定”，单击“基准”工具栏中按钮，打开装配基准平面。

图 12-27 梳子模具设计完成图

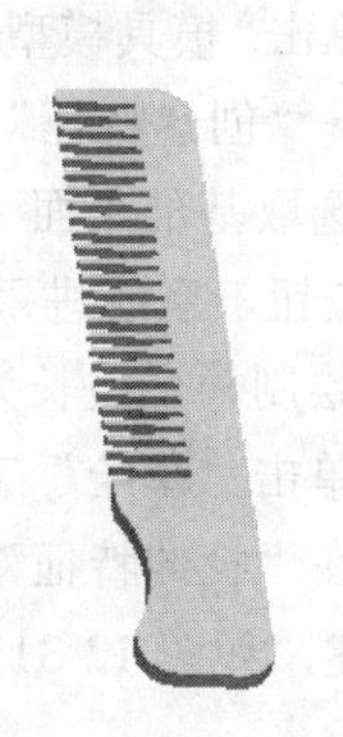

图 12-28 模型

步骤 4：单击主菜单中“编辑”→“设置”→“单位”，设置如图 12-28 所示，单击“设置”命令，设置成如图 12-29 所示，单击“确定”命令，完成单位的设置。

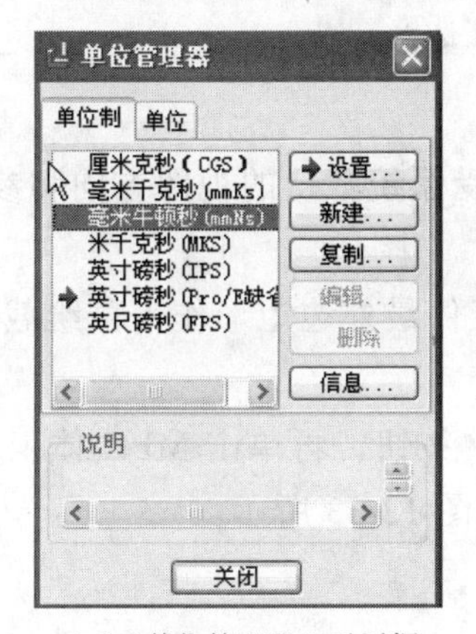

（a）“单位管理器”对话框

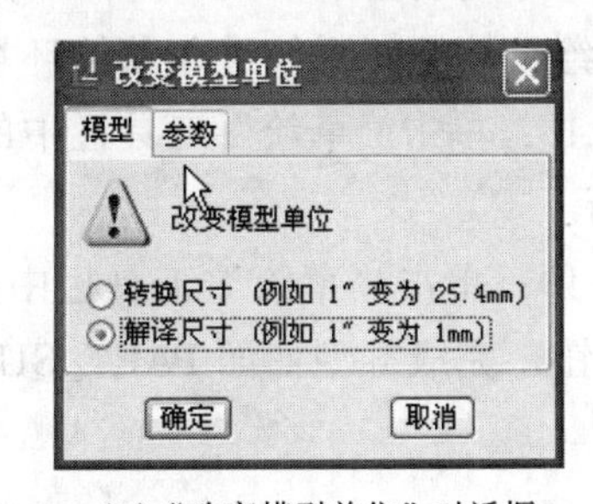

（b）“改变模型单位”对话框

图 12-29 对话框

步骤 5：单击主菜单中“编辑”→“设置”→“精度”→→“绝对”，在“输入值”栏中输入 0.01，单击→“是”→“退出”→→“完成”，完成绝对精度的设置。

3. 创建毛坯

步骤 6：单击“模具模型”→“装配”→“参照模型”，选取零件 shuzi.prt，单击“打开”。

步骤 7：选取 DTM2 和 ADTM2 对齐、DTM1 和 ADTM3 匹配、DTM3 和 ADTM1 匹配，并将指定约束对齐方式改为，输入值为-50，按回车键确认值后，单击按钮，再单击“确定”按钮，接受系统默认的名称 SHUZI_REF_1。

步骤 8：单击“模具模型”→“装配”→“参照模型”，选取零件 shuzi.prt，单击“打开”。

步骤 9：选取 DTM2 和 ADTM2 对齐、DTM1 和 ADTM3 匹配、DTM3 和 ADTM1 匹配，并将指定约束对齐方式改为，输入值为 50，按回车键确认值后，单击按钮，再单击“确定”按钮，接受系统默认的名称 SHUZI_REF_2。

步骤 10：单击“模具模型”→“创建”→“工件”→“手动”，在“名称”中输入 shuzi-wk，单击“确定”→“创建特征”→“确定”→“加材料”→“拉伸”→“实体”→“完成”。

步骤 11：选取基准平面 ADTM2 为草绘平面，接受系统默认的视图方向和参照平面，单击“草绘”按钮，系统进入草绘环境。

步骤 12：绘制一个边长为 300 的正方形，如图 12-30 所示。

步骤 13：单击“草绘”工具栏中的按钮，完成草绘截面的绘制。

步骤 14：在“拉伸特征”操控板中单击按钮，输入拉伸深度为 80，并单击按钮，完成毛坯的创建，如图 12-31 所示。

4. 设置收缩率

步骤 15：单击“收缩”→“按尺寸”→“所有尺寸”，输入值为 0.005，单击按钮，完成收缩率的设置。

5. 创建分型面

步骤 16：单击主菜单中“插入”→“模具几何”→“分型曲面”→“编辑”→“填充”→“参照”→“定义”。

步骤 17：选取基准平面 ADTM2 作为草绘平面，接受系统默认的视图方向和参照平面，单击“草绘”按钮，系统进入草绘环境。

步骤 18：单击“草绘”工具栏中的按钮，选取工件最外边矩形作为草绘截面，如图 12-32 所示。

步骤 19：单击“草绘”工具栏中的按钮，单击按钮，再单击 MFG 体积块工具栏中的按钮，完成分型曲面 PART_SURF_1 的创建，如图 12-33 所示。

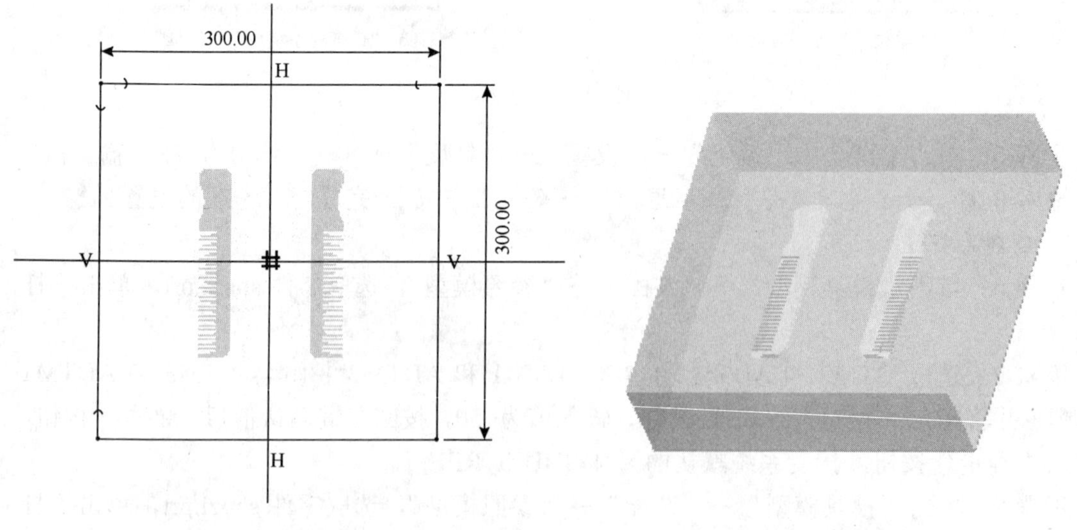

图 12-30 草绘截面　　图 12-31 完成特征创建

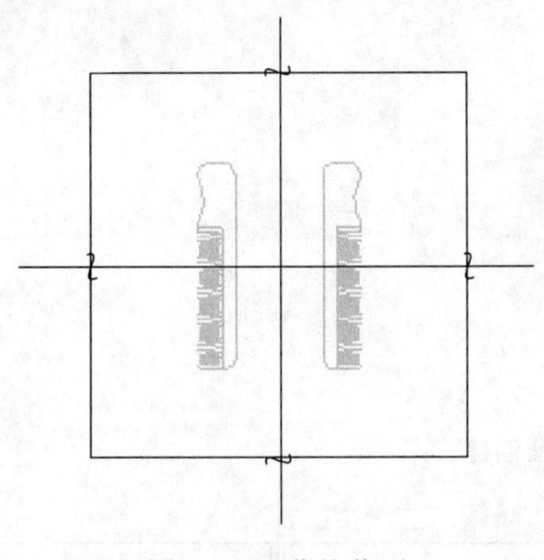

图 12-32　草绘截面

图 12-33　分型曲面

6. 设置浇注系统

步骤 20：单击菜单管理器中“特征”→“型腔组件”→“实体”→“切减材料”→“旋转”→“实体”→“完成”→“参照”→“定义”。

步骤 21：选取基准平面 ADTM3 作为草绘平面，接受基准平面 ADTM1 作为参照平面，单击“草绘”按钮，系统进入草绘环境，选取工件顶面作为尺寸参照线，单击“草绘”工具栏中的¦和↘按钮，绘制如图 12-34 所示的截面。

步骤 22：单击“草绘”工具栏中的✔按钮，单击☑按钮，完成浇注系统 1 的创建，如图 12-35 所示。

步骤 23：单击“特征”→“型腔组件”→“实体”→“切减材料”→“旋转”→“实体”→“完成”→“参照”→“定义”。

步骤 24：选取基准平面 ADTM3 作为草绘平面，接受基准平面 ADTM1 作为参照平面，单击“草绘”按钮，系统进入草绘环境，选取工件顶面作为尺寸参照线，单击“草绘”工具栏中的¦、↘和○按钮，绘制如图 12-36 所示的截面。

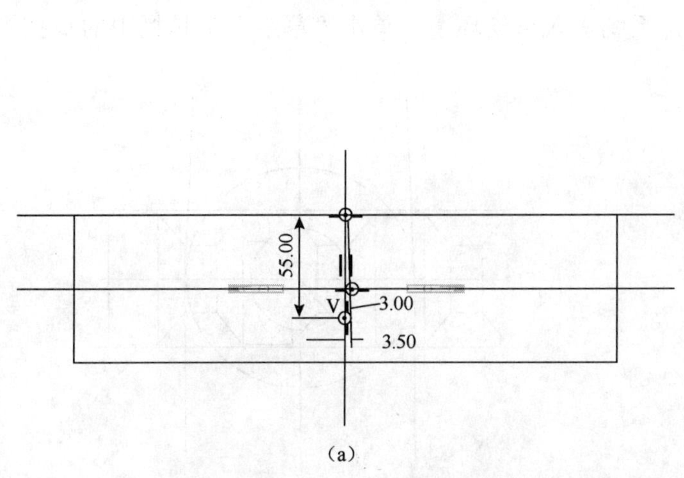

(a)

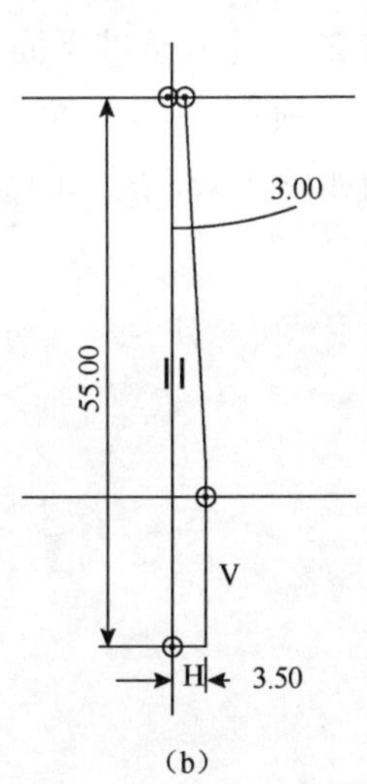

(b)

图 12-34　草绘截面

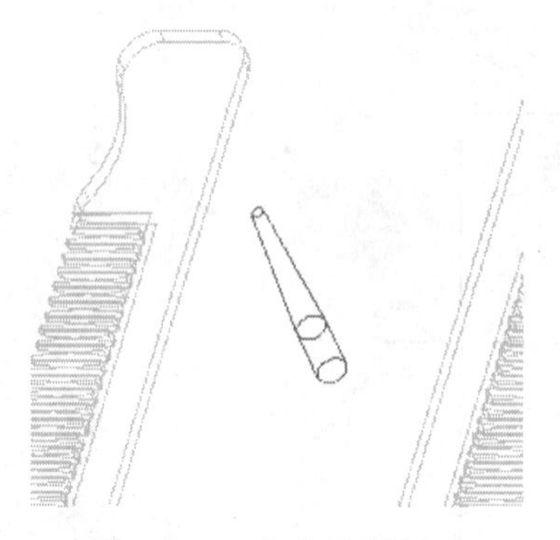

图 12-35　完成特征创建

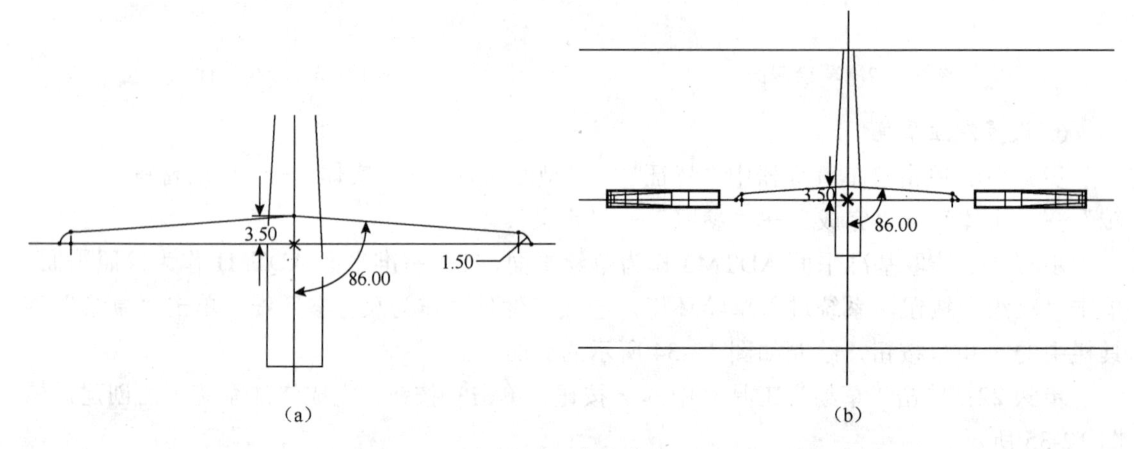

图 12-36　草绘截面

步骤 25：单击“草绘”工具栏中的✓按钮，单击☑按钮，完成浇注系统 2 的创建，如图 12-37 所示。

步骤 26：单击“特征”→“型腔组件”→“实体”→“切减材料”→“旋转”→“实体”→“完成”→“参照”→“定义”。

步骤 27：选取基准平面 ADTM1 作为草绘平面，基准平面 ADTM2 作为参照平面，选取方向向“顶”，单击“草绘”按钮，系统进入草绘环境，单击“草绘”工具栏中的○按钮，绘制如图 12-38 所示的截面。

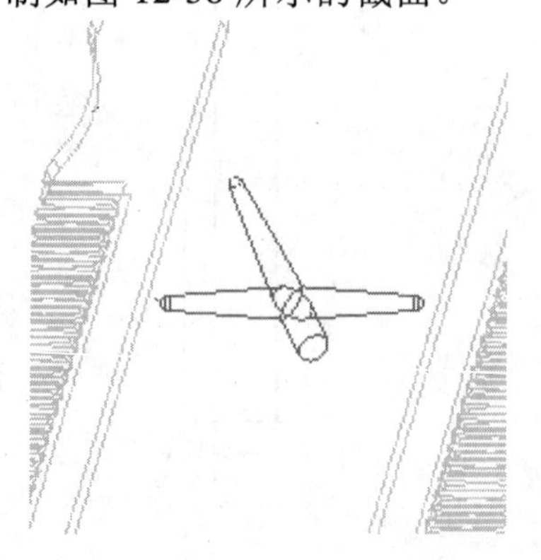

图 12-37　完成特征创建

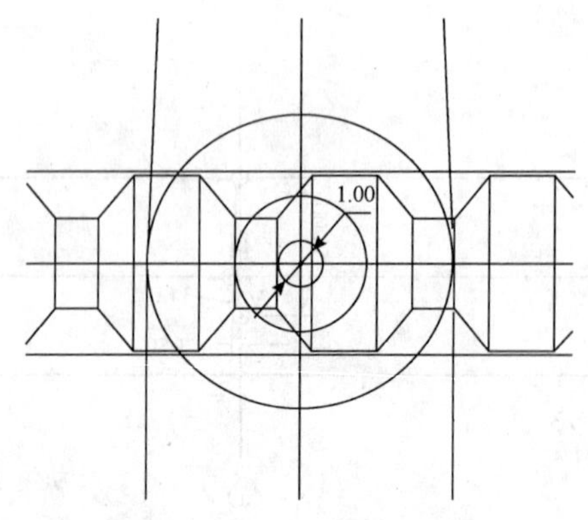

图 12-38　草绘截面

步骤 28：单击“草绘”工具栏中的✓按钮，单击“选项”命令，在“深度”对话框下的第 1 侧拉深方式下单击按钮，选取梳子背面，在第 2 侧拉深方式下单击按钮，选取另一把梳子的背面，单击☑按钮，完成浇注系统 3 的创建，如图 12-39 所示。

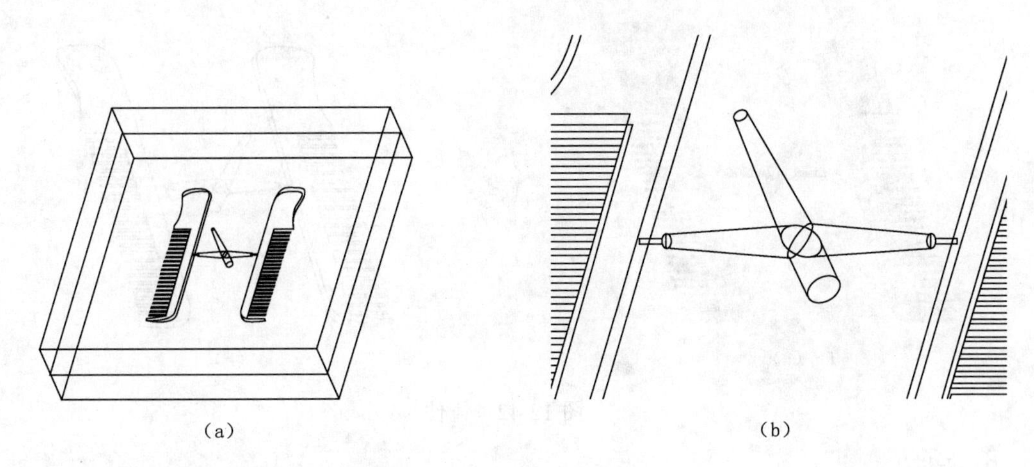

（a）　　（b）

图 12-39　完成特征创建

7. 创建模具体积块

步骤 29：单击主菜单中“编辑”→“分割”→“完成”→“两个体积块”→“所有工件”→“完成”，选取分型面 PART-SURF-1，单击两次“确定”，然后输入 shuzi-xm，选择“着色”（如图 12-40 所示）→“确定”，输入 shuzi-sm，选择“着色”（如图 12-41 所示）→“确定”，完成体积块的分割。

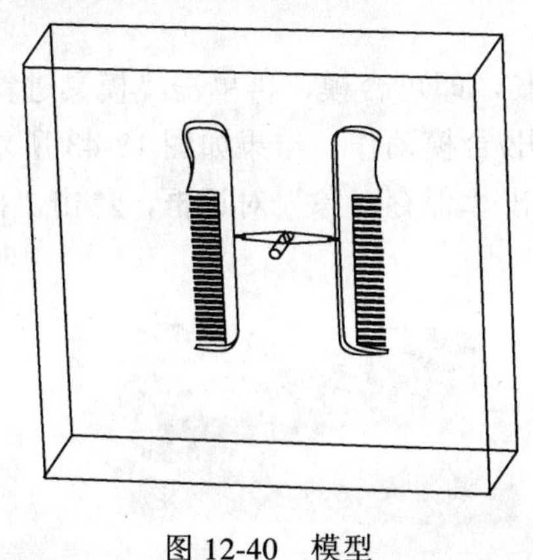

图 12-40　模型

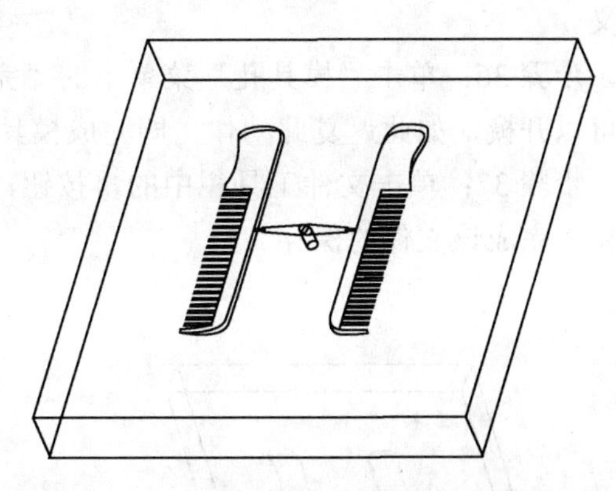

图 12-41　模型

步骤 30：单击主菜单中“模具元件”→“抽取”→▤→“确定”，完成模具元件的创建。

步骤 31：单击模型遮蔽工具栏中的按钮，在“遮蔽—取消遮蔽”对话框中，按住 Ctrl 键，选取 SHUZI_WK、SHUZI_REF_1 和 SHUZI_REF_2 零件，再单击“遮蔽”命令。

步骤 32：单击“过滤”框下的分型面按钮，按住 Ctrl 键，选取分型曲面 PART_SURF_1，再单击“遮蔽”→“关闭”选项，完成遮蔽操作。

8. 浇注产品

步骤 33：单击主菜单中“铸模”→“创建”命令，在信息提示行中输入名称：shuzi-zm，单击✓按钮，再单击“完成/返回”命令，完成梳子的铸模，如图 12-42 所示。

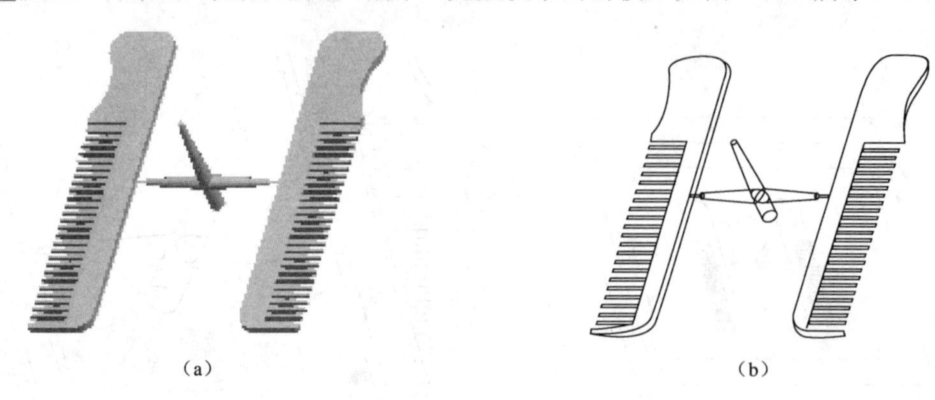

（a） （b）

图 12-42 铸件

9. 开模

步骤 34：单击主菜单中“模具进料孔”→“定义间距”→“定义移动”命令，选取零件 shuzi-sm.prt，单击“确定”按钮，再选取零件 shuzi-sm.prt 任何一条竖直方向的边，作为分解方向，输入沿指定的方向移动 100，再单击✓按钮，完成零件 shuzi-sm.prt 的分解定义。

步骤 35：系统返回“模具孔”菜单，单击“定义间距”→“定义移动”选项，选取零件 shuzi-xm.prt，单击“确定”按钮，再选取零件 shuzi-xm.prt 任何一条竖直方向的边，作为分解方向，输入沿指定的方向移动-100，再单击✓按钮，完成零件 shuzi-xm.prt 的分解定义。

步骤 36：单击“模具孔”菜单下的“完成/返回”，即可合模，再单击“模具进料孔”，又可以开模，如此返复此动作，即完成模具的模拟开/合模动作，结果如图 12-43 所示。

步骤 37：单击文件工具栏中的按钮，系统弹出“保存对象”对话框，单击“确定”按钮，完成该文件的保存。

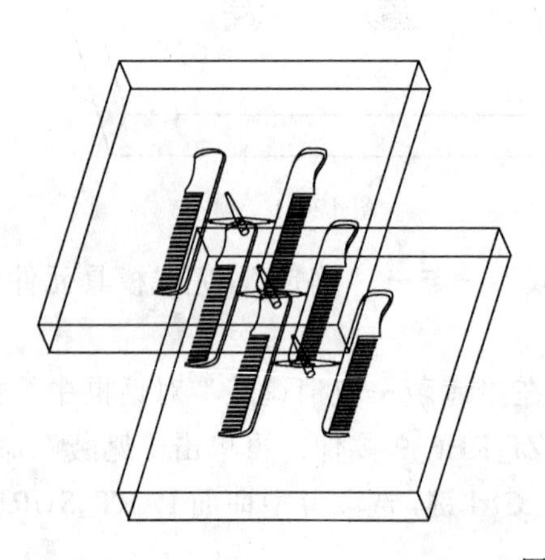

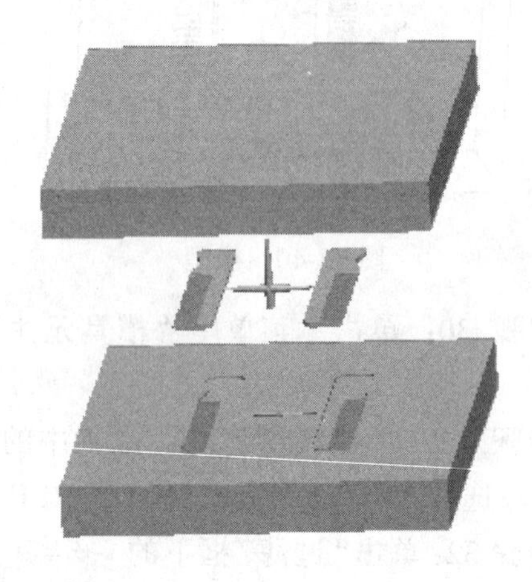

图 12-43 开模

12.5 综合实例四：电话机外壳模具设计

1. 产品造型（具体造型步骤略）

步骤 1：单击文件工具栏中的按钮。

步骤 2：在配书光盘中打开文件 dianhuaji.prt，如图 12-44 所示。

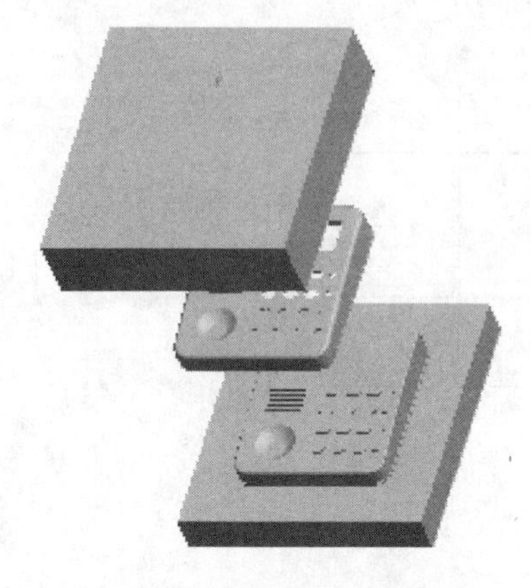

电话机外壳模具设计

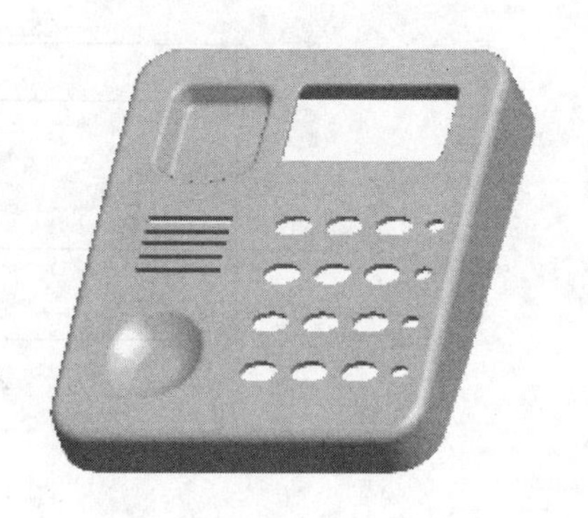

图 12-44 模型

2. 进入模具设计

步骤 3：单击主菜单中“文件”→“新建”→“制造”→“模具型腔”，在“名称”栏中输入 DIANHUAJI，单击“使用缺省模板”（去掉默认模板）→“确定”→“空”→“确定”。

步骤 4：单击主菜单中“编辑”→“设置”→“单位”，设置如图 12-45 所示，单击“设置”命令，设置成如图 12-46 所示，单击“确定”命令，完成单位的设置。

步骤 5：将精度设置为 0.01。

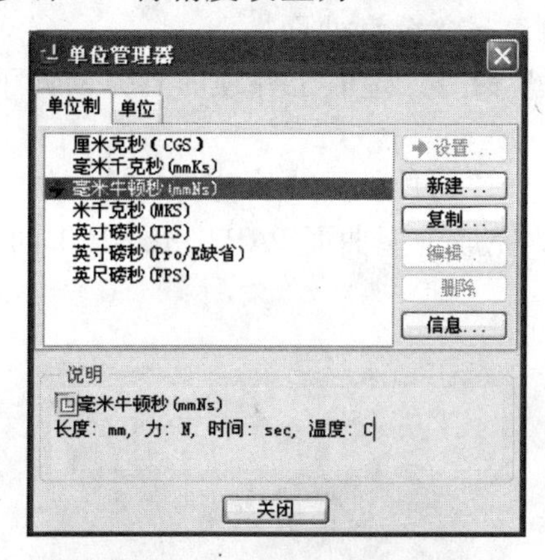

图 12-45 “单位管理器”对话框

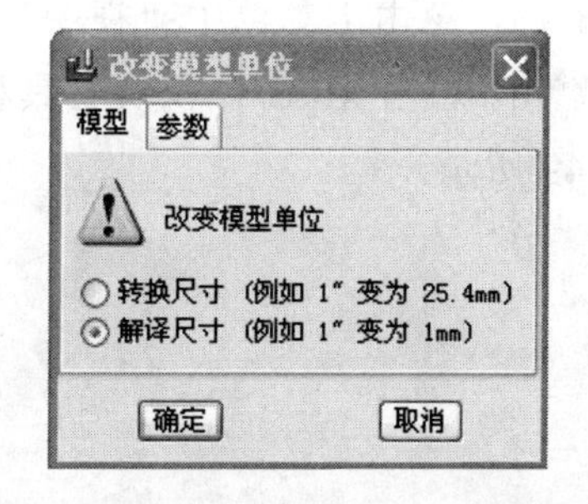

图 12-46 “改变模型单位”对话框

3. 创建毛坯

步骤 6：单击“模具模型”→“装配”→“参照模型”，选取零件 dianhuaji.prt，单击“打开”→“确定”→“确定”，完成参照零件 DIANHUAJI_REF 的创建。

步骤 7：单击“模具模型”→“创建”→“工件”→“手动”，在“名称”栏中输入 dianhuaji-wk，单击“确定”→“创建特征”→“确定”→“加材料”→“拉伸”→“实体”→“完成”。

步骤 8：选取基准平面 DTM1 为草绘平面，接受系统默认的视图方向和参照平面，单击“草绘”按钮，系统进入草绘环境。

步骤 9：绘制一个边长为 28×12 的矩形，如图 12-47 所示。

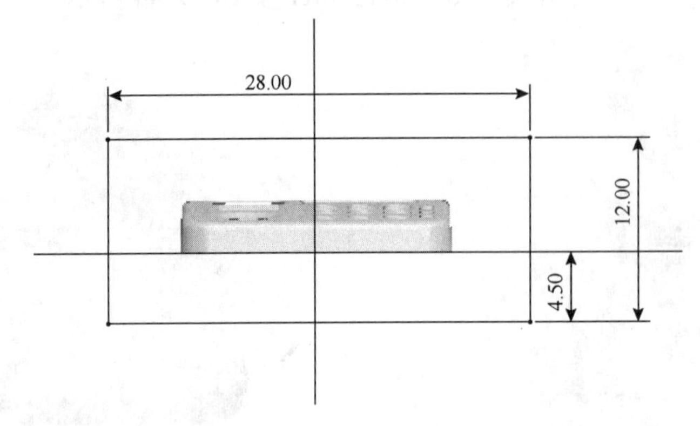

图 12-47　草绘截面

步骤 10：单击“草绘”工具栏中的按钮，完成草绘截面的绘制。

步骤 11：在“拉伸特征”操控板中单击按钮，输入拉伸深度为 30，并单击按钮，完成毛坯的创建，如图 12-48 所示。

4. 设置收缩率

步骤 12：单击“收缩”→“按尺寸”→“所有尺寸”，输入值为 0.005，单击按钮，完成收缩率的设置。

5. 创建分型面

步骤 13：单击主菜单中“插入”→“模具几何”→“分型曲面”。

步骤 14：单击主菜单中“编辑”→“阴影曲面”命令，选取工件顶面且方向向下，单击“正向”→“确定”，完成分型面的创建。

步骤 15：单击主菜单中“视图”→“可见性”→“着色”→“完成/返回”。

步骤 16：单击 MFG 体积块工具栏中的按钮，完成分型曲面 PART_SURF_1 的创建，如图 12-49 所示。

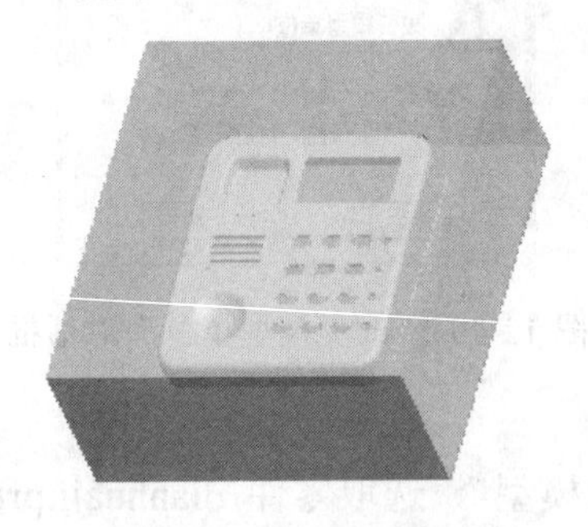

图 12-48　完成特征创建

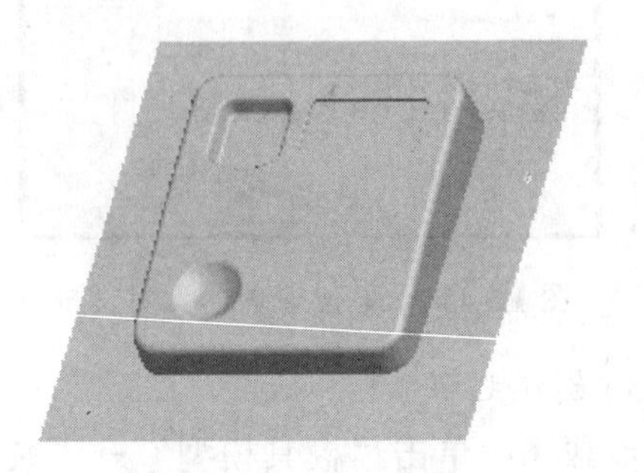

图 12-49　分型面

6. 创建模具体积块

步骤 17：单击主菜单中“编辑”→“分割”→“完成”→“两个体积块”→“所有工件”→“完成”，选取上一步骤的分型面 PART_SURF_1 单击两次“确定”，然后输入 DIANHUAJI_SM 选择“着色”（如图 12-50 所示）→“确定”，再输入 DIANHUAJI_XM，选择“着色”（如图 12-51 所示）→“确定”，完成体积块的分割。

图 12-50 模型

图 12-51 模型

步骤 18：单击主菜单中“模具元件”→“抽取”→▤→“确定”，完成模具元件的创建。

步骤 19：单击模型遮蔽工具栏中的按钮，在“遮蔽-取消遮蔽”对话框中，按住 Ctrl 键，选取 DIANHUAJI_WK 和 DIANHUAJI_REF 零件，再单击“遮蔽”按钮。

步骤 20：单击“过滤”框下的分型面按钮，按住 Ctrl 键，选取 PART_SURF_1，再单击“遮蔽”→“关闭”选项，完成遮蔽操作。

7. 浇注产品

步骤 21：单击主菜单中“铸模”→“创建”命令，在信息提示行中输入名称：dianhuaji-zm，单击☑按钮，再单击“完成/返回”按钮，完成电话机外壳的铸模，如图 12-52 所示。

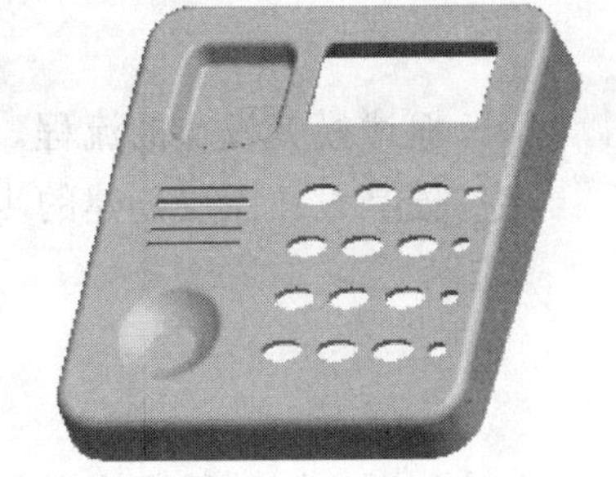

图 12-52 铸件

8. 开模

步骤 22：单击主菜单中“模具进料孔”→“定义间距”→“定义移动”命令，选取上模 DIANHUAJI_SM，单击“确定”按钮，再选取上模 DIANHUAJI_SM 任何一条竖直方向的边，作为分解方向，输入沿指定的方向移动 20，再单击☑按钮，完成上模 DIANHUAJI_SM 的分解定义。

步骤 23：系统返回“模具孔”菜单，单击“定义间距”→“定义移动”命令，选取下模 DIANHUAJI_XM，单击“确定”按钮，再选取下模 DIANHUAJI_XM 任何一条竖直方向的边，作为分解方向，输入沿指定的方向移动-20，再单击☑按钮，完成下模 DIANHUAJI_XM 的分解定义。

9. 合模

步骤 24：单击“模具孔”菜单下的“完成/返回”命令，即可合模，再单击“模具进料孔”命令，又可以开模，如此返复此动作，即完成模具的模拟开/合模动作，结果如图 12-53 所示。

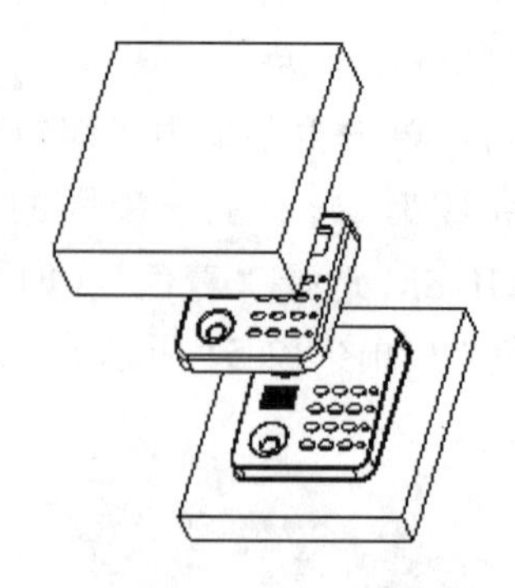

图 12-53　开模

步骤 25：单击“文件”工具栏中的按钮，系统弹出“保存对象”对话框，单击“确定”按钮，完成该文件的保存。

12.6　小结

本章主要介绍了概述模具设计的流程，读者应熟练掌握设计操作方法，以便灵活地设计产品。

思　考　题

（1）概述模具设计的流程。
（2）模具设计图层创建的步骤有哪些？

练　习　题

创建如图 12-54 所示的模具设计。

图 12-54　模具设计

附录A
快　捷　命　令

快捷键	功　能
Shift＋右键	从列表中选取
Shift＋中键	移动物体
中键前后移动	缩放物体大小
中键按住移动	旋转物体
Ctrl＋N	新建文件
Ctrl＋O	打开文件
Shift＋S	保存文件
Ctrl＋P	打印文件
Alt＋F	打开文件下拉菜单
Alt＋E	打开编辑下拉菜单
Alt＋V	打开视图下拉菜单
Alt＋I	打开插入下拉菜单
Ctrl＋G	再生（重生线）
Ctrl＋Z	撤　消
Ctrl＋V	粘　贴
Ctrl＋C	复　制
Ctrl＋D	3D视图
Ctrl＋R	重　画
Ctrl＋A	激　活
Alt＋A	分　析
Alt＋P	应用程序
Alt＋W	窗　口
Alt＋N	信　息
Alt＋T	工　具
Alt＋H	帮　助